suncolor

suncolor

SPARK

The Life of Electricity and the Electricity of Life

生命的電

生物醫學×電，改變未來的奇蹟革命

Timothy Jorgensen
提摩西・約根森／著
王惟芬／譯

國立宜蘭大學
生物機電工程學系教授
蔡孟利／審訂推薦

suncolor
三采文化

—審訂序—

如親臨那電光石火般的現場

臺大動物學博士，現任宜蘭大學生物機電工程學系專任教授
蔡孟利

生物體的運作機制並沒有自外於物理、化學等其他學科所依循的自然定律，這是現代生物學研究者的基本共識。但是在十八世紀那個連物理、化學在許多基本定律都還渾沌未明的時代，像「電」這種看不到、摸不到，甚至也無法想像它的樣子的東西，到底要如何描述它、認識它，甚至駕馭它？兩百多年前諸多科學工作者創造的電學成就之所以令人驚奇，得讓我們把思緒拉回到那個渾沌未明的時代，才能真確感受到一道道如閃電的靈光乍現之意義所在。

在十九世紀末，這個仍然認為有著超乎自然定律之生命力的生機論還未消退的時代，這個顯微設備還不足以解析生物體細微結構的時代，「電」這種看不到、摸不

到，甚至也無法想像它的樣子的東西，到底要如何將它與生命的運作連結在一起，甚至利用它來干涉生命的運作？同樣地，若要理解那時的科學工作者許多以現代眼光看來是荒謬與怪誕的作為，我們得把自己擺回那個生機論還未消退、生物結構仍諸多未明的時代，才能看出那些作為都是在科學發展與應用進程中的理所當然。

即便到了現代，對於物理學的「電」以及生物學的「電」各種基本性質已經明白的今天，如果我們對於生物體內如迷宮般的結構，沒有個能夠實際想像的畫面，對於神經系統至今仍無法透澈解析的事實沒有正確的概念，那麼對於在生物體複雜的導體環境內，要精準地解讀作為訊號的電以及發送作為刺激物的電到底有多困難，就很難有清楚而正確的認知。

以上所述那些認識「電」的條件，正是《生命的電》這本書的優點。作者很仔細地描繪了「電」的發現、詮釋、應用與展望等歷程中的各種背景，透過如親臨歷史現場般的環境鋪陳，讓讀者能以合適的時空想像，以感同身受地心領神會。而對於中文的讀者來說，很幸運地，原作者這麼努力地為讀者還原「電」的現場的用心，剛好遇到夠好的譯筆將之精確地轉化為中文，閱讀起來毫不費力。

這不只是譯本，也是中文的科普創作；開卷有益，這本書就是。推薦大家。

—譯序—

萬物皆帶電，貓與人無異

臺灣大學動物系、倫敦大學帝國理工學院科技醫療史碩士
王惟芬

「電是生命奧祕的關鍵，不僅只是讓烤麵包機這類電器運作而已，
它更為宏大。
電既玄妙又神奇，遠超乎人類的理解範圍，
是一股大自然神祕的力量，
偶爾可見之於蒼穹，
是解開生命最深遠也最驚人奧祕的鑰匙。」

——路易斯．韋恩（Louis Wain, 1860-1939）

上面這段話，不是擷取自書中的某個段落，而是在《天才貓奴畫家》這部根據路易斯・韋恩這位真實人物的傳記電影中所看到的。在翻完這本書之後，我覺得這位改變貓在英國社會地位的天才畫家——實際上說他是畫家還太過狹隘，這人根本是個通才型的博物學者——對電的理解很玄妙又神奇地貼近這本書的旨趣，甚至連他的通才型人生也都與本書的跨領域探究路線以及作者本人的廣博學識有某種呼應，儘管他對電的理解跟今日大相逕庭。

之所以選這部電影來破題，除了路易斯・韋恩本人對電的想法與我翻譯本書的感受不謀而合之外，另一個原因是這部電影的原文片名。*The Electrical Life of Louis Wain* 直譯過來大概是《路易斯・韋恩的電力人生》，中文版的譯名完全偏離——這是影視翻譯令人豔羨的自由——不過這不是我這裡的重點，而是原文中的「電力人生／Electrical Life」這兩字的組合，因為它一方面點出這本書的兩大主軸：電和生命，一方面也直指翻譯這本書的難處。

這兩個英文單字看似能夠簡單地對應到中文，但實際上非常難翻，尤其是當這兩個字擺在一起的時候。看著這部片的片名，幾乎立即讓我聯想到本書的原文書名：*Spark: The Life of Electricity and the Electricity of Life*。若是照字面直譯，大概會是「電花：電的生命與生命的電」——但這樣近似繞口令的短句，讓人讀來莫名所以，不知所云。

電有生命嗎？生命帶電嗎？然後是「電花／Spark」，這個字其實可當名詞與動詞，也有很多字義，在翻譯時只能選一個與電最貼近的「電花」，但這樣的選擇就逃不了在翻譯過程中意義遺失（lost-in-translation）的魔咒。我幾乎可以肯定Spark也有激發和創意的意思，特別是在電學研究與生物科學研究交會處的激盪，那是一種創意的火花，一種激勵鼓舞，或者如作者所言，「一個領域的進步激發另一個領域的進步」。但很不幸，我想破頭也找不到能夠與之相對應的中文字詞組合。所以只能選擇貼近字面的翻譯，並在譯序中把遺失的意義再補回來。

補充完Spark，再來是「電的生命／Life of Electricity」。按照我們對生命的定義，電當然沒有生命，作者這裡指的是從遠古以來人對電的認識，有點類似是在對人類對電的認識（或想像）進行考古，從一開始發現摩擦琥珀會產生靜電，電學的研究，再到電的應用，特別是近來最夯的腦機介面與人工智慧。而這條研究發展路線又與「生命的電／Electricity of Life」這條研究生命中的電現象的路線彼此交錯纏繞。比方說，先是十八世紀伽伐尼在蛙腿中「發現動物電」，後有法拉第在早期的電學研究中將蛙腿當作測量電的探測器；時至今日在電池的研發上，也會參照電鰻的發電構造。而在生命科學這一邊，更是仰賴電學的進展才對生命運作的認識產生重大突破，特別是神經科學，從動作電位的認識，電在醫療上的應用，乃至於透過神經連結的各種電子輔助肢體的應用，甚至讓人看到《鋼鐵人》當中用意志遙控手臂的遙遠可能性。

而這樣以兩大學門電光石火的彼此激盪來說明電與生命的關係，似乎還流於形式，電其實是生命的基礎，就如同作者所言：

> 要是原子不能透過共享外層電子來滿足它們成對電子的需求，會有什麼樣的後果？思考這問題其實很有趣。若真是如此，就不會有所謂的共價鍵結合，原子也不會轉化為分子，更不會產生構成細胞物質的分子。簡言之，這個星球上就不會有生命存在。可以說，正是電子的這種化學性質讓生命得以存在。

這段話讀起來理所當然，但卻是我第一次看到有人以電子來貫穿物理、化學和生物。這其實也剛好反映出這本書在各領域來回穿梭的基調，而且遠超過上述這三門學科，還會進入數學、工程、電子學、醫學等，讀來也讓人驚呼連連，在腦中產生很多火花激盪——而現在只要想到這些激盪的背後正是來自我腦部的神經電位運作，想到這個文學意象也具有物理－化學－生物的實體性質，想到我就是靠著腦中的電生理反應來思考「電」這個問題，就不得不在讚嘆生命精妙的同時，也佩服起作者的用心與功力。

而作者旁徵博引的能力還不僅止於跨領域，他在各學門的考據上更是下足功夫，讓人回到幾世紀前的科學研究現場，見識到科學發現的興奮時刻，以及科學社群內部的制約與束縛所造成的阻礙。另外還有讓人意想不到的來自宗教方面的助力與阻力，以及社會文化條件與重大事件如何與電學研究，以及電學應用產生交互作用，刷新甚至顛覆我們對科學發現乃至於科學家的認知。讓人明白電學中的伏特、安培這些怪異的單位從何而來，以及百年來將錯就錯地將電流方向定義為從正極到負極（與電子實際流動的方向相反）的緣由。書中提供豐富的脈絡，讓人得以從各種面向來看電學的發展，能夠知其然，也知其所以然。

最後，我不得不承認，在翻譯過程中，過去讀科學史與科學哲學的神經迴路曾多次被觸動，深深覺得書中提供了許多好材料來進行各種分析，不管是典範轉移，還是權力結構，抑或是要探討宗教與科學或是科學與社會的關係。但我覺得在譯序中做自己未竟的功課似乎不大合宜。所以，在此只想提一個書中讓我印象相當深刻並感到汗顏的故事，這是關於法拉第的力場概念。

法拉第……遭受到不少批評，因為這與當時科學家所認知的力的作用以及力與距離的關係等概念相抵觸。根據……牛頓的說法，重力這類力量的存在是瞬間的，而且理當只會在直線方向上施力。……然而，法拉第的力場卻違反了這些「規則」：他認為電力和磁力（即電磁）是沿著曲線作用，而且還需要一定時間才會發生。這個概念直接與牛頓的理論互斥。異端！

我不知道為什麼自己在讀物理時，從來沒有意識到這個當年被斥為「異端」的理論，跟牛頓的重力理論是相互抵觸的。國、高中時代在讀物理或化學時，顯然是囫圇吞棗，不求甚解，好像翻過一章，換個課本，就換了一顆腦袋；牛頓力學是一回事，法拉第的電場又是另一回事，明明這兩者都在描述自然界的作用力。對我而言，這是翻譯這本書的意外收穫，讓我重新將碎裂片段的知識重新連結，得以見林又見樹，從一個更大的格局或框架來探討或認識自然，跳脫傳統學科的切割。

這本書當然鉅細靡遺地描述了許多科學發現的過程，但這並不是只寫給對科學史或科學哲學感興趣的人。正如作者在前言中曾特別強調，他並無意將這本書寫成一本電的科學史或是電的教科書，而是要寫給對電感興趣的一般人，寫給今日外在世界幾乎被電子產品包圍，而內部又受到神經電位改變而驅動一切思考與行為的我們。

「世間萬物都帶有電，不論是貓還是人，電推動我們穿越時間，進入未來，也帶來過去的古老記憶。」我想以路易斯・韋恩這句話來作結也挺貼切的。就神經系統會製造電這一點來說，我們都是「帶電的」，而且是靠電驅動的；電也無疑是理解生命運作的關鍵，而穿越時間這點也巧妙呼應了作者寫這本書的一大目標，試圖在這段縱橫古今的電與生命旅程中，「解釋科學如何將我們從過往帶到現在的位置」上。

最後，曾經也身為貓奴的我想把這本書獻給已經回到喵星的小笨，透過電，我們還是可以相互聯繫的。

獻給我聰明慧黠、活潑美麗的妻子海倫。最初是她提議我從生物學的角度寫一本關於電的書，我對這個深具創意的想法感激莫名。少了她堅定不移的愛和奉獻，我的生活勢必極為匱乏。（至於在她眼中的我是一個怎樣的人，就不得而知了。）

CONTENTS

目錄

－前言－

電流時事

經常有人說電很奇妙、美麗；但它之所以如此，單純只是因為與其他自然力量有相同之處。

——麥可．法拉第（Michael Faraday）

我們生活在一個充滿電的社會裡。日常生活中，絕大多數的活動都是靠電力來驅動、照明或是加強。要是你曾碰上長時間停電，就會明白我的意思。然而，有些人對電的本質抱持很詭異的想法。他們認為電是一種外在的物理力量，是在身體之外，是透過電線從一個設備傳遞到另一個設備，完全被限制在電子設備內。他們不明白，電也是一種生物力，特別是對具有神經系統的動物來說，甚至在那些沒有神經系統的生命形式中，電也是不可或缺的。

許多人也還沒意識到，電其實是生命的基礎。第一批的原始生命正是在電所產生的電花中出現的，就此開展了演化之路，從而產生今天具有複雜內部電生理系統的複雜物種。要是沒有電，就沒有生命。不妨稱此為「電之生命／eLife」。

這是一本從生物學角度來講電的書。儘管這樣的路數看似不尋常，但我認為這是講電的故事之最佳方式。因為許多我們對電的認識最初就是在研究電對身體感官和肌肉組織的影響時發現的。更令人不可思議的是，我們對神經系統的了解幾乎全都是用電來進行實驗，以此來對神經進行探測。因此，在這樣一個故事中，同時講述電學和神經科學其實並不是什麼驚人之舉。

幾個世紀以來，電學和神經領域的發現可說是相互提攜，一個領域的發展往往促成另一個領域的進步。英國科學家威廉．吉爾伯特（William Gilbert）在十六世紀後期首次用**電學**（*electricity*）一詞來描述他對電的物理力量的研究。此後不久，英國醫師托馬斯．威利斯（Thomas Willis）則提出**神經學**（*neurology*）一詞來描述他對人類反射和麻痺的研究。這類神經學研究從單純描述神經構造，進展到對神經系統運作的功能性研究，當中用作探測的工具就是電，會針對特定目標加以電刺激。

不過，在體內，會對電訊產生反應的可不是只有神經而已。包括心肌在內的肌肉細胞也是透過電來控制其機械性的功能，甚至連非肌肉組織也有透過神經系統來發送和接收電訊，這是向大腦通報自身狀態，並且接收大腦指令的方式。事實上，我們身上幾乎所有的機能都受到電子監控。

這是因為細胞、組織和器官的電調節對生存至關重要，因此若是身體的「電力設備」遭到破壞，可能會造成重大傷害，甚至有可能致命。如今，我們身邊到處都是電，因此更需認識電造成死亡的狀況、原因與方式。所幸，現在的我們對電的致命影響有很多知識，尤其是**電震**（*jolts*）這種突然傳來大量電的現象，這一點對於預防和治療嚴重電擊很重要。

自發現電以來，已多次將其應用在各種疾病的治療上。由於過去對人體生理學的認識不足，對致病機制也不清楚，再加上對電在體內作用的誤解，早期的電療手法參差不齊——這還是比較委婉的說法。在早期的各種電療法中，**電解除毛**（*hair electrolysis*）可能是少數幾個持續到今天幾乎都沒有什麼變化的療程。

在早期達到全盛時期後，電療在十九世紀後半便不再流行，甚至成為醫學界的禁忌。但隨著電學和神經科學的成熟，對於用電來治療疾病的興趣又死灰復燃，尤其是在神經系統方面的疾病，例如針對憂鬱症的**電痙攣治療法**（*electroconvulsive therapy*）和針對帕金森氏症的深層腦刺激療法，此外許多其他疾病也開始應用電療。電的醫療用途甚廣，可以讓截肢者透過心智來控制義肢，也能用來幫盲人恢復視力。在未來，電療甚至可望取代許多藥物，成為治療多種疾病的一線療法。這樣一來，便有可能避免這些藥物的副作用，特別是這些副作用往往都很嚴重。但不幸的是，我們現在也發現，用電來治療焦慮症，有時幾乎會像毒品一樣讓人上癮。

這本書不是關於電學或電生理學的科學教科書。若你是電氣工程師或電生理學家，本書恐怕無法滿足你的專業需求。我希望這本書能夠廣為各界人士閱讀，因此我避免使用術語，並且特別聚焦在電的故事，這對於認識電之於生物學和健康的關係十分重要。

這也不是一本電的科學史。雖然我書中的一些故事取材於歷史，而且書中的一切都確實是史實，但我無意要編寫一部完整的電學史。無論是本書，還是其他的著作，目前都還沒有人對電學悠久而豐富的歷史提出公允的論述。在本書中，我只是以科學觀點選擇了一些故事，來說明我所關注的電學和生物學的交叉點。在此，我也得承認自己犯了古為今用的這種「現在主義」（presentism）的毛病，傾向於以現代的概念、價值觀和理解來解釋過去的事件。這在科學史家眼中是一項大罪。但我不是歷史學家，而這也不是一本史書。實際上，我發覺現在主義其實是項很有用的工具，可以解釋科學如何將我們從過往帶到現在的位置，而這正是我寫這本書的一項主要目標。

既然如此，那按照我的邏輯，接下來有一個很合理的問題：如果這既不是一本科學教科書，也不是科學史書，那這本書到底是什麼？我會說這是一本解釋性的科學書，在敘事風格上，期望能同時達到教育和娛樂這兩個目標。我希望你在讀畢本書後，會同意我達成了這兩項目標。

我設定的目標讀者群是好奇的人，是有興趣了解電的本質以及其運作方式的人，特別是關於電如何影響人的生活。我希望本書的讀者能學到很多關於電的新知。但我猜也有很多人會發現他們過去對電的認識是錯誤的，或者至少是不完整的。

舉個例子來說，你知道班傑明．富蘭克林用火雞做電實驗時，差點丟掉他的小命嗎？（我敢打賭，你以為我會說風箏實驗。）你知道為什麼人和動物不會被通電的圍欄電死嗎？儘管在全球測得的閃電長度不斷增加，有些閃電現在長達數百里，但你知道為什麼美國的年度閃電死亡率卻不斷下降嗎？你知道為什麼丹麥人在家幾乎從不觸電嗎？你知道擁有最先進義肢的截肢者，如何透過腦中的念頭來控制肢體的運動嗎？你知道電可以幫助盲人看見，讓聾人聽到嗎？你知道精神障礙的休克療法，其實與電毫無關係嗎？如果你不知道這些問題的答案，甚或多少有個底，我想你也會喜歡從一個稍微不同的角度——從生物學的角度，來重新認識這些電學主題。

如果你欣賞本書的風格和結構，將會從中獲益良多。這本書是一部非小說類作品，講述一個目前依舊處於未完待續的發展中故事，滿是各種探索和發現。在組織架構上，我會建議要像讀小說那樣讀——從頭到尾，不要跳過章節或任意翻閱——因為每一章都建立在前一章的基礎上，並且為下一章做好準備。隨意跳讀章節會導致故事情節混亂。此外，書中不會有任何圖表或表格來分散注意力，並且盡量避開數學。本書會在故事的上下文中解釋所有技術性用語或概念。

本書前半部的每一章都是一個獨立的故事，焦點放在電學或生物學的特定主題上，通常是神經生物學。電學和生物學的章節輪流交替，以支持本書的主要論點：電學和神經生物學是一起進步的——可以說是並肩而行——一個領域的進步激發另一個領域的進步。

前幾章的主題放在早期醫師開始使用電療的情況，當時根據的多半是錯誤的電學和人體生理學基礎知識。這些治療多半徒勞無功，沒有具體療效，還讓患者很痛苦。這些早期的電療故事會以軼事形式講述，以此突顯當時醫學界對電學和人體生理學的普遍無知。

在本書的後半部，由於前面已介紹過理解神經生物學所需的基本電學特性的大半資訊，因此會開始減少關於電子物理學的故事，儘管這時還沒有講到神經生物學和電學的所有故事。行文至此，這時各篇章的交替會開始改成神經生物學與醫學。本書後半部的主題會放在近幾年對電和神經相互作用機制的深入認識上，以及這些新知如何促成新型電療法的開發，用來處理種種人類疾病。這些新穎的電療與過去的大相逕庭，當中有許多目前正在進行科學驗證，確定其安全性和有效性。在經過一個多世紀的中斷後，電療正在重新回歸，應用於許多疾病的治療上，似乎在許多醫學專業中都有光明的前景。本書最後附有豐富的注釋。注釋的目的有兩個，一是為正文中的陳述提供引用和來源，並且提供對文本內容中特定主題感興趣的讀者一些擴充解釋。要理解正文的內容並不用參考注釋中的任何資訊，因此無須閱讀，但閱讀注釋可對主題有更深入或更透澈的理解。

本書沒有附詞彙表。就像是對一個生字或單詞的理解一樣，讀者通常只要在上下文中推敲就能理解，這會比在字典中查找其定義更容易，專業術語通常也是如此。所有技術詞彙或具有特定技術意涵的常用詞，在第一次出現時會以粗體表示，並在上下文中加以定義。

在開始閱讀前，還有最後一件事應該要告知你。儘管我相信這本書適合給所有人來讀，但有兩章可能會讓有些人覺得反感。在介紹早期電療的章節（第4章）中，有一些關於性問題的討論，而在觸電的章節（第6章）中則包含一些暴力情節。所以我在寫這些章節時，在內容上特別調整過，即使略過不讀也不致影響後續的理解。但我還是希望讀者不要跳過這些內容，因為這些段落傳達了關於健康和安全問題的重要資訊，這也是我最初寫這本書的其中一個原因。無論如何，現在你已經了解了，可以自行決定。

最後，我向你保證，本書中提到的任何公司或產品，都沒有與我有財務或其他方面的任何關聯。

除了提供豐富內容和娛樂外，我希望書中的科學故事能發揮作用。我期盼能夠讓讀者以許多實用的方式來增強他們與電力的日常互動。電力是一種強大的自然力量，在某種程度上，每個人都在處理它。如果我們都對電有更進一步的了解，我們的社會就可以更明智地使用電力的多種力量，為所有人提供更完善和安全的生活。

我衷心希望在讀這本關於電的書時，你可以很享受，之後還能以全新的眼光來看待電花。

－第1章－

電花飛舞

靜電

我們看到蜘蛛、蒼蠅或螞蟻就這樣埋葬並永存在琥珀中，這比一座皇家陵墓還棒。

——法蘭西斯．培根爵士（Sir Francis Bacon）

丹麥的哥本哈根是座引人注目的城市，市區大膽的建築與周遭的自然美景相互襯托。但是，如果你在網路上搜索哥本哈根的圖片，大多數的熱門圖片都來自同一個視角，是呈現新港（Nyhavn）港口碼頭景觀的彩色照片。新港是一座十七世紀的海濱碼頭，現在還有流行的娛樂區進駐，在狹窄的水道兩側排列著許多色彩鮮豔的建築物和船隻。在陽光明媚的時節，搭配上藍天白雲，無疑是全城最上鏡的地點，隨處都可取景。然而，新港最美的事物在這些照片中是看不到的。

新港最令人驚嘆的寶藏位於最左側的一棟白色小屋中，在大多數的海港照片中都將它屏除在外，並未入鏡。但這些寶藏是真真切切的珠寶，就展示在琥珀屋（House of Amber）中，這間屋子是珠寶店和琥珀博物館的合體。[1] 這座三層樓的建築本身就很有歷史，可追溯到一六〇六年，不過其中的展示品的日期更是久遠，可追溯到史前時代，當中的一些琥珀碎片估計是在三千到五千萬年前形成的。當我進入琥珀屋時，一名穿著考究的年輕女性前來接待，並且自我介紹，說她名叫比基特・尼克拉森（Birgitte Niclasen）。她在琥珀屋的人力資源和特殊計畫部工作，她提議帶我參觀這間博物館的琥珀收藏。

尼克拉森對丹麥的國寶琥珀如數家珍。她解釋道，琥珀是史前松樹的樹汁化石，在世界各地都有發現，尤其是在波羅的海地區，因為這個地區在史前時代有廣大的針葉林。琥珀的密度比水略重，非常輕，因此很容易被沖入史前河流，然後被沖到海裡。正是因為這個原因，經常可以在曾是史前河口的海灘上找到琥珀。事實上，目前世界上大部分的琥珀藏品都是由專業或業餘收藏家從海灘上撿來的。蒐集者知道琥珀最有可能出現在哪些海岸線，在每次暴風後他們都會去那裡翻找，希望暴風從海底翻攪出更多的琥珀，並將新的沉積物沖刷到海灘上。

琥珀因為內含有**包裹體**（*inclusions*）而聞名，包裹體是指嵌入其中的小物體——通常是昆蟲——瞬間遭到凝結。昆蟲困在黏稠的樹液中，最終凝固，成為化石，變成琥珀。[2] 高品質的包裹體會增加琥珀的觀賞價值，經常成為精美珠寶的一部分。尼克拉森向我展示了館內含有最好的昆蟲包裹體的琥珀藏品。她指出，這些包裹體通常不是完好無缺的；這些昆蟲經常有損壞，或是附肢遭到損毀。完美的昆蟲包裹體很罕見，因此才會成為貴重珍寶。而含有比昆蟲大的動物包裹體的琥珀更是極為稀少，這類首飾大多為贗品。這些贗品是將現代動物浸入琥珀色的合成樹脂中製成。

尼克拉森跟我講了一位參觀博物館的女士的故事，那位女士給她看了一個近乎完美的吊墜，當中包含有一條小蛇。這位女士對她的「琥珀」吊墜非常自豪，因此尼克拉森不忍心告訴她這一定是假的。這位可憐的女士大概為她的這個寶貝付出了很大一筆錢，但她的天真是可以理解的，賣假琥珀的騙子甚至能夠騙過商場老手。最有名的一個受騙者是十九世紀富有的美國金融家和銀行家摩根（J. P. Morgan），他曾出價十萬美元（以二〇二〇年的美元幣值來換算，相當於兩百九十萬美元）蒐購一套琥珀藏品，當中最珍貴的便是包含有青蛙的。當他將這藏品捐贈給紐約的美國自然史博物館時，策展人很快就發現那件包青蛙的珍貴琥珀實際上是贗品。[3]

所幸，可以用幾種化學方法來辨識琥珀的真假。問題是，絕大多數的方法都需要取一小塊的琥珀樣品來分析，多少都會造成破壞。[4] 不過，目前也找到一種非破壞性的方法。尼克拉森表示：「要判斷琥珀的真偽，最簡單的方法就是用一塊羊毛布來擦

琥珀

雖然自古以來就被視為寶石，但琥珀實際上是具有數百萬年歷史的樹脂化石。不同類型的琥珀外觀不同，但最常見的波羅的海琥珀（如圖所示）通常是透明或半透明的。在拋光後，有時會看到稱為包裹體的雜質。當中包裹的通常是昆蟲（例如這裡所顯示的螞蟻），牠們在液體樹脂凝固前被困在其中。

照片來源：© Anders L. Damgaard；www.amber-inclusions.dk

拭被懷疑是贗品的琥珀，看看摩擦過的琥珀是否能夠吸附小灰塵顆粒，使其移動。」如果是真的琥珀，會因為這種摩擦而帶電。也就是說，摩擦會讓琥珀產生靜電，因此會吸引小顆粒，甚至會產生讓人感覺到的電花。事實上，正是琥珀的這種電性讓它在寶石中獨樹一幟，深具吸引力。[5]

所有的琥珀都很美，而且可能自從人類出現以來，就很喜歡用它來裝飾自身。考古學家發現最古老的琥珀吊墜可追溯到公元前一萬兩千年，這正好是最後一個冰河時代的末期。[6]然而，琥珀首飾之所以吸引原始部族，不只是因為它具有美麗的外觀。古人也認為琥珀具有神奇的力量。佩戴琥珀首飾的人經常會感覺到它發出的震動，還注意到在用羊毛摩擦後它會吸引泥土或小種子的現象。[7]難怪琥珀會被加諸各種神祕的傳說！

人類有一種傾向，會將所有新發現的自然現象立即應用在疾病治療上。在本書中，我們將會一次又一次地看到這種行為模式。發現琥珀時，當然也不例外。

以琥珀來進行醫學治療的最早紀錄可以回溯到古希臘人，不過這種做法的起源應該更早。希臘人試圖利用琥珀的吸引力來對抗疾病。他們用琥珀石按摩病人的身體，摩擦疼痛的部位，希望琥珀的吸引力能將疼痛從他們的身體中拉出來。之後，羅馬人也用琥珀來治療和預防疾病。因維蘇威火山爆發而喪生在龐貝城的偉大的羅馬博物學家兼海軍指揮官老普林尼（Pliny the Elder，公元二三－七九年）也是其中一位，他建議佩戴琥珀在脖子上，以此來預防喉嚨痛和精神障礙。

日後，琥珀粉末更是廣泛用於各種藥物和魔藥配方中，許多人聲稱這可治療他們的病痛。早在十六世紀，著名的瑞士醫師帕拉塞爾蘇斯（Paracelsus）就推薦用琥珀來「治療頭部、胃腸和其他肌腱的病痛問題」。[8] 但現在看來，除了具有安慰劑效應之外，實在很難相信它真的有任何效用。不過，即使是安慰劑，在臨床上也有其存在的價值。[9]

琥珀除了在摩擦後會產生吸引力外，還會產生電花。要產生吸引力和電花都需要摩擦琥珀，這意味著這兩種現象具有某種程度的相關性，而且是以相同的方式產生。但琥珀的電花與吸引力不同，是可以感覺到的，甚至還可以看到的。有時這種感覺甚至強烈到令人不適。這些電花的性質是什麼，對身體是好是壞？電花造成的疼痛感強弱是來自琥珀的吸引力嗎？總之，電花帶來了許多問題。

在繼續深入這些問題前，我們應該先停下來，準確定義一下我們所說的**電花**（*spark*）到底指的是什麼。大家使用這個詞有時很草率。

在現代英語中，一般認為*spark*這個字源自於古英語中的*spearca*，意思是「被拋出來的發光或發熱的粒子」。這個詞的起源可能非常古老，因為燃燒木材或敲打兩塊石頭——甚至連穴居人也經常這樣做——所產生的最明顯後果就是熱電花。由於電花會灼傷皮膚和眼睛，因此人在處理這種危險現象時會格外小心。所以，即使在非常原始的詞典中，似乎也存在這樣的詞彙，用來形容這種無所不在的危險。

不過，將電花一詞用於描述相關的電氣事件則晚了許多，那是要到有人開始認識，在觸摸物體（如琥珀）時偶爾會感受到某種震動，而且通常在確切的接觸點伴隨有非常微弱的閃光。因為這看起來很像火和石頭所產生的火花，而且碰觸時也很痛，所以就這樣用了同一個詞來描述。但事實上，電花和火花是完全不同的。

火和石頭產生的火花，實際上只是快速燃燒或劇烈摩擦所噴射出來的火焰顆粒。相比之下，琥珀產生的那種讓人有震動感的電花是來自於電而不是熱，這一點我們很快就會討論到。它們產生的感覺不是燒傷，而是電流對身體神經的直接刺激。電花可以與身體交互作用，讓人產生感覺，這種現象在最初發現時，就深受重視。本書的重點也是集中在電花上。

之後，又逐漸發現其他與琥珀具有相似特性的物質，在摩擦它們時，也同樣會產生吸引力和電花。因此，這些會因為摩擦而產生這兩種特性的種種材料都被稱為 *electricus*，這個拉丁文的原意是「類似琥珀的」，衍生到今日則是指具有「電性」的。

世人逐漸發現摩擦兩種不同的材料可以產生電性，之後又有了一個重大突破，認識到摩擦生電的材料間存在一種模式、順序和規則。這等於是打開了系統性研究電的大門，並將電從神祕難解的世界帶入了科學領域。

今天，大多數人會自信滿滿地說電是電子組成的電流，甚至還會補充說明電子帶有負電荷。但也就到此為止了，若是再請他們進一步說明**電子**（*electron*）和**電荷**（*charge*）的定義，可能會開始支支吾吾地說不出個所以然來，因為這些概念真的很難掌握，即使對物理學家來說也是如此。然而，若是請人解釋**流體**（*current*）的意思，他們反而精神一振，因為每個人都認為自己知道「流」是什麼，這指的是液體（如水）或氣體（如空氣）的流動模式。

既然電子在電流中流動，那麼像研究水流一樣來探究電，可能會得到一些非常重要且容易理解的發現。這正是第一批電學研究人員所做的。他們在對電子一無所知的情況下展開研究，單純把電流想像成水流，只是電流是某種看不見的流體而已。在大多數情況下，這種方法確實奏效，研究者將電當成是一種看不見的無形流體後，學到了很多。

當然，電並非真的是一種無形的流體，所以若是太過拘泥於字面意思，真的試圖在這個模型中去尋找那個看不見的流體，注定會失敗。十九世紀的傑出科學家麥可·法拉第（Michael Faraday）非常清楚這一點，日後他將改變我們對電的認識。[10]在一八二一年，他告誡他的同事：「那些把電當成是一種或兩種流體的人認為電流會一直在整段（連接到電池）期間通過電線。……雖有許多支持電的物質性的論點，而且很少有人表達反對意見，但這仍然只是一個假設；必須要銘記在心的是，……我們現在完全沒有證據能夠證明電的物質性，也無法證明有（流體）通過電線。」[11]

儘管法拉第的警語鏗鏘有力，不過若是想要認識電學原理，「電流」仍不失為一個很好的起點，因為電流和水流確實有許多相似處。這就是我們在這裡要做的；先著重在電展現出流動行為的層面上，展開對電的探索，之後再來擔心這個假想的「流體」的確切物理性質。

當然，幾乎每個人都知道，在電的研究史上，班傑明·富蘭克林（Benjamin Franklin）扮演著舉足輕重的角色，這位美國十八世紀的大人物身兼印刷商、發明家、殖民政治家和科學家等多重角色，還有他在打雷閃電的暴風雨中出去放風箏，企圖證明這種風暴來自電的故事，更是為人津津樂道。不過，即使他沒有出去放風箏，他在電學中的成就也不會因此遜色。那場風箏秀對富蘭克林的形象來說是一把雙刃劍。這與其說是一項科學發現，倒不如說是在向世人展現他比所有人都更了解電學原理。[12] 富蘭克林戲劇性的搏命演出，受到極大的關注，他在這場風箏秀中證明了他的電學知識。這場風箏試驗是則有趣的故事，我保證之後會詳細討論它。不過現在讓我們先專注在富蘭克林的實驗上，這顯示出電流確實有像流體的特性。而那正是他真正具有洞察力的地方。

正如前面所提到的，在富蘭克林時代，發電的唯一技術是摩擦兩種材料。以這種方式產生的電會將電流集中在摩擦物的表面。由於這類的起電方式僅是局部性的，也不會產生移動的電流，因此便被稱為**靜態**（*static*）的電，意思是不會改變，或是固定在原位。

但若是提供靜電通往其他地方的路線，它就會從靜態改為動態，開始流動，從而產生電流，就像從碗中吸水一樣。在碗裡的水是靜止的，但如果插入虹吸管，就會以管子為路徑，宛如從上而下的水流那樣流動，靠著重力提供所需的力。一旦產生這樣的電流，我們就有可以測量的標的，並且加以研究。在水的流動中，可以推斷出水的性質，諸如它的重量、密度、阻力、速度、壓力等。同樣地，透過對電流的研究，也可以開始了解電的這些特性。

用手摩擦琥珀能夠產生的電相當有限，因此有人開始尋找起替代品。用絲綢摩擦一般玻璃就可以代替琥珀。玻璃最大的好處在於它的價格相對便宜，而且可以輕易製作成所需的形狀和尺寸。最後這催生出「靜電產生器」，這台機器基本上就是將玻璃製成的棒子、圓柱體或球體在一塊絲綢上旋轉。通常是以一根簡單的手搖曲柄就能產生旋轉的動作。[13] 正是這些靜電器首先吸引到富蘭克林的注意。

富蘭克林指出，他第一次對電產生興趣是去費城參加一個他簡稱為**史賓塞博士**（*Dr. Spence*）的展演。我們不確定這位史賓塞博士究竟是何方神聖，但他很有可能是阿奇博爾德・史賓塞（Archibald Spencer）。一七四四年四月，一位頂著這名號的人在富蘭克林的《賓夕法尼亞公報》上刊登了一則廣告。當中寫道阿奇博爾德・史賓塞將展開一系列以**實驗哲學**（*Experimental Philosophy*）為主題的講座，感興趣者可報名參加系列講座，並在費城郵局領取他們的《實驗目錄》（*Catalogue of Experiments*）。（史賓塞顯然是帶著他的電氣展演器具在各個城市間巡迴展演，因為幾個月前在波士頓的一家報紙上，也曾出現過類似展演活動的宣傳廣告。）既然富蘭克林是刊登那則廣告的報社老闆，在那段時間又擔任費城郵政局長，他很可能有聽聞史賓塞的這場系列講座，並前去參加。

顯然，史賓塞的這個實驗哲學講座包含許多靜電操作示範，用以娛樂他的聽眾，其中一項示範實驗稱為「飛行男孩」（Flying Boy）。[14] 這項特別的展演是當時許多這類電力巡迴展演的主要賣點，吸引了很多上流社會人士。有人認為這項展演相當值得注意，因為這意味著除了機器之外，還有其他方法可以產生電氣現象。著名的英國科學家史蒂芬．格雷（Stephen Gray）於一七二九年首次推出「飛行男孩」的展演。[15] 他和其他人詳細描述了這項展演的步驟和做法，因此我們對其運作方式很清楚。

「飛行男孩」其實是個錯誤用詞，因為從頭到尾男孩都沒有飛起來。在這場展示中，是以固定在天花板上的絲帶將一個男孩懸掛起來，正面朝下地俯視著，擺出「飛行」的姿勢。接著用玻璃靜電產生器讓赤腳的男孩通電。然後在男孩臉下方的地板上，放一本打開的書，並指示他翻頁。男孩手指在書上一揮，書頁就翻了！這讓觀眾大吃一驚。[16] 男孩是如何在不觸碰書的情況下翻頁的？

摩擦一根玻璃棒使其帶電後，就會有吸引力，這時在書本上方揮動這根棒子，就可以在不接觸的情況下翻頁。光是翻頁本身並沒有讓人太過興奮，這節目有趣的地方在於靜電產生器的電可以傳遞到男孩身體上，使他整個人都帶電，就好像他的身體是根帶電的玻璃棒一樣。如果翻頁沒有讓觀眾相信男孩真的帶電，還可以讓他們觸摸男孩的身體，這時就像碰到帶電的玻璃棒一樣，同樣會有被電到的感覺。[17]

事實證明，「飛行男孩」*的表演不僅只是娛樂性的戲劇表演，這是展演成功的關鍵。這個男孩首先要進行電氣隔離，才能讓他的身體帶電。若是讓電流從男孩轉移到地面，那麼他身上的電會很快進入地面並消散。而空氣和絲綢是電的不良導體（導體是指電可以通過的材料，而絕緣體則是電不易流過的材料），以絲綢將男孩懸在空中，這樣男孩體內的電流便無處可去，會繼續留在男孩身體中。至於為什麼是男孩而不是女孩？這其實沒有特殊理由，讓女孩來進行也是一樣的。那為什麼是男孩而不是大人？可能純粹是因為男人太重，不能輕易用絲帶懸吊起來，況且男孩的酬勞較低。

史賓塞進行的靜電巡迴表演通常只在一年中較冷的月分進行。這倒不是因為冬天的娛樂活動較少，也不是因為表演者想放暑假。夏天之所以沒有靜電表演，是因為這套電氣試驗表演在夏天時不會成功，當時沒有人明白個中原因。現在我們知道這是因為夏天的暖空氣通常非常潮濕，而潮濕的空氣是靜電的大敵。

當空氣潮濕時，物體很難通電，就算帶電，物體往往也很快就失去電性，因為空氣中的水會帶走電。在夏季的幾個月，潮濕的天候阻礙了所有玩（或研究）靜電的嘗試。因此，一七四四年四月的那場秀一定非常接近史賓塞電力展演季的尾聲。因此，富蘭克林看到的應當是史賓塞在那個季節最後幾場演出的某一場。之後，史賓塞要等到秋天才會再開始巡迴演出。

＊英國科學家史蒂芬·格雷首先證明人體具有導電和保持靜電荷的能力，他用絕緣絲帶將一個男孩懸吊在空中，調整成俯臥（飛行）的姿勢。這時男孩的身體便不再接地，可以將預先摩擦起電的玻璃棒傳給他，這樣其上的靜電便會進入他身上，使他帶電。在「充電」後，由於他帶電的身體產生吸引力，男孩就能在不觸碰書頁的情況下翻書，還能將小紙片或羽毛吸到他的手指上。儘管最初進行這項展演純粹是為了確認格雷的科學研究，但飛行男孩的修改版很快就成為巡迴靜電表演的主要賣點，這類表演在一七〇〇年代中期曾在還是殖民地的美國巡迴，娛樂大眾，班傑明·富蘭克林也是因為這項表演開始認識到電的神祕特性。

富蘭克林對史賓塞的靜電秀感到震驚不已，開始對電著迷，想要有更多認識。他那時經常和幾個朋友與同事就科學問題通信交流。他很快就開始詢問他們對這些靜電秀的了解，並推測電確切的運作方式。

他發現，有許多人長期研究這些電學奇觀，但看起來當時距離找到解釋各種效應的通用理論還有一段很長的路。[18]其中一個原因是電學研究存在著技術障礙。除了濕度問題之外，也沒有測量電的簡單方法。單是靠物體摩擦來起電也很難產生大量的電，而且這僅能維持幾分鐘的局部帶電；換言之，這些電是無法儲存的。這些粗糙的靜電產生器所產生的結果充滿變數，而且靠測量觸電所引起的疼痛強度來測量電量也不可靠。

不過，時機決定一切。富蘭克林很幸運地在完美的時機對電力產生了興趣。當他在費城觀賞史賓塞的靜電秀時，在荷蘭萊頓（Leyden）工作的彼得・凡・穆森布羅克（Pieter van Musschenbroek）正在挑戰電力儲存的難題。[19]穆森布羅克發明了一種非常簡單的設備——每個人都可以製作——能夠在一個簡單的玻璃瓶裡儲存大量電力，就像存水一樣。這項發明澈底改變了電力研究，因為這讓人得以收集手動的靜電產生器產生的少量電力，將其儲存在瓶子中很長一段時間。需要一點電嗎？從架子上拿一瓶就行了。需要很多電嗎？那就收集一堆瓶子的電，並將它們連接在一起。[20]

隨著日後通常稱為「萊頓瓶」（Leyden jar）的裝置問世——富蘭克林經常稱這為「穆森布羅克的奇妙瓶子」，電力的示範表演也出現全新轉變。從讓一個男孩起電進展到讓一排男人通電！

在費城看到史賓塞較為溫和的電力示範表演三年後，法國神職人員和科學家尚—安托內．諾萊特（Jean-Antoine Nollet）為法國國王路易十五進行了一場自創的電力展演。[21]他找來一百八十名國王的皇家護衛隊員，讓他們手牽手排隊。然後，他讓隊伍一端的士兵用另一隻手觸摸一個完全通電的萊頓瓶頂部。瞬間，隊伍中的一百八十名男子都感受到強烈衝擊而全身縮了起來。國王對此印象十分深刻。

既然一整排一百八十人都可感受到這樣的電擊，那這樣的電量最多到底可以電擊到多少人？諾萊特後來又進行了一場更大的奇觀展演。由於他的日常工作是經營一間修道院，因此他能夠招募加爾都西會（Carthusian）的修士，手牽著手排出更長的隊伍。在那個時代去修道院當修士比今日更普遍，因此諾萊特最後召集到七百人。結果是一樣的，這七百名修士全都受到電擊。這下那個飛行男孩秀完全被比下去。

諾萊特對他的展演結果提供了一個科學的解釋。他表示，電在人之間的傳輸是透過兩種相互競爭的電流來達成——他稱它們為**流入的**（*affluent*）和**流出的**（*effluent*）電流——它們在身體上微小的毛孔間移動，這些毛孔很小，所以肉眼看不見。這套雙流體電學理論的說法引發一些科學家的關注，因為有兩種性質不同的電流或可解釋，為什麼成對的帶電物體有時會相吸，有時則會相斥的現象。若是有兩種不同類型的電流使物體帶電，這樣就可以解釋何以帶電物體會出現交替的排斥和吸引特性。

然而，其他科學家認為這個理論有些缺陷，因為隊伍中的人似乎是同時受到電擊，很難想像流經身體毛孔的液體能夠以這樣飛快的速度流動。儘管如此，這套雙電流理論仍持續流行了好一陣子，直到富蘭克林提出一套更具說服力的單流體理論才將其取代，因為這套單流體理論不僅解釋了人體間的電流運動，還提供了萊頓瓶的運作模型。

想像一個廣口玻璃瓶，好比說蛋黃醬的瓶子，帶有一個塑膠材質的蓋子。用鋁箔覆蓋玻璃瓶的外部，並在內部也鋪上鋁箔，並且確定內外的鋁箔沒有相互接觸。將蓋子蓋回，並在蓋子上打一個孔，然後將一根金屬線從內側鋁箔紙穿過蓋孔，突出上方幾公分。現在，可以將瓶子放在地上，或是以一根電線將瓶外的鋁箔接地。[22] 這樣就做好了一個萊頓瓶，可以準備好來通電。[23]

要將瓶子裝滿電，請用絲綢摩擦玻璃棒，使其起電，然後碰觸瓶子頂部突出的電線。這樣一來，玻璃棒的電就會流入瓶內的鋁箔片中。然後重複上述步驟。重複的次數越多，就會有越多的電流入瓶子中。當瓶子充滿電時，瓶內會產生一股電的「壓力」，就像我們將空氣打到氣瓶中會增加內部的氣壓一樣。這時，裡面的電流會想要流到外面的鋁箔片，逃到地面，以釋放這樣的壓力，但是玻璃阻擋了它的流動，所以這不可能發生。電只是靜止不動地在那裡，等待逃生的機會出現。如果這時有人觸摸瓶子頂部的電線，電就可以逃出來。電流會經過這人的身體，通過他的腳，進入地面而逸出。此人會短暫地感受到電流經過時的衝擊。然後就消失了，瓶子也失去了所有儲存的電力。

現在假設碰觸電線的人站在絕緣體上（或穿著絕緣鞋），絕緣體阻擋了電流到地面的路徑。在這種情況下，就相當於是復刻了「飛行男孩」的狀態。電流進入了男人的身體，卻無處可去，就只能靜止地待在男人的身體裡，等待從他身體逃出的機會。這時你若觸摸那個人，電就會進入你體內；找來一群手牽手的人，電便會穿過所有人，尋找一條通往地面的路徑。若是牽手的這一排人中碰巧有個人赤腳，電就會找到通往地面的路，而排在他之後的人便不會感受到電擊。

這就是發生在萊頓瓶中的情況。電被困在裡面無處可去。瓶中的電氣「壓力」就是日後我們所說的**電壓**（*voltage*），代表瓶內外的電力差。在隨後的故事中，會提到更多關於電壓的事。很快就會。不過現在，先來講講我答應要說的富蘭克林放風箏的故事的真實版。

閃電在天空中看起來就像是迸發的巨大電花，就算不是天才也看得出來，所以認為在雷聲作響的暴風雨中的閃光是電，並不是什麼特別新穎的想法。早在富蘭克林登場前，就有許多人這樣想。對大多數人來說，更明顯的是，出現這樣大的電花想必是因為暴風雨中的積雲儲存有大量電力，而這種電很可能與「靜電產生器」產生的完全相同，只是規模較大而已。

富蘭克林在一七四九年對此加以闡述，企圖說明閃電是一種電的現象：

電流（電）在下面這些細節上與閃電一致：一、發光；二、光的顏色；三、行進方向歪斜；四、運動快速；五、能夠透過過金屬傳導；六、會產生爆裂或爆裂聲；七、存在於水或冰中；八、通過物體時會將其（撕裂）；九、擊斃動物；十、熔化金屬；十一、燃燒易燃物；十二、產生硫磺味。……（我們後來又進一步得知）電流會受到突起的高點所吸引。我們不知道閃電是否具有這樣的屬性。但是，既然它們在所有細節上都是一致的，在這一點上難道會不同嗎？讓我們來做個實驗。[24]

一七五〇年，富蘭克林向公眾宣布要進行一項特別的實驗，探討所謂的閃電電性。實際上，這相當於是將閃電當作電源來進行飛行男孩的示範表演，只不過在實驗設計上有兩大區別：其一是將用絕緣絲帶懸掛的男孩，改為站在絕緣平台（桌腳是以玻璃製作）上的人；其二是讓身體帶電的方式，站在平台上的人要去碰觸一根通往上空的尖尖的長鐵棒，而不是用帶電的玻璃棒來接觸腳。[25]富蘭克林認為這根鐵棒必須是尖的，因為當時已確定靜電最容易被尖的金屬物體所吸引。

他的構想是，在雷雨期間，到教堂尖頂或其他非常高的地方進行這項實驗，這樣尖頭的鐵棒便會從雲層中汲取電力，讓人通電，就像飛行男孩從摩擦過的玻璃棒中獲取電力一樣。

說得更明確一點，富蘭克林並不相信鐵棒會真的被雷擊中。相反地，他認為鐵棒只會讓儲存靜電的雲釋放出電，就像緩慢轉開瓶蓋來釋放搖晃過後的蘇打水瓶中的壓力一樣。但他也明白會有人對這種做法不滿，認為讓一人承受雷電劈打的風險不負責任。因此，他後來提出另一種實驗設計，將一根接地線放在離鐵棒很近的地方，足以引發看得見的電花，這樣就可當作是鐵棒因為雲的經過而帶電的證據，也就免除在這實驗中得讓人帶電的必要。

富蘭克林也有考慮到在出現適當天氣條件進行實驗時，可能會下雨。所以他還特別註明應該要在一個小木屋內進行，以確保所有東西不會被弄濕。只有鐵棒會從小屋中伸出，朝向天空。由於需要一座小屋，因此富蘭克林提出的這項設計，通常又稱為「哨兵箱實驗」（Sentry Box experiment）。

富蘭克林發表了他的哨兵箱構想，並且等待一個合適的時機來進行這項實驗。但是這背後的物流很複雜，需要一間教堂的會眾自願提供其尖塔，還需要製作一根約十公尺長的尖頭鐵棒，另外要建造一個小哨箱等等。於是在這個過程中的某個時刻，富蘭克林突然覺得也許風箏和萊頓瓶就足夠了。富蘭克林推斷，如果關於雲帶電的假設是正確的，他應該能夠用萊頓瓶來捕獲一些暴風雨中的電力，而這只需靠風箏從雲中獲取電力。所以這才是富蘭克林企圖用風箏做的事。他試圖從空中捕獲電力來裝滿萊頓瓶。

他修改後的實驗設計是在暴風雨時出去放風箏，在風箏頂部綁上一根細金屬線，靠近雲層。他希望風箏上的電線能捕捉到一些他認為被困在雲中的靜電。他預料雲中的電會順著潮濕的風箏線流到萊頓瓶中。更棒的是，由於風箏線會變濕，這實際上有助於其導電性。但是他要如何避免自己在這個過程中觸電呢？畢竟，電將會從繩子上穿過他的身體，進入地面，這過程也許會把他電死？

富蘭克林想到的方法是絲帶，採用類似於飛行男孩與地面絕緣的方式，將自己與風箏隔絕開來。他不會直接握住風箏線，而是拿著一條繫在鑰匙上的絲帶。風箏線也同樣繫在這個鑰匙上。這樣一來，風箏裡的電流就只能通過風箏線一直到鑰匙處，因為它無法通過絲帶傳到富蘭克林的手中，所以電會積聚在風箏線下。然後可以將鑰匙碰觸萊頓瓶頂部的電線，這樣電流就會從鑰匙流入瓶內。

富蘭克林還增加了一項額外的安全防護措施，計畫站在避雨棚內放風箏，保持他自己和絲帶的乾燥，因為水會導電。[26] 如果他或絲帶弄濕了，電將會找到另一條路線，穿過他的身體到地面，這樣會危及他的實驗，甚至威脅他的生命。但如果一切按計畫進行，那麼富蘭克林就可以在瓶子裡捕捉到一些暴風雨的電力。

富蘭克林收集好他的實驗材料後，剩下的就是等待一場雷雨。一七五二年六月，一場暴風雨將要襲擊費城時，機會來了。富蘭克林抓起他的風箏，出去抓電。

他的改裝風箏按計畫升空了，富蘭克林看到風箏線的纖維開始變得筆直而向上延伸，就像靜電會讓頭上的毛髮豎立起來一樣，他意識到實驗就快成功。在興奮之餘，他不明智地決定冒險碰一下鑰匙。他用指關節碰了，確認這真的有電。然後他還摸了一下萊頓瓶的鑰匙。他覺得自己把閃電禁錮在一個瓶子裡！

有些人懷疑富蘭克林對這段風箏故事的描述，主要是基於一些間接原因，不過近年來，大多數的批評都為歷史學家所釐清，他們找到了關於這故事的諸多細節，認為這確實有其可信度。[27] 現在學術界普遍的共識是富蘭克林的說法得到了證實。他確實進行了他所聲稱的那項風箏實驗，而且是在他所聲稱的時間：一七五二年六月。

諷刺的是，在富蘭克林進行風箏實驗時，一群法國科學家已經成功地進行了他的哨兵箱實驗。法國人完全按照富蘭克林之前描述的方式來進行這項實驗。他們在富蘭克林放風箏前一個月就成功了，但富蘭克林對此一無所知。在那個時代，消息傳得很慢。直到幾個月後，富蘭克林才得知法國的成功實驗。但富蘭克林並不擔心有人捷足先登，搶走他的風采。他只是覺得很開心，他的想法得到了獨立驗證。[28]

在對富蘭克林的早期批評中，有一個疑問是如果他真的親自做了這個實驗，他是如何活下來，還能描述它的？

閃電會殺人！每個人都知道。俄羅斯科學家格奧爾格・威廉・里奇曼（Georg Wilhelm Richmann）就是一個血淋淋的教訓。[29]在富蘭克林的風箏實驗一年後，在聖彼得堡的里奇曼企圖用金屬棒來重現哨兵箱實驗。他在評估棍子上的電流時，可能有用手觸摸，這時棍子突然被猛烈的閃電擊中，導致他立即死亡。當時的電擊力道非常強大，甚至還擊倒他的同伴，擊裂了附近的一個門框。里奇曼是電學研究的先驅，他在電學方面的研究幾乎和當時的富蘭克林一樣出名。只是里奇曼的運氣很差，可說是倒楣版的富蘭克林。如今，在我們的記憶中，富蘭克林是從暴風雨中提取電力的第一人，而里奇曼卻名列史上第一個死於電力實驗的人。命運是殘酷的。

但也許兩人的命運之所以截然不同，不僅是來自於運氣。富蘭克林在進行電氣實驗時已經明白身體「接地」，（即與地面產生接觸）的問題，因此他採取了預防措施，好比說使用絕緣絲帶來防止電流通過他的身體進入地面。也許里奇曼在這方面比較粗心。但我們永遠不會知道。唯一可以確定的是：千萬不要一個人在家進行任何的閃電實驗。不是每個人都有像富蘭克林一樣的好運。

富蘭克林對閃電的研究並沒有止於風箏實驗。他還做了更多，後面很快就會提到。不過風箏實驗讓他確定閃電的行為就像靜電一樣，因為它就是靜電。這又意味著過去發現的關於靜電行為的基本物理定律也適用在閃電上，而這一層認識具有非常重要的意義。

因為靜電就像水流一樣，會從一處移動到另一處，而且將其限制在萊頓瓶內，就會表現出一種壓力（電壓），這便是何以有這麼多人會認為，靜電是某種類型的無形流體，這一點很容易理解。[30]這似乎是一個合乎邏輯的結論。然而，大家真正想知道的是，靜電中到底含有一種，還是兩種流體。在前面曾講到有人提出雙流體模型，就是因為電既具有吸引力又具有排斥性。會有一種流體既吸引又排斥自身嗎？這似乎令人難以置信。比較容易接受的想法是有兩種不同的流體，每一種都排斥自身，但會被另一種吸引（反之亦然）。[31]但富蘭克林自有一套想法。而且直到今天，他的這套想法在本質上都是成立的（如果不追究細節的話）。

富蘭克林相信，只有一種電流會試圖在所有材料中均勻分布開來。用他自己的話來說：「我們假設……那個電（流）是一種常見的元素，每個人都有這種元素……」[32]換句話說，在正常情況下，固體材料中的電流濃度是相同的；也就是說，它是恆定的。拿兩個物體相互摩擦，意味著將一物體的電流刮到另一個物體上。富蘭克林認為失去電流的物體現在缺乏電流，他稱這狀況為**帶負電**（*negatively charged*）。相較之下，獲得電流的物體則處於電流過剩狀態，因此他稱其為**帶正電**（*positively charged*）。

在富蘭克林看來，帶電物體之間的吸引力是來自於帶負電的物體，試圖從帶正電的物體中取回電流。因此，帶負電的物體會被帶正電的所吸引，因為它們試圖重新分配電荷。相反地，當兩個帶相同電性的物體放在一起時，其效果是加劇而不是緩解電荷分布不均的問題，因此帶同電性的物體有相互排斥的傾向。[33]上面這段內容值得再三咀嚼，直到充分吸收了解為止，因為富蘭克林的這套單電流理論直指電學的基本事實，儘管在細節上還是有出錯的地方。實際上並沒有電流產生，而且電的重新分布在移動上與他提出的方向恰好相反（即電荷通常從帶負電的地方向帶正電的地方移動，而不是從正電處移動到負電處）。儘管如此，他還是對電性有深刻的理解，並且為電的行為提供了一個非常有用的模型，因此時至今日，我們仍在使用富蘭克林的電學術語。[34]

當我在琥珀之家看到這些精美的琥珀藝術品和珠寶藏品時，上面這些故事在我腦海中浮現。是什麼樣的材料能夠教導我們這麼多關於生命的東西？它的物理特性讓它能夠封存生命形式數百萬年，它的透明又讓現代人類能夠看到當中的包裹體，研究它們的解剖結構，提供很多關於史前動物和物種演化的資訊。[35]此外，琥珀的物理特性讓人類見識到電的存在，使我們能夠感知周圍不可見的電的世界，進入我們的身體，甚至是讓生命得以存在——在接下來的章節將會討論。

沒錯，琥珀就是這樣一種神奇的寶石，有著不可思議的成就。事實上，我就是因為深深被它打動，所以實在沒辦法空手離開琥珀屋，就是想買個紀念品。想到我的結婚紀念日快到了，琥珀會不會剛好是我們這次週年紀念的慶祝寶石？我上網查了一下。不是……按照傳統，我們這次的週年紀念寶石是翡翠。這真的很無趣！翡翠就是不對勁。所以我還是挑了一個我買得起的最漂亮的琥珀吊墜，準備送給我妻子，當作週年紀念禮物。去他的翡翠！很難找到比琥珀更重要，或是更有歷史價值的週年紀念寶石了。

– 第 2 章 –

驚電般的發展

動物電

就像老漁夫講的那樣，不管用哪種方法將青蛙掛在魚鉤上，對青蛙來說都是一樣的。

——*保羅・舒勒里（Paul Schullery）*

許多人在看到蛇、蜘蛛和蝙蝠時都會害怕，但最讓我害怕的卻是熊。而這種對熊的恐懼當然成為我的一大困擾，因為我常常待在野外。我當然遇過熊，大部分的時候都只是遠距離的驚鴻一瞥，但的確有一次近距離的切身體驗。那天，我和家人到蒙大拿州的冰川國家公園徒步旅行，在全美四十八個州中，這裡算是灰熊出沒的熱點區，果然在路上一隻看似四百磅重的熊從小徑直奔我們而來。[1] 我們很明智地立刻離開小徑，灰熊沒有搭理我們，所以沒人受傷。但是情況也有可能很糟！

在白天遇到熊的風險還在可以控制的範圍內。只要成群結隊地旅行，大聲喧譁，遠離熊徑，並且攜帶防熊噴霧劑，多少都可確保平安。但到了晚上，變數可就多了，尤其是在春季和夏季，這時節灰熊通常在夜間活動。[2] 在晚上，特別容易受到熊的攻擊，因為即使是營地食物的微弱氣味也會吸引到好幾公里外的灰熊前來，況且這時你睡著了。再來，儘管你買的最新款帳篷可能在睡覺時能讓你保持溫暖和乾燥，但它可無法抵禦飢腸轆轆的灰熊。

這就是為什麼儘管我熱愛戶外活動，但我寧願在小屋裡過夜。在那裡，我可以計畫第二天的行程，享用豐盛的晚餐和精釀啤酒，並且在溫暖而安全的臥室裡舒適地休息。然而，即使是旅館也還是有熊的問題。在旅館裡，廚房飄出陣陣炒鱒魚的香味，這可不是只會將旅館客人吸引到餐廳。正因為如此，有些旅館，甚至是公共營地，也會架設通電的圍欄，以此來阻擋飢餓的熊進入。這些通電的圍欄環繞四周，高達三公尺，夜以繼日地防止熊進入，讓人能安全地在裡面入睡。

儘管三公尺高的通電圍欄結構聽來很龐大，但由於它是用細線製成，而且間距夠大，並沒有像一般圍欄那樣會遮擋視線，不會造成太大的視覺障礙。但千萬不要被它的外觀所欺騙；那些輕薄纖細的電線具有強大的電力。不用說，裝置有通電圍欄的小屋絕對不會有熊的問題。

我對這些通電圍欄的運作原理很好奇，也想知道是否會危及到人類的安全，於是我去向金姆・安尼斯（Kim Annis）請益，她是蒙大拿魚類、野生動物暨公園管理處的一位熊類管理專家。她告訴我，通電圍欄是她管理熊的主要工具，她每天都會架起這些熊網，將熊與引誘牠們的食物（通常是牲畜和水果等作物）分開。安尼斯證實熊網能夠非常有效地將熊拒之於門外，而且不論是對熊、動物和人類（甚至是小孩）也非常安全。她說，她在蒙大拿州使用熊網已經有十一年了，從來就沒聽說這類通電的圍欄對人類或野生動物造成傷害。安尼斯甚至刻意抓住圍欄上的電線，測試它們是否有通電，這類似於富蘭克林以他的指關節來測試。她驚呼：「這種被電到的感覺不是很愉快，但也不危險。」那不會在皮膚上留下痕跡或灼傷。

熊很討厭這些圍欄，但有些熊已經發展出類似人類的指關節測試技巧。安尼斯注意到：「有些熊比較聰明，知道牠們可以用鼻子快速碰觸圍欄，測試它們是否有通電。」若是沒有電，牠們就會穿過去。「但對於大多數的熊來說，一生中只要被電一次，就會嚇得永遠不敢再碰。」這一切都取決於個別的熊。

通電圍欄原本是設計來控制牧場中的牛隻，是個便宜又方便的選項，有的結構很簡單，就是一排齊腰的單根電線，有的結構則較為複雜，像是這種三公尺高的多線網架。通電網架的運作原理，是讓任何不幸同時碰觸到電線和地面的生物遭受強大的電擊。要避免這樣的電擊，只要不碰觸上面的電線，或是不接觸地面即可，這就是為什麼停在電線上的鳥不會被電到的原因。除非豬會有飛天的本領，通電圍欄一定能有效遏阻四足動物，讓牠們留在原地。

用通電圍欄來電擊熊的原理，就和當年用萊頓瓶讓一整排修士帶電的原理一樣。提供強大的電力來源和一條讓電力通過身體到達地面的路線——不論經過的是牛、熊還是修士，這都將產生強大的嚇阻力，約束人所不樂見的行為。但也請不要對此抱持太高的期望。一家這類圍欄的製造商曾警告過他們開牧牛場的客戶，說明這種通電圍欄只能阻擋想偷跑出去蹓躂的乳牛，但抵擋不住正在發情的公牛。要避免公牛前去糾纏母牛，需要更高的電壓和更強烈的電擊。

通電圍欄是安全的，因為這是專門設計來引起疼痛，但不會致死。引起疼痛的是電壓。還記得我們的電流模型嗎？電壓是造成電流的壓力。它不是電流的流速。要致人於死需要有高流速。

這樣想好了，假設在你家院子裡的水龍頭和街道上的消防栓都具有完全相同的壓力（電壓），因為它們的水壓都來自當地同一個水塔。但是如果你打開兩者的閥門，消防栓噴射出的水流（電流）會遠遠多於花園裡的水龍頭，這是因為連接消防栓的水管管徑要大得多。畢竟，有時還會用消防栓中的水來驅散聚集的人群，那時是真的將人直接噴倒，然後沖走，這可不是花園的水管能夠完成的壯舉。因為花園的水管根本沒有足夠的水流，因此不會對任何人構成威脅。

電的壓力很直白地稱為**電壓**（*voltage*），是以伏特為測量單位，但電流則稱為**安培**（*amperage*），或電流量，是以安培為測量單位（通常縮寫為amps）。[3] 安培這個單位名稱其實是來自於法國物理學家安德烈－馬里・安培（André-Marie Ampère），他對電學研究的貢獻十分深遠。電流高時可能會致命。美國家庭的一般用電是一百一十伏特的電壓和介於十～二十安培之間的電流，而這樣的電流足以奪去一個成年人的生命。

相比之下，通電圍欄的電壓雖然高達八千伏特（哇噻！），但通常只有〇・一二安培的電流。為了確保安全，這種圍欄在設計上是以小於百分之一秒的短脈衝來提供低電流，而且會間隔一秒鐘，以此作為安全措施，減少遭受電擊的動物或人所承受的電流。想要用這種方式來殺人，就像試圖用水槍反覆噴射一人來將其淹死一樣，幾乎是不可能的。換言之，通電圍欄非常安全。雖然會帶來很大的痛苦，但不大可能奪走性命。

有觸電過的人都很清楚疼痛與電的關聯，而幾乎每個人都觸電過。前面提過，當年富蘭克林想要測量電流時，只能靠他指關節的痛感來充當簡單的測試方法，但他那時還不知道他感覺到的疼痛主要是由電壓造成的。要到很久以後，才有人發明出區分電壓和電流，以及能夠分別測量這兩者的儀器，也是在這時，世人才理解這兩者間的關係。但在此之前，除了用自身疼痛來判斷是否有電之外，還需要一種更好的方法來測量電流，畢竟疼痛感既難受又不易量化。於是乎有人找上了另一種動物，以此當作替代方案：青蛙。

蛙腿不算是種流行的食物。不過幾個世紀以來，一直被認為是美味佳餚——至少在法國人和中國人心中是如此。但在嘗試料理一盤新鮮的蛙腿前，你得準備好見證一個令人不安的現象。在剛死的青蛙身上，腿還可以繼續活動，而且是相當長的一段時間。甚至當蛙腿被切離身體，也會繼續踢上好一陣子。很嚇人吧！

十八世紀的義大利科學家路易吉・伽伐尼（Luigi Galvani）自認掌握了個中原因。[4] 他聲稱神經和肌肉的活動是受到他稱之為**動物電**（*animal electricity*）的力量驅動，一種據稱是在身體中產生的電流，而抽動的蛙腿正是一個例證，腿部肌肉之所以收縮是受到動物體內的電刺激。[5] 他還做了許多實驗，以各種方式連接電線到切斷的蛙腿神經上，試圖證明他的觀點，但得到的結果莫衷一是。

然後，在一次實驗中，他覺得自己中大獎了。伽伐尼取了一條切下來的蛙腿，以黃銅鉤將其刺穿，然後掛在一個鐵欄上。每當蛙腿碰到鐵欄時，就會收縮，稍微離開這個鐵質支架一點。一旦離開，這時收縮的腿逐漸放鬆，又會重新碰觸到鐵欄，然後不出所料地再次收縮。這樣的縮放可重複好幾遍，直到腿部肌肉筋疲力盡。伽伐尼相信這個實驗是動物電存在的強大證明，因為鐵架透過某種方式傳導蛙腿中的電，使其收縮。但並非所有科學家都同意他對這項實驗結果的解釋。[6]

伽伐尼的競爭對手亞歷山德羅・朱塞佩・伏打（Alessandro Giuseppe Volta），也就是後人將其大名留在電壓單位**伏特**（*volt*）中的電科學家，並不同意他的解釋，並且認為伽伐尼會得到這樣的結果，實際上的主要關鍵在於連接青蛙腿到鐵架的黃銅鉤。[7]他推測當黃銅鉤與鐵架接觸時，會導致電流從一種金屬流向另一種金屬。因為被銅鉤刺穿，又碰觸到鐵架，蛙腿等於橋接了這兩種金屬，提供了一條通路；電流可以通過蛙腿從黃銅流向鐵，而在流經的過程中，刺激肌肉收縮。

伏打認為這條腿本身並不會自行發電，只是在遭受電擊時產生反應，就像手指在被靜電電到時會後縮一樣。他預測，如果把金屬鉤從黃銅換成鐵，就不會有這樣金屬間的電位差異，蛙腿也就不會收縮了。結果他是對的。伽伐尼之所以獲得這樣的實驗結果，是因為使用了黃銅製成的鉤子和鐵製成的固定架。

伏打觀察到電流經常在兩種不同的金屬間流動，這項發現對電學產生革命性的影響，因為這為日後電池的發明打開了大門。然而，伏打並沒有意識到他的這項發現實際上是一種化學現象。大多數電池的運作原理是結合兩種不同的金屬，引發兩者間的化學反應，並在此過程中產生電能。要是你沒有青蛙，也可以用自己的舌頭來進行同樣的電現象試驗。由於舌頭上布滿了神經末梢，而唾液是電的良導體。

實際上，你只要將舌頭伸向一顆小小的九伏特電池（即煙霧探測器和其他小型家電中常見的、那種帶有卡扣式端子的小方形電池）的兩端，就可以感覺到輕微的刺痛感，這是來自於小電池的電量。你的舌頭不太可能因這類電池的微弱電力而感到電擊或收縮，但你確實會感覺到電池產生的電流。

稍後我們會再探討這種電化學（*electrochemical*）反應的性質。現在，只需要知道蛙腿之所以收縮，是由於肌肉受到來自外部電池的電流刺激，而不是體內的電流。

儘管伽伐尼弄錯放在鐵架上的蛙腿肌肉收縮的原因，但他並沒有弄錯刺激肌肉收縮的原因：電流。甚至伏打也承認是電流刺激造成蛙腿收縮。他所質疑的，只是電的來源，並闡明這來自外界而不是內部。電會造成肌肉收縮，這一點是無庸置疑的。

在尚未發明電的測量設備前，指關節的痛感成了測試電流存在與否的唯一簡單方法，而這時青蛙成為一種可行的解決方案。麥可・法拉第也名列第一批推測電是一種流體的科學家行列，後來他引進了電場理論這一革命性概念，還在倫敦皇家研究所打造了一間「蛙房」（froggery），專門用來飼養實驗用的青蛙。[8]蛙房提供他進行電學實驗所需的材料，為了要測量電，他將一隻去頭的青蛙釘在板上，並在每條腿上連接電極。當電線是「活路」時——也就是有通電——就會讓死青蛙的腿動起來。

事實上，德國科學家赫爾曼・馮・亥姆霍茲（Hermann von Helmholtz）真的就此做出一點突破，善加利用蛙腿因電而收縮，以及其收縮程度與電量成正比的這些現象。[9]他根據蛙腿的收縮現象，製造出一種測量電的儀器。首先，他製造了一台「圖表記錄器」（一種透過機械來定速拖行一張在墨水筆下的紙的裝置），然後他用繩子連接記錄器上的筆到被切下的蛙腿上。當他用電刺激青蛙腿時，筆會偏轉，在記錄紙上留下肌肉的收縮時間、持續時間和幅度等標記。施以腿部的電流刺激越強，筆偏轉的幅度就越大，記錄到更大的腿部收縮訊號。

亥姆霍茲後來用這個簡單的裝置來證明，身體中的神經在解剖學上相當於是「導線」（導體），能夠將電的訊號傳到肌肉，從而導致肌肉收縮。在神經的不同位點給予電刺激，並使用圖表記錄儀來測量青蛙腿肌肉收縮所需的時間，亥姆霍茲由此推斷出電訊通過神經的速度為每秒二十七公尺。亥姆霍茲的這個數值，與今日使用現代電子儀器測量的神經訊號傳導速度相去不遠。[10]電訊通過神經的速度要比電流通過金屬線的速度慢得多，也弱得多，但兩者都是電訊號，無論是用於收縮肌肉，還是帶動電風扇的葉片旋轉。

請千萬不要嘲笑伽伐尼關於動物電的想法太過天真。事實上，動物全都會自體發電，而且有些動物，比如電魚，還會產生很多的電。就是連古羅馬人也知道有電魚這種生物。

全世界有數百種電魚，不過羅馬人最熟悉的是一種俗稱為魚雷的**電鰩**（*Torpedo torpedo*或*electric ray*），這是種地中海常見的鰩魚。長久以來一直拿牠來當作實驗材料，醫師會用這種魚來電擊患者，當作是處理各種類型疾病的療法。公元一世紀的羅馬醫師斯克里博紐斯．拉古斯（Scribonius Largus）就曾拿電鰩來電擊他的病人，從頭到腳都可以電，這是他當時治療頭痛和痛風的首選方法。之後，另一位醫師迪奧斯科里德斯（Dioscorides）甚至還使用電鰩來治療痔瘡。儘管這些電魚療法聽來很駭人，但還是持續了好幾個世紀。[11]

這些魚之所以吸引到古人的注意，是因為牠們具有兩項特點。首先，不用真的碰到魚的身體才會被電到，因為牠們的電流在水中可以在遠距離起作用。牠的電也會經由金屬材料，如青銅和鐵來傳導。所以，如果是拿金屬矛來刺電鰩，就會有被電擊的危險。第二點是在魚死後，就不會有電。由於電鰩死後就不再具備電擊的特性，因此人們認為牠的電流一定是某種重要的生命力，在死亡時就喪失，這個假設沒多久就得到證實。

古人很難理解為何相隔一段距離的東西能夠隔空作用，所以就把這些動物歸在神祕物體的範疇，認為這些具有神祕力量。[12] 琥珀和電魚都會隔空產生類似的電擊感，這意味著兩者都屬於神祕世界的一部分，而且是以相同的方式來作用。但過去並不清楚琥珀的電和魚的電究竟代表的是相同的現象，或者只是讓人產生相同感覺的不同現象。

反對兩者是同一回事的陣營提出的主要論點是，琥珀在電擊時會產生可見的電花，但電魚在電擊時不會。沒有電花?!那這些魚怎麼可能「像琥珀一樣」帶電？

過去這幾個世紀以來，一直有人試圖解釋電魚的發電機制，但幾乎沒有什麼進展。一六一五年，耶穌會神父尼古拉斯．戈迪尼奧（Nicolas Godinho）在他的報告中提到，雖然**電鯰**（*electric catfish*）死後便不能再產生電擊，但將一條活的電鯰扔到一堆死魚上時，「接觸到的（死）魚仍會向內收縮，看上去就跟活著一樣」。[13] 這與伽伐尼將斷掉的蛙腿碰觸鐵架時所得到的反應相似，斷腿卻像活著的一樣外踢。顯然來自外界的電流也可以刺激青蛙和魚類的肌肉運動。

一七五一年，法國植物學家米歇爾・阿丹森（Michel Adanson）在前往塞內加爾的探險途中，經過了電鯰的棲息地。他過去曾見識過萊頓瓶的實驗。在他的報告中提到，當用鐵棒接觸這種鯰魚時，會產生一種與碰觸萊頓瓶無異的感覺，他認為這條魚可說是一個活生生的萊頓瓶，透過某種方式，可以從周圍環境中收集和儲存電能，然後在被碰觸時將其全部釋放出來。

大約在同一時間，法屬圭亞那和蘇利南的荷蘭總督勞倫斯・斯托姆・范斯・格雷夫桑德（Laurens Storm van's Gravesande）也在回報荷蘭總部時提及在殖民地發現的特殊鰻魚，在觸摸牠們時會產生與碰觸萊頓瓶相同的感覺，只是沒有電花而已。「但其他一切都是一樣的。」[14]

這些關於活生生的萊頓瓶的報告很快就引起了班傑明・富蘭克林的注意。儘管他在美國無法取得這類電魚，但他鼓勵他在歐洲的同行進行實驗。由於要把魚帶到實驗室很困難，一些科學家索性就去到有魚的地方。有一位電學研究員揚・英根豪茲（Jan Ingenhousz）帶著萊頓瓶去漁民經常被魚電到的沿海地區。他請漁民碰觸萊頓瓶，比較這兩種的電擊感覺，漁民表示完全一樣。[15] 儘管如此，電鰩確實不會產生電花，而當時認為電花是放電的基本要素。因此，對於電鰩是否真的會發電尚無定論。

最終，在一七七五年，英國科學家約翰．沃爾希（John Walsh）得到一隻**裸背電鰻屬**（*Gymnotus*）的大型標本，這個屬包括各種原產於亞馬遜地區的電鰻，體長可以超過一公尺，而他找到方法能夠展現當魚發電時在空中跳躍的電花。[16] 終於發現了難以捉摸的電花。電鰻確實會產生真正的電。[17] 真的有動物電，魚就「像是琥珀一樣」！

除了都會產生類似的電擊外，萊頓瓶和電魚還有另一個共同點。放電後會耗盡當中儲備的電力，而且需要花時間充電。有個著名的放電故事，是來自十八世紀世界知名的博物學家亞歷山大．馮．洪堡（Alexander von Humboldt）。洪堡是個興趣廣泛的人，他提出的自然概念讓他聲名大噪，這也是我們現在理解自然的方式：一股複雜且相互關聯的全球力量，有其自身的存在，而人類只是其中的一部分。[18] 他算是第一批自然平衡論者的大將，主張當人類擾亂環境的一部分時，就會改變環境平衡，這會在整個自然界產生連鎖反應。

除了專精科學研究，洪堡還是一位遊歷廣泛的冒險家和探險家。他對據說棲息在今天委內瑞拉境內的拉斯特羅德阿巴索村（Rastro de Abaso）附近的電鰻（Electrophorus electricus）特別好奇。他前去這個村莊，並表示有興趣要收購活鰻魚的標本。當地人急著去抓魚求賞，於是他親眼目睹了一種不尋常但十分有效的捉魚技術，可以讓他們安全地捕捉大量活電鰻，只是要犧牲掉好幾匹馬的性命。

抓這些淡水鰻的難題是牠們大半的時間都躲在池塘和河流的泥漿中。所以用傳統漁網難以捕捉。當地人的解決方案是將大約三十匹馬趕進一個滿是鰻魚的淺水池，牠們在池中跳動、踩踏，攪動底部，把鰻魚從泥裡擠出來。洪堡對此景寫下生動的描述：「鰻魚因為外界的騷動而驚嚇，於是會反覆地放電來保護自己……有好幾匹馬（臣服在）這些來自四面八方的無形暴力，重要的維生器官遭到電擊；在受到如此高強度和高頻率的電擊下變得驚慌失措，最後沒入水中。」[19] 但鰻魚在電擊馬時也耗盡了所有的電能，因此之後就可以很容易地徒手撈魚，無法再電擊捕魚的人。由於這時鰻魚處於放電狀態，洪堡得以檢查這些活體標本而不致受到電擊。但在接下來的幾個小時內，鰻魚逐漸恢復，又再度獲得牠們電擊的能力，因此變得很危險，無法繼續檢查。洪堡始終沒有弄清楚鰻魚放電的機制。*

電鰻不會真正將獵物電死。牠們只是擊暈獵物然後趁機攻擊。鰻魚可以產生超過八百伏特的電壓（大約是美國家庭電壓的七倍），但牠們根本無法產生足夠的電流來殺死動物。來自鰻魚的每個電脈衝僅持續幾毫秒（千分之一秒），產生的電流不到一安培（家庭安培數的二十分之一）。這有點類似電圍欄的運作原理，只有非常短的低脈衝，不到一安培的電流，因此熊會遭受到電擊但不會死亡。這也類似於現代的電擊棒，其運作原理是發出非常高的電壓脈衝（約五萬伏特），但電流非常低（僅有幾個毫安培）。

但最近，科學家了解到，鰻魚不僅會發出驚人的電擊，實際上還會在咬住體型比牠們更大的獵物時，以重複的電擊來耗盡獵物的肌肉能力。[20]就像蛙腿在反覆以電刺激後會因肌肉疲勞而停止收縮一樣，鰻魚的電脈衝引起的肌肉反覆收縮，也會導致獵物的肌肉筋疲力盡。[21]每次電擊時，肌肉收縮的程度越來越少，直到消耗掉一切能量，這時獵物變得太過虛弱而無法逃脫或反擊。牠可能看起來已經死了，但實際上只是癱瘓，變得非常脆弱。

電鰻大約有八成的身體會用來發電。鰻魚的主要用電器官可以用類似萊頓瓶的方式來儲電，但收集電力的方式則很不相同。鰻魚是用一種稱為**電細胞**（*electrocytes*）的扁平細胞來發電。[22]這些電細胞是以化學方式來分離正負電荷，並且在細胞膜上產生電壓。如此一來，在細胞膜內外會產生**電位**（*electrical potential*）。[23]電細胞之所以能做到這一點，是因為其細胞膜是非常好的電絕緣體。這種化學反應產生的電位，與我們以羊毛摩擦琥珀這種機械性動作產生靜電的情況相當。摩擦將電荷（在這個例子中是負電荷）從琥珀轉移到羊毛上。電荷不能通過中間的乾燥空氣移回琥珀，因為乾燥空氣是一種非常好的絕緣體，就像電細胞的細胞膜一樣。因此，琥珀和羊毛之間存在有電位，稍後會以電花的形式釋放，能夠像鰻魚一樣產生電擊的感覺，但顯然規模要小得多。[24]

當然，光是一個細胞不會產生足夠的電位來電擊任何東西——每個細胞只能產生〇．一五伏特的電壓。但是鰻魚有數千個彼此相鄰堆疊的電細胞，就像一串硬幣一樣，在一堆電細胞中，每個細胞都可貢獻其小小的〇．一五伏特。以這樣疊加的方式

＊電鰻造成受驚馬群嚴重死傷。十八世紀著名的德國博物學家和探險家亞歷山大．馮．洪堡，描述了在今天委內瑞拉的拉斯特羅德阿巴索村的村民捕捉電鰻的方法。根據洪堡的說法，漁民將約莫三十匹的馬群趕到一個棲息著大量電鰻的泥濘淺水池塘。馬蹄的踐踏將鰻魚趕出牠們居住的泥濘底部，鰻魚的報復便是不斷地放電攻擊馬匹，直到耗盡體內儲備的所有電力。在接下來的幾個小時內，鰻魚都無法再電擊，這讓漁民有足夠的時間來捕撈鰻魚，不必擔心會被電到。

來排列細胞，可以很容易的看出是如何從〇・一五伏特變成數千伏特，這樣也能清楚解釋為什麼體型越長的鰻魚產生的電壓較高——因為牠們體內堆疊的電細胞更多。

所以電鰻不會從環境中吸收靜電，並將其儲存起來。相反地，牠們是以化學反應來分離電荷，產生自己的電壓。然後，牠們會立即釋放所有被壓抑的電壓，產生具有高度震撼力的電脈衝。稍後我們將會講到電鰻的電細胞，它們在作用上與人類的神經細胞差不多，只不過發電的範圍和尺度更大。

鰻魚發電的諸多細節至今仍是個活躍的研究領域。一組由美國和瑞士科學家組成的團隊，目前正在研究一種受到鰻魚啟發的新型電池。他們研發出一種柔軟而有彈性的電池，期望有一天能夠用於醫療植入體和軟性機器人，進行體內供電。不過這個團隊承認他們還有很長一段路要走。來自瑞士弗里堡（Fribourg）大學的團隊成員麥可・梅耶（Michael Mayer）感嘆道：「鰻魚的電子器官非常複雜。牠們在發電方面比我們好得多。」[25]

肯尼斯・卡坦尼亞（Kenneth Catania）是另一位現代電鰻研究員，他在田納西州納許維爾（Nashville）范登堡大學（Vanderbilt University）的實驗室研究電鰻的行為。具體來說，他對電鰻如何提高電擊獵物的力道十分感興趣。最近，他發現鰻魚不是用頭咬獵物，就是用頭接觸獵物，而尾巴的末端則捲曲在獵物身體的另一側。由於鰻魚的頭部帶正電，尾部帶負電，因此這樣的動作會導致電流以直線方式從鰻魚的頭部向外流向附近的尾巴，等於是直接讓電流穿過獵物的身體。這種頭尾相接的動作得以讓鰻魚將傳遞給獵物的電量提高到最大。

實際上，鰻魚在不知不覺中形成了電路。電路是電流可以流過的直接通路。如果電路出現中斷，則稱為「開路」。如果電流沒有中斷，則稱為「閉路」。在鰻魚的例子中，獵物的身體為電流從鰻魚頭部流向尾部提供了一條直接路徑，形成關閉的電路。結果就是獵物自身遭到極大的電擊。

鰻魚是如何在不電到自身的情況下電擊獵物的，仍然是一個謎。目前對此有些理論，但似乎沒有一個是完全令人信服的。有研究人員發現，電魚之間共有的基因所編碼的蛋白質可能讓牠們的器官與電絕緣。[26]其他人則指出，由於電鰻的主要獵物都比牠們的體型小，因此電鰻不需要發出大到足以弄昏自己的電擊。還有人說，電鰻離開水面時確實會電擊到自己，不過在水面下，水會將電流從牠們的身體傳出去。真相目前還不得而知。

卡塔尼亞並不滿足於觀察鰻魚的行為，他還想測量鰻魚與其獵物之間的電路，所以他決定將自己的手臂當成獵物，和一條小電鰻連線。[27]他將電極連接到鰻魚的尾巴，然後把相對的電極放置在裝有半瓶水的水中，做出一個開放式的電通路。然後他把手伸進瓶子裡，裸露的手臂露在瓶子邊緣。鰻魚可以看到手，但因為那是在玻璃瓶內，所以無法去碰觸它，所以牠把頭從水族箱中伸出來，超過水瓶，碰觸到手臂而不是手掌，並發出電擊。卡塔尼亞感受到疼痛，手臂不由自主地因電擊而收縮，這情況與被電擊的青蛙腿很類似。

卡塔尼亞重複這個實驗很多次，利用這些數據來估計不同大小的鰻魚可能產生的電力大小。他發現體型大的電魚——電鰻可長到約兩公尺半——能夠產生足以讓人暫時癱瘓的電擊，若是遭電擊的人掉入水中無法動作，可能會溺水而死。

卡塔尼亞說，被鰻魚電到時，他的手臂不由自主地抽離，這讓他感到很驚訝。他對此的評論是：「有一種動物可以遙控你的神經系統，我認為這是一件非常了不起的事情。」[28]卡塔尼亞和富蘭克林一樣，為了推進科學新知，甘願冒著被電到的風險。而且在未來一段時間，他可能還會繼續去感受電擊，因為我們還沒有完全了解電鰻的放電機制。事實上，在富蘭克林做了風箏實驗近三百年後，我們甚至連閃電還沒有完全摸清楚。

– 第3章 –

晴天霹靂

閃電

如果閃電真是神在發怒，那麼神最關心的豈不是樹木。

——中國哲學家老子（公元前六世紀）

閃電好比一頭善變的野獸。就在你自認了解它的時候，又會出現一些意想不到的事情。事實上，近年發生的兩次雷擊事件就非常引人注目，一起是在二〇〇七年美國的奧克拉荷馬州，另一起是二〇一二年在法國——甚至連世界氣象組織（World Meteorological Organization, WMO）的調查委員會都因此建議改變閃電的定義。

那次在奧克拉荷馬州的閃電非常受到關注，因為這是有史以來記錄到最長的單次閃光。那道閃電在天空中是沿水平方向移動，前後橫跨三百二十一公里。以前從沒有人看過閃電能傳得那麼遠。但真正改變遊戲規則的是在法國的那道閃電——它一共持續了七·七四秒。定義上來說，這甚至不能稱之為閃電，因為根據閃電的正式定義，是指放電「在不到一秒的時間間隔內發生的一系列電氣過程」。法國的這道閃電持續的時間遠遠超過，因此委員會建議在雷電放電的定義中刪除對時間限制的描述。[1]

為什麼以前沒有遇過這種情況？長距離和長時間的閃電是全新現象，莫非這是另一項全球性的氣候警訊？不大可能。這也許是因為過去我們還無從測量這類現象。以世界氣象組織的氣候和極端天氣首席播報員蘭達爾・瑟文尼（Randall Cerveny）的話來說：「這項調查強調了一個事實，即氣象學與氣候學技術和分析不斷地在進步，氣候專家現在得以監測和檢測天氣事件，像是閃電紀錄就比過往資料更為詳細。最終的結果是強化閃電相關的重要安全資訊，特別是閃電可以遠離其雷雨雲，傳播很久。」[2]這意味著公眾應該更加小心，避免被閃電擊中，因為即使是在晴朗的藍天，數里之外的雷雨所放出的閃電可能會突然出現在你眼前，甚至將你擊斃——真的就是晴天霹靂。[3]那我們究竟應該如何保護自己，避免被雷劈呢？瑟文尼建議了六字訣：「雷聲大，請進屋。」

然而，身為一名戶外運動愛好者，我知道並非每次打雷都可以躲到室內。有一次，我和一群背包客在北卡羅萊納州的藍嶺山脈（Blue Ridge Mountains）深處露營，在半夜被隆隆作響的雷雨驚醒，這是少數我遇過真的很大的雷雨，其間伴隨有一道耀眼的閃電，然後是震耳欲聾的雷聲。我們的嚮導讓大家走出帳篷，以蹲伏的姿勢站在背包上，雙腿緊緊併攏，低著頭，並將雨衣披在身上，盡可能保持身體和背包乾燥。在雷雨期間，我們得一直維持這種不舒服的姿勢，慘的是這場雨持續了大約一個小時，我們一直努力避免身體的任何部分與地面直接接觸。

暴風雨最終過去後，大家都平安無事地爬回帳篷，只是感覺到有點睡眠不足，還有全身濕透，不過除此之外，也沒什麼好抱怨的。第二天一早，我們就在燦爛的陽光下醒來，把濕漉漉的東西掛起來晾乾，在早餐營火旁安頓下來，並開始討論前一天晚上的這個背包蹲伏姿勢，想要知道這種安全策略的有效性。我們的嚮導解釋道，蹲下是為了讓我們的身體保持低位，減少直接被閃電擊中的機會，而站在背包上則有助於我們與地面絕緣，降低觸電風險，因為打在附近的閃電在接地後，電流貫穿時產生電荷波可能會從地面進入我們的身體。雷擊死亡可能是直接被雷擊中，或是因為接地電流，因此採取這種背包蹲伏策略是為了同時降低兩種致命的電擊風險。

在那場暴風雨之夜過去很多年後，我有時還是會想到當時這些動作和措施，想知道這是否符合今日的閃電安全標準。背包蹲伏究竟是會增加還是減少我們被電死的風險？現在是否會給徒步旅行者一些不同的安全指示呢？

最後我決定向國家戶外領隊學校（National Outdoor Leadership School，NOLS）

諮詢，更新我的閃電安全知識。國家戶外領隊學校是一所世界頂尖的戶外探險學校，專門教授領隊最佳的安全做法。因此，國家戶外領隊學校的教學對人在戶外旅遊的安全行為影響深遠。

我的聯繫人是約翰．古金（John Gookin），他長期在這所學校服務，曾擔任學校的課程規劃和研究經理。古金是世界頂尖的野外避雷安全專家，甚至以此為主題寫過一本專書。[4]根據古金的說法，學校目前仍在教授背包蹲伏姿勢，但這只是最後一個手段。他堅信，這只是在荒郊野外才用的選項，在閃電風險管理中還有其他選擇。

由於在偏遠地區通常無法進入房子或車輛中避難（這些是最佳選擇），因此退而求其次的選擇是注意天氣預報，避免在暴風雨來襲時去高風險地形。[5]這當然意味著遠離高大的樹木和山頂，不過還有一些鮮為人知的策略，例如盡可能選在山的下風處紮營，因為上風處受到的雷擊最多。並且避開洞穴，因為基於某種不知名的原因，洞穴入口似乎是雷擊的熱點。

古金表示，他早期在編寫偏遠地區閃電安全規範時，最常遇到的阻礙就是閃電科學家拒絕與他談論安全替代方案。他們不贊成提出替代方式，認為這是半吊子的「片面辦法」（partial measures）。他們認為公眾可能會因此接收到錯誤資訊，並認為採用這些替代性的安全策略就不用尋找遮蔽處。專家認為建築物和車輛這類遮蔽處才是防雷的「全面措施」，其他一切都只是「片面的」，因此是不適當的。他們不希望與這種公共宣傳內容有任何牽連，覺得採行片面措施可能導致死亡人數增加。

對此沮喪的古金開始參加閃電科學家的會議，看看他能學到什麼關於野地的閃電行為。他發現科學家擁有數十億個雷擊數據點，足以製作出非常高解析度的雷擊密度圖。古金告訴我：「他們的數據在地圖上具有夠高的解析度，可以實際看到雷擊主要發生在山區的上風處。」只是在演講中提出這張電擊圖的那位科學家，並沒有注意到這樣的雷擊模式。當古金向最初對他抱持懷疑態度的科學家指出這種模式時，這位科學家脫口而出：「是啊！雷就是這樣打的！」古金追問道：「那麼，我認為你的數據可以告訴我們，當暴風雨來臨時，大家應該跑到山坡的下風處。」這位科學家答道：「是啊！這就是我要說的！」這個靈光乍現的時刻相當於是對當前閃電安全建議的科學驗證，即盡可能選在山的下風處建立營地。在還沒有這批地圖數據前，這項建議僅是根據理論和過去的事件來推論。現在它得到了科學支持。

後來，有越來越多的閃電科學家開始明白，在無法尋求遮蔽處的情況下，推廣這種片面辦法的價值，只要不會因此模糊掉最重要的防雷公衛資訊：尋求遮蔽處。在古金贏得這些科學家的支持後，他們開始爬梳這些閃電數據，尋找可能與偏遠地區安全相關的資訊。長時間下來，古金與他們當中的許多人建立了密切的合作關係，最後得以提出更科學的雷電安全建議，更有效地保護在偏遠地區的人免受雷擊。

在向公眾推廣這些在野外的「片面辦法」後，並沒有像科學家所擔心的那樣，導致大眾對閃電安全資訊的混淆，而且這實際上降低了在無處可躲的空曠地方的閃電死亡人數，而不是增加。

儘管會出現三百多公里長的閃電，以及在野外不得不折衷地採取避雷的片面辦法，但美國因閃電而死亡的風險其實變得非常低，而且還在持續下降中。事實上，二〇一七年創下全美閃電死亡人數最少的紀錄——只有十六人。其他已開發國家的雷擊死亡人數也出現類似的下降趨勢。[6]有部分原因是醫療進步，遭雷擊者可獲得更好的處理——目前雷擊受害者的死亡率僅為百分之十左右——不過主要原因是被雷擊中的人數減少了。雷擊受害者多半生活在農村地區，在戶外的時間很長。隨著美國都會化的程度越來越高，越來越多的人都在室內度過大部分時間，被雷電擊中的機率正在下降。因此，待在室內的建議雖然很明智，不過在很大程度上與大多數美國人的生活無關。他們本來就待在室內。

如果你連那區區十六次的閃電致死事件都感到擔心害怕，那就向北移動。死亡人數最多的地區是在從德州到佛羅里達州等閃電頻繁的南部各州。再不然就是在整個七月盡量待在室內——這是閃電死亡事件最頻繁的月分。

待在建築物或機動車輛內始終是人類保護自己免受雷擊的最佳決定，但大多數野生動物從來沒有進入室內的選項（或是蹲伏在背包上）。因此動物，尤其是大型動物，遭受雷擊死亡的風險很高。

最近一個關於動物遭受閃電災難的例子來自馴鹿群。在二〇一六年夏天，一整群共計三百二十三頭馴鹿因為被閃電擊中而全數死亡。[7] 這群動物生活在挪威國家公園一處名為哈當爾（Hardangervidda）的偏遠山地高原上，那裡有一萬多頭野生馴鹿生活。政府的野生動物官員在巡視該區的狩獵活動時，發現一大群最近死亡的動物。調查結果推測牠們是因為閃電而死。眾所周知，馴鹿為了安全會擠在一起，而雷雨時牠們可能因為恐懼而擠得比平時更近。不幸的是，這樣擠在一起反而提高整個鹿群遭到雷擊的風險。若是這些馴鹿分散開來，那麼一道閃電不可能將牠們全部擊斃。

受到威脅的也不是只有野生動物。你可能聽說過一句英文短語「*too dumb to come in from the rain*」，字面意思是「笨到會待在外面淋雨」。馬經常會在開始下雨時前往穀倉避雨，但牛很少這樣做。因此，牛是農場動物中最有可能遭到閃電擊中的。在美國，雷擊造成的牛隻死亡率不是很高，但發生這種雷擊時，對一個農場來說可能是災難一場。那是因為牛和馴鹿一樣，也經常會擠在一起。一次閃電造成的損失通常在十到三十頭牛之間，這足以威脅到農場的生存，因此有些農民還會為他們的牛投保雷擊險。

除了擠成一團之外，還有其他幾個原因讓草食動物遭受較高的雷擊死亡風險。首先，牠們通常會站在沒有樹木的田野中（或蜷縮在一棵孤樹下），因此成為周遭最高的物體。在大地上，高度突出意味著更容易受到閃電直接的襲擊，閃電通常會擊中一區域中最高的物體。

就身高的雷擊風險來看，可能會有人立刻想到長頸鹿，在草食動物中，牠們遭雷擊的風險應該會特別高。儘管沒有人進行系統性的追蹤，但就軼事傳聞等相關資料來看，長頸鹿確實滿容易遭到雷劈。在南非的克魯格斯多普（Krugersdorp）附近的犀牛和獅子保護區中，從一九九六到一九九九年，園區的三隻長頸鹿全都被閃電擊中，其中有兩隻死亡。[8]

在二〇〇三年，一場快速移動的雷雨降在佛羅里達迪士尼樂園中的動物王國，飼養員沒有什麼時間將動物帶回室內，當時唯一被閃電擊中的動物就是園中的長頸鹿貝西（Betsy）。不幸的是，牠沒能存活下來。[9] 二〇一九年六月，在佛羅里達州的洛克薩哈奇（Loxahatchee）的獅子國野生動物園（Lion Country Safari Park）遭到大雷雨襲擊，有兩隻長頸鹿在其間喪生。一名公園的員工說發生這種怪事的機率只有「十億分之一」，公園的野生動物主管布萊恩・道林（Brian Dowling）則表示：「這是自然之母的作為，我們無法阻止；我們無法扭轉自然運作的法則。」[10]

不過認為發生機率只有「十億分之一」，似乎嚴重低估了雷擊風險。從過去的經驗來看，長頸鹿經常成為閃電的目標，佛羅里達州下雷雨的頻率高居全美之首，夏季是閃電死亡風險最高的季節。無法干預大自然也是一個有問題的主張，畢竟我們現在掌握有非常有效的方法，能夠降低雷擊的風險。動物公園需要請一位防雷顧問，協助他們預防再次發生另一起「十億分之一」的意外，免得造成更多長頸鹿死亡。

草食動物之所以是雷擊的高風險族群還有另一個原因，牠們是以四條分開的腿站立。腿離得越遠，兩腿間的接地電壓差就越大。驅動電流通過電路的就是來自電壓差。閃電之所以能夠殺死一大群動物，例如挪威的那群馴鹿，真正的罪魁禍首通常是接地電流，而不是直接的電擊。動物的腿在這裡就好比是電極，可以連接起地面和牠們的身體，形成一圈返回地面的電路。地表中的電脈衝會先遇到一隻腳，然後可能會在一條腿上繞行，穿過動物的軀幹，然後再從另一條腿返回地面。這兩條腿間的距離越大，動物死傷的機會就越高。

所幸，人只有兩條腿，因此站立時只能與地面形成一個簡單的迴圈。人可以將兩條腿緊緊地靠在一起，形成一個沒有迴路的單一電極，進一步降低接地電流造成的死亡風險。[11] 併腿不是什麼高超的技巧，人類可以輕鬆做到。[12] 不過要是你曾看過牛仔競技表演中的繩索套小牛，就會知道當一頭牛的四條腿併在一起時，一定會摔倒。

古希臘人認為閃電是天神宙斯的武器，如果宙斯看你不順眼，會向你發出一道閃電，弄得你非死即傷。不過即使是在希臘人之間，也有人對此說法質疑，認為雷雨和閃電最好的解釋是自然的天氣現象，而不是神降的報應。

美國海洋暨大氣總署（National Oceainc and Atmospheric Administration，簡稱ＮＯＡＡ）的雷電安全科學家約翰·詹森尼斯（John Jensenius）提出更現代的雷擊觀點。[13] 我請他解釋雷擊的機制。他告訴我，閃電基本上是一種很長的電花，是被困在雲中的靜電不斷累積電壓，壓力高到把它釋放出來，即使像空氣這樣非常好的電絕緣體也無法阻擋。結果，雲的多餘電荷就直接跳到地面。

雲層必須很靠近地面才會發生閃電放電，再不然就是電壓必須非常高。目前發現，要發生閃電的閾值約為每公尺二百萬伏特。[14]也就是說，雲層與地面之間，每隔一公尺的距離，就需要有約二百萬伏特的電壓，才有可能產生閃電。理解這中間距離與電壓的關係，就很容易明白為什麼一團在固定高度移動的高電壓雲層，在遇到第一個豎立在高空的物體時會被觸發放電。

雲遇到高聳的物體時，兩者的距離突然間減少，這等於是縮小了雲與天空之間的差距，一舉超過每公尺二百萬伏特的閾值，隨即引發一道閃電。上面這段關於觸發閃電的描述大致是正確的，不過詹森尼斯也語帶警示地表示，應該要對所有關於閃電運作的描述抱持保留態度。他對此諄諄告誡：「在經過這麼長時間的研究，我明白閃電可以為所欲為，永遠不該對任何事感到驚訝！」

儘管有詹森尼斯的這番警告，不過就一般引發典型閃電雷擊的機制來看，還是可預期，若是能引導電荷從雲中釋放出來，就有降低雷擊的機率。這樣的推論主要是基於釋放電荷理當會降低雲的電壓。之前提過，在富蘭克林的哨兵箱實驗中，用的是一根九公尺的尖棒，據稱其作用就是在釋放雲的電壓。

假設有一根類似的桿子，能夠與雲層產生電性連接，這樣它便可從雲中竊取電荷，並將其引導到地面（取代實驗中的絕緣平台）。絕緣平台吸電的能力是有限的，但大地吸電的能力卻是無限的。按照之前的邏輯，接地的桿子與低矮的雲層接觸後，就能夠排出電荷，並將雲的電壓降低，也就不會打雷閃電。換句話說，雲的電壓將會降到觸發閃電的每公尺二百萬伏特的閾值以下。

富蘭克林當然對電壓或是引發閃電打雷的閾值一無所知。在他看來，雲層只是以某種不知名的方式接收來自大地的電流，變得過度飽和，因此多餘的電荷只是試圖要返回地面。接地的長鐵棒為電流從雲層回到地面提供了理想的路線。富蘭克林大膽斷言，將長而尖的鐵棒連接到建築物的頂部，並使用金屬線將鐵棒連接到地面，將可排出雲中的電流，減少建物遭到雷擊的次數，避免人員死傷和財產損壞。

儘管今日在美國的雷電致死率不大，但對富蘭克林時代那些移居前往美國的人來說，確實有被雷劈的風險。當時的定居者主要以務農維生，這意味著很多人在夏日時節是在戶外工作，而這是發生閃電打雷機率最高的月分。此外，由於穀倉和農舍需要排水，通常會搭建在農場的最高處，也就是雷擊風險最高的地方。即使是住在城市中，高層建築，尤其是教堂尖頂，也經常被閃電擊中。事實上，當時的教堂是雷擊的主要目標，許多教堂火災都是閃電引發的。因此，在十八世紀，大多數人都將閃電視為對生命財產的重大威脅。

在夏季的幾個月裡，殖民時代的報紙滿是關於閃電的報導，有的是造成財產損失，有的是死傷。由於目前沒有確切的統計數據，無從得知在美國殖民時代的雷電致死風險，或是當時閃電對經濟的破壞到底造成多大損失。不過就當時的出版文獻來看，這批新移民確實很關注閃電，許多人都感到非常害怕。

儘管當時這批北美洲的定居者已經知道「閃電」（光）和「雷」（聲音）的差別，但他們經常混合使用這兩個詞，並且對閃電的電一無所知，往往將人員傷亡歸咎於雷聲而不是閃電。這點可以從這篇一七三二年的報紙報導中看出一些端倪：

> 上週三，大約在十二點，雷聲突然擊中了（紐澤西崔坦）附近的愛比奈瑟．普魯特（Ebenezer Prout）的家；他坐在前門，右手邊坐著威廉．皮爾森（Willian Pearson）這個年約九歲的男孩，那是他唯一的兒子。他站在約一公尺的高處，背對著門，瞬間被擊倒身亡，他的頭髮幾乎都被燒掉，他的外衣、襯衫和馬褲全都裂成碎片，不過他的身體沒有被任何東西碰到。房子的梁柱裂開，支撐屋頂的椽架可想而知的碎成小塊。女主人在（雷電肆虐最嚴重的）新房裡受到這樣的傷害，命運多舛，她最小的女兒也處於同樣的境地。屋主沒有受傷而男孩於昨日下葬。[15]

這些不幸的殖民者儘管待在家中，卻還是遭到了雷擊。這是因為只有現代建築——裝設有內部管道和電線系統的結構——才能提供防雷保護。現代公用事業系統形同為閃電提供了電力傳導到地面的路線，但在殖民時代的家庭中，並沒有鋪設這些管線。少了這些現代建築中的公用設施，室內提供的保護就少了很多。這就是為什麼目前美國與非洲每年的閃電死亡人數差異懸殊的原因。

在美國，每年約二十幾人，但在非洲的閃電傷亡率約為一萬人，因為數百萬非洲人仍然生活在沒有現代管線設施的原始小屋和其他簡陋結構中。他們現在和兩個多世紀前的美國殖民者一樣，很容易受到閃電的傷害。

殖民時代的人將富蘭克林的發現視為上天賜予的禮物，這點完全可以理解的，他們用他所提出的桿子來解決閃電問題，很快地安裝在整個殖民地的公共和私人建築上，在歐洲大陸上也是如此。事實上，當年安裝的一些避雷針，至今仍在使用。馬里蘭州的議會大廈目前就還是在富蘭克林避雷針的保護下，這根桿子是在一七八八年安裝的。[16]在建築物高聳圓頂的上方，立著一根長約七．五公尺的桿子，這是富蘭克林有生之年設計出來最高的一根避雷針。

在二〇一六年七月二日星期五的那天，這棟建築物就是因為這根具有兩百二十八年歷史的避雷針，再度躲過一劫，避開雷擊的命運。[17] 當時這支避雷針被閃電擊中，觸發了建築物圓頂的自動噴水滅火系統，所幸建物沒有冒煙，沒有著火，也沒有一個人員受傷。閃電擊中議會大廈時，州長拉里．霍根（Larry Hogan）剛好在附近。他表示：「不知何故，這似乎很呼應七月四日（美國獨立日）這個國慶週末，美國最古老的州議會大廈被閃電擊中，但被（一根）……富蘭克林最初設計的避雷針救了下來。」

馬里蘭州議會大廈的這場雷擊事件還可說明另一項要點。避雷針確實可以保護建築物，但原因並不是富蘭克林所設想的。正如他所假設的，這些桿子可以釋放雲層中的靜電，但在大多數情況下不足以防止雷擊。富蘭克林確實想到了另一種保護機制，但他認為這恐怕難以實行。他說，在極少數情況下，還是無法防止建築物被閃電擊中，這時避雷針會「將其傳導到（地面），因此建物本身不會受到損壞」。[18] 我們現在知道避雷針的接地功能才是保護建築物的主要機制。富蘭克林誤以為它們會降低建物遭到雷擊的機率，但事實並非如此。

這時你可能會想，到底地面有什麼了不起的地方？為什麼電似乎總是想方設法地尋找接地的路徑？好問題。

要回答這問題，我們得先來做個小練習。環顧四周，看看身邊的各種事物。所有這些物體多少都具有保持或吸收電荷的能力。有些物體比其他物體的吸收力好，但無論它們能吸收多少電荷，都是有限度的。它們的電量限制主要由其導電能力和總質量所決定。金屬板能比木板吸收更多的電荷，而大的金屬板又比小金屬板吸收得更多。

現在來想一下地面——整個地球表面。地面，尤其是潮濕的地面，是一種非常好的電導體。地面是地球這樣一個非常大的球體的一部分。與身邊的事物相比，地球可說是無限大，這意味著不管你給它多少電荷，它都能吸收。

因此，無論你想消除怎樣的電荷，無論是來自閃電，還是其他的一切，地面就是它們最好的歸宿。地球確實可以吸收大量電荷，並且在吸收後不會對其自身的總體電荷產生顯著影響（這是很重要的一點）。對地球來說，多一點電荷只是九牛一毛。就是基於這一點，地面成為我們日常環境的電荷常數，無論用途是什麼。基於此，我們會將地球的電荷當作是所有其他電荷的參考點。將整個地球的總電荷定義為零，並將其他所有電荷與地球的電荷進行比較。[19]由於地面是「零電荷」（zero charge），因此與任何其他東西相比，地面似乎是釋放雲層電荷以及降低高電壓的絕佳選項。而這對身處於天地之間的人來說，意味著永遠不應將自己置於高電壓雲層和大地之間，千萬不要讓自己的身體成為多餘電荷回到大地的最佳途徑。

在今天，我們已經知道該如何解決閃電問題——只需提供電荷通往地面的直接路徑，以此來消除雲中的靜電，但是在富蘭克林的時代，沒有人確切地明白靜電最初是如何進入雲層的。在風箏實驗的三年後，在一封一七五五年的信中，富蘭克林對一位朋友感嘆：「我希望我能給你關於雲層的滿意解答，無奈我依舊對它們帶電的方式感到茫然。」[20]後來發現，就像琥珀一樣，雲要產生靜電也是靠摩擦。

雷雨雲活動的物理性質非常複雜，在細節上仍有一些爭議。不過，必須先具備一些條件才能為雲中的靜電積累做好準備。首先，雲的內部溫度必須遠低於冰點，低到足以讓冰粒從雲的水蒸氣中結晶出來。再者，必須有向上移動的內部氣流。雲層中的向上氣流會將冰顆粒一同向上推動，但並非所有顆粒都以相同的速度移動。由於顆粒大小不同，因此會以不同的速度移動，因此當它們向上移動時，往往會相互碰撞。[21]

試想，要是高速公路上的所有汽車都以相同速度行駛，交通會有多麼順暢。但若是某些汽車的行駛速度較慢，就形同是其他高速行駛汽車的障礙，必須要超車，難免會有些碰撞。在雲中，許多冰粒相互碰撞，最終就是造成大量靜電。若是以單流體模型來看，可以說較小的粒子會將電流從大粒子上刮掉，導致較大的粒子帶負電（電流不足），而較小的粒子帶正電（電流過剩）。

此外，重力也會對雲中帶電粒子產生作用，將大小粒子分離。較大的粒子（帶負電的）會在雲的底層附近聚集，而較小的粒子（帶正電的）由於受重力的影響較小，因此傾向於聚集在雲的頂部。就整個雲層來說，這意味著內部出現電區分隔，正電荷在頂部，負電荷在底部。所以對下方的地面來說，上方經過的雷雨雲，好似一顆巨大的負電荷球，相較於零電荷的地面，它帶有極高的電壓。雲中的所有負電荷都在尋找可以去的地方，而地面看起來非常吸引人。對這些負電荷而言，移動的唯一障礙是雲和地面之間的空氣——一種電的不良導體。但正如之前討論的，若是雲層與地面的距離突然變得很近（距離減小）或雲層中的電荷量變大（電壓增加），那就可以克服空氣這道障礙，負電荷可以不顧空氣，直接跳出來，直入地面。[22] 發生這種情況時，我們就會看到閃電打雷。[23]

你也許聽過有人說閃電是從地面打向天空，而不是從天而降的。實際上富蘭克林是第一位提出這種錯誤的逆向想法的人，他當時誤判了電流流動的方向。在一七五三年給友人彼得·科林森（Peter Collinson）的信中，他提到：「在大多數情況下，發生雷擊（閃電）時，其實是大地向雲層打去，而不是雲層雷擊地面。」[24]

富蘭克林之所以會得出這樣奇怪的結論，是因為他發現從雷雨雲中捕捉到的靜電是帶負電的，而不是他所預期的正電。（他並不知道雲層只有底部是帶負電，它們的頂部是帶正電的。）富蘭克林對這一發現感到困惑。根據他的流體模型，雲之所以帶負電荷是因為它們缺乏電流。在富蘭克林的流體模型中，電流只會從正電荷流向負電荷，這意味著我們所看到的閃電，勢必代表著從地面跳到帶負電荷的雲層的電流。若是電流的方向相反，就會與他的模型不吻合。到底是大家都弄錯了閃電的方向？還是富蘭克林模型中的電流方向有誤？

富蘭克林最初對兩種電荷狀態的正負分配是隨機且無關緊要的，他大可以稱它們為電荷A和電荷B，並聲稱電流是從A流向B，或是從B流向A。但他更喜歡稱它們為正負，因為他認為它們代表的是一種電流的過量或不足。這是他的單流體電模型的基礎。這套模型和他的命名都意味著，電流會從過剩區域（正）移動到不足區域（負），而不是反過來流動，因為就緩解電壓來說，這樣的流動是沒有意義的。

儘管富蘭克林從未解釋過他是如何決定哪個電荷是正電荷、哪個是負電荷，但他必定有他的理由，而且他從未質疑過自己對電荷正負分配的正確性。這就是為什麼當他發現雷雨雲的電荷是負的時，會感到如此震驚。[25]這意味著雲要從地面吸收多餘的電流，因此閃電應當是從地面發出的，而不是天空，這是一個非常違反直覺的看法。

亞利桑那州的閃電

當雷雨雲經過時，雲底部的負電荷會導致下方地面開始出現正電荷的積累。負電荷中的「先導閃電」（leaders），受到集中在那裡的正電荷所吸引，開始從雲的下層離開，以鋸齒狀（階梯狀）的方式向地面移動。這些階梯狀的先導閃電看起來很微弱（可以從這張照片中閃電的左右兩側看到），而且大多數並未能真正接觸到地面。但是那些確實到達地面的，就此形成了一個關閉電路，隨之而來的就是大量電流一舉而下，伴隨著耀眼的閃光，這稱為回擊（return stroke），沿著先導閃電的整個長度（如圖片靠近中心的部位所示）。

照片版權：David Blanchard

然而儘管如此，富蘭克林在解釋時，寧願去顛倒閃電的方向，而不是調換他對正負電荷的分配。[26]

我們現在知道富蘭克林對電荷移動的看法是錯的。在大多數情況下，電荷不會從正極流向負極，它從負極流向正極。這單純是因為只有負電荷能夠移動（正電荷通常是保持靜止的，我們稍後會談到原因），這就是為什麼電流會從帶負電荷的雲層底部向下跳往地面的原因。然而，在大多數情況下，電流正常運行的唯一必要條件是有某種類型的電荷在移動。流動電荷的確切方向通常不太重要。（如果你把電池倒著放進普通的手電筒裡也沒關係；它仍然會亮。）這就是為什麼在談論電子設備時，我們仍然按照富蘭克林的說法，將電流定義為從正極向負極移動，儘管知道電荷，特別是負電荷，實際上是反向而行。

不過，就某方面來說，富蘭克林這套閃電從地面往天空打去的講法，也有部分是正確的。雖然負電荷會從天空移動到地面，但它是一個相對微弱的先導閃電，僅是一個向下傳播的電花。當先導閃電到達地面時，負電荷會向地面放電，產生極強的光，照亮先導閃電剛剛在空中所經過的路徑。[27] 這道明亮的光，稱為**回擊**（*return stroke*），源自地面，而發出的光會沿著先導階梯一路向上走去，回到雲層。所以說，閃電發生時，電荷是從天而降，但耀眼的光芒確實是從地面升起。[28]不過這光向上的過程非常快，不用費心去觀察，因為人眼是無法辨視出光線行進的方向，需要用到特殊的高速錄影機。[29]

你可能會想，在富蘭克林發明避雷針後，這產品應該如野火燎原，在全世界蔓延開來，每棟高層建築的管理者都會安裝一套。確實如此，避雷針很快普及開來，只有一個例外：教堂尖頂。這點令人大感不解，縱使在保護建築物方面避雷針的效果接近百分之百，但是教堂採用的步調卻很慢。這主要是因為教會管理者認為他們手上有比避雷針更好的保護方式。他們有鐘。

時至今日，還是可以在一些中世紀教堂的鐘樓上看到「*Fulgura frango*」這句拉丁文短語，意思是「打破閃電」。鐘樓會刻上這樣的銘文是因為當時普遍相信教堂的鐘聲能夠擋住閃電。有些人認為鍾聲會呼喚上帝，保護教堂抵擋迎面而來的閃電。即使是非教徒也相信鐘聲在某種程度上具有保護作用，因為這種做法行之有年，而且非常普遍，所以大多數人都認為一定有避雷的效果。也許是響亮的聲音打破了雲層。

但顯然鐘聲的保護效果沒有預期中的好。在一七五三～一七八六這三十三年期間，法國有三百八十六座教堂鐘樓被閃電擊中，其中有一百零三名敲鐘人因為接觸鐘繩而觸電身亡。[30]在一七一八年這個不尋常的夜晚，一場雷雨席捲了法國的布列塔尼，閃電擊中了朗代諾（Landerneau）和聖波勒德萊昂（Saint-Pol-de-Léon）這兩地間的二十四座教堂尖頂。[31]這些教堂敲鐘人的命運無史料可考，但當時可能造成重大傷亡。

儘管沒有遭雷擊的敲鐘人的現身說法，但確實有位可信度甚高的見證人留下了雷擊事件的描述。未來的諾貝爾獎得主聖地亞哥・哈蒙・卡哈爾（Santiago Ramón y Cajal）兒時還在就學時，親眼見證過一次暴風雨來襲時閃電造成的致命後果，當時他所在城鎮的神父決定在打雷時去敲響他教堂的鐘，而不是逃離避難。卡哈爾後來說，那天是他一生中遇到最戲劇性的一刻，也是最為激烈的經歷，對日後的他影響深遠。他在自傳中描述了雷擊的後果：

> 人群中傳來聲響，把我們的注意力都吸引到掛在鐘樓欄杆上的那個奇怪的黑色人影。那其實是可憐的神父，他倒在鐘的下方，籠罩在濃煙中，靠在牆上，毫無生氣地垂著頭，他以為只要跑去敲鐘就可以化解閃電雷擊帶來的危險。有幾個人爬上去幫他，發現他的衣服都著火了，脖子上有一個可怕的傷口，幾天後他就死了。閃電穿過他的身體，肢解了他，很是可怕……我們後來慢慢拼湊出當時發生

的事。一道閃電，或是一陣電，擊中了鐘樓，鐘的一部分都熔化了，神父因而觸電。之後，閃電繼續它無常的路徑，從窗戶進入學校，刺穿了我們這些學童所在的低樓層的天花板，把大半的天花板弄個粉碎，然後從女教師身後經過，讓她立即暈過去，還打壞了掛在牆上的救世主的照片，最後它消失在地板上的缺口處，一個靠近牆壁看似老鼠洞的地方。[32]

對卡哈爾來說，這次的閃電事件澈底改變他對自然界和生活的看法。之後，他認為大自然非常善變，有時甚至極其殘忍。他也開始體會到生死無常，對此感到害怕。儘管閃電事件對他幼小的心靈造成創傷，但他認為這次的經歷轉變了他的生命，也許日後幫助他發展出「持續觀察自然奇觀來強化心智」的價值觀。[33] 我們馬上就會看到，卡哈爾確實有一個非常強大和敏銳的頭腦。他後來發現了**神經元**（*neuron*），這是神經系統的基本訊號單位，他敏銳的觀察力可見一斑，也因此為他奠定神經科學之父的地位。就卡哈爾和富蘭克林的經歷來看，可以很輕易地推測，他們的科學成就有很大一部分可能源自他們與閃電的交會，那是足以改變他們人生的相遇。

要是擊中那位西班牙神父的閃電與我們日常生活中所熟悉的類似，那估計它可能會產生四萬到十二萬伏特的電壓。就目前家用電源插座的電壓約為一百一十伏特（或兩百二十伏特）這點來看，這似乎是一個非常巨大的電壓，有時光是被家用電源插座電到也可能喪命。不過換個角度來想，赤腳在地毯上行走時，若是經過摩擦的腳接觸到導體時，所產生的靜電電擊有可能達到兩萬五千伏特，這離閃電電壓範圍的下限不遠，但從來沒有人死於地毯靜電的電擊。

之所以會有這樣的差異，是因為閃電電壓來自於雷雨雲中積累的大量靜電荷，相比之下，在地毯上摩擦腳而在身體內積累的靜電荷可說是微不足道。你永遠不可能從身體中獲得足夠的電荷，然後匯聚在指尖，射出閃電。再說，電流實際上只是電荷的流速，因此不當的整體充電意味著電流會非常有限且短暫。正如之前提過的，即使在像熊這樣的大型動物身上，受到短暫低電流所產生的高電壓也可能會讓牠們感到疼痛難耐，但這絕不會電死一隻熊。

那麼電流究竟要達到多少安培數才會致人於死呢？其實並不多。即使是〇．〇一安培的持續電流也會干擾肌肉運動，包括橫膈膜，從而影響呼吸。若是再將電流提高到十倍（〇．一安培），那就會開始干擾心臟的跳動，導致心臟病發，致人於死。隨著電流的提高，所有器官最終都會受到影響，不過神經系統和肌肉特別脆弱。[34]

你可能會問，若是連低安培數的電流都會致命，那怎麼會有人在被閃電擊中後還倖存下來？這是一個好問題。目前看來主要原因似乎是**閃燃**（*flashover*）這種現象造成的，即電荷僅在身體表面移動，沒有明顯穿透內部器官的情況。[35]當閃電碰觸身體時，電流最初會開始在內部移動，但體內的阻力會阻礙它的運動，於是它在皮膚上找到了一條阻力較小的路線，特別是當皮膚出汗或潮濕時，就像被雷雨困住的人可能會遇到的情況一樣。因此閃燃較常發生，這時閃電的電流雖然通過身體，但實際上並沒有進入內部。閃燃會減少體內累積的電能，而且通常不會致人於死。

第二個原因是閃電的時間非常短暫，通常只有幾毫秒，這降低了雷擊的殺傷力，與那些電源來自高功率電線的電擊很不一樣，在遭受電擊時，電流流入人體的時間通常會持續一段較長的時間。閃燃現象是閃電的殺傷力看似無常多變的主因，它難免會奪走人的性命，但還是有些人逃過一劫。

前面已經提過電壓是導致疼痛的原因，而電流的大小則會決定生死。不過，這樣的二分法有點過於簡化，因為還是需要一定的最小電壓來推動電流。換句話說，若是再回到水流的這個比喻上，我們需要足夠的水壓（電壓）才能推動水流（電流）通過水管，不然就只是一條裝滿水的管子在滴水，連洗車都沒辦法。

說到汽車，汽車電池也是權衡電壓（伏特）和電流（安培）關係的一個好例子。車用電池通常會輸出一～八安培的電流，若是僅以電流量來看，這個大小已經達到足以致死的程度。但由於大多數的汽車電池只有十二伏特，相當於是八個手電筒電池（每個一．五伏特）串連起來的電壓。這樣的電壓通常不足以產生威脅人命的電力，因此汽車電池算不上是特別危險的用品。那麼，要是十二伏特不能致人於死，就任何固定電流量來說，到底要有多少電壓才會危及人命？是否有個閾值存在？可惜目前對這些資訊並不完全清楚。這問題實際上比想像中的要複雜許多，因為電壓值不僅會受到電流量的影響，還會在通過人體時受到關鍵組織導電性的先天因素所左右。然而，就過去累積的觸電死亡案例來看，[36] 在僅有四十七伏特的低電壓下，也有致死的情況。[37] 而且單就理論考量，在條件適當時（或者更好的說法，應該是陰錯陽差的情況下），只需要二十五伏特就足以取人性命。[38]

你可能有注意到，理論的致命電壓（二十五伏特）和據稱安全的汽車電池電壓（十二伏特）之間僅有兩倍的差異。若我們談論的是某種藥物治療，兩倍的藥量比率——有時稱為治療指數（therapeutic index）——就算是極其危險的藥物。這意味著服用一粒藥片可以緩解頭痛，但兩粒藥就會送你進棺材。這樣的安全邊際相當狹窄。

因此，實際層面的最佳建議是嚴正對待所有電壓，因為你永遠不知道是否會遇到陰錯陽差的情況，昨天還是安全的電擊量到了今天卻成為致命的一擊。諷刺的是，儘管現代化的生活偏重在室內，而且建築物還有加裝避雷針保護，這可能會讓人減少對閃電的恐懼，但也許對你家的烤箱感到害怕可能是明智的。在面對電時，最起碼的原則是，無論電壓大小，都不要冒險用電。我有點離題了。現在讓我們再回到那位觸電身亡的神父身上。

卡哈爾描述的這起事件發生在一八六〇年的西班牙，當時距富蘭克林發明避雷針已經有一百多年，想來真的相當令人遺憾。如果那座教堂上裝有避雷針，即使是在雷雨中敲鐘，神父還是能保住性命。這不必然是非此即彼的單一選擇，神父可以在有避雷針的保護下敲鐘，上帝不會介意他有一個備用計畫。

相較於這座沒有避雷針保護的西班牙教堂的悲慘經驗，有座義大利教堂倒是早在一七七六年就安裝了。根據威尼斯的聖馬可大教堂（St. Mark's Basilica）的記錄，他們高約一百公尺的鐘樓在一三八八年、一四一七年、一四八九年、一五四八年、一五六五年、一六五三年和一七四五年都曾遭到閃電襲擊，[39]自從一七七六年安裝避雷針後，鐘樓就沒有遭到閃電損壞，一直存續到它因年久失修而毀損。在一九〇二年七月十四日，這座豎立幾百年的鐘樓在嘎吱作響的聲音中倒塌。所幸，就在倒塌前，鐘樓的外牆突然出現一個大裂縫，內部也傳出石頭落下的聲音，這提醒他們淨空了周邊區域。因此鐘樓倒塌時，唯一造成的死傷是看門人的貓，顯然牠已經享受過九次生命。[40]

富蘭克林的避雷針大獲成功，這不僅讓他在科學界聞名，也成了家喻戶曉的人物。他的名聲在全球如閃電般傳開，這帶來一個意想不到的結果，許多人不僅將他視為電力專家，還將他視為天才（這點也毫無疑問）。於是，有人開始向他諮詢各種問題，甚至包括他們的疑難雜症。要求富蘭克林提供醫療諮詢倒也不是太過牽強，因為他確實對醫學有著濃厚的興趣，而且經常就各種醫學問題撰寫文章，在這方面算是知識淵博。[41]他一直大力支持天花疫苗接種，在他兄弟約翰因膀胱結石而排尿困難時，他甚至還發明了一種軟性導管來幫助他舒緩症狀。

富蘭克林經常提供醫療建議給親朋好友，但同時也會附上免責聲明，提醒大家他畢竟不是醫師：「我希望您考慮我的建議，但我給的任何建議，都只是基於我的善意。在實際執行上，還是要依照您的醫師的醫囑為主。」[42]

儘管缺乏醫學證書，富蘭克林並不排斥親自對病人進行實驗性治療。自萊頓瓶發現以來，大家就知道，充滿電的瓶子所產生的電擊會導致肌肉強烈收縮。照這個邏輯來看，很自然就會想到一個問題：是否可以用電來治療肌肉癱瘓的人。以電學專業知識聞名的富蘭克林沒等多久就遇到癱瘓者前來尋求他進行電力治療。而他也有求必應地為他們治療。

富蘭克林在一七五七年寫了封信給他的醫師朋友約翰．普林格爾（John Pringle），在當中描述了這些治療方法：

> 有（許多）來自賓州和鄰近各州不同地區的癱瘓人士被帶到我這裡接受電療，他們要求我為他們治療。我的方法是先把病人放在電椅上……然後，我將兩個六加侖的（萊頓）瓶充滿電，每個瓶子都有大約〇．二三平方公尺的表面塗層，然後我將這些電收集起來，對一處或多處癱瘓的肢體發送電擊，通常每天重複三次這樣的療程。我觀察到的第一件事是，中風的跛足肢體立即比其他肢體更溫暖……四肢的自主運動似乎也變得更好，似乎獲得了力量……出現這些變化讓病患精神一振，帶給他們治癒的希望；但在第五天之後，我不記得有看到任何進步。認為電擊太強而感到失望的患者，決定回家並在短時間回復原樣；所以我無從得知電對癱瘓者是否會產生什麼永久性的好處。[43]

在經過這次的經驗後，富蘭克林又回頭去鑽研他的避雷針，繼續改善了好幾年，不斷地嘗試各種設計。他結束了電在醫療潛力方面的研究，不再繼續電療。不過其他人則前仆後繼地持續下去。

－第 4 章－

電療治百病

電療機

與其找個講話頭頭是道，能夠清楚解釋病因，但治不好病的醫師，倒不如求助於講不出個所以然來卻能治好病的江湖郎中。

——查爾斯．迦勒．科爾頓（Charles Caleb Colton）

我戰戰兢兢地踏上約莫三十公分高的平台，這平台立在四個實心玻璃柱的桌腳上，以便與地面絕緣。我按照「電療師」的指示，將左手放在一根當作電極的黃銅棒上。然後，電療師從上方降下另一個電極——一個懸掛在金屬棒末端的倒置黃銅「冠」，直到它懸在我剃光頭髮的頭頂上方，大約四十公分處。現在準備好要開始電療了。

上面這段是我接受托普勒起電機（Töepler Influence Machine）治療的場景，先來假設我患有頭部疾病。[1] 在一九〇〇年，托普勒製造的起電機被認為是最先進的醫療設備。托普勒製造出各種尺寸的電療機，但我感興趣的這台是當中最大和最昂貴的。想像有一大張裝飾華麗的大理石桌面、抽屜和所有的配件。桌面後方放著一個巨大的玻璃「魚缸」，跟桌面一樣寬，高度約有一公尺。這水箱估計可以裝五、六百公升的水，不過裡面沒有水，也看不到魚。相反地，在水箱中會看好多個棕色的半透明玻璃圓板，類似於大型的琥珀圓盤，直徑將近約一公尺，一片片地裝在一個軸上。一個看似從福特T型古董車啟動器上拿下來的手搖柄，安裝在大理石桌的右上角。轉動它就會帶動這些玻璃圓盤，產生電力。

我的電療師首先轉動曲柄，讓這些玻璃盤旋轉。他觀察兩顆黃銅球的移動狀況，以此來評估機器輸出的電壓，這些黃銅球好比一顆大的棒棒糖，在桌面上，朝向彼此。兩顆球分別連接到機器的正極和負極。這個設計是為了讓球不斷靠近彼此，直到兩者間開始出現可觀察到的電花。如果在兩球相距很遠時（超過三十公分）就有電花噴出，表示電壓非常高。如果球必須要靠到幾乎接觸時才能產生電花，則意味著電壓非常低。因此，兩球間的距離是衡量電壓大小的間接標準。電療師認為在產生電花的間隙大約為十五公分時的電壓是適合用來治療我的，他按下一個開關，電路從金屬球上重新布線……朝我的頭發射過來！

懸掛在我頭上的頭冠，看起來就像英國民間傳說中亞瑟王與騎士舉行圓桌會議時會戴的東西，但有一個例外。這頂王冠的邊緣上方沒有突出的六、七個尖角，而是有一百個朝下的小點，好比一張血盆大口的鯊魚牙列，看似要咬下我的頭皮。

這整場體驗讓人覺得很超現實，如果我說我完全不擔心自己的頭，那就是在說謊。畢竟，看到跳躍的電花，還有一個充電的王冠懸掛在我的頭上，就跟進入《科學怪人》這部電影沒兩樣。我準備好讓自己被電擊，但我毫無被電到的感受。相反地，我感到一陣涼風從上面吹來，頭皮和臉部的皮膚開始發麻，我的襯衫緊貼在胸前。簡而言之，這感覺挺舒服的。

這是我感覺到的部分，我沒看到的是籠罩在頭頂上的藍光光暈，它們就像極地的極光那樣閃爍。所以我的電療師調暗了房間的燈光，親自站到平台上，站在我原本的位置。然後由我來為他轉動機器，好讓我看到他頭部周圍的藍色光環。太神奇了！

這個「靜電微風」（static breeze）療程是十九世紀電療法的復刻，我完全可以理解為什麼會取這樣的名稱。[2] 從懸掛的王冠流到我頭頂的靜電流，感覺起來就像是一陣涼爽的夏日微風，就像那種在天花板上緩慢轉動的風扇所帶動的。

靜電微風療法不僅可處理頭部，也適用在其他身體部位，只需用其他電極附件來代替那個倒置的王冠即可。只是在以靜電微風療法用來治療頭部疾病時，通常又稱為「電洗頭」。他們相信這種電洗不僅可以治療病人的頭痛，還可以清除所有的壞想法。若是頭部問題持續存在，或是之後再度復發，則會為患者提供更多次的電洗。

我的電療師傑夫・畢哈利（Jeff Behary）也是電療機的收藏家和修復師，收藏有各種古董電療機。三十多歲的畢哈利是個非常活潑、熱情的男孩，向我展示了他跨越三個世紀的收藏品，當中有各式各樣不同年份的電療設備。他這股對自己愛好的熱情深具感染力，我也被他這個製造醫療電花和種種電擊設備的神奇世界所吸引。畢哈利有很多令人驚嘆的收藏，而這台托普勒起電機是他收藏中的明星。這類托普勒機器目前全世界可能剩不到幾台，而他這台是世界上唯一真正有在運作的。它之所以還能運作，是因為畢哈利找來各種工匠協助，包括翻新玻璃盤的玻璃工，將它恢復到原來的狀態。

世界上還有許多其他的古董電療機收藏家，畢哈利認識當中的大多數人。他感嘆道，由於蒐集這類機器的人日益增多，造成市場價格變高，因此他無法重新組裝他目前的收藏品。儘管蒐購稀有品的競爭激烈，但畢哈利的收藏是獨一無二的，因為他大部分的機器都可以正常運作。也就是說，它們會發電。正如當年它們的製造商所聲稱的，至於是否能治癒疾病，那又是另一回事。

正如之前所提，很早就有人想要用電來治療疾病，這可以追溯到琥珀的使用。因此，當靜電機在十八世紀後半葉普及之後，有人想知道它們能否治癒疾病，這也是很自然的事。[3] 剛剛才提到，就是連富蘭克林也曾嘗試過電療，但在發現對麻痺患者沒有持久的好處後，他很快就放棄了這條路線。然而，約翰．衛斯理牧師（Reverend John Wesley）並沒有那麼容易卻步，他是衛理公會（Methodist Church）著名的創始人，同時也是富蘭克林電力研究的忠實粉絲。衛斯理對健康和疾病問題抱持濃厚的興趣。他讀遍了富蘭克林發表的所有關於電的文章，始終相信電具有治療作用。在短短幾年內，他嘗試對許多病患進行電療，處理了各式各樣的疾病。

到一七六〇年，他出版了自己的電學書籍，名為《意欲之物：簡易而實用的電學》（*Desideratum: Or, Electricity Plain and Useful*）。[4] 在書的第一部分，他如實敘述了富蘭克林的實驗發現，試圖讓公眾對電有所理解，應和書名中「簡易」的部分。不過到了書的第二部，他則開始努力解釋要如何讓電變得「實用」，而在衛斯理看來，電真正的用處就在於治療疾病。

衛斯理對神經系統疾病特別樂觀，聲稱電「在各種神經系統疾病（麻痺的癱瘓除外）的治療上很少失敗」。[5] 他把癱瘓排除在外的做法，也許不應被視為呼應富蘭克林處理癱瘓患者時一無所獲的結果，而是刻意避免與富蘭克林相矛盾（衛斯理在他的書中始終高度推崇富蘭克林的研究）。無論如何，衛斯理提出了一套神經生理學機制，解釋為何神經疾病對電療的反應如此之好：

要是電真的從神經穿過（就像現在一般所假定的那樣），那麼電是……宇宙中唯一能穿過它們的流體。會不會神經液本身就是這樣一種液體呢？[6]

衛斯理在一七六〇年做出這番推論——早在伽伐尼電擊他的第一條青蛙腿（一七八六年）前——基本上是將電視為驅動神經系統的「流體」。他實際上是將神經功能視作電性活動——我們現在知道這一觀點基本上是正確的。[7]他進一步推測：「（電）非常的微妙和活躍，不僅（是促成）運動的原因，還是生產和維持整個自然界動植物的生命。」[8]換句話說，衛斯理提出的想法是，電不僅負責動物的神經功能和肌肉運動，還是維繫地球上所有生命的力量，這是另一個超前時代的想法。[9]

儘管衛斯理有時被當成電療的業餘愛好者和庸醫，但他確實是將電學與神經科學聯繫起來的第一人。他對自己的能力和想法很謙虛，認為他的書只是對電力主題的概述，並且希望「有更有能力的人……會更深入地考量，寫一篇關於電的用處的完整論文，這可能會造福好幾代的人……」。他的這個願望最終將在一個多世紀後實現，由傑出的英國科學家麥可・法拉第彙整收集他一生與電力有關的研究，出版了一共三卷的著作，題名為《電力實驗研究》（*Experimental Researches in Electricity*）。

十九世紀初，電療法如火如荼地發展，但這不是因為那時在探尋神經疾病的機制方面有重大突破，其實恰恰相反，正因為缺乏相關知識，才會出現這些胡作非為的療法。事實上，十九世紀的醫師對人體生理學的認識非常貧乏。若他們完全掌握到神經肌肉系統主要根據的電學原理，可能會將電療集中在神經疾病和肌肉組織上，正如衛斯理所建議的。但實際上並非如此，許多使用電療的醫師只是服膺組織與器官之所以病變，是因為局部營養缺乏的概念；他們相信電可以促進血液流向患者的組織，改善那些區域營養狀態。[10]

這樣的想法倒也不是荒謬的無稽之談，因為經過電療處理的區域經常會因為血管舒張而變紅，這確實意味著有更大的血流量經過。就前述的觀點來看，增加血流量有助於改善局部營養不良的問題，難怪他們會認為電療有益於所有的組織和器官病變。電療從業人員相信，所有器官都需要足夠的養分，才能維持正常功能，否則會生病，這點是不證自明的。

著名醫師威廉・哈維・金恩（William Harvey King）是位電療愛好者，他在一九〇一年撰寫了《醫學和外科用電》（*Electricity in Medicine and Surgery*）這本教科書，在當中，他描述了當時的電療發展和最先進的治療方式。這本書展現出金恩對電學基本原理的深刻認識，但也同時暴露出他對基本生理學原理和病因的嚴重誤解，甚至可說到了無知的程度。金恩似乎最著重在身體表面精確映射的「運動點」（motor points），這些點位就是電極應放置的地方，以便引起下方骨骼肌的收縮。這些運動點可能代表神經進入皮膚下方肌肉的位置。他認為醫師要培養尋找這些運動點的能力，予以電擊，這是一種需要磨練的精細臨床技能。

在特定的運動點電擊會造成特定肌肉群的收縮。如果懷疑疾病是因為身體某一側的肌肉所引起的，金恩認為診斷關鍵是要與另一側健康肌肉比較，看看兩者運動點的肌肉的收縮強度差異。若是患病肌肉的收縮程度多於或少於相對應的正常肌肉，就可將其視為病理學證據。因此，運動點經常用來當作診斷依據，之後也會成為電擊治療的點位。

金恩是托普勒機器的忠實粉絲，在書中，他非常詳細地描述了這些機器的內部運作原理。[11] 但他的電療遠超過靜電微風和低電壓。他建議將托普勒機器搭配大型的萊頓瓶一起使用，「以儲存一定的電量，並大量釋放」。[12] 這些搭配萊頓瓶進行的電療，確實會給予患者非常強烈的電擊。

金恩似乎也很欣賞在治療時控制電流和電壓的好處，並大力稱讚亞道夫・蓋夫（Adolphe Gaiffe），說他為臨床醫學發明了「第一台有用且可靠的（電流測量）儀器」。[13]然而，他指出，醫師對此的反應遲緩，一直要等到喬治・阿坡斯托爾（Georges Apostoli）的時代，才意識到在治療中控制電流的重要性。阿坡斯托爾是巴黎的婦科醫師，深具影響力，同時也是位執業的電療師，他堅信「要是少了（安培計），治療就不能如此巧妙地進行」。[14]儘管如此，大多數電療師仍忽略了電流（電量流動的速率），而僅專注在治療所需的電壓上。

令人驚訝的是，儘管金恩對於在體表確定運動點的位置近乎到了痴迷的程度，但他在書中卻花了很大的篇幅來介紹婦科和泌尿科疾病的治療。看來電擊陰道似乎對大多數的婦科疾病都有好處。他在進行這類電療時，是將一個電極放置在陰道，另一個電極放置在直腸中。泌尿生殖系統不適的男性在接受電療時，可能得改用兩種替代的電極放置排列。兩者都會將一條細長的電極貼在陰莖的尿道上，第二個電極可能放置在直腸上，或附在睪丸上。

金恩曾對此感嘆道：「要給睪丸通電可不是件容易的事。」不過他旋即提出一個實用的解決方案：「拿一個平常用的長方形肉汁盤——最好是普通的陶器，因為輪廓簡潔俐落，比那些具有花哨造型的昂貴陶器更方便。」在肉汁盤的底部放置一個銅板，並用一塊石棉蓋住這片銅板，「以免睪丸直接接觸（到板子）」。銅板會與電極連接，並在肉汁盤中倒入鹽水，然後讓患者裸體地跨坐在這個肉汁盤上，將他的睪丸浸入鹽水中，此時按下開關，通電。哎喲！

是的，治療帶來的痛苦是個問題。金恩對他的電療師同行的建議是：

任何時候你都有責任要盡量減少患者的痛苦。有時這根本不可能做到，但在患者熟悉療程並對你產生信心前，不要以任何方式來傷害或困擾患者，應該將此視為一條規則，屆時你可毫不費力地影響他，讓他承受必要的灼傷或其他不愉快的感覺。[15]

這樣的治療聽來更像是一種折磨，尤其是想到每週要進行個兩、三次。治療會一直持續到患者被「治癒」或他已無力複診，接受更多治療為止。可笑的是，那些沒回來複診的病患也經常被算成是被治癒的。畢竟，如果他們的病沒有好，為什麼不回來接受更多治療呢？

在我們開始譴責進行這些電療的無知醫師前，不要忘記當時的醫學治療很少會產生什麼真正的益處，而且很多療程都和電療同樣殘忍。大多數醫療所能產生最好的效果就是安慰劑效應（placebo effect），這是一種正向的健康反應，但不能歸因於治療本身，而是來自於患者對療程的信心。[16]許多藥物都具有高毒性，會讓人更加痛苦。手術是以截肢為主，而且在十九世紀下半葉以前，截肢通常都是在沒有麻醉的情況下進行。就算患者在手術中倖存下來，之後也會死於感染，因為在一八六七年由約瑟夫．李斯特（Joseph Lister）首次引入的手術消毒技術並未獲得廣泛使用，[17]而且當時尚未發現抗生素。[18]

就跟當時所有的醫師一樣，電療師對人體生理學的某些層面和疾病的潛在機制依舊一無所知。然而，當時的醫師並不會因為自己不清楚疾病發生的根本原因就停下積極治療疾病的腳步，即使他們沒有證據能夠證明他們的治療產生益處。但是在面對如此多的疾病和苦難，他們又怎能不繼續下去呢？就算沒有別的，至少他們給病人帶來了希望。很少有醫師試圖欺騙他們的病人。他們不會推銷誇大不實的藥物。大多數是真心相信他們所提供的治療，儘管他們的證據完全來自軼事傳聞，僅限於患者和其他醫師的說詞。最終，將醫學軼事當作是證據的缺陷會變得欲蓋彌彰，並且開始出現一種更為科學的方法來評估治療方式。然而，在當時，醫師若是拒絕進行這些未經證實的療程反而會被認為沒有醫德。

有些醫師聲稱他們非常清楚電是如何治病的，而且療程細節都是基於他們所謂的首要原則——儘管都是來自於未經證實的理論——但並不是所有人都那麼有自信。從事電療的醫師和教育家喬治・皮澤（George Pitzer）於一八八三年坦言：「我們不想假裝解釋這種有益的變化是如何產生的，但我們確實知道，透過（電療）經常可以舒緩症狀，而且在很多時候這確實可以迅速而永久地治癒患者，他們曾試過其他療法或醫療和健康計畫，但好幾個月都不見起色的。」[19]要是你真的相信你看到了患者病情改善和痊癒，即使只占一小比例，而且其他類型的治療都沒有幫助時，你會不會繼續為他們電療？

不過，這些醫師確實對他們所治療的種種疾病缺乏深入的病理學認識。當中還有些人甚至不顧每種病的獨特性，通通用電療來處理。這些醫師相信關於疾病機制的那套未經證實的綜合理論，並且認為應該存在有一種普遍的治療方法，好比說電療。因此，他們幾乎無病不治，不管什麼病都是用電療來處理。例如，在金恩那本關於電療的教科書中，他描述了從痤瘡到癌症的各種治療程序。痛風是唯一一種他勉強承認難以靠電療治癒的疾病：「在經過多次試驗和採行各種方法後，我們始終沒有看到痛風沉積物因為電療而出現任何實質上的減少。」[20]

要真正了解電療的興衰史，必須要在更大的時空背景下加以檢視。電療只是當時醫療實踐中引發諸多爭議的其中一項。正如醫學史學家戴維．伍頓（David Wootton）所解釋的：「在十八世紀的美國，醫學培訓課程幾乎就像是個自由市場，不同的療法可以毫無阻礙地相互競爭，一直要到十九世紀後期，監管才成為常態。」[21] 當時難以用療效來區分不同的療法，因為幾乎所有的療法都是無效的。大多數時候患者會直接病死，不然就是自行康復，但每位醫師都會因為那些沒有死亡的患者而受到讚譽。

一直要到一八〇〇年代後期，細菌致病論（germ theory）——許多疾病是由微生物感染人類所引起的——這個觀點開始流行起來，不同類型的治療才開始造成截然不同的結果。特別是那些拒絕接受細菌致病論的外科醫師，他們處理的病患因傷口感染而術後死亡的比例很高，而依循消毒步驟的外科醫師的患者大多都活了下來。這種天壤之別的結果非常明顯，無可否認。這根本不需要進行正式的臨床試驗，只需比較一下有進行手術消毒的醫院和沒有進行手術消毒的醫院的病患死亡率即可。正如伍頓鏗鏘有力指出的，要決定採用哪種方法最好，只需要「比較一下他們還站在地面上的患者與躺在地下的患者的比率，就可以了」。[22]

正是細菌致病論的勝利讓人對疾病有了不同的看法。當醫師以不同的方式來看待疾病時，就會以不同的方式來思考治療方法。漸漸地，醫學界和公眾開始檢視每種療法的效果。到一九〇〇年，電療治百病的觀念已遭到揚棄。

然而，其實早在一八三一年，就有一位電療師力排眾議地拒絕電療是萬靈丹的觀點，並且表示電療應該只能用來處理特定疾病。在他看來，這問題可以簡化成找出電療可以成功治療的特定疾病。此外，他認為在確定出對電療有反應的疾病後，應該可以定義出一個型的器官和組織，在這些當中，電對其正常生理扮演著關鍵的角色。

實際上，他相信電療不僅可以用來治病，還可以用來尋找疾病的根本原因……只要醫師明智地選擇他們的病例。這位深具遠見，為電療尋找標靶目標的醫師是吉翁・班加寧・阿蒙・杜興（Guillaume-Benjamin-Amand Duchenne）。[23] 標靶治療（targeted therapy）——每種疾病和每個病程都需要特定療法的概念——如今已是醫療實踐中的至理名言。然而，在當時，這種臨床觀念完全是和大家作對，是一種反向思維。

杜興博士是一位法國醫師，他是第一個以科學方法將電應用在神經疾病研究的人。當時的科學界和醫學界普遍忽視他的研究。事實上，金恩在他一九〇一年的電療教科書中，完全沒有提到杜興或他的研究。儘管如此，現在公認杜興是早期神經學領域中的關鍵研究人員。[24]

杜興是伽伐尼的科學繼承人，前面提到伽伐尼研究過電擊造成青蛙腿收縮的生理機制，杜興則是以人體來進行這類研究。[25]他最感興趣的是病理學，想要了解多種人類神經肌肉疾病的每種病徵。他認為電是一種強大的探針，可以用來辨識每種疾病所牽涉到的特定肌肉組織。

一八三五年，杜興開始在他的研究中採用「電灸」（electropuncture）技術，將非常精細和鋒利的電極插入人體皮膚下，用於探測特定肌肉並對其進行電擊，評估其收縮功能。在這過程中，他使用的是自己發明的「杜興套管針」（Duchenne's trocar），這套醫療設備可以將一細管穿刺到皮膚內，抽取液體，或是採集內部組織的樣本，之後他便可用這些活性肌肉檢體組織來比較肌肉功能。

除了這套技術，杜興還使用其他新穎的方法，辨識和描述出許多神經肌肉疾病，有些疾病至今仍以他的名字命名。其中一種是杜興氏肌肉失養症（Duchenne muscular dystrophy，簡稱ＤＭＤ），這是一種嚴重的遺傳性肌肉疾病，主要發生在幼兒，尤其是男孩身上。杜興氏肌肉失養症是九種不同類型的肌肉失養症的其中一種。這九種全都有出現肌肉組織減弱或退化的症狀。

杜興也對聽力感興趣。他會在自己的耳朵上貼上電極進行實驗，體驗各種由電感應產生的聲音。他還在耳聾和聽力受損患者身上嘗試了同樣的實驗，比較每個人的體驗。他們當中大多數的人都表示有聽到類似的聲音。對於一些完全失聰的患者來說，這可能是他們第一次體驗到的聽覺。部分聽障患者則表示，在經過實驗後，他們的聽力確實有所改善。

雖然這很可能只是安慰劑效應，但仍然在法國的失聰者社群間引起了不小的轟動。就像近一個世紀前的癱瘓患者一樣，他們在聽說萊頓瓶可以引起肌肉收縮後，紛紛向富蘭克林尋求電療，杜興也遇到大批尋求電療的聾人。杜興後來對此感嘆道：「這些（所謂的治療方法）很快就傳遍大街小巷，然後有大量的聾啞人被送到我這裡來，無論我願意與否，都不得不繼續這些體驗性實驗。」[26]他認為這些只是實驗，而不是治療，因為他不相信這對患者會產生任何好處。

杜興在一八三五年發表了聽力臨床實驗結果。他的主要結論是，耳聾有兩種形式，一種是可以用電來模擬聽覺的體驗，另一種則是對電沒有反應。他將對電有反應的類型命名為**神經性耳聾**（*nervous deafness*），因為他認為這是由某種未知的神經系統缺陷引起的。他樂觀地相信這種神經性耳聾有朝一日可以治癒，因為它可以接受電刺激。但對於其他類型的耳聾，他則不抱任何希望。「我實在，」他說：「對那些在電檢時幾乎沒有展現出任何跡象（即電感應聽力反應）的聾人患者難以抱持任何樂觀心情，實在找不到什麼改善的證據，因此我現在完全拒絕治療那些個案。」[27]

杜興在肌肉疾病和聽力障礙方面的研究，本應讓他名列偉大醫學科學家的行列。可惜，杜興在神經學方面的科學研究卻因為他的其他醫學興趣而蒙上陰影。杜興也是**面相學**（*physiognomy*）概念的支持者，而這興趣很遺憾地導致他的研究方向發生了奇怪的轉變。也許你曾聽聞**顱相學**（*phrenology*）這套過時的理論，聲稱可以根據一人頭骨上的腫塊來診斷其心理健康。面相學也與此類似，只是它觀察的不是顱骨隆起，而是面部表情，宣稱這可以揭露人的內在。

面相學家認為面部表情是了解人類性格的窗口。面部表情當然可以傳達出人的想法或對事件的反應（例如，正常人不會因疼痛而微笑），但面相學要求更多。他們認為面部表情根植於人的靈魂。因此，理解不同表情背後的生理機制就可以洞察人類的基本心理，架起生理學和心理學的橋梁。

由於對面相學感興趣，杜興開始電擊人的臉，誘發種種非自主的面部表情，以此來判定掌管微笑、皺眉、咧嘴等表情的確切神經和肌肉。他主要是以一個老人為對象，因為此人本來就有一點面部麻痺的問題，所以他對電擊面部的疼痛較不敏感。杜

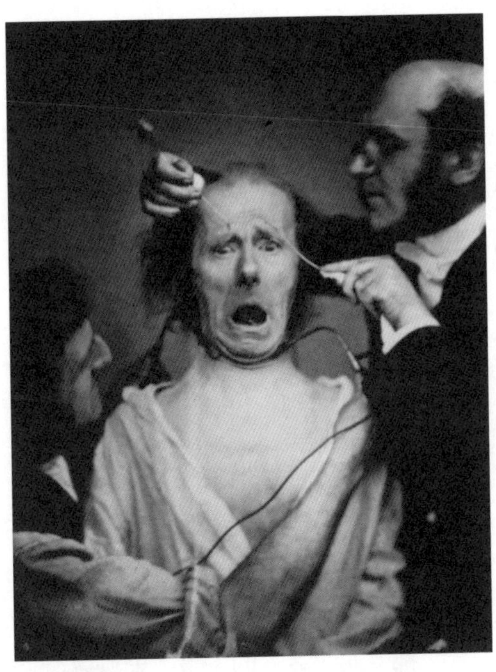

杜興電擊病患

吉翁・班加寧・阿蒙・杜興（最右邊）是一位十九世紀的法國醫師，他是第一個使用電當作診斷探針，以此研究各種神經肌肉疾病機制的醫師。他描述了許多不同的疾病，包括杜興氏肌肉失養症，一種嚴重的遺傳性肌肉疾病，主要影響年輕男孩。杜興還會電擊正常人的面部，誘發種種非自主的面部表情，以此來確定所涉及的確切神經和肌肉群。他主要的實驗對象就是這張照片中的患者，因為此人本來就有面部麻木的問題，所以對電擊引起的疼痛只有輕微的敏感度。

興是以照片來記錄這項研究。

杜興於一八六二年出版了一本，名為《人類面相學機制》（*The Mechanism of Human Physiognomy*）的書，在當中他確定出十三種基本情緒，並描述了每種情緒所涉及的肌肉群。雖然面相學完全是在胡說八道，但這本書至今仍引起不少人的注意，這主要有兩個原因。首先，他的攝影對象是個長相滑稽的老人，他的照片有著千變萬化的誇張表情，讓人看一眼就聯想到美國二十世紀知名插畫家諾曼・洛克威爾（Norman Rockwell）的畫作。其次，杜興是使用攝影作為收集和記錄科學資料的先驅，因此他的這些面部表情照片在科學方法史和攝影史中，都是開啟一個新時代的里程碑。這本書的原版現在已成為收藏品。

儘管杜興在神經學方面的成就因他的這段面相學插曲黯然失色，而且在某種程度上，也讓他的名聲蒙塵，但就他在醫學上提出的種種遠見來看，依舊是瑕不掩瑜。他針對特定疾病進行標靶治療的想法是革命性的。而且他也確實明白，有很多醫療失敗是因為醫師缺乏病理學知識，而不是因為缺乏適當的治療方法。套句他的傳記作者普瑞（G. V. Poore）的話：「病理學的地位高於治療，人們比較會指責治療不當，而不是挑剔病理學家的觀念，但需要進行改革的永遠是前者。」[28]

企圖用電擊來讓人恢復健康的醫師可能是過於天真，或是誤入歧途，但他們之中絕大多數並不是故意要欺騙公眾。然而，還是有真正的醫療騙子存在。

在二十世紀之交，一系列奇怪的情況導致各種郵購電療設備迅速興起，這些設備透過報紙廣告直銷，利用話術欺騙消費者其健康功效。其中最知名的要算是普爾弗馬赫的電動腰帶。患者將腰帶繫在腰間，與皮膚直接接觸。腰帶是由電池組成，可以釋放出穩定的電流，佩戴者會感覺到腰帶下方的皮膚微微地刺痛。

在市面上推出不久後，又開始發售腰帶的附件。這是一個連接到腰帶前方的套袋，用來固定睪丸，就像現代的運動護具一樣。這個套袋同樣裝有電線，因此皮帶電擊皮膚的刺痛感會擴展至陰囊，號稱能夠提升「性活力」，這在十九世紀是壯陽的委婉說法。在推出這種陰囊套袋的附件後，腰帶製造商開始針對男性製作廣告。這條腰帶可以郵購或是私下購買，而且不需要任何醫師開立的處方，因此吸引到大量患有那個時代有性問題的美國男性。

在一八〇〇年代後期，男性的性行為變得充滿挑戰。由於各種社會和經濟因素，美國男性初婚的平均年齡已提高到近三十歲。而且，當時的美國社會還無法接受婚前性行為，這意味著那些享有尊崇社會地位的男性，在青春期和結婚前應當過著完全禁

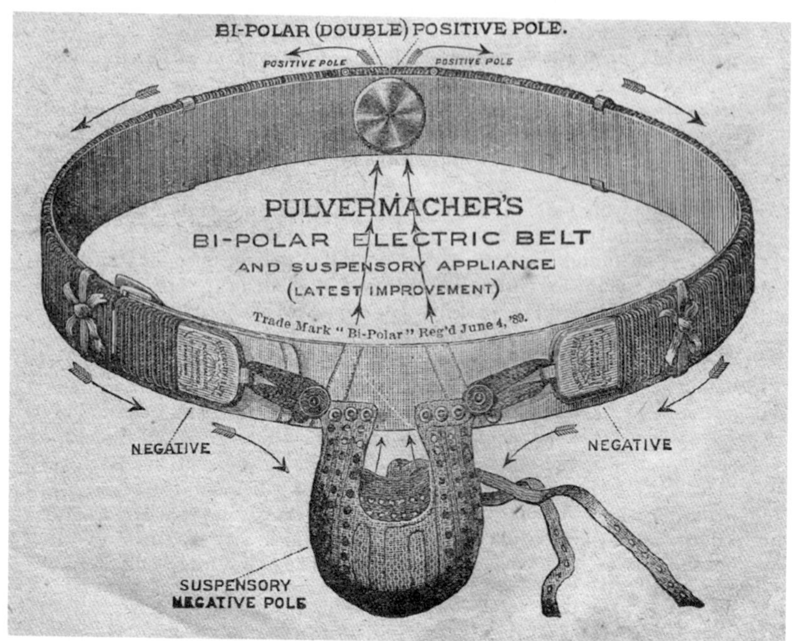

普爾弗馬赫的腰帶

舊金山的普爾弗馬赫－伽伐尼公司（Pulvermacher Galvanic Company）大獲成功的一項產品是在一八八九年推出的電動腰帶。雖然在行銷時，是以治療各種健康疾病的靈丹妙藥、男女適用為訴求，但它的主要客戶是尋求緩解勃起問題的男性功能障礙和其他的性問題。治療此類疾病需要將陰囊置於帶電的小袋中。這種腰帶的主要吸引力在於它可以很容易地保持機密性。它可以在白天（或晚上睡覺時）單獨穿在衣服下面，而且只要透過郵購就可訂購，不需要醫療處方。

慾的生活，那是一段長達十五年的時間。更讓他們沮喪的是，宗教長期以來一直在斥責手淫，宣稱這會消耗男人的能量。這一點則受到今日醫師的強烈譴責，因為禁止手淫反而可能會耗損人的精力，有礙日後執行正常的性功能。

更糟的是，那些設法避免婚前性行為和手淫的人，極易出現夜間射精的情況，通常這稱為「夢遺」，現在我們知道這只是人體清除舊精子的正常方式。但是在當時，醫學界認為性交以外的任何射精都是不正常的，因此夢遺被當作是一種病的症狀，這稱之為**遺精症**（*spermatorrhea*）。當時的人認為患有這種虛構性疾病的患者需要立即接受治療，處理他們的生殖器，而療程就類似之前談到的那種可怕的「肉汁盤」治療。這便是在世紀之交的美國年輕男性所面臨的性壓力。[29]不過年長的男性在性事上也有要處理的挑戰。

陽痿（現在稱為勃起功能障礙）是一種常見的男性性問題，而且會隨著年齡的增長而增加。在過去，陽痿被認為是手淫造成的長期後果。

當時通常將手淫（masturbation）視為「自虐」（self-abuse），這是一種禁忌。當時的人還認為這種自虐會導致眼袋和皮膚蒼白，而這兩項面部特徵本來也就與衰老有關。這意味著許多患有陽痿的男性通常會展現出自虐的三種症狀，所以，若是去找醫師來治療陽痿，基本上就是承認自己會自虐，實在是太尷尬了。有失顏面。

若是再把有手淫或夢遺煩惱的年輕人加進來，還有那些以為是在處理手淫引起的陽痿的年長男性，顯然有很大比例的美國男性誤以為他們患有難以啟齒的性功能障礙。有些人只是忍受，有些則不顧社會觀感，忍辱去找醫師處理。其他人則偏好能夠讓他們舒服地待在家中，私下使用的補救措施，這些人正是普爾弗馬赫電動

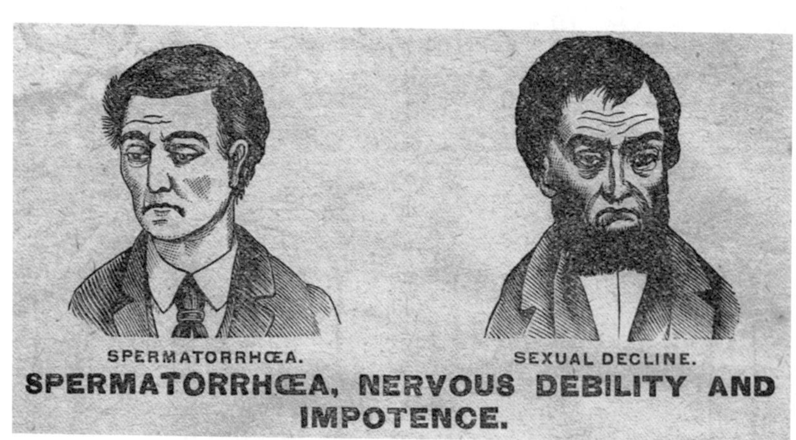

察顏知病

普爾弗馬赫公司促銷其電動腰帶的一種伎倆，是聲稱可以很容易地從面部特徵研判有性問題的患者：「大多數男人的眼睛和表情都會洩露出他們的祕密。」根據普爾弗馬赫的行銷資料，圖中左側的年輕人展現出典型的遺精症患者的面容，這是在睡眠中自發射精的現象，現在認為這在大多數年輕男性身上根本是正常的生理反應；而年長的男子則展現出性能力衰退的特徵，委婉的說法是老化性勃起功能障礙（age-associated erectile dysfunction）。這兩種「病症」在年輕男性和老年男性中都很盛行，因此他們成了電動腰帶潛在的龐大市場。許多男人擔心他們的臉會出賣自己，昭告天下他們的性能力不足，因此都很想購買這種腰帶。

腰帶的主要客群。正如其文宣品上所寫的：「重要的是，應該設計出能夠自行使用的療法，這實際上是不可或缺的，這樣一來，每個患者都可以在沒有醫療電工人員（電療師）的情況下，使用這些強大而寶貴的電性設備。」[30]

這腰帶為所有男性提供了私密的補救辦法來處理性問題（沒有人需要知道）。腰帶可以穿在衣服下或睡覺時佩戴，並在自己家中進行治療。而且應當有效解決問題。畢竟，電療不是早就被醫師用來治療相同類型的問題嗎？這種ＤＩＹ電動腰帶只是一種在接受電療時擺脫醫師的方法。所有這一切都使患者受惠，但醫師可開心不起來。知名電療師喬治·皮澤博士對此提出警告：「目前全國普遍使用的這種電療，主要是用廉價且無效的設備（普爾弗馬赫的電動腰帶），這只會帶來災難，強加給患者遭受庸醫折磨的經驗。」[31]

有些醫師甚至攻擊那些直接向公眾銷售電池的製造商，因為隨時可以使用電池讓患者能夠自行治療。[32]當然，醫師試圖要將電池列為「管制物質」的嘗試注定會失敗。事實上，由於電池具備許多超越電療的優勢，很快就會超出任何人的控制。電池的發展本身就是一個有趣的故事，不過這等到第5章再來詳談。

儘管這帶來一些羞恥感，但醫師事實上也因為尋求性障礙治療的患者而增加收入。到一九〇一年時，金恩的電療教科書主要的篇幅，就是在婦科和泌尿科問題的治療上，書中對這些疾病的介紹是神經系統疾病的兩倍。[33]然而，當時處理性問題更普遍的方式還是居家療法，而對於選擇這條路的患者來說，普爾弗馬赫的低電流電動腰帶確實是最佳選擇。正如製造商所聲稱的：「普爾弗馬赫的電動腰帶和束帶提供溫和而連續的電流，能讓您輕鬆進行有效的自我治療，是居家必備的電器。因為這在幾小時內產生和通過身體傳導的電量比普通電池（通常是醫師使用的高功率電池）來得多，而且在醫療院所的療程僅有短短十到十五分鐘，就以強大的電擊來給予身體這樣的能量，不僅難以調控，甚至很危險。」

儘管在廣告中號稱這種腰帶可以治療多種疾病，但在這公司的宣傳品中，有一半以上的使用者見證都與性病的治療有關。不過，值得注意的是，罹患非關性問題的患者，好比說風濕病，會在宣傳用的治癒證明書上署名，留下全名和居住的城鎮，然而，那些據稱性問題已治癒的見證者卻都是匿名的。很難說這種不具名的見證是因為覺得接受性治療有辱名聲，還是這類證詞根本是假造的。

由於普爾弗馬赫的電動腰帶直接訴諸患者，這無異是將中介的醫師從電療中排除掉，從這點可以很容易看出為什麼電療師會討厭這種腰帶。不過，在醫師這一邊，他們也難以提出令人信服的論點，來譴責居家電療設備是在詐騙消費者，而且具有危險性，但同時還要主張他們在診間的電療是有益而安全的。這種區別在患者聽來也只是無的放矢，非常空洞。況且，除了像「電風療法」這樣少數的例外，醫師進行的電療往往會造成相當痛苦，但電動腰帶卻不會。要是你是一個有性功能問題的男人，你會選擇電動腰帶，還是肉汁盤療法？我個人覺得肉汁盤還是拿來裝肉汁就好了。

之前提過，威廉・哈維・金恩醫師對電療堅信不疑，他在一九〇一年的書中認真嚴謹地繪製出遍布全身的數十個運動點，與其他醫師分享這些點位。[34]然而，有一點金恩在自己的書中沒有提到：患者不一定要活著才能讓肌肉受到電刺激而起反應。就像在青蛙和魚身上所看到的，動物不需要活著，甚至身體不需要完好無損，肌肉都會因為電流刺激而收縮。人類也是如此。

大多數人都很熟悉瑪麗・雪萊（Mary Shelley）在一八一八年出版的《法蘭根斯坦》，或是譯為《科學怪人》（*Frankenstein*），儘管真正讀過的人並不多。許多部電影改編自這本書，並且對故事情節做了一些更動，還讓部分觀眾留下錯誤印象，以為故事中的怪物名為法蘭根斯坦。這個虛構的怪人實際上沒有名字，這本書是以創造這怪物的維克多・法蘭根斯坦來命名的。

在書中，法蘭根斯坦的母親突然早逝，再加上他親眼目睹一棵樹被閃電擊中後那樣戲劇性的破壞場景，這讓年輕的法蘭根斯坦領悟到生命的脆弱和短暫，也讓他開始思考死亡的過程是否可逆，致力於「復活」屍體的研究，即讓人起死回生。儘管雪萊從未透露法蘭根斯坦是如何做到這一點的，大概是擔心這可能會讓讀者起而效法，模仿這種可鄙的行為，不過她確實暗示這與電有所關聯。因此，在之後對怪物的描繪中，通常會在他的脖子上伸出電極，並且總是透過閃電風暴來提供電力，將生命的火花注入他體內。那麼，這個在雪萊故事中的詭異想法究竟是從何而來？

最初將青蛙腿掛在鐵架上進行電擊的義大利科學家伽伐尼有個外甥喬瓦尼．阿爾迪尼（Giovanni Aldini），他決定要擴大這個電擊實驗的規模。阿爾迪尼本身就是一位科學家，發表過多篇論文，想要證明他舅舅的動物電學理論。[35]不過阿爾迪尼並不滿足於電擊遭到肢解的青蛙腿，觀察它們抽搐，就像他舅舅之前做的。他四處尋找死去的人體——主要是遭到處決的囚犯——電擊他們，造成肌肉收縮，使他們的身體動起來。他最喜歡做的公開展演就是電擊遭到斬首的屍體，讓這些屍體迅速在觀眾面前坐直，嚇壞大多數的觀眾。

阿爾迪尼最著名的一場示範，是一八〇三年在倫敦的新門監獄（Newgate Prison）

進行的。一位名叫喬治・福斯特（George Forster）的囚犯剛剛被絞死。阿爾迪尼將連接到高壓電池上的電極放在福斯特身上。一名在場的目擊者描述了接下來發生的事：

> 第一次將這裝置碰觸他的臉時，已死亡罪犯的下巴開始顫抖，相鄰的肌肉嚴重扭曲，一隻眼睛居然睜開了。在這過程的後續，他的右手抬起並握緊，腿部和大腿也開始動作。[36]

一些搞不清楚狀況的觀眾還以為阿爾迪尼是要讓福斯特起死回生。[37] 並不是，但他確實進行了一場精彩的表演——比過去所有那些飛天男孩和電擊修士的展演都要好。

阿爾迪尼進行福斯特「復活」展演時，雪萊只有三歲。但她很可能有聽到她父親談過阿爾迪尼的研究，他的友人中有一些是當時傑出的電學研究者。他們很清楚阿爾迪尼的「科學」展演，並向雪萊的父親描述過這些場景。[38] 她的父親應該有將這些展演的故事告訴她。

雪萊在十九歲因為暑假被惡劣天氣給毀了，失望之餘前去參加一場小說寫作友誼賽，以便散散心。當時她寫下一個用電來組裝屍體部位的怪物，還可以控制其活動，就她的家世背景和可能獲得的知識來看，寫出這故事也不算太過離奇。這個故事贏得了比賽，後來她將其發展成一部完整的小說。也許現實生活中的阿爾迪尼就是她小說中的維克多・法蘭根斯坦的原型，而不幸的喬治・福斯特則是他創造的怪物，電則在其中扮演著核心角色。藝術模仿生活……和死亡。

一九〇八年，亞伯拉罕・弗萊克斯納（Abraham Flexner）在美國所有醫學院校間展開了一場旋風之旅。在十八個月內，他拜訪了所有的醫學院，然後就好整以暇地將他的發現寫成一份報告，在一九一〇年發表，日後被推崇為二十世紀最重要的一項醫學調查報告。[39]這項調查最終導致八成的美國醫學院關門，並且澈底改變了美國醫學的面貌。這也宣告了電療的消亡。

弗萊克斯納是一位教育改革家。[40]當年，他已經因其著作《評美國大學》（*The American College: A Criticism*）而聲名大噪，他在書中對當時美國大學教育狀況殘酷地批評。他的著作引起了卡內基教學促進基金會（Carnegie Foundation for the Advancement of Teaching）主席亨利・普里切特（Henry S. Pritchett）的注意，普里切特很欣賞他的觀察。之前，美國醫學協會（American Medical Association，簡稱AMA）找上了普里切特，這個由醫師組織的協會很注重要將專業精神帶入醫療實踐。[41]美國醫學協會的醫學教育委員會一直對美國醫學院校毫無標準一事感到擔心，但他們認為由協會進行的任何調查都會為人詬病，會被質疑有偏袒和政治動機。他們希望交由外界調查，並且希望由一個獨立且受尊敬的組織來進行。

最後，美國醫學協會選擇了卡內基基金會，而普里切特則將這項調查任務交給弗萊克斯納。弗萊克斯納不是醫師，他甚至從未進過醫學院就讀，但他很懂得教育。事後看來，弗萊克斯納缺乏醫學專業知識的劣勢反而是他最大的優勢，因為他能夠不帶任何先入為主的想法，以全新的眼光來審視醫學院的情況。弗萊克斯納確實認真查訪，而且對他所看到的狀況相當不以為然。

美國醫師改革的主要推動者是那些過去在歐洲，尤其是在德國接受過醫學教育的人。在德國，醫學院的課程完全以科學為基礎。但在美國，開設這類以科學為基礎課程的醫學院少之又少，通常只有最初幾年會上科學基礎課程。而在臨床培訓時，科學往往退居二線。取而代之的是一種本著近乎宗教的狂熱，教授那些未經證實的疾病理論以及未經檢驗的治療方法。而每間學校的臨床教學並沒有統一的教材，端視該學校所信奉的特定疾病理論而定。先教授嚴謹的科學，然後再宣揚未經驗證的種種教條，弗萊克斯納對這樣荒謬的兩極化教學感到困惑。他極力痛斥：「科學方法不能僅局限在於醫學教育的前半部分。同樣的方法、同樣的心態，必須貫穿整個過程。」[42]

正如弗萊克斯納所指出的，美國醫學院臨床培訓的一大問題，是他們通常是由不同的醫學「派系」來管理，這些派系經營自己的醫學院，並向學生灌輸荒謬的疾病和治療理論。[43] 在這些派系中，最著名的是順勢療法（homeopathy）和對抗療法（allopathy）以及許多其他療法。[44] 這些都是來自那些不夠嚴謹，而且未經證實的疾病理論和人體功能的理論。因此，他們的臨床實踐主要是受到派系自身的錯覺以及企圖推廣派系創始人想法的渴望，而不是基於科學證據。

弗萊克斯納表示，需要消除醫學教育中所有類型的派系，僅以科學為基礎的培訓來取代。他特別反對那些拒絕細菌理論的派系，稱這些人助長疾病在人群中的傳播，對公共衛生構成威脅。儘管他從未在報告中特別提到電療，但當時實施的電療方式看來很像是弗萊克斯納所稱的派系。而這意味著電療這一派的人不會有好下場。

弗萊克斯納對美國醫學教育調查的影響十分深遠，不容小覷。美國各大新聞媒體都報導了他的報告，尤其是在有開設醫學院的城市，這些多半集中在美國各大城。當時《紐約時報》（*New York Times*）以「製造無知醫師的工廠」為標題來報導這篇報告，除了對醫師的負評外，這份報告還一舉提供大學校長關閉自己醫學院所需的一切彈藥，因為當中直接點名所有出問題的學校。[45]

弗萊克斯納的報告不僅對電療造成壓力，還促成一九〇六年的《純淨食品和藥物法案》（Pure Food and Drug Act），當年之所以制定這項法案，有部分原因就是為了保護公眾，避免他們受到行銷騙術的傷害，讓聯邦政府有權進行監督和管控。這項法案明文禁止「錯貼標籤」這類不實廣告，並且將其廣泛解釋為不得寫上未經證實的藥效聲明，後來這還擴展到醫療設備。一九〇九年還有針對美國郵政法規的修正案，將利用郵件「欺瞞或詐騙」公眾的行為定為聯邦犯罪。

至此，透過美國郵政系統運送詐欺性醫療產品成了一條聯邦罪。這些審查和監管措施對於進行電療的醫師——他們通常都自稱為「電技師」（electricians）或電療設備製造商（例如生產郵購的電動皮帶的普爾弗馬赫－伽伐尼公司）——可不是什麼好消息。

由於缺乏科學證據來支持其健康主張，電療的黃金時代開始沒落。諷刺的是，在這一路的發展中，電療師其實是他們自己最大的敵人。由於宣稱他們可以治百病，電療師的失敗就成了批評者眼中的證據，指稱電療毫無療效。醫學院不再教授電療，公眾開始回頭去找醫師看病，使用其他療法（例如手術、X光和藥物治療）。[46]沒多久，電療設備就進入醫學史博物館和私人電療機收藏館，像是之前提到的畢哈利的收藏。電療已死，或者至少進入了休眠狀態。要是真的會在治療中用到電，也單純是利用其產生的熱能來燒灼手術傷口，或是殺死毛囊（即電解）來去除體毛。這些用途是不需要以科學研究來支持的。一眼就可看出傷口遭到燒灼，或是毛髮掉落。

畢哈利在向我展示他的電療機藏品時，他解釋道，整個電療故事最諷刺的地方是，儘管電療本身由於缺乏支持其健康主張的基礎科學而衰亡，但這個領域卻推動了早期電機技術的進步。當時的醫師對發電機有持續需求，因此資助了電力研究和開發。醫師需要最先進的電力設備，而且只有醫師才能負擔得起這些機器的費用，因為只有醫師才有辦法在這整個過程中創造收入：向患者收費。

在那個尚未有電器滿足一切需求的時代，這類電動機器除了治療病人之外沒有什麼實際用途。醫師等於是為可以生產電機設備的製造商提供一個現成的市場，以此來資助電氣工程的研究。當然，病人在支付治病的電療帳單時，也是在資助這些醫師。因此就某種意義來說，人類的苦難和疾病推動了電學科技的進步，並促成了相關的新發現。長時間下來，機器的價格會下降，然後電會找到其他創造獲利的用途。[47]

我向畢哈利請教他在電力方面的背景。問他怎麼懂得修復這些機器？有接受過電氣工程的訓練嗎？「幾乎沒有。」他說：「我讀的是餐飲學校！我沒想太多，關於電的一切，我學得很快。」我繼續問道：「那你是為什麼開始蒐集這些舊的電療機？」他告訴我，在他讀餐飲學校時，他和父親計畫等他畢業後一起開一家咖啡館。當時他們決定咖啡館的裝飾風格要以古董為基礎，所以他們開始蒐集這些古董，準備為未來的事業所用。

一天，畢哈利在一家古董店發現了一台實際上仍在運行的電療機。當他啟動它時，房間另一頭的舊電視機螢幕開始閃爍。他心想最好是在電視機壞掉前先把插頭拔下來。但是當他前去拔插頭時，卻發現那台電視機的插頭根本沒有插上！不知何故，那台電療機竟然會影響到那台未插電的電視螢幕。就是在那一刻，他覺得：「哇！電療機這玩意兒太酷了！」從那時起，他就專門在古董店尋找舊的電療機，不斷增加收藏品。剩下的就是歷史了。

出於好奇，我最後問畢哈利，他的父親是否也染上蒐集各種電療設備的症頭。他搖搖頭。「沒有。」他對我說：「當我從餐飲學校畢業，我父親對古董和咖啡館都不感興趣了。他開始對樂器著迷，最後開了一家小提琴店。」

－第 5 章－

迴路

電池

魚類的發電器官又是一個特別棘手的例子，因為實在難以想像這些奇妙的器官到底是經由哪些步驟產生的。

——查爾斯・達爾文（Charles Darwin）

若是我在這裡對電池的用途大放厥詞，列舉電池對現代社會的種種價值，聽來多少都像是在重複陳腔濫調。所以，我索性就跳過這部分。但我還是想分享一個切身故事，曾經有一段時間，我對手電筒的電池著迷不已。

年輕時候，我和朋友經常去玩水肺潛水。有時我們還會夜潛。為什麼要在晚上潛水呢？因為夜潛與在白天潛水時的體驗完全不同，這主要有兩個原因。首先是在夜間可以看到不同的海洋生物。就跟陸地動物一樣，海洋動物也有日行性和夜行性（有的是在白天活動，有的主要在夜間活動）。因此，夜潛可以看到與白天不同的動物群聚。

夜潛的第二個原因是與顏色有關。白天時，來自天空的白光在向下穿過水柱時會不斷地被濾掉。與藍光這類短波長的光相比，紅光這類長波長的光會隨著深度增加而不斷被過濾掉；這意味著潛水越深，外在的事物看起來越藍。更糟的是，由於缺乏紅光，原本亮紅色的魚和珊瑚在深海中看起來都是醜陋的深棕色。在白天潛入深海，看到的是個褪色的世界，看不到什麼鮮豔的色彩。

夜潛則可以讓顏色恢復，看到它們原本的斑斕壯麗，因為夜潛者會使用手電筒來觀察。他們實際上是帶著光源一起下到深處。由於手電筒發出的光僅在水中移動一小段距離，因此會保留完整的色彩譜系。所以夜潛是一場色彩盛宴。

但是，夜潛者會遇到一個大問題。手電筒和海水不是很契合。即使只是極少量的海水滲進電池盒，由於它具有腐蝕性和高導電性，也會使內部的電池組短路，立即讓人陷入完全的黑暗，真的是**完全**。我不是一個特別怕黑的人，但我可以告訴你，在沒有手電筒的無月之夜，潛入海中所感受到的黑暗，絕對不輸給外太空的黑洞。這其實不危險，因為你只要游到水面上就好，但這確實是一種非常怪異的體驗。

因此，我對我的潛水手電筒和為其供電的十顆手電筒電池非常寶貝，呵護備至。每次潛水前，一定會使用新電池，並且將電池——仔細地放入電池盒。然後我會塗上潤滑劑，仔細檢查密封電池盒的O形橡膠圈。檢查時，即使是最細小的沙粒我也不會輕忽，因為我一般下潛的深度是十八公尺左右，那裡的水壓會讓手電筒承受非常高的壓力，約三個大氣壓，或三百千帕（kPa），因此就算是一粒沙也可能在O形環中產生裂縫。我的錙銖必較得到了回報。在夜潛時，我從未遇到手電筒故障過，而我那些不那麼龜毛謹慎的潛伴就不能誇下這種海口了。沒有電池就不可能在夜間進行水肺潛水。要是沒有電池，人類所有的感官體驗都會消失。還有許多其他的體驗要是沒有電池也不可能達成……好了，我保證就在此打住，不再繼續談論電池有多好。

今天，我們認為電池主要是一種儲存電能的方式，而當中的電能是預先以另一種方式產生的。我們將電池插入充電器，它們會吸收在其他地方透過水力發電、煤炭、核能、太陽能或其他發電方式產生的電力。然後，我們將電池當作是攜帶式的儲存電源來使用，在另一個時空中使用我們的電子設備。但這其實是很現代的產物。

最初，電池的價值在於它們能夠透過**電化學反應**（*electrochemical reactions*）產生自己的電能，這是一種更方便的替代方案，比主要靠人力來發動的笨重靜電產生器來得好。之前曾提到，以攜帶型的電池來供電的普爾弗馬赫腰帶更受到患者青睞，他們偏好這種便利性，勝過非得去到醫師診間才能使用的大型手搖靜電機。

只要在**電化電池**（*electrochemical cell*）的容器中正確組合確切的化學物質，就可以在不靠任何其他外部能源的情況下，產生暫時性的電流。將這些電池連接起來，可以產生大量的電力。這種能量會透過電池內的化學反應釋放出來——不需要手搖發電機。電化電池確實是一項了不起的發明，而更了不起的是，這一切都得歸功給生物學。

現在普遍將電池的發現歸功給亞歷山德羅．伏打。[1]還記得前面曾提過他在十八世紀時強烈批評路易吉．伽伐尼的動物電學理論嗎？[2]伏打認為，伽伐尼鐵架上的蛙腿之所以會抽動，最好的解釋是鉤子是黃銅做的，而固定架是鐵做的，他認為這根本不是蛙腿自行產生的電流。按照伏打的說法，當兩種不同的金屬放在一起時，它們會釋放出非常少量的電流，但這足以刺激蛙腿抽動。伏打之前在自己做蛙腿實驗時，偶然發現了這種異金屬間的電現象，但他不明白背後的運作原理。在嘗試解開這個謎題時，他遭遇到很多困難，尤其是在測量這樣微量的電流上。

指關節的疼痛感或電花長度都不足以量測讓伏打感興趣的那些微量的電，因此，他著手研發能夠測量極低電量的裝置，最終成功發明了一種叫做**稻草靜電計**（*straw electrometer*）的簡單裝置。它可測量兩根帶負電的稻草間的距離，這種分離是由相同電荷間的斥力所造成的，就類似於摩擦後的琥珀所帶有的弱電荷會對一小根稻草產生斥力一樣。然而，讓蛙腿抽動的電量很低，他的稻草靜電計測量還是無法偵測到，缺乏像蛙腿般的電敏感度。

你可能會想，為什麼伏打不乾脆捨棄他的稻草靜電計，直接用蛙腿來測量電力算了？之前提到的神經生理學家亥姆霍茲就不太在乎測量電流的物理方法。他選擇用蛙腿的收縮來作為量測依據，迴避直接測量電流的問題。採用這種生物方法就不需要任何複雜的電表，而且不僅可以測量電量，還可以測量神經衝動的速度。然而，伏打比較接近一位物理學家而不是神經生理學家。他喜歡以更為簡單、準確和精確的物理儀器來測量，而且還可以根據一些通用的物理標準來校正。

伏打對此深感沮喪，因為無論他構想出什麼樣的物理儀器，它們的電敏感度都比不上青蛙腿。事實上，他甚至曾用一個理當是零電量的空萊頓瓶，竟然還是會讓蛙腿抽動。他當時在給萊頓瓶充電後，將其完全放電，但這個「空的」萊頓瓶仍然可以刺激蛙腿，使其抽動，這顯示瓶中還存在有微量的生物靜電。不過他還是再接再厲地繼續努力，將蛙腿當作是靈敏度的「黃金標準」，試圖創造出一個跟蛙腿一樣靈敏的電表。

但在他在用蛙腿做實驗的早期，曾遇到一個問題：蛙腿太敏感了。蛙腿對靜電非常敏感，因此他必須採取一些特別的預防措施，將他的實驗區域與周圍環境的靜電區隔開來。拿梳子梳頭會帶電，摸貓會帶電，連穿上羊毛衣也會帶電，他甚至發現他的某些金屬實驗探針本身就會釋放出足以刺激蛙腿的電流。在經過進一步的調查後，他發現那些由兩種不同金屬構成的**雙金屬儀器**（*bimetallic instruments*）會刺激蛙腿抽動。相較之下，僅由一種金屬製成的器具則不會。顯然，雙金屬儀器無須將兩種金屬摩擦，即可自行發電。這種特性確實是非比尋常。

大約就是在這個時候，伏打聽聞伽伐尼關於動物電來自蛙腿的假設。儘管在最初他對伽伐尼的發現表示祝賀，但伏打很快就開始懷疑伽伐尼的實驗結果，認為他在進行蛙腿實驗時，沒有採取和他一樣的預防措施來盡量減少環境靜電。因此，當伏打得知伽伐尼曾使用兩種不同的金屬——架子是鐵的，鉤子是黃銅的——來刺穿蛙腿時，他知道伽伐尼下了一個錯誤的結論。它們只是一個**科學偽像**（*scientific artifact*），或稱人為誤差——這是科學家用來指稱那些受到外部干擾因素造成的實驗結果。

伽伐尼能看到這樣的結果是因為他的實驗設計有缺陷，是人為因素造成。伏打推論伽伐尼實驗中的蛙腿之所以會抽動，僅僅是因為使用了兩種不同金屬，當它們相連時便產生電流，而不是因為蛙腿自己會發電。但是，如果沒有高靈敏度的電表，伏打便無法設計出一個實驗來確切地推翻伽伐尼。

在這裡要澄清一點，我並不是說伏打不相信動物可以發電，他也知道有電魚這樣的生物。只是他認為要產生電，動物必須有發電器官，就像電魚一樣。青蛙並沒有這樣的器官，所以他認為牠們不可能發電。事實上，長時間下來，伏打最終開始相信，要理解電的祕密就應該要去研究電魚的發電器官。因此，儘管他對電在生物中的作用心存疑慮，但後來他還是投身電魚研究。他認為，研究這種魚，或許能夠從中推導出潛藏在背後的電的物理性質，甚至可能製造出類似電魚器官的人造電器官。相較之下，伽伐尼則一路使用他的青蛙。然而，有一次在海邊度假時，他有機會用電鰩來進行一場即興實驗。在拿到幾隻活的電鰩後，他進行了實驗性手術，試圖檢驗他的動物電假說。他不知是用了什麼方法，據說在沒有讓自己感到電擊的情況下，就設法迅速切斷了其中一條魚的腦幹，這等於是將大腦與神經系統的其他部分分開。然後他又迅速切斷另一條魚的心臟。

這種做法當然使兩條魚迅速死亡。但他注意到，那條移除大腦的魚立即失去了電擊的能力，甚至在還沒死透前就無法再電擊。但是那條移除心臟的魚卻還有電擊的能力，直到澈底死去。伽伐尼相信這些結果支持他的觀點，即大腦是身體儲存動物電的容器，因此將大腦與身體分開後，應當會立即停止身體的電流，而切斷心臟的（實驗中的控制組）則不會。[3] 所以大腦的參與似乎是關鍵。伽伐尼與伏打相反，認為任何有大腦的動物多少都能產生一些電，無論是否具有專門的發電器官。[4]

伏打對高靈敏度電表的追求，最後在發現英國化學家兼發明家威廉・尼科爾森（William Nicholson）時得到了一些回報。他發明了一種比伏打的稻草靜電計更精緻的儀器。[5]尼科爾森的這個電表是透過集中少量電荷來運作，不斷集中電荷，直到能量測到為止。由於電量是以轉動儀器上的手柄次數來加以倍增，因此又稱為**倍增器**（*multiplier*）。使用尼科爾森的倍增器，伏打便能著手研究雙金屬材料的放電，無須動用青蛙。有了尼科爾森那台高靈敏度的靜電計，伏打得以重新回去驗證自己的雙金屬電假說。他製作了硬幣大小的圓盤，每個圓盤由不同的金屬製成，然後以不同的排列方式來組合，判斷與比較各種配對的電輸出量。有些配對的電量較其他組合更多，但所有配對的輸出量都微弱得令人失望。其中，最好的是銅與鋅的組合。

到最後，伏打還是無法用尼科爾森的儀器直接檢驗伽伐尼的動物電假說，因為他很快就發現，光是轉動儀器手柄所產生的摩擦，就會在儀器內產生造成蛙腿抽動的靜電。[6]光是操作儀器就會造成蛙腿抽動，這樣是要怎麼用它來測量號稱是蛙腿產生的動物電?!這只是再次證明蛙腿仍是當時測量電流最靈敏的方法。

不過伏打很快就另闢蹊徑，發現了另一個可能性：他的舌頭對不同金屬產生的電流幾乎和青蛙腿一樣敏感。雖然在接觸到兩種不同的金屬時，他的舌頭並沒有抽動，但是如果將兩塊不同的金屬放在舌尖上，就會產生明顯的味覺和刺痛感。對這個現象，他相當正確地下了結論，斷定是雙金屬電流影響到他的舌頭。同樣地，要是將兩種金屬放在他眼睛的結膜（白色區域）上，他也會感覺到光。他改變眼睛表面電極的位置，然後描述那些在他視野中移動的光陣列。這樣看來，他的舌頭和眼睛對雙金屬電流敏感度似乎跟蛙腿一樣。

接下來，他便野心勃勃地展開一項實驗，將自己的舌頭、眼睛和蛙腿連接起來，形成一個開放的迴路。之後，又添加兩種金屬來讓這個電路閉合，這時他的舌頭刺痛，眼睛覺得見光，而同時間蛙腿則在抽動。[7]這意味著電流不僅可以調節肌肉收縮，還可以調節味覺和視覺。由於對聽覺好奇，他將電線深深地插入自己兩耳（就跟法國神經學家杜興後來所做的一樣），並將之連接到雙金屬電上。通電時，他聽到「一種劈啪聲、抽動聲或冒泡聲，好似某種麵團或黏稠的湯汁正在沸騰」。也許電流會中介身體的這五種感官：味覺、視覺、聽覺、嗅覺和觸覺。這是個相當有趣的想法。

但要反駁伽伐尼的動物電學理論，人體感官並沒有比蛙腿抽動來得好；在判斷電力輸出量上，這些生物性測量都不夠完美。伏打找不到除了蛙腿之外的非生物性電探測器，這開始嚴重動搖他關於蛙腿不能自己發電的論點。伽伐尼的動物電理論反而得到其他研究人員的間接支持。

一七七一年，法國國家醫學院的物理學家尼古拉・菲利普・勒杜（Nicolas-Philippe Ledru），也有人稱他柯穆斯（Comus），建造了一台靜電機，以動物神經組織製成的盤狀物來代替其中通常用以摩擦的玻璃盤，這些神經組織先在烤箱中烘烤成固體般的圓盤。神經盤在摩擦時同樣會產生一些靜電，勒杜認為這就是神經可以產生電流的證據。[8] 伏打則加以駁斥，認為勒杜的靜電裝置無法證明真有此事，這只是項無關緊要的發現；儘管如此，勒杜的這份報告開始模糊動物電是否存在的主要問題。

根本問題在於伽伐尼的實驗設計。在他的設計中，青蛙腿既是假定的動物電源，同時也用作檢測電流有無流經的指標。要是在實驗中僅能用青蛙腿來檢測雙金屬是否會發出電流，就無法排除電源其實是來自蛙腿的可能性。伏打需要一個像蛙腿一樣對電敏感的物理性電表，這樣他就可以在實驗中完全移除蛙腿，直接證明鐵架與黃銅鉤這樣的組合就會產生電。他若能做到這一點，就能夠一勞永逸地解決這場爭論，但在此之前，他與伽伐尼在動物電方面的爭執愈演愈烈。沮喪的伏打決定在金屬圓盤上加倍努力，並試圖弄清楚雙金屬發電到底是怎麼回事，並在以後重新檢視蛙腿。

在一七九九年的某個時候，伏打開始注意到之前發明倍增電表的尼科爾森在期刊上發表的另一篇文章，提出電魚的發電器官的運作模型。[9]他在文中提出，在魚的發電器官中，電細胞的結構，就像堆疊的硬幣一樣，它們是高度導電的子單元，當中充滿了「反向帶電」的物質。據稱，這些帶電導體會以絕緣組織兩兩隔開，以導體、絕緣體、導體、絕緣體這樣的順序重複排列。每個子單元攜帶的電荷很少，但聚在一起時——尼科爾森估計在魚的發電器官內大約有五百～一千個子單元——就可以釋放大量的電。這類似於將萊頓瓶連接在一起，加強放電的效果。

伏打意識到，他用來進行雙金屬測試的金屬圓盤與電魚的硬幣狀電細胞類似，它們也僅產生少量的電。也許像魚的電細胞一樣堆疊，會增加它們的產電量。於是他開始擺弄圓盤，並以不同的順序堆疊，看看雙金屬發電這類現象是否會發生在魚的器官中。為了模擬尼科爾森聲稱當中極為關鍵的絕緣組織，伏打決定用乾紙盤來代替，將它們堆疊在他反覆排列的試驗序列中。最終，他發現了銅—鋅—紙—銅—鋅—紙—銅—鋅—紙的重複序列……但這種排列也沒有產生大量的電。

伏打對這個結果感到失望，決定重新檢查魚的發電器官的結構。他很快發現在魚的發電器官中根本沒有絕緣材料。器官的每個組織都導電。他此時意識到，那堆用絕緣紙隔開的雙金屬圓盤根本無法模仿魚的電器官。魚的電細胞之間沒有絕緣體。

因此，伏打決定反其道而行，用會導電的濕紙盤代替了絕緣的乾紙盤。這做法很簡單，他把原先的堆疊拆開，將紙盤浸入高導電性鹽水溶液中，然後重新組裝堆疊起來。然後，他用他可靠但不太靈敏的稻草電表，來測量這個含有濕紙盤的新組合的放電量。哇！電量爆表。當時他還以為自己揭開了電魚發電的祕密。[10]但他其實沒有，不過這項發現更厲害，他在無意間做出了電化學電池。

這項大放異彩的發現讓伏打過去所有的研究工作都相形見絀，就連動物電的問題對他來說似乎也不再重要。就讓伽伐尼拿著青蛙愛怎麼做就怎麼做吧！與他的新發現

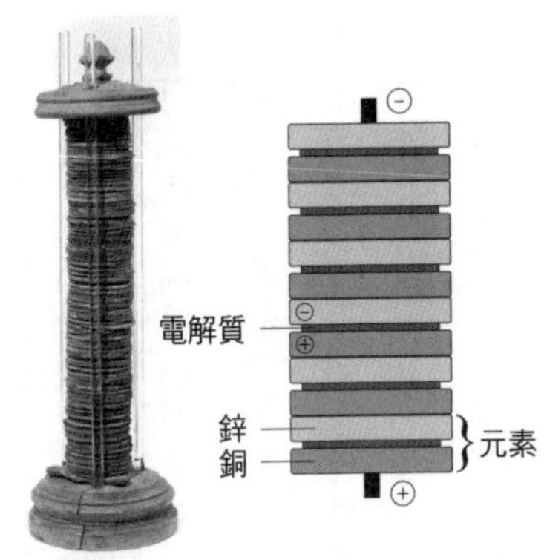

第一個電池

現代電化學電池的前身是「伏打電堆」。由義大利科學家亞歷山德羅．伏打所發明，這是一堆由銅（或銀）、鋅和紙盤交替所組成的。紙盤用電解質（鹽）溶液潤濕。伏打當時是為了製造一種人工版本的電鰻發電器官。他將硬幣狀的圓盤堆疊在一起，因為鰻魚的發電器官也是由一系列稱為電細胞的硬幣狀圓盤組成的。伏打偶然發現了一組產生電流的圓盤，並稱此為**人造電器官**（artificial electrical organ）。但伏打所發現的其實與電鰻無關（鰻魚的發電器官是以完全不同的機制運作）。這項裝置很快就傳播開來，一般稱之為**伏打電堆**（voltaic pile）。此圖顯示的伏打電堆據稱是由伏特本人設計的，曾在一八九九年於義大利的科莫（Como）公開展出過，以紀念伏特這項非凡發現的一百週年。

圖片來源：Wellcome/WikiMedia Commons

相比，無論青蛙會不會發電，都是微不足道的。電池才是電的未來。

因為伏打在發表他的研究結果時稱他的堆疊圓盤為「堆」，所以後來全世界都以伏打電堆來稱這項發現。日後又改稱為**伏打電池**（*voltaic battery*），這是指以一個或多個連接的電化學電池產生電力的東西。之所以將「堆」（pile）改成「池」（battery），是因為在英文中，這個字也有炮兵連或炮台之意，而將單個電池組合起來，就好比一連串齊發的大炮。[11]

伏打將一堆交替排列的金屬圓盤中的絕緣體換成了導體，就這樣在無意間製作出電池。伏打認為在金屬圓盤之間濕紙盤的作用是降低電流的**阻力**（*resistance*），因此他專注在降低雙金屬材料間的電阻，因為這是他對他的電池運作機制的核心解釋。伏打名列第一批開始探討電阻這種參數的人，不過他對其運作原理的想法非常粗略，對後續相關的電阻基礎科學其實沒有什麼貢獻。[12] 後來發現，電阻其實是個極其重要的參數。在此我們暫時停下來，先思考電阻的具體含義，可能有助於了解全貌。

如果說有一種電的特性幾乎和水流一樣直觀，那就是電阻。電阻就如我們所預期的，是種會阻礙或抵抗電流通過的東西。這想來似乎很簡單。但事實上，電阻比你想像的要複雜一點，也更有趣一些。

電阻經常被比擬作摩擦力，因為這兩者間確實有很多相似的屬性。如果你玩過桌上型的空氣曲棍球（air hockey）這種遊戲，就會知道球是漂浮在一層薄薄的空氣上，這大幅減少了球和桌檯表面間的摩擦。這意味著在用力推球嘗試射門時，球的向前運動幾乎沒有阻力，而且能夠獲得驚人的速度。打開遊戲桌檯的氣泵，曲棍球運動時的阻力變小，而關上氣泵，阻力就會變大。所以把電阻比擬成摩擦力是合適的。不過，我們現在要用水流模型來表示電，所以就先將摩擦力的比喻放到一旁，忘了空氣曲棍球賽，改用比較不那麼令人興奮的花園水管來描述阻力。

我們會如何改變花園水管的阻力呢？可以用手捏住水管，減少流量，這姑且可稱為「阻力」，不過捏力很難測量和複製。因此，讓我們假設在水管末端放置一個機械式的噴嘴，這樣便可以用可測量的方式來改變水流限制。當接近完全收縮時，噴嘴中的水流幾乎完全停止。完全打開時，水可以像沒有噴嘴一樣，無礙地流過水管。[13]

由於在這個電的水流模型中，電壓等於水龍頭處的水壓，安培數等於流過水管的水流速度，因此電阻相當於是水管中某點在直徑上的收縮，這會因此減少水流量。我們現在是將噴嘴放在水管的末端，但將其放在中間也可以達到相同的效果。

如果我們將噴嘴鎖緊，將流量限制一半，就等於是將阻力加倍，理當會將電流減半。顯然，電阻和電流間存在反比關係。但若我們不想要減少電流量，因為這表示要用水管中的水裝滿水桶的時間需要增加兩倍，那我們有兩個做法，可以完全打開噴嘴來降低阻力，也可以增加水龍頭處的壓力（電壓）。[14] 必須要增加多少電壓才能恢復原來的電流量呢？既然噴嘴所增加的阻力會使電流量減半，那表示我們需要將電壓加倍，才能補償這樣的減少。這是因為電流與電壓成正比，與電阻成反比。現在請容我在此提出一個計算式，我們可以將這關係描述為：

$$\text{電流}(\mathrm{I})=\frac{\text{電壓}(\mathrm{V})}{\text{電阻}(\mathrm{R})}$$

電阻是電流導體原本具有的特性。可以在保持噴嘴的情況下將水管從水龍頭拔掉，然後接到另一個水源處，要是不更改噴嘴，那它將具有相同的阻力。阻力不是水流的特性，而是來自水管的。而水管就相當於導電的材料。

之前提過，伏特和安培分別是電壓和電流等參數的單位。但是電阻這個參數就沒那麼簡單了。電阻的單位並不像我們想像中的**電阻**（*resists*）。不，那太簡單了。電阻的單位是**歐姆**（*ohm*），這是來自十九世紀的德國科學家蓋歐格．西蒙．歐姆（Georg Simon Ohm）的名號，他提出現在我們對電阻的認識。不過，與同樣用於參數和單位名稱的伏打和安培不同，歐姆並沒有獲得參數名稱，只獲得了單位名稱。這就是為什麼我們沒有稱電阻這個參數為「歐姆」（ohmage）的原因。

儘管命名法有些不一致，幸好單位本身的含義非常簡單。認識到電阻、電壓和電流之間的關聯後，電阻這個參數的定義就是其他兩個參數的商（quotient）（即一個數除以另一個數所得到的值）。若是以數學語言來描述電阻的標準單位歐姆，那上述的等式可以簡單地重新排列為：

$$\text{電阻(R)} = \frac{\text{電壓(V)}}{\text{電流(I)}}$$

而歐姆的單位定義就是一伏特除以一安培：

$$歐姆(\Omega)=\frac{伏特(V)}{安倍(A)}$$

因此，要是可以測量電路的電壓和電流數，那就能夠輕鬆計算出電路中以歐姆為單位的電阻值。歐姆讓人明白伏特數和安培數之間的固定關係：它們的關聯受到電流流過的導體內的電阻所影響，如今這稱之為**歐姆定律**（*Ohm's law*）。

現在既然我們對電阻有更清楚的認識了，那應該要來更新一下對導體的理解。之前提過，導體是指電流流過的材料（例如，用鹽水浸泡的紙盤），而絕緣體則是電流無法流過的材料（例如，乾燥的紙盤）。現在可以說得更準確一點，導體是低電阻材料，而絕緣體是高電阻材料。更棒的是，我們可以完全不用絕緣體一詞，只要說但凡物質都可是電流的導體，主要取決於它們的電阻。有些導電性好，有些則非常差，可由其歐姆數值來判斷。

不過伏打堆之所以能產生電，不單是因為沾濕的紙盤降低了電阻。事實上，更重要的因素是鹽水中帶有自由流動的離子。離子是帶電的粒子。將電中性而且是不良導體的食鹽（即氯化鈉）溶解在水中時，它會分離成兩個化學成分：帶正電的鈉和帶負電的氯，這就是我們稱為**電解質**（*electrolyte*）的溶液。其他類型的鹽也同樣會分解成一對帶相反電荷的離子。當電流流過這類鹽溶液時，離子本身會成為電流的一部分，促進電流流動並參與產生電流的化學反應。

要是現在仍覺得這個概念難以理解，請不要絕望。正如你早就注意到的，即使不理解電化學電池背後的化學原理，還是可產出電力。事實上，當年伏打也不知道他正在目睹電化學反應。直到後來，當電池產生電流（而且只有在產生電流時），觀察到在電極處會形成氣泡時，他才懷疑這應當牽扯到化學反應。

你現在知道的至少和伏打當初發現電池時一樣多。我之所以用「發現」一詞，而不是「發明」，是因為電化學反應一直在我們周遭發生，只是在伏打發現電池之前，沒人注意到它們。在此之前，大家都沒想到像金屬生鏽這樣平常的事是電化學反應的結果。為什麼會這樣呢？因為在電學科學家所接受的單流體模型的標準電學理論中，完全沒有談到化學。

就是在這時，科學家開始對這套單流體模型失望，因為這無法解釋他們看到的所有電現象。不過缺乏這方面的知識並沒有阻礙電池的進一步發展。這是因為在當時的人眼中，伏打新發現的電池是一種科學儀器，而蜂擁而來的科學儀器製造者主要是工匠，並不是科學家。這些儀器製造商好比修補匠，他們改變各種零件，然後觀察這些變化對電輸出量的影響，進而逐步改進電池。他們對電池的運作原理沒有基本認識，也毫不在乎。科技記者亨利．史萊辛格（Henry Schlesinger）寫了一本書來探討因為發現電池而引發的科技革命：「（值得注意的是），那時並不想探究電池是如何產生電荷的。即使最認真嚴謹的實驗者，也只關注在實驗室中可以用電來做什麼。能夠作用就足夠了。」[15] 要到很久以後，人們才真正理解電池的運作原理。

伏打因為發現電池而享譽全球，聲望遠超過他的競爭對手伽伐尼。好勝心強的伏打對此相當得意。不過在他的故事中，後來發生兩件其實很諷刺的事。首先是當時的科學界已經開始對電進行區分，一種是可產生強烈電擊的，像是萊頓瓶和電魚這類，以及電量較微弱的，如伽伐尼報告中的蛙腿，還有伏打的雙金屬儀器。

當時的想法是，這兩種可能代表著截然不同的電現象。由於伽伐尼發表弱電流的報告比伏打的報告還要早，所以科學社群把發現弱電流的功勞歸給了伽伐尼。因此，不論是以哪種方式產生弱電流，後來一律都稱為**伽伐尼電流**（*galvanic current*）。當時的人會說「伏打」電池會產生「伽伐尼」電流，這多少是在向伏打的主要敵手致敬。這個術語在今日偶爾都還會用到，專門用來描述電池的輸出電量。

第二項諷刺是，最初假設魚的發電器官是透過許多子單元儲存電能來運作，就像多個小萊頓瓶一樣，這事實上相當接近真實狀況。在魚的發電器官中，確實有一絕緣層將電荷分開。伏打之所以沒有找到，是因為他選錯了尺度。絕緣體不在電細胞之間，而是在電細胞內部。換句話說，伏打是在組織層級尋找絕緣體，但絕緣體是要在細胞層級才會看到，其間差了幾百倍。那個伏打沒找著的絕緣體其實是神經細胞的細胞膜，能夠隔離細胞內外的電氣環境，就相當於玻璃將萊頓瓶的內外電荷分開來一樣。關於這一層認識，要等到很久以後，當神經細胞的研究趕上電學研究時，才看得出來細胞膜在生物發電中扮演的重要角色。

所以，伏打雙金屬電堆的作用原理並不是他最初所設想的。伏打是在所知無幾的情況下，偶然做出重大發現，真的是瞎貓碰上死耗子。伏打的運氣確實多於他的洞察力，但這也無妨。世界上許多重大的科學發現都是如此，是當好運降臨在有所準備的心智上時產生的，而伏打絕對是有備而來。

事實上，伏打在當時確實不可能以科學推理來發現電池，因為當時的電學尚未發展完備，根本還沒有到達可以根據電學理論的初步原理來推導新發現的程度。當時的電模型仍然是富蘭克林的單流體模型，這當初是提出來解釋靜電現象的，並沒有要解釋未知的電化學反應。要到很久以後才會出現納入兩者的模型。伏打發現的電池確實是領先時代，超越了科學——請容我這樣說——但是電學很快就會迎頭趕上。

過去兩百多年來，電池的基本設計並沒有什麼變化，主要是由不同材料製成兩個導電端，其中至少一個是金屬，而中間則是電解質，儘管隨後電池設計出現重大改進，但現代所有類型的電池仍包含這些基本組成。[16]只是隨著電化學科學的發展，電池放電的基本原理也變得更為清楚，因此現在推動電池科技的進步時，無須太過依賴試誤學習的反覆試驗。

電池設計的長期演變，也可想成是一種達爾文式的「適者生存」。適應力最強的電池要算是那些小尺寸但具有高電量的電池，電子工程師稱這類電池為**高能量密度**（*energy density*），但同時還要兼具安全性且製造成本低廉的條件。在許多應用上，重量輕巧也是一項重要條件。要是電池的設計有不符合上述這些選擇標準的地方，很可能會被淘汰出局，被更合適的設計所取代。目前，適應力最強的電池都是以鋰這種輕質元素設計出來的。

在鋰電池中，又以**鋰離子**（*lithium-ion*）電池占據主導地位，因為它們不僅具備滿足上述所有條件的特性，而且還可充電。[17] 而在鋰離子電池中，最出色的一款是18650這個型號。

只要去一趟水肺潛水店就可看出18650鋰離子的價值。我的舊潛水燈需要十顆四號電池，排列在相當於四百五十克大小的鋁合金外殼的咖啡罐中，總重量有三公斤多。店家現在拿出來的潛水手電筒則是重量輕、結構緊密，而且只要裝一顆18650鋰電池，這種電池僅比傳統的AA鹼性電池稍大一點。[18] 況且，這款裝了18650鋰電池的手電筒，可直接拿去充電，不需再拆卸和重新裝入，只要連接外部的USB端就可。之所以能夠充電，是因為在連接外部電源時，能夠逆轉原本釋放電池電能的電化學反應。可惜現代的潛水燈仍然與我的舊式頭燈有相同的致命弱點：電池盒需要一個防水的O形環。有個牌子甚至直接附了三個備用替換的O形環（這傳達的訊息不是很明顯嗎？）。有些事情永遠不會改變。

儘管18650鋰電池的尺寸與伏打電堆的大小差不多，而且具有相同的基本組件：兩個不同的電極與將其隔開的電解質，但內部結構卻截然不同。[19] 18650不是由一系列類似魚的發電器官堆疊的圓盤，它的內部結構更像是蛋糕卷。一層電解質材料夾在兩片軟性的電極材料間，一塊由鋰化合物製成（負極），另一塊由碳製成（正極）。將這薄形三明治捲起來，然後滑入一個小圓筒中。

18650鋰電池非常堅固耐用，甚至可以用在電動車上。現代潛水手電筒只需要一顆18650鋰電池，而特斯拉的Model S電動汽車則用了七千一百零四顆。

此外，由於18650鋰電池呈圓柱形，不適合用在智慧型手機、平板電腦和筆記型電腦上，之後還推出了扁平版的鋰電池。無須將鋰－電解質－碳這樣的三明治組合捲起來塞到金屬圓柱體中，而是將其展開並滑入彈性的塑膠外殼中，這樣就有一個完全平坦的電池可用。鋰電池確實成為我們這個時代的主力電池，而這一切都始於一條電魚。

在結束電池的故事前，應該還要提一下最後一項深具諷刺意味的發展，以及它的發現者伏打留給世界的遺產。還記得那個引發伽伐尼和伏打爭執的實驗嗎？在那個實驗中，伽伐尼用黃銅鉤刺穿了一條青蛙腿，將其連接在鐵架上。就現代電化學的後見之明來看，可以用較為現代的角度來解釋這項實驗的發現。

蛙腿的抽動其實並沒有伏打所主張的那樣簡單，不是僅將黃銅和鐵這種雙金屬組合起來就可以發電，真正的原因更為微妙。現在回顧這整起實驗，我們可以看到，潮濕的蛙腿並不只是對黃銅和鐵這兩個電極所發出的微弱電流做出反應。蛙腿實際上才是這個電路中的關鍵，會影響到整個導致腿部抽搐的電路所需要的電流。這是因為潮濕的蛙腿具有豐富的組織電解質，相當於是伏打實驗中浸泡鹽溶液的紙盤。蛙腿實際上提供了連接兩極不同金屬的電解質。就跟所有的伏打電池一樣，需要有兩種不同的金屬和一種電解質來橋接兩極，也就是說，要是這個電路中沒有扮演電解質角色的蛙腿，光是靠鐵架和黃銅鉤幾乎不會產生什麼電流。換句話說，當伽伐尼將青蛙腿放到鐵架上時，就在不知不覺間創造出史上第一顆單芯的伏打電池。所以，儘管歷史語帶諷刺地寫下伏打電池產生了伽伐尼電流，但也可以反過來以同樣諷刺的語氣指出，當伽伐尼用黃銅鉤刺穿蛙腿掛在鐵架上時，他創造出第一顆伏打電池。

儘管伏打在研究微弱電流時遭遇諸多困難，讓他倍感沮喪，但這至少有一項好處：他不會有意外電死的風險。日後，隨著科技進步，能夠不斷增加電壓和電流，意外遭受高強度電擊的風險成了所有相關從業人員的一大威脅。要是當時實驗中的電流再高一點，伏打用他的舌頭和眼睛來檢測電流可就不是什麼明智之舉。聰明的科學家需要尊重所有的電，否則可能會因觸電而猝死。

－第6章－

被電震回現實

電刑

在丹尼莫拉，我第一次見到用人造閃電來殺人。

——羅伯特．艾略特（Robert G. Elliott）

二〇〇八年一月二日的那天晚上，二十四歲的美國陸軍中士雷恩．馬塞斯（Ryan D. Maseth）在脫下衣服後，走進了淋浴間，那成了他人生中最後一次的沖澡。過沒多久，同營的夥伴發現馬塞斯躺在浴室地板上，毫無反應，身體一半還在淋浴間裡，一半在外，水龍頭也沒關。於是發現者大聲呼救。

一名趕赴現場的士兵，即便穿著有袖子的衣服，但手臂不小心碰觸到淋浴用的水管時，依舊感受到強烈的電擊，這意味著淋浴系統有帶電。一名士兵前去關掉建築物的電源總開關，其他人則試圖搶救馬塞斯。但很不幸的，搶救無功。

陸軍的調查證實了所有人的懷疑。馬塞斯是在觸碰到淋浴間的水龍頭時觸電身亡。電源一路追蹤到建物屋頂上的抽水馬達。調查報告的結論是：「抽水馬達及建物的電氣系統接沒有適當接地，導致抽水馬達的金屬外殼和建築物中的配水管通電。」[1] 馬塞斯赤裸而濕潤的身體成了這個帶電抽水馬達釋放電荷的方便出口。這起致命意外是由於「訓練不足和專業知識不足」的承包人員的錯誤施工所造成，他們的無能讓馬塞斯付出最高的代價。而他並不是唯一的受害者。

馬塞斯參與「伊拉克自由行動」（Operation Iraqi Freedom）任務，駐紮在巴格達，這是聯合國授權多國軍隊入侵伊拉克的行動，始於二〇〇三年，結束於二〇一一年。他的宿舍蓋在拉德瓦尼亞宮建築群中，那裡隸屬總統府，過去曾是伊拉克前總統薩達姆·海珊（Saddam Hussein）的度假勝地。後來的調查顯示馬塞斯觸電死亡並不是單一事件，在伊拉克自由行動期間，發生了十八起美軍電擊死亡事件。馬塞斯觸電死亡的調查很快就擴大到其他十七起死亡事件。[2]

在這十七起死亡事件中，有九起顯然是因為受害者基於各種原因碰觸到漏電的電線所致，其餘八起的狀況比較不明確。他們的死顯然都與某種導致漏電的故障設備有關，其中一起事件看似與馬塞斯的死因驚人地相似。

在二〇〇四年九月十一日上午，一名海軍陸戰隊準下士進入淋浴間時，發現美國海軍三等醫療兵大衛·塞德格倫（David A. Cedergren）在淋浴間昏迷不醒。這位下士懷疑塞德格倫可能是觸電身亡，因為他之前已經聽過幾名海軍陸戰隊員抱怨在沖澡時被電到。這位下士在其他海軍陸戰隊員的幫助下，找到了一件塑膠質料的雨衣，充當絕緣體，以便在他們將塞德格倫從淋浴間拉出來時保護自己。他們將他送到急救站，在那裡宣布死亡。

值得注意的是，塞德格倫的驗屍報告稱他是自然死亡，主因是淋巴細胞性心肌炎（lymphocytic myocarditis），這是一種心臟病。就算心臟衰弱可能是導致他觸電後身亡的原因，但他的心臟病肯定不是主因。他的死因是觸電。驗屍報告怎麼會漏掉？

除非觸電的傷勢嚴重，有出現明確的組織燒傷，否則很難在驗屍時判斷是觸電致死。要是電擊時發生在水中，更不可能出現燒傷，因為水本身會吸收大量的電熱。因此，驗屍官在沒有發覺明顯燒傷的情況下，通常會綜合驗屍報告和死亡現場的調查來推斷死因是否為觸電。[3]顯然，負責塞德格倫驗屍的病理學家對他的死亡情況毫無知悉，也沒有前去事故現場勘查。塞德格倫的心臟宿疾顯然很嚴重，足以導致他的心跳突然停止。在沒有任何其他可能導致猝死的明顯病症或創傷的條件下，塞德格倫的死因就這樣誤植為心臟問題。

一項針對塞德格倫死亡情況的調查發現，那裡的淋浴設施的電線系統有多個不合格之處，違反電氣安全規範，包括未接地的電線。當時，很可能是其中一根電線與供水系統形成短路，導致塞德格倫在觸摸或抓住水龍頭或水管時喪生，就跟馬塞斯的狀況一樣。

對馬塞斯和塞德格倫來說，最糟糕的是他們用手抓住了蓮蓬頭，而不是僅僅觸摸或刷滑過它。在抓起蓮蓬頭時，手部肌肉會強烈收縮，用力地握緊蓮蓬頭，不會鬆手，因此造成自己長時間持續觸電。[4] 這種「放不下」的現象在拿著通電電線時特別危險。[5] 特別是因為人要到電流超過約〇．〇〇二安培時才會開始感覺到電流。但是當達到約〇．〇〇七〇安培時，他們縱使有感覺到電擊，卻已經無法鬆手。[6] 換句話說，在感知和放手間的電流強度範圍實在太小，這意味著，在感覺到電流時通常已經太晚了。

所以，塞德格倫的死亡也是另一起因某人疏忽而導致淋浴士兵死亡的個案。事實上，在伊拉克發生的那八起不明原因的電擊死亡事件中，可能全都與電器和設備漏電有關。在今日這個時代，實在很難再將這類死亡純粹歸類為「意外事故」。因為它們完全是可以預防的。

正如之前在談閃電時所提到的，電荷會尋找通往地面的途徑。可以在屋頂安裝避雷針來保護建築物，這樣電流就會直達地面，而不會穿過建築物，造成損害。同樣地，電氣裝置和電器也需要小型「避雷針」——將金屬外殼連接到地面的電線——以避免外殼因漏電而帶電。若是有人觸摸未接地的外殼或任何與之相連的東西，他就會變成人體「接地線」，電流會通過他的身體流向地面。這可不會產生什麼好下場。不過具有適當接地的電器對用戶來說是完全安全的。

在二〇〇四年，也就是塞德格倫去世的那一年，丹麥奧胡斯大學（University of Aarhus）的科學家發表了一份報告，統計出在一九一六～二〇〇三年這段期間，日德蘭半島（Jutland）包括丹麥本土在內的半島發生的觸電死亡事件。[7] 因為這是一個面積較小且人煙稀少的地區，所以人數並不多。但是，在這篇詳盡調查跨越近一個世紀的觸電死亡事件的報告中，死亡趨勢和驗屍結果卻深具啟發性。

在一九一六到一九七五年間，觸電死亡的人數穩定上升，這一點倒不足為奇，因為那是開始使用電力和電器的年代。不過在一九七五年之後，觸電事件急劇下降，從一九九六～二〇〇三年這項研究結束時，日德蘭半島沒有再發生觸電死亡事件。

觸電死亡人數的下降，要歸功於七〇年代中期引進的殘餘電流斷路器（residual current devices，簡稱ＲＣＤｓ）。這些相對簡單的設備有很多形式，不過都是根據相同的巧妙原理：在正常運作的設備中，流出的電流量應等於流入的。對於任何完好無損的電路來說，應當是如此……除非電流透過某種方式從設備洩漏到地面。在這種情況下，返回的電流量將小於流入的電流。殘餘電流斷路器就是在比較出入電流。在偵測到差異時，就會切斷電路，完全停止電流流動。要是你的身體恰好成為電流到達地面的路徑，殘餘電流斷路器會阻止電流進入你的身體。

在美國，最常見的是直接將殘餘電流斷路器合併到家庭的牆壁電源插座中，這種插座稱為接地故障斷路器（ground-fault circuit interrupter，簡稱GFCI），或簡稱為漏電保護插座。這很容易辨識，只要看看插座表面是否有一組小的復位按鈕（這種插座通常會有一個發出綠光的小燈）。它們的價格約在十美元上下（約合台幣三百元），比兩美元的非GFCI插座貴得多，但多花這兩百多塊很值得，因為它可以挽救你的性命。[8]

殘餘電流斷路器（RCDs）對電流外漏非常敏感。可以偵測到低至三十毫安培（〇・〇三安培）的漏電，而且會在感應到漏電時即刻關閉電流。斷路的速度極快，在不到四十毫秒（〇・〇四秒）內就會停止電流流動，就是靠這樣的快速反應來拯救生命。這其中的原理就跟防熊的電擊圍欄一樣，電擊的持續時間長才會致命。防熊圍欄的輸出電流約為一百二十毫安（〇・一二安培），以每十毫秒（〇・一秒）的脈衝輸出，這時間太短暫，不至於對熊造成任何傷害。

同樣地，這些殘餘電流斷路器也能預防長時間的電擊，因此能夠有效地挽救生命——如果安裝得當，效力幾乎達到百分之百。丹麥政府在一九八五年強制安裝殘餘電流斷路器，在執行這項規定後，日德蘭半島的觸電事故發生率幾乎降為零。研究人員估計，如果在上個世紀日德蘭半島就使用殘餘電流斷路器，應可避免百分之六十九的觸電死亡事件。

話雖如此，這份日德蘭研究也從那些觸電往生者收集到有用的資訊。科學家檢視了驗屍結果和事故現場的報告，想要釐清觸電受害者的確切死因。僅有極少數的觸電死亡案例（百分之十一）是因為接觸到高壓電（按照定義，大於一千伏特的才算是高壓電），大多數意外事故中的電壓都較低。這主要是因為家庭和企業用電的電壓較低，因此大多數人不是很有機會接觸到高壓電。

研究人員還發現，大多數的觸電死亡都是間接接觸（例如淋浴的水龍頭），而不是直接接觸（例如碰觸漏電的電線）。大約有三分之一的個案是接觸到潮濕表面。日德蘭半島觸電死亡的典型環境條件是低電壓和潮濕表面這兩項——正如同馬塞斯和塞德格倫觸電身亡的條件。

至於致命電流的路徑，有百分之六十九是流經受害者的心臟，百分之六是穿過大腦，百分之九是兩者兼有，同時穿過大腦和心臟。加總起來，有百分之七十八的死亡個案似乎與心臟受到電擊有關。因此，心臟似乎是低電壓觸電致死意外的主要目標器官。這項發現與之前認為電流會直接干擾心臟細胞、淋巴結組織和神經傳導束功能的推測吻合，前述這些對於維持心臟的正常跳動都十分重要。[9]

有趣的是，百分之八十一的受害者內臟沒有出現明顯的病理變化。這也與低電壓電擊致死主因是造成心跳停止，而不是破壞組織的觀點一致。沒有任何明顯的內臟器官損傷可能會導致驗屍官做出錯誤的結論，像是在塞德格倫的例子中，當時就判定其死因只是普通的心臟病發作。

對我來說，這類意外觸電事件可說是近在咫尺。在一九六〇年代，我還是個愚蠢的青少年，那時還沒有殘餘電流斷路器這類產品，在炎熱的夏天，我曾和鄰里間的朋友一起鬼混。我們有一台古董留聲機——即使在那個年代也算是老舊——用它來播放黑膠唱片，在游泳池裡一邊游泳，一邊享受最喜歡的流行音樂。留聲機放在一張木製野餐桌上，而野餐桌則位於地下游泳池周圍的混凝土平台上。

那台留聲機一定有什麼地方短路，因為每次我們要換唱片時，都會被唱針電到。不過身為非常「聰明」的孩子，我們也知道問題出在我們都是濕漉漉地赤腳站在混凝土表面，為留聲機接地。當時，我們知道橡膠是一種很好的電絕緣體，所以認為在拿唱針時只要穿上橡膠底的人字拖鞋，就可以「解決」這個問題。這招確實管用。再也沒有人被電到。為了做好「安全預防措施」，我們在留聲機上貼上了警示語：「穿人字拖或是被電！」現在回想起來，真的讓我覺得有驚無險，我們差點就為觸電意外中的統計數據再添一筆紀錄。對於我這樣魯莽的行為，我唯一的慰藉就是得知還有做出這類蠢事的人。電力「天才」富蘭克林也曾做過同樣愚蠢的事，他也逃過一劫，能夠活著講述這件事。

在最早期的觸電自傷的第一手見證中，也有富蘭克林本人的說法。你可能知道，富蘭克林是火雞的忠實粉絲。他甚至建議將**野生火雞**（*Meleagris gallopavo*）而不是**白頭海鵰**（*Haliaeetus leucocephalus*）——這兩種大型鳥都是北美洲的原生種——選為美國的國鳥。他對火雞的熱愛主要源自於他對美食的興趣。他非常喜歡食物，火雞是他十分喜愛的一道菜餚。

不知為何，富蘭克林認為電宰火雞會比用傳統斬首宰殺的火雞來得美味。他聲稱：「以這種方式（即電擊）殺死的鳥類吃起來肉質非常鮮嫩。」[10]為此，他還開發出一套標準程序，利用萊頓瓶收集靜電來準備火雞這道佳餚。有一天，在示範電宰火雞的正確方法時，他誤觸了那些要用來電擊火雞的電線，偏偏他的另一隻手還處於接地的情況，結果那些電力全都轉移到他身上。接下來，我用他自己的話來解釋發生了什麼事：

我最近做了一個絕對不會想重複的電實驗。兩天前的晚上，我準備要用兩個大玻璃瓶的靜電來電擊一隻火雞，那裡面裝的電力相當於是四十個普通小瓶的電量，我一不小心，竟讓這些電全從我的手臂進入身體，當時，我一手拿著連接兩個瓶子頂部的電線，另一手拿著一條連接到兩個玻璃外的鏈子。[11]在場的同伴說當時出現很大的閃光，還發出像手槍一樣的爆裂聲，但是我的感知能力完全消失，既沒有看到也沒有聽到，更沒有感覺到我的手遭受電擊。雖然後來我發現在電進入我體內的地方腫了起來，形成一個圓形的腫塊，有半顆子彈那麼大。由此可以看出電擊的速度有多快。在我親身經驗的這個例子中，它似乎比聲音、光或動物的感覺都來得快。

關於這整件事，我只記得當時正打算測試瓶子是否已充滿電，就跟平常一樣，準備用流到我手上的電流強度和長度來判斷。要是我的另一隻手沒拿著鏈子的話，我可能會很安全。然後，我感覺到一種難以言喻的感覺——從頭到腳貫穿我整個身體，內外皆然，之後我注意到的第一件事是身體劇烈而快速地顫抖，然後漸漸地消失了，我的感官逐漸恢復。之後我猜想瓶中的電應當都跑了出來，但我無法想像整件事到底是如何發生的，直到最後我看到了另一隻手中的鏈條，並回想起那時要做的事。握著鏈子的手和手指都發白了，好像被放過血一樣了。就算過了八到十分鐘後還是如此，感覺像死肉一樣，我的手臂、脖子和後背都麻了。一直持續到第二天早上，這種麻感才逐漸消失。在電擊後，現在只感到胸骨痠痛，感覺就像瘀青。當時我並沒有倒下，但我猜要是遭電擊的地方是腦部，我應該會整個人躺平。這整個過程其實持續不到一分鐘就結束了。[12]

富蘭克林對他電宰火雞的愚蠢行為似乎十分尷尬，就像我對那台漏電留聲機的愚蠢操作一樣。他在講述這故事的信件結尾寫道：「你可以將這件事轉告給鮑登先生（富蘭克林在波士頓的友人，他也在進行電的實驗），當作是一項警訊，但請不要公開，因為我對犯下這麼愚蠢的錯誤感到很慚愧。」在此，我可以很肯定地說，那天目睹富蘭克林事故、所有愛吃火雞的老饕，可能還是會覺得砍頭是準備火雞的最佳方式。不過，可能還是有些人不同意。

在低壓電的電擊意外中，如馬塞斯和塞德格倫的死亡事件，通常不會留下任何明顯的痕跡，因此很難確定死因，正如在塞德格倫的例子所看到的。富蘭克林當時肯定也是受到較低壓電的電擊，因為除了手上的傷口外，他也沒有被燒傷。但要是電壓增加，觸電時可能會在電流流經的路徑上出現燒傷的組織。這是因為高壓電通常會驅動大量電流，而高電流又會產生高熱量。

電流產生的熱量與電流量的平方成正比，換句話說，三安培（3×3＝9）的電流產生的熱量是一安培（1×1＝1）的九倍。不過，身體組織中的電阻也會按比例增加產生的熱量。所以五歐姆的電阻產生的熱量是一歐姆的五倍。[13]

有害身體的地方是電流和電阻的熱效應，這兩者不是獨立的。它們會相互作用，提高產生的熱量。也就是說，它們之間的關係是相乘的，而不僅是相加的。所以在這個例子中，三安培和五歐姆這個組合產生的熱量是一安培和一歐姆的四十五倍：

相對增加熱量＝3安培（A）×3安培（A）×5歐姆（Ω）＝45倍

對身體來說，遇上高電流和高電阻的組合是最為糟糕的。這會帶來另一種完全不同的傷害模式：燒傷。在某些例子中，尤其是當心臟不在電流的直接路徑上而倖免於難時，組織的嚴重灼傷還是會導致觸電者死亡。在英文諺語中，有句「把你的鵝煮熟」（cook your goose），是指做了某事而完全破壞原先的計畫，甚至毀了名聲，接近完蛋的感覺，而高壓電由於經常驅動著高電流，也是會讓一切完蛋，而且確實可以如字面的意思，會煮熟你的鵝，當然火雞也可以。

富蘭克林對於「現代」廚房的用電有著宏大的規劃。他曾描述過自己對未來烹飪環境的願景：「準備我們的晚餐時，先用電擊殺死一隻火雞，然後在帶電的瓶子（即萊頓瓶）點燃的火堆前，用通電的器具來烤。」[14] 這是在微波爐出現前的幾個世紀，能夠在幾分鐘內就上桌享用晚餐的夢想。要是他繼續堅持下去，很可能已經完成了這頓速食火雞大餐。幸運的是，在他差點電死自己，從鬼門關回來後，他似乎重新考慮了用電做飯是否明智。

那麼電宰火雞是否比較人道？在殖民時代，大家還不太關心動物福利，甚至可能不會理解為什麼要問這個問題。但在當代社會中，我們確實會擔心動物死亡的方式。[15]

動物福利組織憂心於屠宰火雞、雞和其他家禽時將其斬首的一般做法，認為這種殘忍手法會讓動物痛苦。為了消除這種顧慮，現在整個歐盟對進入市場的肉品都有規定，在屠宰動物前必須要讓動物無法動彈，並且失去知覺。通常，這是以電擊頭部來完成。在美國則沒有類似的規定，不過，美國每年屠宰的九十億隻雞在屠宰前幾乎都會浸入通電的水浴中，將其電暈。[16]有少數是使用二氧化碳這類氣體來讓家禽昏迷，不過電擊是一種廉價、高效且安全（對工作人員而言）的擊暈方法，也是許多家禽屠宰場的首選。[17]

在工業環境中，成本、效率以及工作安全是很容易評估的。但我們要如何確定，這種方法真的能有效地使鳥類立即失去知覺和無痛呢？這得靠鳥類的大腦活動來判斷，或者更準確地說，是要看大腦活動是否立即喪失。要感覺到疼痛，人類或動物的大腦必須處於意識狀態，而有意識的大腦會發出腦電波——這是第15章會討論的主題。頭部遭電擊擊暈的鳥類，不是喪失腦電波活動，就是腦部活動受到強大的壓制力，蓋過一切意識。

不過遭受電擊的鳥不一定是死去，還是可能會恢復意識。所以還是需要立即斷頭才算是達成目標。有時，即便是斷頭也不見得能完全讓其喪失意識。在屠宰雞時，偶爾會發生拙劣的斬首事件。其中一個廣為人知的例子是無頭雞：奇雞麥可（Miracle

Mike）。在一九四五年，一名農民試圖屠宰一隻雞，沒想到在砍下牠的頭後，這隻雞竟然還活著。[18] 用眼藥水罐將牛奶和水的混合物注入到牠的食道中，牠還能四處走動十八個月。顯然，斧頭砍斷了這隻雞的脖子，就在位於大腦底部的腦幹上方。奇雞麥可只需要一個功能正常的腦幹，就能繼續活著。而且牠的餘生可能都過著沒有痛苦的生活，因為牠失去了**體覺皮質區**（*somatosensory cortex*），這是大腦中負責感知疼痛的部分。[19]

大多數人認為電擊家禽不會對其營養價值產生任何影響，不過有個研究小組聲稱電擊家禽會造成肉質變硬一點。[20] 這樣看來，富蘭克林關於電宰火雞較美味的主張似乎沒有獲得現代數據的支持。

甚至早在支持這種說法的動物數據出現前，意外遭到高壓電擊導致完全喪失意識和死亡速度之快，在許多人看來，這就已經算是較不痛苦的死亡。這主要是根據偶然觀察到的人體觸電死亡意外，以及目擊者的證詞。

在一八八一年，紐約州水牛城的一名醉漢在一台發電機附近跌跌撞撞地走著，快要摔倒時，他一把抓住發電機的外殼，卻受到強烈的電擊。當地的牙醫師阿爾弗雷德・紹斯威克（Alfred P. Southwick）是這起事件的目擊者。他立即跑去那名男子身邊，發現他已經身亡。紹斯威克對這名男子的迅速死亡印象深刻，推斷他很可能是在沒有受到任何疼痛的情況下死去。後來，紹斯威克提出電刑可能是處決死刑犯最人道的方式。

為了驗證他的想法，紹斯威克開始電擊水牛城的流浪動物，發現動物和那名被電死的路人一樣，似乎會立即死亡，這支持了他的論點，即電擊死亡是一種快速且無痛的死亡。身為牙醫的紹斯威克很快就想到，可將牙科椅改造成電椅，這或許是輸送致命電流的最佳方式。於是紹斯威克開始在紐約州的政治圈遊說，企圖說服他們採用電刑來作為該州的處死方式，替代通常有時緩慢而徒增痛苦的絞刑。

州長對電椅處死的這個選項很感興趣，他聘請了包含紹斯威克在內的三人，組成一委員會來研究此事的可行性，並讓他們將評估寫成一篇報告。這個委員會的委員都具有一定的社會聲望，擔任主席的艾爾布里奇．格里（Elbridge T. Gerry）是《獨立宣言》簽署人的孫子；而第三位成員馬修．黑爾（Matthew Hale）則是紐約政界的人物，他的祖父是美國革命烈士內森．黑爾（Nathan Hale），在一七七六年被英國人以間諜身分處以絞刑。他在絞刑台上的遺言讓他聞名一時：「我唯一遺憾的是我只能為我的國家失去一次生命。」就此看來，黑爾家族對絞刑可能具有特殊的感受，可以推測擔任委員的馬修・黑爾也會將這獨特的視角帶到他的這份工作中。

這個委員會進行了非常澈底的調查。他們調查了電刑，以及人類在歷史上種種用來處決人犯的許多其他方法，並權衡其利弊。如果你想知道的話，他們一共找出三十四種不同的方法。[21] 大部分的方法立即遭到這三名委員放棄，因為它們是專門設計用來懲罰的，所以會導致緩慢而痛苦的死亡（例如，鞭刑和火刑）。委員會的任務是找出一種人道的行刑方式，而不是不人道的，因此會淘汰掉專門為了造成痛苦而設計的行刑方式。

在經過一番選擇後，他們最終選擇電刑，認為這是最好的方法，儘管斷頭台斬首也很具有競爭力。但委員會最終放棄了斷頭台，因為他們認為這場面太過血腥，恐怕難以為社會大眾所接受，畢竟當時的美國人一看到斷頭台，就會聯想到法國大革命期間可怕的大規模政治處決。此外，也無從得知遭到斬首的頭還能保持多久的意識。根據電氣科學家的專家證詞，這個委員會推斷，既然電流比神經衝動傳播得快，那麼在任何疼痛信號到達大腦前，受害者的大腦和神經系統就早已遭到電流破壞。因此，電擊應該是無痛的。[22]

然而，委員會確實對電擊的可靠性和可預測性存有一些重大疑慮。這些委員承認，目前對電擊致死的機制知之甚少，他們指出，被閃電擊中的人不見得一定會死亡。基於不明原因，有些人還是倖存下來，他們假設有些人的身體可能天生具有排斥電荷的能力。於是他們也會質疑，就自然閃電並不總是致命這一點來看，是否真能預期人造閃電比自然閃電更可靠。[23]

儘管存在這些顧慮，但電刑最終被認為是處決囚犯最人道的方式。這個委員會於一八八八年一月十七日發布了報告，[24]建議使用電刑，特別是使用電椅來執行死刑。[25]紹斯威克的電椅概念最後交由紐約醫學法律協會（New York Medico-Legal Society）負責製作，將其轉化為可實際在監獄執行死刑的設備。該協會沒多久就完成了任務。一八九〇年八月六日，在紐約州的奧本監獄（Auburn Prison）安裝了史上第一把電椅，用以處決威廉・凱姆勒（William Kemmler），過去曾是製造商人的他，因為用斧頭砍死女友而被定罪。他對犯罪事實供認不諱，再加上有證人目擊，因此直接定罪判處死刑。但凱姆勒的電刑並不順利。

《紐約先驅報》（*New York Herald*）發表了一篇親自前往現場，見證電椅處決的記者所寫的第一手報導：

凱姆勒被處決的場面可說是慘不忍睹。當這可怕的景象在大家眼前展開時，就連那些早就習慣各種痛苦場面的人也都臉色蒼白、雙腿無力。那些站在最中間的人，充滿敬畏地看著這種最強大的流體（即電）的效果，就是連潛心研究過它的人也尚未完全理解，而它緩慢地——實在太慢了——瓦解了它所經過的身體纖維和組織。這項設計原先承諾在通電的片刻就會奪走生命，讓人的胸膛不再起伏，讓一切平靜下來；口吐白沫，血汗，肩膀顫抖和所有其他生命跡象理當也是。看到這些已經夠可怕了，但更駭人的是，由於過早移除電極，再加上隨後更換電極花了幾分鐘，而不是幾秒鐘，整個行刑室裡充滿了燃燒肉體的氣味，那些身體強壯，在現場觀看的男人一一暈厥過去，就像木頭一樣倒在地板上。[26]

這死刑肯定相當不順利。凱姆勒首先受到一千伏特的電擊，持續了十秒鐘，在場的醫師預計這足以致死。他的身體猛烈抽動，然後失去了知覺。但出乎所有人意料的是，當他們把他的身體從椅子上抬下來的時候，他似乎還在喘氣。只好又把他放回椅子上，第二次用兩千伏特電壓電擊了「幾分鐘」。就在這第二次的電擊中，凱姆勒的身體開始燃燒起來。

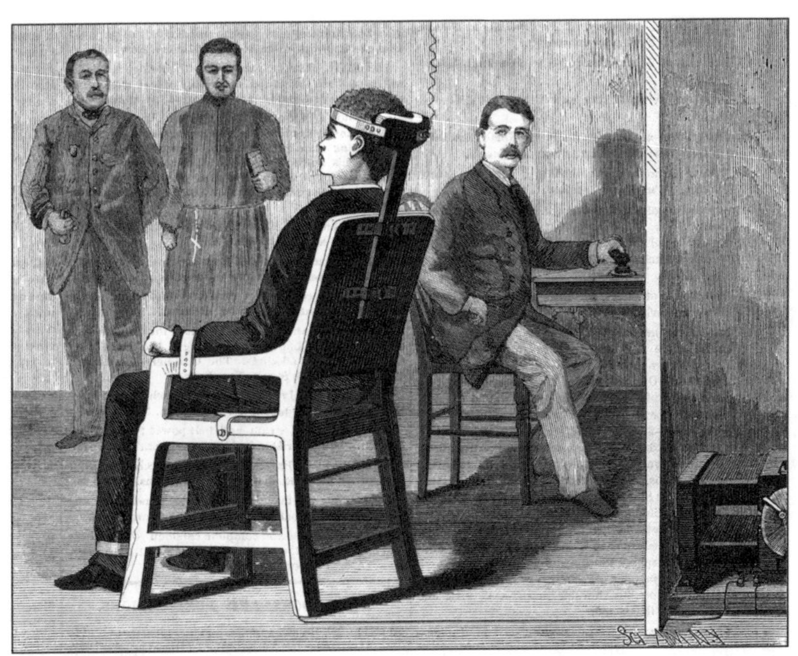

即將在紐約州引進的的電刑

史上第一把電椅

一八九〇年八月六日在紐約州首次使用電椅行刑，當時處決的是以斧頭謀殺女友而被定罪的威廉・凱姆勒。在電刑處決凱姆勒前，《科學美國人》（*Scientific American*）雜誌刊登了這張準備要使用的電椅圖，並向讀者描述它的運作方式：「將罪犯綁在一把附有金屬坐墊的椅子上，連接到電流的一極。在椅背上有一個可調節的頭枕，其表面有一塊金屬板和一條金屬帶，可繞過（該名）罪犯的前額。電線可能會與（一台）發電機相連……或是由電燈廠提供電流……在與囚犯的接觸點應該放置海綿或濕布，使電路的連接更加完善。在適當的時候，行刑官會轉動開關，罪犯會立即死亡。電流將沿著脊柱、大腦和神經中樞流動，可能在片刻之後就會完全耗盡。」

圖片來源：《科學美國人》，一八八八年六月三十日／維基媒體共享資源正如之前提過的，電流和電阻是電熱產生的重要因素，但電擊的長度也是組織灼傷的主要決定因素。熱損害與接觸電流的時間成正比。將凱姆勒的電擊時間從十秒增加到三分鐘（一百八十秒），這會增加十八倍的熱量輸出。難怪他的身體開始燃燒。

凱姆勒在第一次遭受一千伏特的電壓電擊十秒後還活著，歸咎其原因，可能與這張椅子的設計有關。電極分別連接到頭頂和下背部靠近脊柱底部的位置。電流在兩個電極之間流動時，最直接的路徑可能不會經過心臟。在第二次電擊時，提高電壓和延長時間，導致足以造成身體燃燒的熱量。

當然，身體之所以會燃燒是高電流而不是電壓所致。然而，大多數執行電椅處決的監獄人員最初並無認真看待電流的高低，而只著重在電壓上。當時尚未對電流強度與殺傷力之間的密切關聯有充分認識。在累積電椅行刑的經驗後，漸漸認識到電流在致死過程中發揮的作用，因此開始同時監測電流和電壓，嘗試找到理想的電壓和電流組合來加速死亡，並且盡量減少組織燃燒。然而，燒傷從未在這種死刑中完全消除。

在凱姆勒觸電身亡現場的三位醫師試圖淡化這恐怖的情景。其中一位醫師宣稱：「我認為這名男子是當場立即死亡。那些只是肌肉收縮，而這傢伙並未遭受到任何疼痛。這是可以肯定的。」這醫師的看法可能是正確的。正如之前提過的喬瓦尼・阿爾迪尼的展演，他是拿人類屍體來電擊，身體不一定要活著才能動作。凱姆勒可能在頭部受到第一次電擊時就昏迷，甚至有可能腦死。[27] 但我們永遠無法確知事實真相。

然而，在場的醫師因執行凱姆勒的電擊行刑不當而受到嚴厲批評。他們承擔了這次慘敗的大部分責任。他們在對電擊原理毫無任何科學認識的情況下，逕自延長電擊時間；決定把凱姆勒放回椅子上再次電擊，似乎也證明了他們的無知，尤其是他們後來聲稱他在第一次電擊時就已經喪生。《水牛城晚報》（*Buffalo Evening News*）譴責這些醫師明明不了解電對人體的影響，卻來監督電刑過程。[28]《奧本日報》（*Auburn Daily Advertiser*）在譴責醫師的同時也為監獄的工作人員辯護，指稱由於醫師對電的生物效應了解不足，他們只能猜測電流應持續多長時間。[29]

湯瑪斯・愛迪生（Thomas Edison）還抨擊這些醫師對電流都沒有基本的了解。[30] 他說，儘管乍聽之下將電極連接到顱骨，鎖定大腦是個好主意，但在實際應用上卻有很大的局限。特別是他聲稱顱骨的高電阻會阻礙電流的流動。愛迪生進一步表示，相較之下，充滿血液的手和手臂則是良好的導體，因為血液的電阻很低。他指出，意外觸電死亡最常見的情況，便是無意間將雙手碰觸到帶電的電線而當場死亡，這證明電流通過手進入人體足以致死，可能是因為電流從一隻手臂流到另一隻時會通過心臟。

因此他表示，就常識判斷，電死囚犯的最佳方式是讓電流通過他的雙手。他還提出一個更好的方案，就是將兩個電極連接到雙手，不要再去想頭骨了。這些醫師則提出反駁，認為愛迪生不明白之所以把電極放在頭部，是為了要瞬間讓大腦失去疼痛感，這是無法用雙手通電來達成的，因為這種做法幾乎沒有電流會通過大腦。

那幾位負責監督凱姆勒電刑的醫師不僅搞砸了電擊的執行，還在驗屍時出了紕漏。首先，他們決定在室溫下靜置屍體數小時以降溫，這時屍體已進入**僵硬狀態**（*rigor mortis*），但屍體一直呈坐姿。因此，醫師群得花好多力氣把屍體擺正，然後才開始進行驗屍。包括心臟在內的大部分內臟都是正常的，他們解剖了凱姆勒的大腦和脊髓，也沒有發現任何明顯的損傷。然後他們將組織分開並放入罐子中，以便稍後在實驗室進行顯微鏡檢查。但由於當時沒有嘗試收集或量化身體組織可能接收到的電流參數，因此無法取得電流對身體組織影響的有用資訊。最後，整份驗屍結果沒有得到任何定論。[31]

儘管弄得一塌糊塗，監獄官員還是宣布凱姆勒的電刑成功。他們聲稱，第一次執行難免會出現一些小瑕疵，但在經過一些修改和標準化程序後，未來電刑的過程應該會完美無缺。

儘管如此，最佳電極放置的問題仍然擱置著，而像愛迪生——當時一般認為他是全美電學知識最淵博的人——這類電學專家的強烈批評，可不是輕易就能加以駁斥。測試愛迪生建議的雙手通電之方案的壓力也日益升高。

凱姆勒電刑處決的首席醫療顧問卡洛斯・麥可唐納（Carlos F. MacDonald）醫師因為執行不當而飽受批評，於是在他負責另一起電刑處決時，他趁機測試了愛迪生的想法。在紐約州的新新監獄（Sing Sing Prison）建造了一把特殊的電椅。這把椅子不同於典型的電椅，是將囚犯的上臂綁在傾斜的扶手上，雙手懸在邊緣。如此一來兩隻手都可以浸入裝有鹽類溶液的玻璃罐中，每個罐子都插有一根電極。以鹽溶液當作電解質，這樣可以將手與電的接觸最大化。不過電椅也安裝了其他電椅的標準配備，有連接頭蓋骨和腿部的電極，可以視需要交替使用。

第一位坐上這張新電椅的是十九歲的查爾斯・麥可爾文（Charles McElvaine），他在搶劫過程中刺死了一家雜貨店老闆。他被帶到行刑室後，被綁在新電椅上，臉上充滿了恐懼。他向耶穌低聲祈禱求助，左手緊握著一個十字架。當他的右手浸入鹽水罐中時，左手上的十字架被拿走。等到他的左手也浸入罐子後中，就按下開關開，電流從麥可爾文的一隻手流到另一隻手。

麥可爾文的軀幹弓起，緊貼捆綁他的帶子，他的身體肌肉劇烈收縮，面部肌肉扭曲。在通電五十秒後結束了電擊。一位醫師把手伸進其中一個罐子裡，摸了他的脈搏。值得注意的是，麥可爾文仍然有脈搏。此時，麥可唐納迅速下令安裝頭骨和腿部電極，然後麥可爾文再次受到電擊，這次是從頭到腿。他的身體再次劇烈扭曲，腿發出嘶嘶的聲音。在三十六秒後，停止電流。這次他真的死了。[32]

顯然，愛迪生弄錯了，麥可唐納有實際數據來證明這一點，因為這次他們有記錄下來各種電參數。手部上的電極產生了二～三．一安培的電流，是由一千六百伏特所驅動，但這沒有造成麥可爾文死亡，而殺死他的頭骨和腿部電極組合則是在一千五百伏特電壓下，產生的七安培的電流。數據顯示頭骨和腿部電極的電阻只有雙手組合的一半，完全駁斥了愛迪生的論點。他之前指出頭骨的電阻極大，在處決凱姆勒的電擊期間阻礙了電流流動。

麥可唐納在一份顯然是為了打臉愛迪生而發的新聞稿聲明中，打趣地寫道：「愛迪生從他電子工程的角度所做的推論可能很好，但從醫師的角度來看，可說是全盤皆錯。」[33]從那時候起，在美國所有的電刑處決使用的都是連接頭帶和腿部的電極。

在隨後的幾十年裡，陸續有對電椅做一些改良，成為美國行之有年的死刑執行手段。電刑完全制度化，甚至在後來成立的新監獄中會設置專人來負責處決囚犯：州電刑師（state electrocutioner）。值得注意的是，選擇州電刑師的條件完全基於他們的電學專業知識，而不是人體的電生理學知識。醫師仍然會參與電刑，但他們的角色只是在宣布死亡時間以及隨後的驗屍。他們不能調控那些致命電擊的設定參數。

羅伯特・艾略特（Robert G. Elliott）於一九二六年擔任紐約州的正式電刑師。他是紐約州的第三位電刑師，但最終是當中最為知名的。在他的職業生涯中，一共電死了三百八十七名死囚，其中一些惡名昭彰，家喻戶曉，包括布魯諾・豪普特曼（Bruno Hauptmann），他被指控綁架並殺害了著名飛行員查爾斯・林白（Charles A. Lindbergh）的幼子。

身為電刑師，艾略特對此毫無道德疑慮，他將此視為合法職業，並努力以最高的專業態度來履行職責。監獄官員欽佩他認真、嚴肅的工作態度，他最終還被鄰近的賓夕法尼亞州、紐澤西州、麻薩諸塞州和佛蒙特州聘為接案電刑師。

艾略特為人低調，部分原因是他天性靜默，並且注重隱私，但主要也是因為他的身家性命一直受到威脅，向來都是那些不喜歡他工作的人的眼中釘。他的房子確實曾遭到爆炸攻擊，那時他和全家人都在家中睡覺。幸好，沒有人喪生。但不幸的是，始終沒有逮捕到肇事者。這件事並沒有讓艾略特決定轉行，不過他確實改變了自己的行為。從此以後，他很少對人說起自己的職業，祕密地進出監獄。他在執行電刑前後如幻影般的出現和消失，又在公眾心目中增添了一份神祕感。

艾略特詳細記錄自己執行過的所有電刑處決，在他臨終前，用他收集的筆記當作原始資料，口述他的自傳，並在臨終前完成了這本自傳，書名是《死亡代理人：一位劊子手的回憶錄》（*Agent of Death: The Memoirs of an Executioner*）。[34] 書於一九三九年出版上市，就在艾略特去世幾天後。由於世人對低調不世出的他十分感興趣，再加上他出色的工作表現，完成了這份令人毛骨悚然的任務，因此這本書受到廣泛閱讀。但許多讀者對艾略特在書中所傳達的訊息感到驚訝：應該廢除死刑。這位執行了這麼多死刑的人其實是反對死刑的！

在他的書中，艾略特非常詳細且令人信服地講述了他的故事，自己究竟是在做什麼、如何進行，以及他做這份工作的緣由。他並不喜歡自己的工作，但他認為這是一項需要技術專長和非常多的慈悲心才能完成的工作。在他個人的感覺中，他並不認為自己要對那三百八十七人的死亡負責：「我的工作是確保此事盡可能地以人道方式進行。除此之外，我對奪取此人性命的責任並不比其他支持或縱容死刑的社會成員來得大。」[35]

艾略特原本是一名普通的小鎮電工，最終成為紐約丹尼莫拉州立監獄的首席電刑師。因此，每當他去監獄執行死刑時，都會指派他去協助巡迴電刑師。當時的州電刑師是艾德溫・戴維斯（Edwin F. Davis），就是負責凱姆勒電刑的人。在接下來的幾年間，戴維斯還電死了刺殺威廉・麥金利（William McKinley）總統的里昂・法蘭克・佐克茲（Leon Frank Czolgosz）和其他數十人。在凱姆勒的死刑後，他改良電椅的設計，將原本連接下背部的電極改到小腿上。隨後幾年，戴維斯在執行了多次電刑後，逐漸改善他的技術，最後甚至為他所設計的頭部和腿部電極組合申請了專利，以這項專利權讓其他潛在的競爭對手不得其門而入。他是一位真正的職業殺手，而且做得很好。

戴維斯後來訓練艾略特來擔任替補電刑師，在他本人基於各種原因無法執行時，便交由艾略特來代理。戴維斯教導艾略特用一大塊重達六、七公斤的牛肉來測試電椅的運作。基本上是使用一千七百伏特的電，並在牛肉中產生七安培的電流。戴維斯從經驗中學到，用一大塊牛肉預先校正過的電椅，即使遇上一個壯漢也能輕鬆搞定。

但是有一次，一把用牛肉預先測試過的椅子卻沒有達成任務。這名男子躺在驗屍台上時仍有脈搏，很快又將他放回電椅上，再次電擊，這次他終於斷氣了。沒有人能確定是哪裡出錯，但在驗屍時發現，這名男子的心臟非常大。事實上，他比之前用電椅處決過的任何人的心都來得大，研判這可能讓他更能承受電流。在這起事件後，戴維斯將他的電壓從一千七百伏特提高到一千八百伏特，確保日後不會再發生同樣的情況。

當艾略特最終接任州電刑師一職時，[36] 他會固定使用安培計或稱**電流表**（*ammeter*）來評估電擊期間流經人體的電流量，並且注意到這通常是十一安培左右。他意識到身體的電阻是決定電流的主要因素。如果身體電阻很低，電流可能會達到十六安培。當電阻很高時，電流可能低至七安培。然而，令艾略特驚訝的是，體型或肌肉質量與阻力之間似乎沒有相關性，倒是和肺結核之間似乎確實存在明顯的關係。肺結核是當時常見的一種慢性肺部疾病。具體來說，他注意到當他對患有肺結核的男女進行電擊時，他們的電阻非常高。有人告訴他，結核病患者血液中的氯離子濃度很低，他推測這種高導電性電解質的含量偏低可能導致他們身體的電阻偏高。

但事實並非如此，艾略特聽聞的這番關於結核病患者缺乏氯化物的說法是錯誤的，因此，這不能解釋他觀察到的肺結核患者身體電阻較高的現象。事實上，他對肺結核與電阻間的關聯也可能是錯的。因為當時他並沒有進行對照研究，只是做了一些個案觀察，而這些觀察通常是不可靠的。不過，我們現在對身體的電阻有更多的認識，可以有所根據地來推測，為何他偶爾會觀察到超過兩倍的電流差異。

整體身體的電阻取決於電流通過的各種組織的電阻，大部分電流都會取道電阻最短的路徑。電阻因組織而異。骨骼、肌腱和脂肪是電阻最強的地方，而神經、肌肉和血液的電阻最小。皮膚特別值得注意，因為它的電阻變化很大，可以有千倍的差距，這取決於濕度，乾燥皮膚的電阻最高。正如之前所討論的，潮濕皮膚會導致閃電的閃燃效應，電流會在皮膚表面上傳播而不是滲透到身體組織中。因此，皮膚有無汗水可能是導致艾略特測量到身體整體電阻變化的主要因素。[37] 他沒有提到受刑人的出汗狀況，但艾略特確實提過他們之間的差異，有些人冷靜而堅毅地面對他們的命運，而另一些被綁在椅子上時則類似歇斯底里的瘋狂。可想而知他們的排汗狀態一定也有很大的差異，而光是這一點就足以解釋為何在固定電壓下會造成兩倍的電流差異。

閃燃現象也可能是有這麼多死囚在經歷第一次電擊後，竟然還有脈搏的原因。不過由於在第一次電擊時，閃燃可能蒸發了皮膚上的水分，使皮膚變得更乾燥、更耐電，因此進行第二次電擊時較不容易發生另一次閃燃，電流更容易滲透到體內，導致隨後的死亡。不過這僅僅是猜測，從來沒有人研究過死因電擊時的閃燃事件。然而，富蘭克林在做一些電擊老鼠的實驗時，也觀察到了類似的現象。他驚訝地指出：

「（萊頓瓶）不能殺死濕老鼠，但可以殺死乾老鼠。」[38]也許富蘭克林的濕老鼠是因為閃燃效應而倖免於難。

艾略特還提到，電刑時可能在體內產生非常高的熱量。他記錄了電擊後的核心體溫，發現人體的平均溫度為五十九度。[39]（正常體溫為三十七度）不過電極附近的組織有可能會更熱。有一次，連接在腿上的銅電極甚至熔化了。還有一次，一名警衛赤手抓起一名女性受刑人的屍體，準備將其從椅子上移開，結果他的手嚴重燒傷，需要就醫。[40]

儘管發生了這些可怕的事情，艾略特還是相信他的受刑人不會感到痛苦。他說，醫學專家已經確定，在按下開關後不到兩百四十分之一秒的時間內，受刑人就會失去知覺。[41]這時間這麼短，他推斷，即使他們的心臟還在跳動，或是表現出肌肉收縮這類明顯的生命跡象，他們也不會有任何感覺。（兩百四十分之一秒這個數字算是非常精確的測量，這意味著這出自一項高度複雜的研究，但艾略特並沒有加上資料來源。）

如果有合法的醫學科學家研究電椅處決的人體生理學，那麼這項研究一定是在其他地方進行的，因為艾略特的職業生涯從未參與過。他聲稱，除了有一次對一名死刑犯使用心電圖儀外，在他任職期間，沒有其他醫學單位針對電刑時的人體電生理學進行研究。確實是沒有，除非把美國國家電力公司的電氣工程師喬治・歐格爾（George M. Ogle）的工作看成是「研究」。歐格爾並沒有受過醫學訓練。[42] 艾略特提到，歐格爾住在距新新監獄約十公里處的地方，曾經請求典獄長讓他到監獄進行研究。他獲得了許可，於是在致命電流通過受刑人身體時，他戴上橡膠手套的觸摸受刑人的身體，以研究電流引起的肌肉收縮程度。[43] 相當奇怪的研究。

在大多數的時候，艾略特並沒有接受外部醫療指導，主要是靠自己的直覺來判斷如何最人道地電死囚犯。他根據自己的觀察和未經證實的醫學理論，靠著經驗來修改執行程序：「在最後一次電擊後，慢慢降低電流是我自己的想法。我相信這能有效地削弱心臟功能，停止活動。也許這是無稽之談，但有一、兩次我省略這個步驟，結果在電流關閉後心臟仍繼續跳動。」[44]

在操作過三百八十七次電刑，目睹各種不同的結果後，他仍然堅信電椅是「高效且快速」的：如果政府要殺人，艾略特認為電擊是最人道的方式。[45] 然而，他確實認為還可以再提高它的效率。按照規定，艾略特只能修改電擊時的電壓、電流和持續時間，但不能修改電極的位置。

自從麥可爾文的電刑處決以來，美國各州都強制規定在頭部和小腿連接電極，至於選擇哪條腿，通常由各州自行決定——在紐約州、紐澤西州和康乃狄克州是右腿；在賓州、麻州和佛蒙特州則是左腿。[46]為了解決心臟在電擊後繼續跳動的問題——這經常發生，因此需要進行第二次電擊——他建議不要將電極放在腿上，而是「將電極放在囚犯的心臟上，這樣幾乎可以在通電時，立即停止這個重要器官的活動。」[47]艾略特最終對電擊或任何其他方式的死刑產生非常強烈的看法。他認為應該廢除死刑，因他看不出這樣做有什麼好處。這不會對犯罪產生有效的威懾，只是出於社會對罪犯的報復。

他甚至建議要如何廢除的方式：「只要死刑還存在……（就應該將）見證電刑納入公民義務，就像陪審員服務一樣。這樣就會讓普羅大眾對其過程令人作嘔的恐怖留下深刻印象，並且承擔法律殺人的責任。我大膽預測，要是真的這樣做，死刑很快就會被廢除。」[48]終其一生，他執行過法院下達的死刑判決三百八十七次，而這是他的最後感言。

自凱姆勒首次遭到電椅處決以來，全美執行過的電刑處決超過四千三百多件。[49]今天許多人認為電椅已經絕跡，改以注射死刑或無期徒刑替代，作為伸張正義更文明的方式。但事實並非如此。儘管這電椅不再是美國各州的主要死刑執行方式，但自二〇二〇年起，阿拉巴馬州、佛羅里達州、肯塔基州、密西西比州、南卡羅萊納州、田納西州和維吉尼亞州仍保留電椅死刑的選項。此外，阿肯色州和奧克拉荷馬州目前的州法中還有法條明文指出，若是美國最高法院宣布注射死刑違憲，那就重新使用電椅。電椅的使用從未被宣布違憲，因為最高法院並未將電刑視為「殘忍和異常的懲罰」——這是憲法禁令的標準。[50]美國是全世界唯一使用電椅執行死刑的國家。

直到最近，田納西州持續在使用電椅。在最近的十六個月內，有五名殺人犯被電死。被判雙重謀殺罪的艾德蒙．扎古爾斯基（Edmund Zagorski）就遭到電刑處決。實際上是扎古爾斯基本人要求使用電椅的，他偏好這個選項更勝注射死刑。[51]扎古爾斯基表示，他之所以選擇電椅而不是注射死刑，是因為他相信電刑快速且無痛。儘管艾略特在八十年前曾建議改變一個電極的位置，放在心臟上方，但扎古爾斯基在接受電刑時，還是沿用一個多世紀以來的傳統，將電極分別連接到頭部和小腿上。

在問及是否有任何遺言時，扎古爾斯基微笑著回答道：「讓我們一起搖滾吧！」接著他就被一千七百五十伏特的電壓電擊了二十秒，然後又以相同電壓再電擊十五秒——這種電擊方式與艾略特在一九三〇年代所用的幾乎無異。扎古爾斯基在兩次電擊間顫簸地倒在椅子上，最後一次顫簸後，他被宣布死亡。見證者沒有看到疼痛或掙扎的跡象，身體也沒有出現明顯的煙霧或燃燒。一路好走。[52]

一個月後，在二〇一八年十二月六日這天，輪到扎古爾斯基的獄友大衛・厄爾・米勒（David Earl Miller）赴刑場。米勒在酒精和毒品的刺激下，變得暴怒，將一名年輕女子刺死而被判死罪。米勒也選擇了電椅，也同樣安然無恙地死去。[53]他的遺言是：「這裡比死囚牢房好多了！」米勒在死囚牢房裡待了三十七年。

在撰寫本書時，最後一名死於田納西州電椅上的囚犯是尼古拉斯・托德・薩頓（Nicholas Todd Sutton），他於二〇二〇年二月二十日遭到處決，但沒有解釋為何選擇電刑。薩頓被處決時五十八歲。他謀殺過四個人，其中一位是自己的祖母，當時她五十八歲，而他只有十九歲。薩頓在監獄裡待了三十九年，在死囚牢房裡待了將近三十五年。在他的遺言中，他談到：「耶穌基督的力量足以改變不可能的情況，並加以糾正。」[54]

要是你不得不跳過本章的某些（或大部分）內容，我可以理解。電刑確實不適合容易受驚的人。但請不要擔心錯過什麼要點，這裡最重要的訊息就是：身體在遭到低壓和高壓電擊時都可能致命，特別是當電流流經心臟時——這是致死的主因。主要區別在於高壓電擊通常還伴隨組織灼傷，因為較高的電壓通常會推動較高的電流，而這又會急劇增加熱量。相比之下，低壓電擊產生的熱量很少，因此幾乎沒有燃燒，因此也沒有明顯的身體標記，這常常使驗屍官無法確定意外死亡的確切原因。儘管有時觸電是刻意為之，例如死刑，但大多數情況下是意外。防止意外觸電的最佳保護是良好接地的電氣系統。以上就是本章重點。接下來，你可以睜開眼睛了。

在結束本章前，我還是得提一下，原本想要以更人道的電刑來處決死刑犯的崇高理想，其實被特殊利益集團嚴重玷汙了。這些特殊利益來自商界，主要圍繞著兩個敵對的工業巨頭：湯瑪斯．愛迪生和喬治．威斯汀豪斯（George Westinghouse）。這兩人把生意分別押在相反的電流傳輸模式上，一個是直流電（direct current，簡稱DC），另一個是交流電（alternating current，簡稱AC）。這兩人都會因為其送電方式成為美國標準家庭供電方式而獲得巨大利益。[55]

愛迪生提出相對安全性這個假議題，企圖說服公眾，威斯汀豪斯的供電方式在本質上是不安全的，對美國人來說太危險了，不能讓它們進入家中。若是能說服監獄選擇交流電來電死囚犯，等於是他做了最好的廣告，還有什麼比這更具說服力呢？因為這無疑是假定這種電流的殺傷力更高。愛迪生認為，若是消費者將電椅和交流電聯想在一起，他就能夠鼓動消費者向當地電力公司要求他所謂的「更安全」的直流電。所以，他用交流電公開示範了對狗和其他動物的電擊，以展現其殺傷力，並遊說監獄當局將交流電用於電椅。他甚至設計了自己的電椅，當然，也是靠交流電來運作的。

愛迪生成功地將交流電用於電椅。凱姆勒——第一個電椅受刑人——便是被交流電所電死的，之後，美國所有的電椅處決都使用交流電。但是愛迪生並沒有成功地讓威斯汀豪斯的供電方式遠離家庭。大眾對他提出的安全威脅說法置若罔聞，交流電最終成為我們今日用來提供家用電

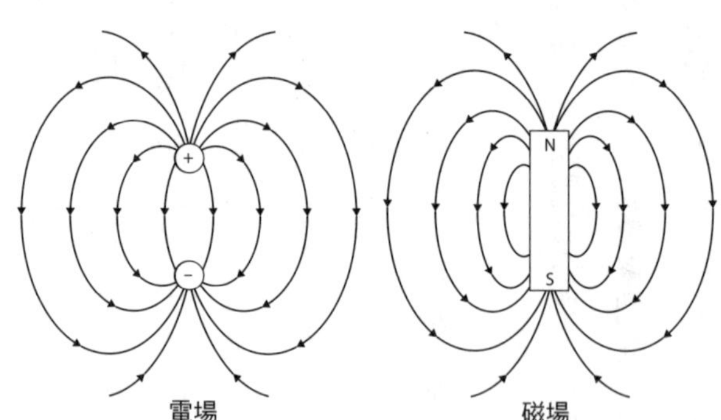

電場與磁場

從不同的角度來看，電場和磁場確實是同樣的現象。因此，這兩類型的力場通常統稱為電磁場，特別是因為它們具有很多的共同特徵。然而，還是有個主要的差別，電場的正極和負極標誌著電場的終點，但磁場卻不是如此。磁棒的南北兩極並不代表其磁場兩端的終點。磁鐵棒的南北極不是磁力線的終點，它們還會進入磁鐵內部，沿著縱剖面繼續走，形成連續橢圓體的循環。另外一個區別是，雖然磁場必須同時有北極和南極，但帶正負電的位點並不需要與相反電荷配對才能產生電場。任何類型的帶電位點周圍都會出現電場，只是在有另一個帶電的來源靠近時，電場的形狀將會改變，這取決於另一個電源是帶正電還是負電。

器的標準電流。

為什麼最後是選威斯汀豪斯的供電方式？因為這種送電方式便宜多了。對消費者來說，省錢才是王道。

但究竟交流電流和直流電流是什麼呢？兩者間有何不同？真的有一種比另一種更危險嗎？關於這一點，又牽涉到另一個完全不同的故事。

－第7章－

力場之日

交流電與力線

（他）為思想的閃電找到了一座橋梁。

——丹麥作家安徒生致亡友漢斯・克里斯蒂安・奧斯特（Hans Christian Ørsted）的悼詞

一陣臥室房門的敲打聲把我突然從睡夢中驚醒，我聽到：「起床啦！我們要錯過潮汐啦！」凌晨五點，這可不是我平常的起床時間。當時才十五歲的我哀哀叫著，但父親不會就這樣放過我。「我們現在得趕到碼頭去，動起來！」前天晚上，我們倆約好一早要去釣魚，但在約定的當下，我並沒有完全理解「早上」的實際含義。總之，潮水是不等人的。所以，可憐的我就這樣離開了床，去到了碼頭釣魚去！

小時候，我們全家旅行時會去紐澤西州的海邊度假，那裡離小蛋港內灣（Little Egg Harbor Inlet）很近。所謂的內灣或小港（inlet）指的是連接外部海洋與封閉水體（如海灣或河口）的狹窄水道。小型船隻通常會經由這種內灣入海。我父親經常開著他的休閒漁船從附近的內灣出發，進入海洋中的漁場。由於我們要靠內灣當作進出海的通道，所以要配合潮汐，抓準出入的時間。

經常在這些沿海內灣開船的人對海流的起落與轉向都很清楚。受到地球自轉和月球引力的共同作用，海平面會規律地上升和下降。這些起落的潮汐會將海水推向海岸內灣，然後又將海水拉出。在僅僅六個多小時的時間內，內灣的海水就會轉換方向流動，就這樣一來一回地反覆著，這樣的海水循環就跟月球一樣古老。[1]潮汐的週期略微超過十二個小時，海水在完成一個週期後會回到起點，因此在一天二十四小時內約莫會有兩個完整的潮汐週期。開船的人會特別留意這些海流週期。他們在安排海上活動時，會善加利用海水流經內灣的強度和方向。要是不注意潮汐循環，恐怕有擱淺的風險。

而對那些在大洋上航行的海員或水手來說，海流的週期變化似乎很自然。他們對這背後的運作機制不會想太多，就這樣接受洋流是以一種可預測的循環模式在變化方向，是大自然對地球作用——重力作用在移動物體上——的結果。當他們在進入內灣時，不必猜想海流的可能方向。他們早已知道——只要將他們的航行時間比對海流運動的週期表即可。事實上，他們非常慶幸海流的週期是可以預測的……不像天氣。

同樣地，從事跟電有關的人士也很熟悉交流電的概念。他們知道直流電就是電池產生的那種電流，是種僅沿著一個方向流動的電流。而交流電則是從牆壁上的插座出來的電流，會先沿著一個方向流動，然後切換方向，往相反方向流動，就像潮汐一樣，只是速度更快，非常快。流過沿海內灣的海流每天只有兩個週期，而標準的交流電每秒有六十個週期。確實非常快。

船員都很自然地接受海流方向逆轉是內灣航行時的常態，但並所有電氣專家和工程師最初都願意將交流電當作是電流傳輸的常態。有人認為，就技術層面來看，交流不如直流，還有人聲稱這在使用上非常危險。所以當年曾經引發很大的爭議。事實上，在一八九〇年代，在愛迪生和威斯汀豪斯這兩位商業鉅子間曾爆發了一場虛擬的「電流大戰」，雙方陣營極力爭奪自家電流作為美國送電的標準。

愛迪生偏好直流電，主要是因為他已經擁有許多使用直流電的電氣發明專利，而威斯汀豪斯則青睞交流電，因為他當時得到了愛迪生的死對頭，也就是傑出電氣工程師尼古拉·特斯拉（Nikola Tesla）的幫助，以交流電來繼續研發相關事業。[2] 熟悉這場在交流對直流間的電流大戰的人會說，愛迪生最終輸掉了這場戰爭，由威斯汀豪斯贏得勝利，這就是為什麼現在全球的送電方式都是透過交流電。這就是故事的結局。

上述這一切都沒錯……除了一點：這故事並不是到此就結束。

如果你跟大多數人一樣，那現在房間裡可能也擺有手機或筆記型電腦的充電器，甚至可能正在為眾多電子設備中的其中一個充電。若真是如此，請你過去摸一下充電器的外殼。我在這裡等你回來。

摸起來有點溫熱吧？充電器之所以會發熱，是因為當中有一個**變壓器**（*transformer*），等將輸入的一百一十伏特（典型的美國家用電壓）降到五伏特，再行輸出，然後還有一個**整流器**（*rectifier*）或**轉換器**（*converter*），用於將家用的交流電轉換為直流電，這樣才能夠為電池充電，讓電子設備運作。充電器外殼之所以變熱，是因為在這種緊密包裝的狹小空間內進行電流轉換的效率很低，能量會以熱量的形式被浪費掉。將充電器浪費的能量乘上全世界的充電器總數，會發現光是為個人電子產品充電，就在世界各地造成大量能源的浪費。因此，用電端將交流電轉換為直流電的過程顯然不算是「綠電」。

再者，既然我們有部分電源是以化石燃料來發電，甚至可以說這種方式會留下不少「碳足跡」（carbon footprint），那麼這些與交流電和直流電有什麼關係呢？所有這些在用電端的電流轉換都是必需的嗎？這顯然會讓我們付出浪費能量的代價。

問題是所有真正的「電子」設備都需要直流電才能運作。這是因為按定義來說，

電子設備（*electronic devices*）是靠**電晶體**（*transistors*）——一種微型的電子開關——運作的電器。[3] 而現在幾乎所有電器中都裝有電晶體，因此幾乎所有用到電的東西多少都裝有一些電子元件。這些電晶體根本不能利用交流電，它們只能使用電池提供的直流電源，不然就得先將家用交流電轉換為直流電為其供電。

相較之下，洗衣機、廚房用攪拌機和電動車庫門等內建有馬達電動機的電器，一般都可直接使用交流電來運作。但今日就連這些家電設備也開始內建有電子控制器，因此在其內部也要將部分交流電轉換為直流電，才能供電給運轉這些設備的控制元件。即使連家用的照明設備對直流電的需求也不斷增加，因為雖然舊型的白熾燈泡兩種電都可以使用，但正在迅速取代它們的現代化發光極管（light-emitting diode，簡稱LED）卻不能。[4] LED燈僅使用直流電。

這一切都突顯出一個事實，隨著電子設備使用的增加，我們在日常生活中會更常用到直流電，而不是交流電。有人估計，在二十年內，直流電的用量可能會超過總用電量的百分之五十，然而用電端將交流電轉換為直流電的效率很低，這將會耗損大量的能源成本。但當年是由威斯汀豪斯的西屋公司贏得了電流大戰，交流電遂成為國家電網送電的標準電流。不過，究竟為什麼一開始會有人想要用交流電的形式來發電呢？

之前提過，最初發電的方式是摩擦兩種不同的材料，並收集這過程中產生的靜電。在富蘭克林時代，靜電是人工造電的主要來源。這種電流僅會朝單一方向流動，按定義來說，這就是直流電。後來，伏打發明的電化學電池提供了一種新的電力來源。電池的電流同樣也是從電池的正極到負極，沿著單一方向連續流動，因此也是直流電。直到後來發明了另一種產生電流的方法——**電磁感應**（*electromagnetic induction*）——交流電才算是正式登場。

著名的英國科學家麥可．法拉第於一八三一年發現了電磁感應。跟富蘭克林一樣，法拉第也是位電學天才。從表面上看，法拉第的背景和訓練也與富蘭克林十分相似，他們都沒有貴族背景，而且幾乎都沒有接受過正規教育。兩人都是自學成才的，因為能夠接觸到大量的閱讀材料，強化自己的科學訓練。在富蘭克林這邊，是因為他從事印刷業，而法拉第則是因為他做過裝訂工。[5] 他們最終也都成為科學界的精英。甚至有人稱法拉第是新世紀的富蘭克林，因為法拉第出生於一七九一年，恰好就是富蘭克林去世後一年。就許多方面來看，他的誕生開創了一個新世代的電學，提供科學家思考電的新思維。

法拉第和富蘭克林在他們的科學實踐上也很相似。兩者都喜歡在實驗室「玩要」，他們會花上好幾個小時在那裡拼拼湊湊，將不同東西相互連接，組合起來，看看會發生什麼。如果什麼都沒有，那也無所謂。但如果出現有趣的事，就會試著去尋找解釋。對於他們的電學實驗，富蘭克林會試著用他的單流體電荷理論來解釋結果。但法拉第並不是電「流體」的忠實擁護者，他更喜歡用電「場」（fields）這種力的場域來解釋他的發現。他並不確定力場究竟代表著什麼，那只是他從多次實驗中獲得的想法。

法拉第的力場概念遭受到不少批評，因為這與當時科學家所認知的力的作用以及力與距離的關係等概念相抵觸。根據傑出科學家艾薩克・牛頓（Isaac Newton）的說法，重力這類力量的存在是瞬間的，而且理當只會在直線方向上施力。也就是說，力和光是不同的，光是以恆定速度從一處到另一處，但引力不論是從太陽到地球，還是從地球到月球，理當是不需要時間的。然而，法拉第的力場卻違反了這些「規則」：他認為電力和磁力（即電磁）是沿著曲線作用，而且還需要一定時間才會發生。[6]這個概念直接與牛頓的理論互斥。異端！

法拉第將他的力場研究歸功於漢斯・克里斯蒂安・奧斯特（Hans Christian Ørsted）之前做的基礎研究，這位丹麥科學家在這方面取得了非凡的發現。[7]奧斯特發現，如果拿一個帶有懸浮磁針的普通指南針靠近通電的導線，指針便會指向電線；如果關閉電流，指針就會恢復到正常的南北向。電流似乎會在電線周圍形成某種力場，與指針的磁場產生交互作用。[8]奧斯特還發現當電流通過電線時，會沿著電線的軸線產生圓柱形磁場。若是拿一條很長的絕緣線圈纏繞電線，還可以加強這個磁場的強度。若是纏上像花園的水管那樣粗的線，每個線圈產生的磁場就會累加起來，產生很強的磁場。如果將電線纏繞在一根鐵棒上，只要有電流在流動，鐵棒就會展現出永久磁鐵的所有特性。當電流中斷時，磁性就消失了。這便是史上第一顆**電磁鐵**（*electromagnet*）的展演試驗。[9]

奧斯特的這些觀察，讓法拉第開始思考電和磁之間的確切關係。諷刺的是，這現象其實早在數千年前就有人發現，只是一直遭到忽視。過去在研究摩擦琥珀產生的電性時，就發現這樣的問題了：琥珀以及天然磁石（lodestones）——由鐵礦氧化物形成的磁石——都會產生吸引力和排斥力，這兩者會是以不同形式展現出來的同一種自然力嗎？[10]只是琥珀的力需要經過摩擦才會產生，而磁石不需要摩擦，而且磁石不像琥珀，不會讓人有被電到的感覺，或是產生電花，這些都意味著它們是完全不同的現象。不過指南針和磁棒的實驗結果似乎顯示，即使它們的類型可能不同，但這兩種力似乎會以特殊方式相互作用。

在科學中有條所謂的可逆性規律，許多自然現象既可以向前，也可以向後。換句話說，傾向於朝一個方向運行的自然過程通常可迫使其逆向而行。如之前所提，電池就是一個這樣的例子。在電池中，電化學反應產生電流輸出，一直持續到化學物質耗盡，但也可以輸入電流到電力耗盡的電池中，驅動化學反應逆向而行，恢復原本的化學物質。這就是可充電電池背後的原理。

所以若是法拉第也抱持這種心態，想知道電磁反應是否可以逆轉也是很合理的。既然電流在經過纏繞有電線的金屬棒時可以將其磁化，法拉第心想若是將電線纏繞在永久磁鐵搞不好會產生電流。也就是說，如果將奧斯特實驗中的金屬棒換成磁鐵，它是否會在電線中產生電流？換句話說，這是在問：奧斯特的實驗是否也是可逆的？可以將其反向操作嗎？這是個有趣的想法，可惜是錯的。法拉第沮喪地發現，纏繞在永久磁鐵上的電線並沒有電流。

但隨後法拉第又另闢蹊徑，嘗試了別的方向。他將電線纏繞在一個像是捲筒衛生紙中間的紙板空心圓柱上，然後在圓柱中放了一塊永久磁鐵，並且測量電線的電流變化。這次他依舊一無所獲，但他注意到，當他從捲筒中取出磁棒時，儀器竟然偵測到微弱的電流，就只有在磁棒移出圓柱體的那個片刻。他抽出磁棒時，電流會朝一個方向移動，而再度放入時，電流則朝反方向流過電線。當他停下磁棒時，則沒有電流。他重複這種進出動作很多次，這等於是在電線中粗略地產生了交流電流。

他進一步發現，不一定要移動磁鐵，他可以讓磁鐵保持靜止，然後來回移動纏繞有金屬線的圓柱，這同樣也會產生電流，而且電流方向會隨線圈前後來回運動而同步改變。這好像是移動的磁鐵會拉動或推回金屬線內部的電荷——富蘭克林會稱此為電流體。法拉第對這項發現感到非常激動。用他自己的話來說：

> 奧斯特展現出如何將電轉換為磁，這裡我很高興地為這整個關係添加一個新層面，再次將反應逆轉，將磁轉換為電。[11]

法拉第發現的是一種新的發電方式。他稱之為**電磁感應**，這與靜電產生器和電化學電池同時並列為人類可以生產電能的一種方式。電磁感應現在成了我們將機械能轉化為電能的主要形式。事實上，今天使用的所有電都可說是來自電磁感應。甚至連我們電子設備中的電池也是如此，因為它們也是利用感應起電的方式來充電。

法拉第接下來嘗試以旋轉運動來製造類似的感應效應。他拿了一個裝在旋轉軸上的銅盤，就像在轉盤上旋轉的舊日的黑膠唱片。在靠近銅盤的邊緣，他裝了一個標準的馬蹄形磁鐵，讓旋轉的銅盤邊緣穿過磁鐵兩極間的空隙，但不會碰觸到磁鐵。他以手搖方式來旋這套設備，他發現在旋轉銅盤時會有電流輸出。這便是後來稱為**發電機**（*dynamo*）這種會產生電流的最初組裝。這種裝置產生的是直流電，是透過金屬導體在固定位置的永久磁鐵附近旋轉所產生的。

就跟前面提到的伏打電池及其後續發展那樣，儀器製造商經常會拿科學發明來把玩和嘗試，即使他們並不真的了解背後的基礎科學。法拉第發現電磁感應時也是如此。後來，一名年輕的法國儀器製造商伊波利特・皮克西（Hippolyte Pixii）也在無意間根據電磁感應原理，製造了一台早期的交流發電機。他的這台儀器與法拉第的發電機類似，只是在皮克西的設計中沒有將磁鐵的位置固定，而是任其繞著旋轉。[12]它之所以會產生交流電，是因為讓磁鐵跟著繞有線圈的膠盤旋轉，磁極不斷交換之故。

相對於線圈，旋轉磁鐵的極性不斷變化，這導致電流方向改變與磁鐵旋轉同步變化。不過皮克西看不出這種交流電的實際用途。於是他在這台儀器上加裝了一個**換向器**（*commutator*），以此解決交流發電的「問題」。換向器是種電子開關，能夠與發電機同步，週期性地改變電流路徑，因此能讓電流輸出始終保持相同方向。或者更簡單地說，就是它將交流電變為直流電。

皮克西並不是唯一一個看不出交流電價值的人。當時沒有一個人看到——好吧，說「沒有」也許有點言過其實。一八四九年，前面幾章曾提過的那位神經學家和電理學家吉翁．杜興就對電磁感應機器很有興趣，想要以此來替代電療中的電池，在他最初的報告中說感應機對患者的療效更好。然而，在他後續電擊青蛙和兔子的實驗以及治療患者時，他發現電池（直流電）產生的電與感應機產生的電（不論是直流電還是交流電）都差不多，兩者間並沒有展現出顯著差異。不論是在電壓還是在電流的調整上，交流電和直流電在刺激肌肉收縮這方面看似等效。最後，他對此的結論是，交流電和直流電在醫療上「完全可相提並論」。[14] 儘管如此，杜興在報告中表示他比較偏好使用感應機不是電池。他對這樣能夠以手操作的電磁感應技術的實用性和多功能性感到佩服，即使這實際上並沒有為他的患者帶來更好的療效。

不過，電磁感應到底是如何運作的呢？那時還沒有人知道，但法拉第相信祕密在於磁鐵和電流之間相互作用的「力場」。問題是場這個概念並沒有比電流更容易理解，而且這兩者同樣都是肉眼無法看見的。也就是說，力場通常是看不見的。不過倒是有種方法，可以將磁場視覺化，若是有鐵屑的話。

磁鐵當然會吸引鐵。若是去銼幾下鐵塊，會產生像粗粉末的鐵屑，它們也會受到磁鐵的吸引。但是有趣的是，如果將磁鐵放在一邊，在上面放張紙，然後在紙上撒鐵屑，這些鐵屑就會自發地排列出一個奇怪的圖案。鐵屑會形成彎曲的線，從磁鐵的軸發散開來然後彎曲回到磁鐵，從磁鐵的一極連到另一極。*

在法拉第的時代，大家無法解釋這個廣為熟知的物理現象。

看到這樣的現象，可以用兩種方式來解釋。這可能代表著鐵屑在受到磁場作用時會形成一條向外繞出的環形線。換句話說，形成曲線是鐵屑本身的特性。或者也可以將其解釋為原本就有力場在那裡，是以看不見的環形線的形式存在，鐵屑只是簡單地沿著預先存在的線排列，讓人看得到這些力線。這聽起來像是在唱雙簧，但實際上並非如此。這兩種不同的解釋對磁的作用有非常不同的含義。

讓我們打個比方，以銀行大廳來解釋這個概念。當早上銀行開門時，顧客蜂擁而至，進去辦理金融業務，他們總是在銀行櫃員的窗前排成平行的直線。這是為什麼？

也許是因為，之前大廳裡曾設置只有銀行顧客才能看到的神祕「隱形」繩索柱。這些看不見的柱子會引導顧客排隊。換句話說，隊伍之所以形成是來自銀行本身的物理屬性。

又或者銀行大廳裡根本沒有這樣的繩索柱，是人在進銀行時自然地排成一直線，因為他們知道這是到達銀行行員面前最有序和最有效的方式。換句話說，排隊是人的行為，他們不需要外部影響（如繩索柱）就能排隊。在這種情況下，排隊就只是他們固有的行為。

多數科學家認為，鐵屑線只是反映出鐵屑在磁鐵附近時的行為，也就是說，科學家認為沒有繩索柱。然而，法拉第相信，即使沒有鐵屑，實際的磁線還是存在（即，磁鐵周圍有看不的磁力線）。這些線合起來構成了磁鐵的場。鐵屑只是讓我們看得到

---

*磁鐵吸引鐵。若是去銼幾下鐵塊、會產生鐵屑，這些鐵屑會被永久磁鐵吸引，附在其上。但是如果將磁鐵放在一邊，在上面放張紙，然後在紙上撒鐵屑，這些鐵屑就會自發地排列出一個奇怪的圖案。鐵屑會形成彎曲的線，從磁鐵的軸繞開然後返回，從磁鐵的一極連到另一極。過去大家無法解釋這個廣為熟知的物理現象，直到英國科學家法拉第在一八四六年提出「磁力線」的概念。我們現在知道，磁力線界定出磁鐵磁場的形狀和方向，而在電場中也有這樣的力線。

這個場。換句話說，法拉第相信磁鐵實際上會產生隱形的繩索柱這類的力線，可以藉助鐵屑這類東西讓人看到，可以「感受到」這些力，並做出相應的反應。鐵屑本身無法形成的線，它們只是被恰好位於其中的力場所推擠，形成這樣的線圖。

力線為法拉第提供了何以在磁鐵旁移動電線能夠產生電流的解釋。他假設每當電線穿過這些磁線時，就會有能量傳遞到電線中。因此，不論是在磁鐵附近移動的電線，還是在電線附近移動的磁鐵，都會在電線中產生感應電流，而其強度出與它穿過的力線數成正比。這著實難以想像，恐怕只有像法拉第這樣天縱英才的頭腦能夠直覺地看出這一層關係，至於像我們這類凡人，或許可用另一種方式來思考這整件事。為了幫助理解，讓我們嘗試用另一個譬喻，這次用減速來代替銀行的排隊。

如果你曾在設有收費站的高速公路上開過車，可能還記得在靠近收費站的路面上會有「顛簸帶」，以便提醒駕駛。你的車一路開得很平穩，然後突然遇到鋪滿整條路的一連串減速帶。汽車輪胎每經過一個突起，就會吸收一股力道，沒多久整輛車就會震動，提醒你要放慢速度，準備進入收費站。對法拉第來說，移動的電線就好比移動的輪胎，而磁線就是減速帶。每個減速帶都向移動中的汽車傳遞動能。當汽車不動時，就沒有能量傳遞，因為它沒有穿過減速帶。現在有比較清楚了嗎？也許沒有。若是你對力線的概念感到困惑，那你有很多盟友。事實上，法拉第在初次透露他這「愚蠢」的想法時，飽受批評，主要問題出在他的講述方式上。

在找到實驗證據支持之前，法拉第其實不打算完全公開他的力線概念。有幾次他很隱晦地提出，但都招致非議，所以他向來對此很謹慎。但是有一天，他突然決定向全世界透露他的想法。

一八四六年四月三日，他在皇家學會（Royal Institution）週五晚間演講中提出，這是法拉第經常參加的一個系列講座。當天的演講者查爾斯・惠斯登（Charles Wheatstone）是應法拉第的邀請，前來談論他的最新發明：一種能夠在極短的時間間隔內進行測量的裝置。不過在演講前幾分鐘，惠斯登嚴重怯場，逃出了演講廳，留下現場為數不少的聽眾面對空曠的講台。為了避免開天窗的尷尬，毫無準備的法拉第決定盡其所能地填補這空缺。

在他演講時，他帶領聽眾一覽他自己所看到的物理世界，彷彿是場意識流的冒險，在這個世界中充滿了力線。這些無形的力線在空間縱橫交錯，而在力線相交的地方則存在物質。真的是一個奇怪的世界。他甚至說，他認為萬有引力很可能就是這種力線造成的結果。對許多聽眾來說，這似乎直接攻擊了牛頓的理論。法拉第想得太遠，越過了那條神聖不可侵犯的線：牛頓的萬有引力理論。不用說，他的訊息並沒有被科學社群所接受，馬上就受到大肆抨擊與批評。這場未經思索的即興演說，讓法拉第陷入大家的嘲弄中。[15]

為了要彌補他在這場演講中關於力線的說法，他隨後在《哲學》（*Philosophical Magazine*）雜誌上發表了一篇文章來解釋。在當中，他承認：

> 我認為我很可能犯了很多錯誤，因為即使對我來說，我的想法也只是純屬推測，或者只是腦中的一些發想，指引我在一段時間內推敲和研究……（實驗科學家有很多這樣的想法，但他）知道在真正的自然真理的進步和發展前，那些看似吻合和優美的想法經常難以成立，最後只能消散而去。[16]

事實證明，法拉第關於力線的想法最終並未消散。它們才是真正的自然真理！

法拉第在其專業上的基本問題是，每當他試圖將其想法傳達給其他物理學家時，他自己就是最大的敵人。這是因為當時的物理學正在採用一種法拉第不會說的語言。數學語彙和方程式大行其道，很快地成為物理學所有分支中的通用語言，但法拉第在十四歲之後就沒有再進學校，對數學的了解也很少。事實上，他發表的論文最特別之處就是當中幾乎不包含數學。他提出的每項科學原理都是以圖像和文字描述來傳達。更糟糕的是，法拉第對物理現象的描述，通常用的是他自己想出來的特殊術語（例如「力線」），而這些術語只有他自己懂。

由於不理解法拉第自創的新術語，其他物理學家很難理解法拉第嘗試要傳達給他們的內容。相較之下，當時的物理學家可以很容易地以通用的數學語言來傳達他們的想法，而這些想法的含義也可輕易地加以檢驗，因為數學關係和公式是可以明確地加以證明或推翻，但力線穿越空間的這種奇幻故事卻不能。因此很遺憾的是，法拉第當時主要的聽眾就只剩下一個人：他自己。

法拉第對此感到難過，他很清楚知道自己正成為物理學家間的恐龍。他知道他是上一代物理學家中殘存的最後幾位，在那個時代，即使沒有受過基礎的數學教育，也可以從事科學研究。他仍然像富蘭克林那樣進行實驗，並描述自己的實驗發現。但能讓富蘭克林成功的，到了法拉第身上卻不適用。這已經是不同的時代。

不過，後來碰巧有位具有數學天賦的年輕物理學家對法拉第的研究相當感興趣。他是蘇格蘭人，名叫詹姆斯・克拉克・馬克斯威爾（James Clerk Maxwell）。貴族出身的馬克斯威爾，受過高等教育，先是蘇格蘭的寄宿學校，然後前去英國的劍橋大學。他特別擅長將數學原理應用在物理問題上。可以說，法拉第是在設想橫跨空間的力線，而馬克斯威爾則是以數字和方程式來思考。

當時還默默無聞的馬克斯威爾懷著忐忑不安的心情，寫信給已經很有名氣的法拉第，表達對他研究的欽佩之情，並附上了一份將法拉第的想法轉化為數學程式的草稿。法拉第的回應讓馬克斯威爾鬆了口氣。實際上，法拉第對收到此信感到欣喜若狂，因為有人能夠成功地實現他因缺乏數學技能而無法做到的事，他熱情地回信給馬克斯威爾：「我一讀再讀你的文字，因為它們是如此有分量……帶給我極大的寬慰。」[17]

馬克斯威爾的這組方程式為法拉第提供了他所缺乏的數學聲音。一八五五年，馬克斯威爾發表了一篇論文，〈論法拉第的力線〉。[18]在文中，馬克斯威爾展現出法拉第的力線其實完全相當於流體中公認的張力線。[19]這兩種現象的數學原理是相同的，這意味著兩者都是某種基本自然法則的展現。法拉第看到這個流體的類比時想必一定做了個鬼臉，因為他一直在努力引導電氣科學遠離那無形的「流體」概念，但他肯定很開心地看到，自己在圖形模型中所描述的與嚴謹的數學分析吻合。而這兩種方法又再彼此強化。這些實驗提出了一個理論，一個可以寫成數學模型的理論，而這個模型又可以進一步以實驗來驗證。正是透過這樣來回迭代的方式，科學才得以進步。馬克斯威爾將數學應用在於法拉第的力場想法上，讓它們得以在其他物理學家的頭腦中合理適當地呈現，要不了多久，每個人都不得不接受這樣的觀念，即流動的電會產生自己的力場，其物理形式好比是一種力線。

儘管如此，還是有些人對此困惑。他們看不出流體力學怎麼會與電扯上關係。但馬克斯威爾加以駁斥，他說在思考科學問題時，數學模型只是一種輔助手段。他解釋道，他將法拉第的想法數學化是為了要展現出「（法拉第）發現的那些很不同的現象，若是擺在數學頭腦前，或許可以清楚地看出其間的關聯」。[20] 而「流體」的部分只是一個數學比喻，是為了要能夠以數學方式來探究這問題所打的比喻。電並不是流體。流體只是一種有用的比方，便於心智運作思考，並不是物理現實。[21]

馬克斯威爾大可以選擇其他的數學模型來支持法拉第的力線想法，像是穿透金屬塊的熱傳動。但是流體力學的模型更具吸引力，因為之前富蘭克林的研究，大家已經有了將電看作是無形流體的概念，所以不需要做太大的想法轉變。在馬克斯威爾的模型中，流體是因為水管中有壓力差而移動，會從高壓的槽移動到低壓的。這裡的壓差就好比是電壓，而液體的流速則好比**電通量**（*electric flux*），即電場在空間中移動的速度。壓力梯度，就簡單地定義為沿管道每單位長度下降的壓力，馬克斯威爾稱為**場強度**（*field intensity*或*field strength*）。場強度相當於是電場的力，以伏特／公尺表示。[22]這個模型讓那些長著數學腦的物理學家有機會進一步去探究法拉第的想法。[23]

在馬克斯威爾的幫助下，法拉第戰勝種種批評，贏了這一局。不過法拉第對物理學家經常展現的敵意並不引以為意，畢竟每個人都試圖提出自己對自然定律的想法。法拉第將其視為正常科學過程的部分，並曾說過：

> 在開始時大家有不同的觀點不是很好嗎？時間會逐漸對其加以改變和塑造。而且我相信，在十幾二十年後，這些發現的重要性將會超乎現在的我們能夠想像的。[24]

這正是他發現交流電的寫照。當法拉第拿著磁鐵進出用電線纏繞的空圓柱時，他成了第一個在導線中展現出電磁感應的人，但當時他並不認為這有什麼用途。而皮克西在看到他新發明的旋轉磁鐵發電機產生交流電時，也只是覺得交流電需要轉成直流，相當麻煩。交流電的實際應用之後便擱置多年，直到尼古拉．特斯拉證明在遠距離配電上，交流電具有巨大的優勢。

目前大家都認為，在長距離送電時，最有效率式的方式是用高電壓搭配低電流。但就直覺來看，這可能沒有那麼明顯，不過根據前一章所討論的，我們可以推論這確實是最合適的組合。讓我們在此先暫停一下，想想為何是如此。

多數人在使用**功率**（*power*）一詞時都相當草率，物理學家和工程師則有相當具體的定義，這是指在特定時間內完成工作的能力。要思考功率輸出，最簡單的方法是將其以**馬力**（*horsepower*）的單位來表示。一馬力的現代定義是每秒五百五十英尺磅，但最初之所以選擇這樣的單位，是因為這相當於是一匹普通馬的功率輸出，這是育種出來專門拉動重型貨物的大型馬。過去經常用這種單位來評估蒸汽機的功率輸出。例如，當有人說這台蒸汽機的發動機有二十馬力時，大家的腦海中就會浮現這台機器可以牽引的負載量以及它可以替代的馬的數量。這就是為什麼蒸汽機早期的綽號是「鐵馬」！

然而，使用馬力來當作測量燈泡和吹風機這類小家電的單位，就沒有那麼合乎直覺。好比說一台電功率具有八分之一馬力的吹風機，實在很難想像出一個具體的的畫面。但要是你開心，也是可以使用馬力來當單位，但多數人比較喜歡使用**瓦特**

（*watts*）當作是電功率輸出的單位。[25]瓦特這個單位是來自十八世紀傑出工程師詹姆斯・瓦特（James Watt）的名字。[26]

多數人都對瓦特這個單位比較熟悉，因為標準的白熾燈泡就是以瓦特為單位來標示其輸出功率，一般室內家用照明通常會選六十或一百瓦特的燈泡。在燈泡的例子中，使用瓦特來當電功率的單位其實並沒有比馬力好到哪裡去，一樣也很難想出什麼具體畫面，但在計算上，瓦特就大勝馬力，因為瓦特的計算法是將伏特數乘以電流，這兩個電氣參數都很容易測量。在要計算電功率輸出時，以瓦特為單位比較容易，在現實生活中許多情況亦是如此，甚或是在面對死亡的情況。還記得前面的電椅討論嗎？紐約州第一位電刑師艾德溫・戴維斯通常在死囚犯身上使用的是一千七百伏特和七安培這個組合。這輸出的功率相當於一萬一千九百瓦特，戴維斯發現這足以致人於死，這樣的電力也可以想像成是能夠點亮一百一十九顆一百瓦的燈泡。現在讓我們來想一下這個簡單乘法的含義：

1,700伏特（V）×7安培（A）＝11,900瓦特（W）

在右頁這個等式中，可以看到一個關係，要達到一固定功率可以選擇低電流和高電壓，或是高電流和低電壓。在功率輸出上並沒有任何差異。但是傳輸線內的電阻會因受熱而導致功率損失，而熱損失，正如之前所提到的，只跟電流有關係，跟電壓毫不相干。因此，如果電流很高，那麼以熱量形式損失的功率也會很大。

前面曾提過，流經導體的電流所產生的熱量與電流的平方（安培乘安培，或 amps^2）和導體的總電阻乘積成正比。因此，若是想用電線長距離傳送大量電力，可以盡量降低電流來減少熱損失的問題。而要做到這一點，又還要保持相同的功率輸出，唯一的方法就是增加電壓。因此，我們最終選擇了高電壓搭配低電流，認定這是最佳組合。這種策略能夠最大限度地減少功率中的熱量損失。無論電流類型是交流還是直流，都是如此。無論要傳輸何種類型的電流，高壓電絕對是首選。

在愛迪生和威斯汀豪斯的時代，要將發電站設計成產高壓直流電或交流電都是很容易的。問題是把高壓電送進居家環境是不可能為大眾所接受的。除了高電壓的危險之外，很少有電器會用到這樣高的電壓。事實上，當年愛迪生的白熾燈泡只能承受一百一十伏特的電壓，這在很大程度上解釋了何以美國家庭時至今日的標準電壓仍維持在一百一十伏特。因此，若是要使用高壓來送電，在進入家庭之前需要降低電壓。對交流電來說，這沒有問題。一八八二年，顧拉德-吉布斯（Gaulard-Gibbs）發明的變壓器可以在交流電壓進入家庭前將其降壓，[27] 但當時並沒有適用於直流電的降壓裝置，[28] 這要等到二十世紀中葉才發明出來，那時才有為直流電降壓的商業送電方式。因此，在那個時候，若是要降低送電成本和提供家用低電壓，最後勝出的就是高電壓的交流發電機搭配降壓變壓器。

威斯汀豪斯的交流電電線通常是以高壓電和低電流來送電，從而將功率的熱量損失降到最低。相比之下，愛迪生則是使用沒有變壓器的低壓電和高電流的直流電線路，但因為功率損耗太大，後來發現這幾乎不可能將電傳送到遠方。就這點來說，過去愛迪生宣稱，高壓電交流電的線路具有潛在的致命危險，但電流才是致命的關鍵，這確實不無道理。儘管在電流傳輸時，電流相對較低，但仍然足以致死。正如之前所提到的，不需要多高的電流就可以殺人。

另一個重要的危險因素是，發送交流電的威斯汀豪斯選擇將他的電線架在地上的電線桿上，而不是像愛迪生那樣地下化，將它們全都埋起來。豎立電線桿要比挖溝便宜得多，但是威斯汀豪斯的電線有時會掉到地上，造成觸電意外，愛迪生的電線就從不會發生這種事，因為它們都埋在地下。因此，每當報紙上出現觸電事故的報導時，通常都是威斯汀豪斯的電線出包。但那是因為他們公司掉落的電線比較容易被公眾接觸到，而不是因為交流電在本質上更容易致命。假設愛迪生也是在電線桿上鋪設直流電線路，也會發生類似數量的觸電意外。但公眾對此並不清楚。他們只是逐漸將觸電死亡的意外事故與電流類型聯繫起來，而沒有考慮電線的位置。因此，毫無意外地，他們將死亡事故全都算在交流電頭上。大眾就這樣被洗腦了。

愛迪生本人並沒有提出交流電在本質上比直流電更危險的概念，但他確實在推動這想法上扮演重要的角色。真正提出這個想法的是哈羅德．比特尼．布朗（Harold Pitney Brown）。布朗是位年輕的工程師，而且是自學成才的那種。儘管他缺乏醫學教育的背景，但這方面的不足並沒有阻擋他去信給《紐約夜間郵報》（*New York Evening Post*）。在這封信中，他斷言交流電對民生用電的健康危害太大。[29]他聲稱電流方向迅速改變是造成交流電致命的原因，並建議要加以禁用。他的信引起了不小的轟動。

評論家聲稱布朗的這種說法並沒有證據支持，實際上，布朗似乎也沒有證據。因此，布朗聯繫了愛迪生，並要求使用他的實驗室中的設備來證明交流電的致命性。愛迪生當然很樂意幫這個忙。他不僅為布朗提供了實驗室，還指派他的首席電工程師去協助布朗，幫助他取得實驗用的大型犬。

但布朗的「實驗」其實只是一場電擊狗的公開展演，而不是科學，當時現場有高達八百名觀眾參與。通常，他們先是以不同電壓的直流電來多次電擊那隻狗，導致狗展現出嚴重的抽搐和明顯的疼痛，但這並沒有造成狗死亡。當觀眾要求他停止這樣的虐待時，布朗迅速地改用交流電來電擊，讓狗得以擺脫痛苦，這暗示著交流電電擊時，即使只有一次，就足以致命。

不過，一名對布朗的電狗展演十分清楚的觀眾決定揭穿布朗的騙術。彼德・凡德偉德（Peter H. Van der Weyde）博士是紐約醫學院的醫師和醫學教授，同時也是庫柏研究所（Cooper Institute）的物理和化學教授，他還是位電學專家。他指出，最後以交流電電擊造成狗死亡是很自然的，因為牠們之前已經遭受多次直流電的電擊，本來就快死了。凡德偉德進一步暗示布朗蓄意欺騙，因為他肯定知道只公布電擊狗的電壓就可掩蓋事實，那就是在低電流的情況下，電壓只會造成痛苦和傷害，但不會致死。

他指出，在布朗的實驗中，使用了兩台蒸汽機來驅動兩台發電機產生交流電，但只使用一台蒸汽機和一台發電機產生直流電。[30] 因此，在任一電壓下，狗接收到的交流電流是直流電流的兩倍。難怪用交流電時會造成狗死亡。電流才是致死的關鍵，而狗接受到的交流電流至少是直流電的兩倍。

隨後，在一八八九年七月十三日的《電氣世界》（*Electrical World*）雜誌上，著名的電子工程師路德維希．古特曼（Ludwig Gutmann）發表了一篇文章，對布朗實驗提出毀滅性的批評，其中列舉了布朗在他的實驗中堆疊甲板等多種伎倆，好讓交流電看來更加危險。[31]

之後沒多久，有人向《紐約太陽報》（*New York Sun*）提供了布朗的私人信件，更是讓布朗的聲譽掃地。這些信件提供了強而有力的證據，證明布朗與愛迪生的電氣公司勾結，而他對交流電的攻擊是出於利益動機。布朗拿的是愛迪生的薪水，因此他的結論是有偏差的。[32]報社在一八八九年八月二十五日的週日特版中刊登了這些信件，標題為：

> 可恥的布朗！
> 觸電死亡的騙局陰謀

當這場直流電對交流電的大戰還在熱烈上演時，布朗和愛迪生同時展開他們的反交流電布局。他們認為展演交流電殺傷力的壓軸大戲不是殺狗，而是殺人，這將會是最終證明。因此，他們遊說監獄官員使用交流電來為新發明的電椅供電，而不是直流電，指出交流電在這方面比直流電更勝一籌，能夠造成瞬間的無痛死亡。如果電椅用交流電供電，那麼在公眾的心中，它就會與死亡產生緊密連結，就像斷頭台與法國大革命之間有著斬不斷的連結一樣。

愛迪生和布朗的如意算盤是，光在心中產生這樣的聯繫也許就足以說服大眾拒絕使用交流電，讓他們認為交流電的殺傷力太大，不能讓它進入家中。然後故事的走向與結局，就如前文所提。第一個接受電刑的死囚凱姆勒確實是用交流電殺死的，部分原因確實是來自愛迪生和布朗的遊說。最初曾將凱姆勒沒有立即死去的原因歸咎在交流電上，但愛迪生很快就將焦點從電流類型轉向電極的放置位置，而交流電至今仍是電椅的供電標準。

當問及布朗為何認為交流電比較致命時，他爭辯到交流電會振動體液，破壞內部重要器官，因此致死。這是個有趣的假設，不幸的是，他從未驗證過。那愛迪生又怎麼看這件事呢？他承認他並不真正了解交流電的致死機制，但他推測這可能與神經和肌肉的過度興奮有關，這也是個有趣但未經驗證的說法。

那麼，真相到底是什麼？交流電真的比直流電更危險嗎？若是在高功率時，醫學專家對此似乎達到共識，那就是兩者同樣都會致命，無論是以何種組合傳遞。然而，在低功率時，情況就沒有那麼清楚。

目前仍可在網路上找到激烈的爭論，有些人聲稱交流電更危險，其他則主張直流電才是最需要擔心的。雙方都提出各種生理機制來支持其立場。例如，有些直流電的批評者聲稱它會造成更多的組織電解，而有些交流電的批評者則說它更可能影響到心臟的天然跳動，但似乎沒有人願意拿出任何確切的科學數據，原因可能是在這方面根本沒有進行過多少研究。在這場交流電與直流電危險性的討論中，還有一大問題，大家總是以「其他所有條件均等」來各自表述，但事實上其他條件永遠不會均等。

癥結點在於交流電在改變其方向時，還會順道改變許多其他電流參數。首先，交流電流在改變方向時必須要瞬間暫停，一個週期停一次，或是說每秒停六十次。這意味著交流電的電流在流動時是間歇性的，而且會改變方向。那麼，如果說交流電和直流電之間確實存在差異，會是因為電流方向交替變化？還是因為間歇性流動？杜興注意到這個問題。於是在他比較兩者時，試著要讓其他一切條件相同，只著重在方向的交替上，杜興會反覆中斷直流電流，使其與交流電流的變換週期同步，讓交流電和直流電都同樣是間歇性的，這樣兩者的差異理當只有電流方向變動這一點。

由此可以看出杜興在實驗設計上有多精鍊，著實令人佩服。他了解直流電和交流電的運作原理，並試圖要控制當中的變因。不過，即使是他這樣的實驗設計，還是沒有顧及到這當中一切的複雜性。除了切換方向和間歇性之外，交流電的電壓和電流也會在一個週期內振盪。[33] 相較之下，直流電的電壓和電流則隨時保持恆定。可以看得出來，交流電和直流電在很多面向上都不同，因此並不清楚在這些參數中，到底是哪些差異可能與致死率問題相關。不過在某種程度上來說，這其實是個蘋果與橘子的比較問題，實在很難回答，多少都有無法明確界定和模稜兩可的情況。就某方面來說，交流電與直流電的安全性恐怕永遠都會陷入這種拿蘋果跟橘子比較的境地。

但最終，這問題並不重要。交流電與直流電的安全問題從來都不算是一個真正的科學問題。從最初構想出來的那一刻起，這問題就被政治化了，而且一直以來都是如此。實際上，不管是哪種電流比較危險，結果幾乎不會造成什麼差異。這問題本身，就許多方面來看，其實沒什麼意義，因為用來保護我們避免受到交流電危害的措施也是用在直流電供電的情況。

然而，目前我們仍在權衡交流電與直流電的科技價值。如前所述，電子設備不斷增加，這一直帶動對直流電的需求，因為用戶端需要將電廠送來的交流電轉換為直流電。由於在用戶端的轉換效率通常較低，因此以長距離送交流電所節省的能量，隨後還是會在用戶端將交流電轉換為直流電時散失掉。

有些人認為設置直流**微電網**（*microgrid*）會是解決這難題的方案。[34] 在電子設備使用頻繁的工業環境，好比那些使用電腦的企業，或可建置微電網系統。[35] 將低效的個別轉換器換成效率更高的集中式轉換器，並透過小型電網在整個廠房中分配直流電流。還有其他人認為，大規模地將交流電轉換成直流電是勢在必行的趨勢，這實際上一直是愛迪生想要的。現在有了直流「變壓器」，交流電過去的技術優勢已經不復存在。但還是有些人認為為時已晚，現在不可能再換成直流電。他們指出，以交流電的形式送電是長久以來的標準，必須要更換整個國家的供電基礎設施，才有辦法完成從交流電到直流電的大規模轉換，這種高額投資可能要一個世紀才能回收。看來，雖然交流電對直流電的大戰早已結束，但仍有許多衝突繼續上演。

法拉第有幸躲過這場交流電與直流電的爭奪場面，也不用聽到那些聳人聽聞的安全辯論。他於一八六七年去世，約是在這場電流大戰開始前十年。法拉第的家裡也沒有可能讓他觸電的電源，無論是交流電還是直流電，因為在他那個時代還沒有所謂的家用電器可用。所有這些東西還要等上好長一段時間才會問世。不過，法拉第恐怕也不會對一切感興趣。他總覺得將科學商業化有點不體面。

法拉第倒是對亞歷山大・馮・洪堡提出的科學建議更感興趣，這是他的另一名崇拜者，曾經寫過信給法拉第。洪堡是傑出的德國探險家和科學家，他曾在南美洲遇過那些會放電的電鰻。洪堡就和馬克斯威爾一樣，也一直密切關注法拉第的研究。在他的這封信中，洪堡先是讚揚了法拉第在電磁方面的研究，並告訴他：「我相信，憑藉我們今日擁有的電磁學和生理學知識，對裸背電鰻（一種鰻魚形狀的電魚）現象的研究應該會大幅提升我們對人的神經功能和肌肉運動的認識。」[36] 他進一步提供法拉第抓電鰻的技巧以及在實驗室飼養的方法。法拉第對此深感興趣。在歷經千辛萬苦後，法拉第終於弄到一隻從南美洲進口到英國的活魚，體長約六、七十公分。他直接開始進行研究。

在發現電磁線後，現在法拉第想看看電鰻中是否存在類似的現象。對他來說，最為重要的是，他所推導出來的電的「法則」或原理應當具有普遍性，而不是侷限在特定系統中。這些關於電的原理，理當適用在靜電、電池的電、電磁感應的電……甚至是電鰻所放的電。若它們真的是同一種現象，那應該都會產生相同的結果。在得到這隻鰻魚後，他現在可以驗證那套在實驗室中發展出來的電理論是否具有普遍性。

這條電鰻與約翰．沃爾希在一七七五年首此進行公開展演的南美洲鰻魚是同一種，在那場展演中，他證明電鰻可以像琥珀一樣產生看得見的電花，佐證了電魚放的電與琥珀產生的電是完全相同的想法。法拉第也重複了沃爾希在電花這部分的結果。接著他要用這條鰻魚來證明動物也能產生電磁場。

他的實驗設計是將電鰻放在一個直徑約為鰻魚體長兩倍的盤狀玻璃容器中，並在盤中裝滿剛好能淹沒鰻魚身體的水。這畫面相當於是將一條十幾公分的香腸（代表鰻魚）放在一把直徑二十幾公分的煎鍋中，然後加水到深度兩公分多，任其浸泡著。現在，先記住這個放著香腸的平底鍋，然後再想像裝了兩個馬鞍形的構造在那條香腸上，就像西部牛仔用的那種馬鞍，橫跨在香腸兩端，使其固定在適當的位置上，不會在鍋裡滾動。這就是要確定香腸是否會放電所需的裝備。當然，香腸肯定是不會，不過電鰻就有可能了。所以，在法拉第的設計中，香腸的位置是由電鰻代替，並嘗試偵測當中有無電場。

由於缺乏合適的設備來測量盤中的電流分布，法拉第只好拿他的手指來當作測試鰻魚電場的探針。他將手指伸入其中數次，每次選在相對鰻魚身體的不同位置上。即使鰻魚沒有主動放電，法拉第仍能感覺到在牠周圍水中的電所產生的刺痛感。他的手指在鰻魚身體中點附近處的刺痛感最為強烈。把手指拿出來後，刺痛感變得不那麼強烈，但仍然持續著。就這樣，他不斷移動手指到盆中的不同位置，記錄每個位置的刺痛程度，最後繪製出一張鰻魚身體周圍電場的粗略電場圖。沒錯，那裡似乎也有力線，從魚的頭到牠的尾巴，這些力線似乎循環往復，在末端回到魚體，類似於鐵屑和磁鐵的情況。不過，在這之後，法拉第又再進一步探索。

現在先來回想一下那些類似西部牛仔馬鞍的「鰻魚鞍」。然後想像一下，以類似天線桿的東西來取代西部馬鞍上方的典型把手，這些伸出來的天線桿，可以連接電線。法拉第決定把這些桿子當成是電池的兩端，而鰻魚本身就是電池。他找來一根鳥羽毛，切掉了毛的部分，只留下一根空管（今天我們可以直接拿塑膠吸管來代替這根羽毛管）。然後，他將其切成好幾段，每段約一英寸（二．五四公分），製成了一個短的空管。接著他以細電線緊密纏繞，包裹著整個短管，並將線的末端連接到每個鞍形電極上。接下來，他將一根細長的釘子穿過空管，並且拿些小的金屬物體來測試它是否有磁性。當放入管內時，鐵釘確實被磁化了。雖然這磁鐵很小，磁力也很弱，但這仍是第一次用電鰻放的電來製作電磁鐵。

法拉第對他的電鰻發現異常興奮。這些電鰻實驗和其他類似的實驗讓他相信，電池的電和電鰻的電都是來自完全相同的自然力。不論是產生電花、形成電場，乃至於驅動電磁鐵，它們展現出來的行為完全一樣。他開始認同洪堡的觀點，即電學實驗將會揭開很多關於人體及其神經系統運作的奧祕。他發表了他的電鰻發現——還是一篇不包含數學語彙的論文——在文中，法拉第語帶興奮地寫道：「當電的定律和現象同時在無機物和死去的物質中向我們顯現時，這實在太奇妙了，而在生命和神經系統中，也有足以比擬的相同力量。」[37]

法拉第確實獲得從很多關於電魚放電和電力線的知識。但他開始思忖，就跟他向來的思考習慣一樣，想要知道這整個過程是否可以逆轉。如果將人造電場施加到這條魚身上又會發什麼？這確實是個有趣的問題。

－第8章－

殭屍魚

電場

漁夫會小心翼翼地算計，試圖超越魚的思維——有時他們確實會做到。

——約翰．史坦貝克（John Steinbeck）

我手裡拿著網，探出船頭，凝視著水面，等著看有什麼會游到水面上。我這是在**電釣**（*electrofishing*）。[1] 也許你從未聽聞過這種捕魚方法，這是用電流來擊暈游到水面上的魚，趁著牠們在昏迷狀態時用手網將其撈起。

我只等了三分鐘就發現第一條魚。那是一條**歐洲鯉**（*Cyprinus carpio*），是一般飼養在池塘的馴化鯽魚，或稱**金魚**（*Carassius auratus*）的遠親，牠從陰暗的底部游上來，直奔帶正電的電極。

這電極是用鏈條懸掛在水面下，掛在一根從船頭沿著水平方向往外伸出約二．五公尺的桿子末端，距水面約三十公分。當這條鯉魚靠近電極時，牠瞬間整隻側翻過去，看起來像是癱瘓了，這是牠被**電麻醉**（*electronarcosis*）的明確跡象。這是比較賣弄的說法，直白來說就是牠被電擊昏了。我用網子把牠撈到船上的活井中，這是一個裝滿水的盒子，設計來放那些捕獲的魚，讓牠們在恢復時保持涼爽並獲得充足的氧氣。我又繼續回去電釣，不過會不時留意一下我的鯉魚，想要確定牠沒事。果然，沒過幾分鐘，牠就恢復正常，四處遊動，就像之前什麼事也沒發生。

電釣並不算是休閒釣魚中的漁法，這是漁業科學家用來評估湖泊魚類族群數量的研究工具。[2] 科學家會在固定面積的水域中放入電極，通電後收集那些被電昏的魚。他們會按物種和體型來記錄在一個取樣棲地中捕獲的數量，然後以此資料推估整個水域中的族群量。透過這種方式，便可以粗略估計棲息在湖中的各種魚類的族群規模和年齡分布。[3] 如果操作得當，魚不會受到長期傷害，而且在記錄好數據後，就會迅速放回水中，讓牠們恢復健康狀態。

電釣的效果很好。我個人是蠅釣的愛好者，一生都在玩這種以沒效率聞名的釣法，因此在接觸到電釣這樣高效的釣法時感到十分訝異。不過，在此奉勸大家千萬不要考慮將釣竿換成電釣設備。幾乎在所有地方，娛樂性電釣都是違法的。就是連漁業科學家若是想要使用，也必須申請許可，獲得州和聯邦的漁類與野生動物管理機構的許可證。這些機構會進行密切監督，確保這種技術沒有被濫用。通常，為了達到零傷亡的目標，有法規限制電擊特定物種時可用的最大電壓和電擊持續時間。鮭科

（Salmonids），包括各種鮭魚和鱒魚的物種，還受到特殊保護，因為牠們的骨頭非常細，連脊椎（背部的魚骨）也是。要是受到太強的電刺激，誘發肌肉強烈收縮，可能會折斷脆弱的脊椎。為了要提供進一步保護，在電釣時會以短脈衝的形式輸送，這稱為**脈衝**（*pulses*），每次持續不超過五毫秒（兩百分之一秒），並且頻率通常限制在每秒三十次以下（三十赫茲）。[4]

雖說按部就班地電釣理當很安全的，但若是出了什麼差錯，電釣對魚和人都很危險。這就是為何使用電釣設備前需要接受專業培訓。我那場湖上的電釣之旅實際上是派翠克・庫尼（Patrick Cooney）主持的培訓活動，他是位專業的漁業科學家，同時也在史密斯－路特公司（Smith-Root, Inc）擔任電釣科學主任，這間位於華盛頓州溫哥華的公司是電釣設備首屈一指的製造商。最近我曾致電給庫尼，想要了解電釣的細節以及魚類的反應。他親切地邀請我去溫哥華參加他定期舉辦的培訓課程，這是他們公司提供給那些購買電釣設備的客戶所開設的課程，這樣我就可以親身體驗和見證電釣過程。我很開心地接受了他的提議，這就是為何我會出現在華盛頓拉卡馬斯湖上這艘電釣船的緣由。

自從我得知早在一八八五年電釣者就會使用的一些技巧後，就一直對電釣感到好奇。[5] 當魚在水中的電場內時，牠們會一直朝正極游去，直到被電暈過去。事實上，就是因為魚類會被正極吸引，才讓電釣有如此高的效率。在水中放入電極時，魚並沒有如一般預期的離開電源，反而是朝著電源游去，身體似乎沿著電場線游動，直接游進電流中，最終到達正極。但對魚來說，很不幸的是在正極附近有狡猾的電釣者在等著，牠們一靠近就會被抓起來。正極對魚的吸引力讓電釣者變得有點像是童話中的那位靠笛聲捕鼠的魔笛手（Pied Piper），只是在這個故事中，不是用笛聲引誘老鼠，而是用電來迷惑魚。

正極的吸引力之大，甚至可以捕捉到那些本來藏身在岩石和碼頭下方的魚。這種受電吸引的現象稱為**趨電性**（*electrotaxis*），即動物會對直流電的刺激產生反應，沿著特定方向移動，[6] 不過確切機制已經爭論了好幾個世紀。每個世代的漁業科學家都在關注神經科學的最新發展，想要從中找出新的解釋。不過到目前為止，所有提出來的解釋都有其不足之處。儘管如此，有件事是清楚的：當魚在水中受到電場作用時，牠們的反應非常奇怪。

討論到這裡，我們需要先中斷一下電釣的問題，先來提一點電的物理學，以確保大家都明白當我們在講「水中的電場」時，到底指的是什麼。

前面其實已經稍微提過，電場和磁場間有很多共同點。若是從不同角度來看，甚至可以說它們實際上代表的是相同的物理現象。因此，這兩種類型的場通常統稱為**電磁場**（*electromagnetic fields*）。然而，這之間還是有個主要的差別，那就是電場有正負極的端點，但磁場卻沒有。那是因為磁鐵本身沒有離散的末端。

就拿一條棒形的永久磁鐵來說，磁場的磁線不是停止在長條形磁鐵的「北極」和「南極」，而是會通過磁鐵內部縱向返回，因此，整體來看，磁力線是呈一個環形橢圓體。當你將一條棒形磁鐵切成兩半時，就會有兩個較小的磁鐵，每個磁鐵都有自身的南北極和較小的橢圓磁力線。你可以不斷地對半切磁鐵，讓磁鐵越來越小，但就算是小到只剩下鐵原子的程度，它也會有其自身的磁場。

相較之下，電場可以在任何地方形成，無論是正電荷還是負電荷。正電荷不需要與負電荷配對才能產生電場。不過當正負電荷配對時，兩個力場會相互作用，產生連接線，這看起來就很類似在條形磁鐵上的紙張撒鐵屑時看到的磁力線。如果將兩個帶正電（或兩個帶負電）的位點進行配對，就會產生相互排斥的場。由於同性電荷之間的排斥力，這些電力線就不會連接起來，而是發散開來。

就像鐵屑展現出沿著磁力線移動的傾向，電流也傾向於沿著電場中的電力線流動。這有時會造成混淆，讓人以為電流流動就會形成電場。但事實並非如此。即使沒有電流流動，兩個電極之間也存在電場。因此，當電釣用的電極放在乾燥空氣（電絕緣體）中，在電極之間仍然存在有電場。只是當電極浸到水中時，水的導電性會讓電流在電極之間流動，而電流會沿著電力線的路徑流動。[7]因此，電流的路徑和強度是與電場的形狀和大小相對應。

我們無法將電場視覺化，沒有辦法像磁場那樣容易，但它仍然是存在的。[8]正是因為電場定義了電流流動的路徑，所以才會常用**電場**（*electric field*）一詞來同時代表電的力場和電流的流動。在我講這故事的過程中，你可能會注意到為了貪圖方便而使用這個通稱。不過最好還是要記住，**電力場**（*electric force field*）和**電流**（*electric current*）之間的區別。

之所以要做出這樣的區分主要是為了下面的電釣討論。當魚進入「電場」並且遭到電擊時，牠們並不是遭到電場的電擊，電場並不是牠們的身體組織能夠感知的。牠們是被電流所電擊的，電流是在水中沿著由電場定義的一條固定的路徑——法拉第的電力線——所流動的。這是另一個微妙但非常重要的區別，因為我們感興趣的是電流的生物效應，而不是任何人宣稱的電場的生物效應。[9]好了，現在物理學的插曲結束，該回到我們的主題。

庫尼坐在船尾的控制台後方駕駛，這讓他可以一覽無遺地看到我在船頭撈魚的畫面。他讓我趕緊撈起來，盡快把魚轉移到活井裡，盡量縮短牠在通電的水中的時間。「拿著魚網做個掃動的動作，將魚撈出水面，然後擺動一下，將牠放到活井裡——這很簡單，就是一邊扭動你的身體，一邊保持平衡。」庫尼這樣給我建議。優雅的動作向來不是我的強項。不過庫尼是位和善有耐心的教練，他將我的每次失敗都視為是一個教育的機會，一再鼓勵我，慢慢提升我的電釣技能。我每撈到一條魚，他都會稱讚我，無論我的動作有多麼笨拙，並向我保證，只需要稍微調整一下技巧，我就能成為電釣高手。我可沒這樣的信心。

我們繼續沿著湖岸前行，電釣和撈魚。很快地，我們就釣到了不少鯉魚，還有大口黑鱸、小口黑鱸、大鱗亞口魚和黃鱸。不幸的是，除了大鱗亞口魚外，其他的魚都是非原生的入侵物種。[10] 庫尼感嘆地說道，這座湖的原生物種中是以鮭魚和鱒魚為主，但大部分都遭到這些棄養魚種所驅逐，把湖水讓給了牠們。目前在這座湖中唯一發現的鱒魚，是國家為了休閒垂釣的活動而放養的。電釣揭露出這座湖遭遇到嚴重的入侵種問題，但這並不是解決方案。不可能將所有入侵魚類都從湖中撈出來。

身為一個主要在溪流中釣鱒魚的垂釣者，我總是對河流而不是湖泊中的魚類族群的狀況更感興趣。在我去的溪流中那裡還有大量的鱒魚嗎？還是我只是在沒魚的河中浪費我的時間？所幸，有鱒魚生長的溪流也可以用電釣的方式來獲得這類資訊，不過在溪流電釣，技術上需要進行一些修改才能適用。

在溪流中電釣，不需要坐船。電釣者只需背著一組裝電池的電釣設備進入河中即可。他們會將正極安裝在一根長桿上，涉水逆流而上，在前方的水中來回掃動連接正極的桿子。他們有點像是偶爾會在度假勝地看到的尋寶獵人，他們拿著金屬探測器在沙灘上來回掃描，希望能找到埋藏在那裡的金屬寶藏。只是，在電釣中，寶藏不是硬幣，也不用挖出來，牠們會直接游到正極，必須在水流將牠們沖到下游前迅速撈起來。要是動作太慢，就會錯過，導致族群抽樣的偏差。

這就是為什麼溪流電釣調查通常是以三人一組的方式來進行。這個三人小組通常會加以分工，一個負責背著電池背包，進行電擊，第二個則是拿著手撈網，第三個則是緊跟在另外兩人的後方，背著一個裝滿水的桶子來裝魚。他們都穿著橡膠鞋，帶著橡膠手套，橡膠是種很好的絕緣體，所以不會讓他們在水深及膝的電場中被電流電到。萬一不慎摔倒掉進通電的水裡，背包的自動安全開關會立即切斷電源的電流。在調查時會同時派出多個小組，橫跨整條溪流，以陣列的方式向上游移動，因此很少會有漏網之魚，這樣便能夠對溪流中的魚類族群進行相當準確的評估。[11]

溪流的魚群密度通常是以每英里的平均數量（fish per mile，簡稱FPM）來衡量，這是一個代表河流魚類族群整體健康狀況的良好指標。然而，對像我這樣的垂釣者來說，必須要牢記於心的是，平均值只是平均值，有些溪流的特定河段仍然有可能是魚的鬼城（我似乎就具有這種走入無魚河段的特殊能力）。漁業狩獵管理部持續將FPM測量當作漁業管理工具。這可以讓他們看出來哪些河流是健康的，哪些出問題了，需要多加注意。有些單位甚至會將FPM值當作是一個參考根據，以此來分類他們州內有鱒魚的溪流，從A到F，一共六個等級的水域。而且大多數的州都會在網路上發布他們河流的FPM值，供感興趣的公眾查看。世界級的鱒魚溪流其FPM會超過兩萬，而最差的溪流當然可以低至零（這就是我難以智取鱒魚的原因）。

電釣的基礎知識看似簡單。將電極放到水中，打開電流開關，然後撈起那些被電昏而浮出水面的魚，同時要注意不要讓自己在這個過程中觸電。不過這當中的細節有些複雜，也更有趣。

而在這套電釣技術背後的生物學中，最為有趣的要算是趨電性。魚會沿著電力線

電釣

調查溪流的電釣者通常是以三人一組的方式來運作。這個三人小組通常會加以分工，有一個負責背著電池背包，進行電擊，手上會拿著一根長桿，在末端有一個環形的正極，電擊員會將桿子浸到水裡，大概沉在中間的深度。第二人負責拿手撈網和桶子，就站在電擊員的旁邊；第三個則是緊跟在另外兩個的後方，會撈起前面的人錯過的受電擊的魚。溪流電釣員的後方也會拖著一條很粗的電線當作負極，暱稱為「鼠尾」（在這張這照片中可看到電擊員的右腿後方拖著一條）。三人小組以緩慢的速度向上游前進，仔細探測可能藏身在各個區域的魚，並捕撈起任何被電到無法動彈的魚。

照片來源：Jake Ponce

游向正極，也就是與電流方向相反的游動，這種奇怪的行為就是電釣捕獲效率的關鍵。要是將電極的極性顛倒過來，那魚也立刻掉頭，反向游動。真的很不可思議！

德國生理學家赫曼（L. Hermann）在一八八五年首次報告了這種現象。當時他的研究焦點是剛從卵中孵化出來的幼魚。沒多久，許多其他研究員就驗證了他在幼魚的研究結果，並且將這些發現擴展到各種不同魚種的成體上。從這時起，科學家一直試圖要解釋這種現象。[12]

趨電性的理論發展主要是跟著神經科學的理論發展。早期的趨電性理論以避免疼痛為主，因為在當時認為避免疼痛是**刺激－反應理論**（*stimulus-response theory*）的主要行為機制——這是個在過去很含糊不清的動物行為理論。[13] 根據刺激－反應理論支持者的說法，魚之所以沿著平行電流的線游動，是因為這樣的方向游起來最不痛苦。

他們的想法是，如果魚體垂直於電場，牠會感到更多痛苦。按照推測，平行於這些電力線游動可以盡可能地減少穿過身體的電力線數量，進而降低其疼痛感。這個理論的核心是魚有意識地選擇了平行於電流的方式游動，因為這可以減少電擊帶來的痛苦。之前其實已經提過這類避免疼痛的行為，這正是何以熊會遠離通電圍欄而不會隨意靠近的原因。要是接受電擊能產生愉悅感，我們就得找別的方法來驅趕熊了。根據這個理論，魚的行為就像熊一樣，牠們也試圖盡可能地避免電擊。你可能很難理解為何穿越多條電力線會增加電造成的疼痛感。沒關係，我也想不通。但是不要緊，因為這理論根本就站不住腳。

電鈎的疼痛迴避理論的一大問題在於，這需要一個功能正常的腦來註記疼痛感，並且做出避免疼痛的決定。然而，隨後的實驗顯示，即使在切斷了大腦和脊髓之間的連接後，魚的行為模式依舊是如此。[14] 因此，趨電性不可能是基於任何有意識的疼痛迴避行為。

沒多久，開始有科學家認為趨電性可能是某種**反射**（*reflex*）。反射是一種不需動腦的神經刺激反應。在標準的反射中，由**感覺神經元**（*sensory neurons*）——一種受到體感而觸發的神經細胞——送來的訊號僅會傳達到脊髓。在那裡，它們會通過**運動神經元**（*motor neurons*）返回肌肉，運動神經元是控制肌收縮的神經細胞，結果便是產生無須經由意識控制的肌肉收縮。我們大多數人都體驗過這樣的反應。比方說碰到一個熱的煎鍋，你的手指甚至在大腦意識到之前就已經縮回來了。若是得等待大腦的指令，就會延遲動作，增加燙傷的嚴重程度。疼痛訊號在你腦中註記的過程根本不夠快，這樣的反應是無法預防嚴重燙傷的。所幸，你的手指不會等待大腦的指令。當你的腦還在嘗試理解問題時，它早就因為反射反應而行動。

十七世紀的哲學家勒內・笛卡爾（René Descartes）對腦和神經系統背後的基礎科學極感興趣，他也是第一個提出神經系統可能存在反射動作的人（笛卡爾最為人熟知的原因是他那句經常被引用的名言：「我思故我在。」）。而反射則是要等到牛津大學生理學教授查爾斯・薛靈頓爵士（Sir Charles Sherrington）在一九〇六年出版《神經系統的交互作用》（*The Interactive Actions of the Nervous System*）一書後，[15] 才開始受到神經科學家嚴肅看待，並且獲得廣泛關注。在那個時候，已經有研究證實**反射途徑**（*reflex pathway*），有時也稱為**反射弧**（*reflex arc*）的存在，那是從感覺神經到脊髓再到運動神經的一條路徑。反射弧並不需要一個功能正常的大腦，但它確實需要一條功能正常的脊髓。

當然，破壞脊髓會消除這種趨電性。這意味著趨電性確實是一種反射。魚似乎對趨電性沒有認知方面的控制。實際上，牠們就像殭屍一樣自動地游向具有吸引力的正極，這與腦中可能有的任何想法都沒有關係。

但是按照定義，反射反應需要有感覺神經元接收訊號，才會觸發運動神經元去產生行動。這意味著感覺神經元應當是趨電性的始作俑者。但這與真實情況似乎並不吻合。因為就算移除感覺神經元，只留下魚的脊髓和運動神經元，魚仍然會展現出趨電性。[16]所以趨電性既不需要大腦，也不用感覺神經元，它唯一需要的是完好的脊髓和運動神經元。[17]

能夠從反射弧中移除感覺神經元，這意味著這個反射反應不是標準的反射弧。此外，若硬要說趨電性是一種反射確實沒有多少意義。一般認為反射是遺傳的行為反應，能夠帶來演化生存優勢。若是如此，為何游向電極遭受電擊會是一種適當的反射反應呢？這樣的反射行為只會增加被電死的可能性。[18]就此看來，趨電性似乎是一種演化負擔而不是優勢，而這帶來下一個問題：趨電性是否真的是一種反射。

當大家普遍接受趨電性既不是有意識的作為也不是反射行為時，便出現了**局部作用理論**（*local action theories*）。局部作用理論將電的生物效應歸因於它們對附近神經和肌肉的直接影響。而在趨電性中，驅動力便是來自於直接對魚的游泳肌產生的電效應。

一九六〇年代，四位法國科學家布朗須都（M. Blanchetau）、拉馬克（P. Lamarque）、穆塞（G. Mousset）和米貝赫（R. Vibert）提出了一個解釋魚類趨電性的局部作用理論，他們認為電是直接作用在運動神經元上，刺激它們放電，進而引起游泳肌的收縮。[19]他們假設，從一邊游到另一邊的游動是游泳肌中左右運動神經元間不同的電位差所致，這取決於哪一側比較接近正極。他們進一步假設，這種效應之所以來自於正極而不是負極，是因為魚的這種運動神經元是有電極化的，相較於**軸突**（*axons*），神經的細胞體是帶正電荷。

毫無疑問，魚的運動神經元在結構和功能上都是有電極化的，但光是這樣對於趨電性的電極化解釋還不夠。[20] 之所以說運動神經元在結構上是「電極化的」，是因為它們有兩個不同的末端。[21] 為了便於說明，讓我們把運動神經元的形狀想像成一根棒棒糖。我們會舔的那部分便是細胞體，而拿在手上的棍子則是軸突。此外，神經訊息在神經元中都是單向傳導的，是從細胞體到軸突，因此運動神經纖維的資訊流在功能上也有極化，即訊息只會沿著一個方向移動。神經元的內部結構也是極化的，以保持神經訊號的單向移動。你不可能把神經倒過來，就像銅線那樣，並期望它發揮到同樣的作用。神經元是極化的，因此只有在正確的位向上才會發揮作用，銅線則沒有這樣的位向性。

此外，游泳肌中的運動神經元全都面對相同的方向。它們的位向都依照細胞體與軸突的相對關係，全都排在軸突之前。也就是說，它們的細胞體比軸突更靠近魚的頭部，而位向全都指向尾巴，合在一起。這些具有相同位向的極化運動神經元會讓魚的整條神經結構極化，而通過運動神經元的神經訊號也是同樣地極化，因為它們的流動方向只有從頭到尾這一種。所有這些特性都與趨電性的局部作用模型吻合。不過為了要解釋魚之所以游向正極而不是負極，這個模型只好勇往直前地踏入一個基礎很不穩定的地方。

這套模型聲稱，當魚面對正極時，牠們的運動神經元的電極性會被外部位向相同的電場所增強，因此受到過度刺激，便向游泳肌發送了神經訊號。若面對的是負極，牠們運動神經元的電極性因為與外部電場的極性相反，因此會抑制神經元向游泳肌發送訊號。最後的結果就是會產生游動偏差，在電場中僅偏好一個方向，也就是往正極的方向。

趨電性的局部作用理論已經提出了五十多年，就一個理論來說，這樣的壽命算是相當長。儘管能夠支持它的寶貴數據很少，但直到今天，它仍然是漁業教科書中解釋魚類趨電性時最常提及的模型。話雖如此，但反覆提及並不會讓一個假設成真，況且我的直覺告訴我，至少有一個重要因素可能讓這理論站不住腳。因為它的假設是基於運動神經元本身具有正極端和負極端，但我們現在知道事實並非如此。

請不要誤會我的意思，神經元中確實存在電荷分離——這一點很快就會在後面的章節提到。但是電荷分離不是從神經元的一端到另一端，而是在內部和外部。與其外部相比，神經元的內部帶負電。就這一點來看，神經元就像一罐內部儲存電能的迷你萊頓瓶，只是在等待釋放內部的負電荷，並且以向鄰近的神經元和肌細胞發出的電訊號形式來釋放。整條神經元的內部，相對其外部環境是負電的，並且這樣的負電性在神經元的兩端都是一樣的，並不會有什麼變化。

神經科學家說，神經元靜止時，處於電「極化」的狀態，這指的是細胞膜內外兩側，而不是從細胞的一端到另一端（稍後會討論何以這項特性是發送電性訊號給其他神經元的關鍵）。既然細胞體兩端出現電荷分離是趨電性局部作用假說的基礎，而實際上沒有出現這樣的電荷分離，這顯然是對局部作用理論支持者的一大打擊。

大約在二十年前，又出現了一種截然不同的理論，而且不是根據局部作用的假設。這項理論指出，電釣過程中會在魚身上引發類似人類的癲癇。[22] 這項理論的支持者指出，即使在正常人身上，也可用電來誘發癲癇發作（這是以電療來治療憂鬱症的基礎原理）。[23] 他們將人類癲癇發作時所有症狀與遭受電擊時的魚類行為相比，找出相應的行為。比方說在通電的水中會出現強迫游泳，這相當於癲癇患者的**強直陣攣發作**（*tonic-clonic seizure*），即在剛開始的肌肉組織收縮後，又繼續出現有節奏但不協調的肌肉收縮。

這個理論有值得採信之處嗎?這也許可以解釋電釣過程中的某些層面,但它仍然沒有解釋何以在出現強直性癲癇發作時魚會游向正極,這才是整個電釣過程中最令人不解之處。另外,它也沒有解釋為何切斷魚的腦與脊髓後,牠還是會展現出趨電性,在人類身上目前已知癲癇發作是源於腦部。由於這些和其他原因,癲癇理論儘管提出了二十多年,但並未在研究電釣現象的科學社群中獲得太多關注。

過去一百五十年來提出的每個關於趨電性的理論可以說都有缺陷,目前我們還沒有一個理論能夠完美地解釋,為什麼魚會沿著電力線游向正極。但庫尼對神經科學家目前對趨電機制的分歧倒是不以為意,泰然處之。他認為確切機制對實際的電釣操作無關緊要。此外他還補充說,探討趨電性的神經學只能解釋魚會游向正極的部分原因。另一個原因是電釣設備的設計,這種「暗中布局」(stack the deck)的構造,這會確保牠們都朝正極游動。他認為這些電氣工程的因素遭到低估。

庫尼指出,魚的整個結構,從鰭的位向到身體鱗片的方向,以及逐漸變細的軀幹,乃至於身體的肌肉組織,全都是為了要讓牠能夠有效地向前推進。多數的魚都不太會後退。因此,當魚的肌肉因電刺激收縮時,便會導致尾巴運動,自然地往前行進。因此，受到電擊的魚，無論是否願意，都一定會向前移動。

庫尼進一步指出，當魚的身體與電場的電力線對齊時，預計電流會在身體左右兩側引起最均勻的收縮。要是沒有與電場的電力線對齊，就算只有一丁點的角度，也會導致身體某一側的肌肉收縮得強烈一些，從而導致魚的軀幹對齊電場中的力線。此外，當魚的身體沿著電力線排列時，牠的身體從頭到尾會經歷到最大的電壓下降，產生最大的肌肉刺激。[24] 而這樣強烈的收縮會迅速推動魚沿著電力線前進。

但我還是不明白，為什麼牠們會特別沿著朝正極方向的電力線游動，於是我向庫尼提出了這個問題。他對此也有答案。他說，這在一定程度上是與負極的設計有關。他告訴我，船用電釣的負極是專門設計成不要電擊到魚的，因此會把負極設計得比正極大很多。有了這樣不成比例的負極，會在電場的負端產生分散效應，因此負極附近的電場強度較低。

這意味著魚往負極靠近時，流過身體的電流量會逐漸減少，但是往正極靠近時，電流卻會逐漸變強，導致向前游動的收縮力道更強，最終導致牠們昏迷。因此最好是在船頭外放置一個相對較小的正電極，因為在那裡可以很容易地撈起被電暈的魚，而在船後方的某個地方則拖著一個很大的不會電昏魚的負極。而要製作很大的負極，最簡單的方法就是把它做成整艘船的大小！

庫尼解釋道，直流電源的正極端是通過電線，直接連接到掛在船頭和船體前方垂到水中的正極，而直流電源的負極端通常就直接連接到船的金屬船體。這意味著正極處的電力線都會往船前方的某個點聚集，但這些電力線的另一端卻會分散在船體表面的不同點上。事實上，這是經過特別的電子工程設計，要讓電力線精確地分布在船體上，使它們不會聚集在任何一個點附近。所以游向船體的魚不會感受到電場中聚集的電力線，因此牠們體內的電流不會增加。

但是當魚往較小的正極靠近時，由於電力線在正電極附近匯集，因此牠們的身體會經歷到越來越多的電力線。結果靠往正極（懸掛在船前方的水中）的魚會被擊暈，但是往負極（船體）接近的則沒有。根據這套解釋，說魚會特別向正極游動可以被看作是電釣者的觀察者偏差。因為只有在正極處才會看到被吸引而來並且被電暈的魚，而往負極移動的魚，由於都在船底下，根本就看不到。

庫尼並不否認，魚朝向正極的趨電性可能也牽涉到神經學的部分，他只是認為電子工程因素，像是正負極的相對大小，也很重要。他很高興這兩者都促成讓魚出現在正極的現象，否則電釣可能就不會是一種高效率的捕魚工作，而他可能也得另謀出路。我明白他的觀點，也明白不太可能在野外調查的研究中完全掌握這趨電性機制的細節，因為這牽扯到太多的參數。這是需要在能夠掌控各項變因的實驗室中進行的研究，在那裡才可以逐次改變不同的參數。而現在恰好就有一群科學家正在實驗室中以種種控制的條件來研究趨電性，他們正在拿斑馬魚做一些創意十足的實驗。

斑馬魚可不是會像魚一樣游泳的斑馬，牠們是像斑馬的魚，這些體長只有幾公分的小

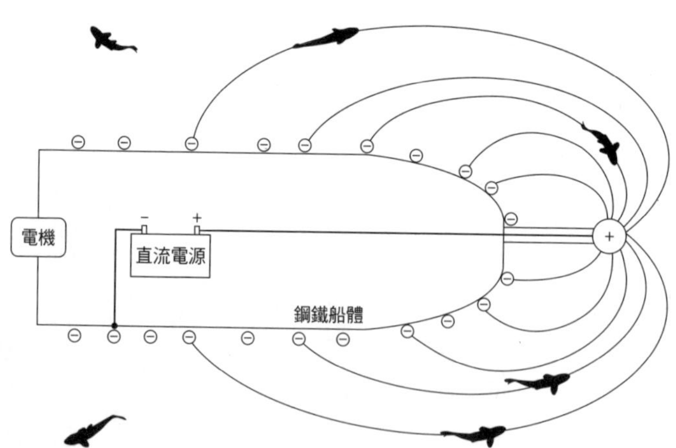

電釣漁船周圍的電場

此圖描繪電釣船的基本設計。直流電源的負極與金屬船體相連，讓整艘船體成為負極。正極端連接到懸掛在船頭（前方）一根平行水面的桿子末端，並將電極浸到水中。這會在船頭附近產生一個強大的電場，包圍在船頭前方。當船在水中緩慢行駛時，進入電場的魚會被吸引到正極，沿著與電力線平行的方向游泳。魚在靠近正極時，就會受到電擊並變得無法動彈。這時站在船頭的工作人員便會用網撈起電暈的魚，進行各種測量，一旦魚恢復意識與活動，就將牠們放到船尾（後方）的水箱中。

魚深受養魚者喜好，因為即使水族箱的水質不好，牠們也會好好地活著。這種強健的體格讓牠們也受到想要將其用於研究的科學家所看重。牠們在實驗室環境中存活得也很好，在那裡可能會遭受種種處理。

不過除了耐受性高之外，斑馬魚還有其他特性，讓牠們躋身脊椎動物（vertebrates）——即長有脊柱的動物——相關研究中的寵兒。**斑馬魚**（*Danio rerio*）是脊椎動物中最簡單的模式動物，其遺傳過程易於操縱，因此廣泛用於疾病模型、行為篩檢和新藥開發等研究。此外，在受精後五天（five days postfertilization），牠們的感覺和運動神經功能就發育完全，因此這些幼生非常適合用來進行神經功能的研究，因為在這個大小時，除了四處游動，牠們幾乎什麼也做不了。

正如之前所提，趨電性最初就是在魚的幼生中發現的。也許回過頭去開始研究幼魚的趨電性可以多了解一些相關機制，不過這次使用的是更為現代的技術，並且以斑馬魚幼魚當作模式動物。這正是多倫多約克大學（York University）的科學家最近展開的計畫，而且他們已經對趨電性有了一些新的認識。

這群科學家設計了一套微流體裝置，專門用來處理斑馬魚的幼魚。[25] **微流體**（*Microfluidics*）是一種能精確控制和操縱流體的技術，主要是將流體限制在非常狹小的空間內，通常處理的體積不到一滴水的量。他們的這項設備還搭配一台顯微鏡，以及充滿液體的微通道和許多電子設備。透過電子設備來調控通道中的液體量，調節流過的電流，並收集實驗數據。

基本的實驗設計是這樣的。首先將一隻受精後五～七天的幼魚引到通道中。[26]透過顯微鏡觀察幼魚，確定牠正常游動，而且是明顯地隨機游動。然後讓電流通過充滿水的通道，觀察這會如何影響幼魚的游動方向。如果幼魚開始向正極游動，可以推定牠們有趨電性。

但是，當然幼魚有可能是隨機地朝那個方向游動，所以要關掉電源，讓牠休息幾分鐘。然後重新施加電流，而且這次要把方向相反過來。若是幼魚再次游向現在正處於相反方向的正極，那就等於是從另一個方向重複了電擊反應，這時就可判斷這隻幼魚表現出趨電性。反覆對約三十隻幼魚進行這樣的操作，並且將其與以相同方式處理，只是沒有施加電流的三十隻幼魚（即對照組）進行比較。最後的結果顯示，在這「雙電擊試驗」中，有將近百分之百的幼魚表現出對正極的趨電性，而在對照組中僅為百分之十。[27]

不過，這套用於探測魚的趨電性的儀器，其真正價值是可用來篩選，找出有哪些化學物質會抑制驅動趨電性反應的神經傳導物質。**神經傳導物質**（*neurotransmitter*）是一種化學物質，由一個神經元釋放出來，將神經衝動的訊號傳到第二個相鄰的神經元。第二個神經元上需要有特定的神經傳導物質的**受體**（*receptor*），才能正確接收化學訊號。身體中有不同類型的高度特化神經元，它們都有相互配對的特定神經傳導物質和受體，因此通常可以根據其受體的特徵來判斷神經元的類型。使用針對特定受體的化學抑制劑來評估它們對神經反應的影響，便可以推斷出各種受體的不同功能。將這些訊息與神經元受體的配置相比對，就可以推測這類神經元在神經系統中的作用。

這一點很重要，因為在身體內有大量不同類型的神經元，但可能只有幾類與趨電性有關。如果能夠由此找出控制趨電性的受體類型，那麼對於找出參與趨電性潛在機制的特定神經元種類勢必會很有幫助。神經科學對趨電性的研究，從最初觀察切斷魚的腦和脊椎的連結，到目前的試驗已經有了很多進展。到最後，研究員測試了兩種不同類型的受體抑制劑，分別是Ｄ１型和Ｄ２型的多巴胺受體抑制劑。他們能夠證明Ｄ２型抑制劑能夠明顯抑制幼魚的趨電性，Ｄ１型則不會。

這是個令人振奮的消息，因為這與人類生物學和健康有關。多巴胺是一種非常重要的神經傳導物質，參與許多神經功能。在不同類型的神經元上都發現有不同類型的多巴胺受體，這些受體的功能障礙與多種神經系統疾病有關。尤其是D2型受體，這與精神分裂症和帕金森氏症的關係最為密切。從D2型抑制劑可以干擾魚類的趨電性這件事來看，趨電性機制所涉及的神經途徑，可能與人類的精神分裂症和帕金森氏症中的某些神經途經有所重疊，這之間的關聯相當有趣，值得進一步研究調查。或許對斑馬魚趨電性的研究，日後能為精神分裂症或帕金森氏症提供其他療法。

不過，也許我們想得太美了？畢竟在過去一百五十年間，每一個世代的科學家都前仆後繼地提出種種符合當時神經學理論的機制，來解釋魚類的趨電性。那麼，這個與多巴胺的關聯或許也只是另一個因為發現更多神經生物學細節而被拋棄的理論，也許吧！不過回頭想想伏打，他在研發伏打電堆時，也以為是在仿製電鰻的神經傳導過程，但我們現在知道這與電鰻的發電方式大相逕庭。儘管我們在這方面缺乏基本知識，但總是得從某個地方開始。伏打是從電鰻開始，最後發明出電池，那麼為什麼不選擇從斑馬魚開始，看看牠能引領我們走向何方？

儘管對魚類趨電性的詳細機制還是有些難以釐清的地方，但隨著物理學中電磁場的研究以及神經系統生物學領域的發展，我們見識到電學和生物學在對話與配合時可以激盪出多少火花，開拓我們的想法。不過這也清楚展現出，要能夠真正了解電對神經系統的影響，以及神經系統如何利用電，必須要同時認識產生神經訊號和電訊號的基本功能單位。神經系統的基本單位是神經元，這是一種獨特且高度特化的體細胞，擔負重要的交流和控制肌肉的功能。

本章簡單扼要地介紹了神經元，在接下來的故事中將會提到更多關於它們的資訊。不過在此之前，我們必須先了解電的基本單位，這是到目前為止我們一直忽略的重要環節，它的重要性就好比西諺中的「房間裡的大象」，是非常重要的。不過用這比喻似乎顯得有點無知，畢竟因為這頭在許多層面發揮其重大影響的「大象」，其實是顆極小的**電子**（*electron*）。

－第 9 章－

物理學家的重要玩具

電子

電子是一種我們用來理解大自然運作的理論，它非常有用，幾乎到了可以稱其為真實的地步。[1]

——*理查・費曼*（Richard Feynman）

當前這個時代，孩童的玩具多半是電動的。我在想，現代玩具中是否還有不需要用電的呢？我上網搜尋了一下目前的暢銷玩具，搜索結果中還是有些經得起時間考驗的舊玩具。我很高興地看到俗稱「薯蛋頭」的「馬鈴薯先生」（Mr. Potato Head）仍然在這份名單上。在我小時候這玩具就很受到歡迎。但是，等等！新一代的薯蛋頭有了新功能，它現在有「會動的嘴唇」！猜猜嘴唇需要什麼，三顆AA電池。（還好裡面已經裝了）。然而，看到薯蛋頭的現代競爭對手時，我一點也高興不起來。這些玩具叫做「屁屁頭」（Buttheads）；這些玩偶的屁股長在原本應該是臉的位置，號稱能發出「二十種不同的放屁聲」，並且會在小孩按下時釋放出相應的惡臭。當然，所有這些臭味的變化都是由電池供電。更讓我不安的是「屁屁頭」是建議送給「三歲以上」兒童的禮物。哎！好吧！我想也許只是我老了。

無論老少，每個人都有自己偏愛的玩具，物理學家也不例外。而有史以來最受物理學家歡迎的「玩具」就是克魯克斯管（Crookes tube），在一八七五年由英國科學家威廉・克魯克斯（William Crookes）所發明，能夠將直流電轉變成一場燈光秀，同時吸引到科學家和門外漢的讚嘆。這就跟早期的靜電機一樣，既能夠讓富蘭克林這類科學家著迷，也可以像「漂浮男孩」這類靜電秀一樣，吸引一般大眾的關注。

克魯克斯管的運作原理實際上非常簡單，最典型的設計，看起來像是個梨形燈泡，大約跟美式足球差不多大。它的構造與愛迪生式的燈泡相去不遠。有兩個電極穿透密封的玻璃球，當中大部分的空氣已經抽出來了。克魯克斯管與白熾燈泡的主要差別，是它沒有連接兩個電極的燈絲。所以，如果讓電流通過克魯克斯管時，什麼也不會發生，因為沒有任何東西連接電極，因此沒有燈絲產生熾光。

但是，如果繼續增加克魯克斯管的電壓，最終電極兩端的電壓會變得很高，足以讓電從一極跳到另一電極，即使是在真空中沒有導體的情況下。發生這種情況時，正極附近的玻璃開始發出明亮的藍綠光，在輝光中，可以在玻璃表面看到正極的影子。

通常，克魯克斯管的正極會製作成由四個「V」形組成的馬爾他十字形，這也稱為醫院騎士團十字，因此通常會在管壁上看到明顯的十字陰影。玻璃發光時不會變得很熱，雖然確實溫度會上升一些，不過因為玻璃中通常含有螢光化學物質，在遇到電時會被活化，因而發光（有些人甚至會在玻璃上塗螢光漆，增強其發光效果）。發出色光的玻璃燈泡對現在的我們來說可能沒什麼特別，但在一八九〇年代，由綠光照亮的陰暗房間確實很怪異，也因此相當吸引人，畢竟當時大多數人家甚至連電燈都沒有裝。它看起來也很神祕，尤其是因為當時還不是很清楚這背後運作的原理。

正極的陰影似乎是來自負極方向投射的光，這很類似太陽光將樹影投射到地上的方式。若是在管子中間放入其他金屬障礙物，它們也會在玻璃表面形成陰影，特別是在管子末端靠近正極的地方。這不禁讓人想到有某種不可見的射線從負極流出，朝著正極方向前進，就好像負極在釋放著某種看不見的高壓噴霧，直接對著正極射來。

物理學家稱這些所謂的射線為**陰極射線**（*cathode rays*），因為它們源自於「陰極」——這是負極的另一個名稱。許多物理學家都在「把玩」克魯克斯管，因為他們對陰極射線著迷不已。沒有人知道陰極射線的組成，但他們知道，無論這是什麼，在科學上都非常重要。當時的物理學無法解釋這種現象。它代表了一個全新的世界。[2]

克魯克斯對這根與他同名的管子進行了一番研究，他想知道陰極射線在磁場中會有何反應。他拿了一條馬蹄形的磁鐵來，將其跨擺在管上，這樣磁鐵的南北極就會在管子的相對兩側。這在管內產生一個垂直於光線路徑的磁場。他發現這導致陰極射線彎向磁鐵的北極，偏離南極方向。一如大家所料想的，克魯克斯推測這道光束應當是由帶負電的粒子所組成。許多物理學家認為克魯克斯的這個磁鐵實驗不是很完整，有不無可議之處。儘管如此，他的這項研究還是激發其他人對陰極射線的關注。這道射線究竟是什麼？這個問題懸宕了很長一段時間，都沒有具體的答案。

你現在可能會想，為什麼當時沒有人立即將此與富蘭克林的電流聯想在一起？這些從負極發出來，還會隨著電壓增加而變強的怪異射線，不是與富蘭克林提出的那種看不見的電流噴霧很像嗎？他當時假設這就是讓電在電線中流動的原因。沒有人這麼想，原因很簡單，因為這道噴霧的流動方向不符。當時每個科學家都知道電流是從正極流向負極，富蘭克林自己也曾這樣說過。因此來自負極的射線勢必是其他東西，畢竟它的方向與電流相反。不是嗎？

我想你現在一定和過去的那些物理學家一樣興致勃勃，不能再忍受這樣的懸疑，那我自然不會等到本章的結尾才揭開關於陰極射線本質的奧祕。陰極射線其實就是在飛動的電子，而且正是這些電子的流動構成了電流。富蘭克林從頭到尾對電流方向的判斷就是錯的。儘管直到今天我們仍然說電流是從正極流向負極，但那只是出於對偉大的富蘭克林的尊重，凡是認識電子的人都明白，電子的流動方向實際上與想像的「電流」方向相反。而且電子的流動才符合大家都在尋找的那道假定中不可見的電流的行為。運動中的電子幾乎解釋了過去富蘭克林的那道不可見的電流所有謎團。

你可能會覺得奇怪，何以這本關於電的書在讀到一半時，才開始討論電子。畢竟多數人對電的概念就是電子的流動。你也許會覺得應該在本書的一開頭就討論電子，畢竟電子是電學的基本組成。但是電報、電動機、發電機、變壓器、繼電器、電話、光電管、留聲機、燈泡、收銀機和整個發電產業，這些全都是在發現電子之前就已存在。你根本不需要認識電子就可以用電。事實上，也許最好能夠完全忘記電子。畢竟，在電的認識上，它們造成了很多麻煩。

電子工程師肯恩·阿姆達爾（Kenn Amdahl）在他半開玩笑的著作《沒有電子》（*There Are No Electrons*）中巧妙地闡明了這一點。他的論點是，多數人並不習慣思考抽象的物理實體。他說，如果我們在教授電學知識時，一開始就跟學生介紹像電子這樣抽象的概念，肯定會立即讓大多數人打退堂鼓。他們會因為電學的原理太過抽象而變得退卻。阿姆達爾最後的結論是：為什麼要冒險失去聽眾，強迫他們先了解那些多數人根本不需要知道的東西？若真要說什麼，電子是個非常先進的概念，但並不是最基本的概念。所以在學習電的時候，最好不要從電子開始。

阿姆達爾在說明他的這項論點時，將所有基本電學理論中的電流說得好像是小綠人（Little Greenies）所造成的，這些小綠人是生活在電線中的小人，是肉眼看不見的，他們按照一定的規則行事。這聽起來很傻氣吧？但是阿姆達爾認為，相信電是由那些隱藏在電線中看不見的小綠人所造成的，遠比接受電子是可以同時表現得像粒子和波——這是電子物理的基本原則——來得容易。

阿姆達爾不僅對一般宣稱必須要認識電子才能研究電的這種說法感到厭煩，他也很鄙視那些聲稱了解電子以及通曉電子是如何產生電的人，他說：「沒有人真正了解電。只是沒有人願意承認這一點。」[3] 阿姆達爾甚至表示那些聲稱自己了解電的人，實際上是在證明他們的無知。電太複雜了，任何人都無法完全掌握。若是你懷疑這樣的說法，只需要花些時間仔細閱讀那些聲稱完全認識電科學的論文，就會明白。[4] 我保證你會很快跑回小綠人那裡，尋求解脫。

但是不要緊，承認對電子一無所知並不可恥。電子就是有這樣的本事，甚至能一再地讓粒子物理學家感到羞愧。希奧多瑞・阿拉巴提斯（Theodore Arabatzis）在他的書

《再現電子：對理論實體的自傳式追尋》（*Representing Electrons: A Biographical Approach to Theoretical Entities*）中也大方承認這一點，他在書中以年代紀的敘事手法來描寫物理學家在思考電子時不斷演變的想法。每當物理學家開始認為，他們這次牢牢掌握住這磨人的電子時，它又會再次從他們的指間溜走。

要完全理解電子幾乎是不可能的，而且在實際應用上，也沒有認識電子的必要，那麼究竟有什麼理由要在這裡討論電子呢？畢竟，在這本書中，我們真正關心的主題是在電與身體的交互作用上。儘管有這些挑戰，但我確實認為對電子的本質及行為有基本認識是很重要的。原因就是：最後促成電子發現的那些來龍去脈很重要，這不僅是因為它們解釋了電的運作，而且還提供了化學反應的解釋，而在下面的章節我們將會看到化學就好比界面，夾在身體的電性狀態和生物狀態之間。[5]

在發現電之前，化學算是比較「軟性」的科學，有非常多的描述，而且不會加以量化，因此沒有人知道實際上到底發生了什麼。化學家會將化學物質混合在一起，並且觀察它們將某種物質轉化為其他的，但他們對這背後的機制一無所知。所有的研究都只是在試誤練習的階段。無法預測反應產物。此外，化學家沒有數學傳統，只有在實驗中的重量和體積測量上會用到基本算術。事實上，過去大多數的化學家都不清楚高等數學。當時，真正的科學家都有迴避化學的傾向，儘管偉大的物理學家艾薩克·牛頓還是偶爾會按捺住性子，回頭看看化學，尤其是**煉金術**（*alchemy*），畢竟若是成功的話，回報可是把鉛煉成黃金。[6]然而，除了少數的例外，物理學家通常完全忽略了化學（和化學家）。不過到一八〇〇年代後期，大家發現有越來越多的化學現象顯然具有物理層面，而也有許多物理現象具有化學層面。有些科學家開始——相當正確地——覺得物理和化學只是一枚硬幣的兩面。正如當時有人指出：「可以將化學家和物理學家的研究看作是分別從隧道兩端鑽探的兩組工程師，他們還沒相遇，但他們已相當接近，可以聽見彼此前進的聲音。」[7]隨著化學中的**電化學**（*electrochemistry*）這個分支的誕生，開始研究起電與化學物質間的交互作用，在隧道兩端挖掘前進的兩組人馬相遇了。從那時起，物理學家便開始和化學家攜手合作。

隨著電源的普及，無論是來自發電機，還是電池，都讓化學家和物理學家能夠更容易地進行電的實驗。他們很快就發現了一種稱為**電解**（*electrolysis*）的化學反應，這就如字面上的意思，是「用電來進行分解或打斷」：讓強電流通過化學溶液，會在兩個電極上形成新的化學物質。有時，這些化學物質是以氣體的形式產生，讓電極產生氣泡，其他時候則會在電極上形成化學外殼，不過沉積在電極上的化學物質總是和用來配製溶液的化學物質不同。因為接觸到電流，有些東西發生了變化。

長時間下來，化學家的推測開始往正確的方向移動，他們認為電可以分解溶液中的分子，拆成好幾個組成。只要用夠強的電流，甚至連溶液中的水也會被分解。在電解水時發現兩個電極處都會冒出氣泡。要是分別去收集每個電極的氣體，會發現一個電極的氣體量剛好是另一個的兩倍。要是之後將這兩種氣體混合在一起，並且暴露在電花中，就會聽到一聲巨響，然後會出現水蒸氣。我們現在知道這是因為水分子實際上是H_2O，就是由兩個氫原子與一個氧原子結合起來的，並且可以用電將其分解。在一個電極形成的氫氣，會是另一端形成的氧氣的兩倍，那是因為水分子中氫原子的數量恰好是氧氣的兩倍。電花會觸發氣體重新結合，並且變回水。

隨著電解資料的大量累積，他們認為分子是由更小的原子受到電荷的吸引時結合起來的。流過溶液的電流擾亂了這些原子及其帶有的電荷，因此分子才會裂開。帶負電的分子碎片，和那些帶正電的，沿著電力線分別向相反電荷的電極移動，就像是在水中沿著電力線向正極移動的魚一樣。而且與多數化學似乎不呼應任何法則或科學定律的情況不同，電解似乎確實依循嚴謹的科學原理在運作。提出**電解定律**（*laws of electrolysis*）的不是別人，正是法拉第這位在「化學遇見物理學」隧道的兩端都有所進展的科學家。[8] 而且既然這些定律是由法拉第制定，所以當然只用到很少的數學。他提出了好幾條定律，不過下面的第一條對這裡的討論最為重要：

> 電流在電極的一端所造成的化學變化量會與所用的電量成正比。

好吧！這就是說，少量的電可以分解少量的分子。所以呢？若是有很大量的電，好比說閃電，會摧毀一棟建築物，這有什麼令人驚訝的地方嗎？可能沒有。但是，為什麼碎裂分子的部分會彼此分離，並且按照特定比例移到不同的電極呢？分子的組成——原子——本身帶電嗎？帶正電的部分被負極吸引，而帶負電的部分則被正極吸引嗎？所以這就是多數分子通常呈電中性的原因嗎？因為它們當中帶正電和帶負電的部分的總和是等量？最後發現，所有這些猜測幾乎都是對的！

但法拉第的電解第一定律不僅於此。不僅是化學產物會按照特定比例形成，就連化學反應中所需的電量（即電荷數）也是如此。換句話說，**化學計量**（*stoichiometry*），即計算化學反應中反應物和產物的相對量，似乎包括有電子組成，而且它們的行為就好像原子顆粒。這在有些人眼中，意味著帶電粒子可能以類似原子的方式來參與化學反應。德國物理學家赫曼・馮・亥姆霍茲便說：

> 法拉第的第一定律最驚人之處也許就在這一點上。如果我們接受基本物質是由原子組成的假設，就無法避免地做出這樣的結論：電也……分成好幾部分，其行為好比是電原子。[9]

於是便展開了**電原子**（*atoms of electricity*）的追尋。

如前所述，法拉第的電解第一定律是在說，電流造成的化學變化量與參與反應的「電量」成正比。但是當法拉第談到電量時，他指的既不是伏特數（電壓），也不是安培數（電流），而是專門在談電荷。我們尚未討論到電荷測量的部分，主要是因為在我們這個簡單的電模型中——即電線中的電流就像水管中的水流一樣，只是它是種看不見的流體——難以將電荷帶入。不過現在是時候談論電荷的測量，否則我們永遠都無法真正地認識電子。

電荷與安培數有關，因為電流的定義是每單位時間的電荷流量。時間的單位當然是秒，但我們還是需要一個電荷的單位。電荷會以推力（排斥）或拉力（吸引）展現，我們也習慣測量力的大小。例如，重力便帶給我們重量單位，無論是用磅，還是其他重量單位。因此，若是我們可以測量吸引力或排斥力，就有一個測量電荷的方法。[10]

電荷可以是靜態的，例如萊頓瓶中的電荷；也可以是動態的，好比說電流中的流動電荷。但是要測量萊頓瓶之間的力，來量化萊頓瓶中電荷的確切數量是很困難的。相較之下，測量兩條平行導線間的推力或拉力則相對容易許多。這正是法國物理學家夏勒·德·庫倫（Charles de Coulomb）所做的。他發現，在兩條一定距離的電線間，導線間推力或拉力的增減與流過它們的電流量（即安培數）成正比。再加上每安培電流的電荷量似乎是固定的。既然如此，為什麼不將電荷單位定義為一安培電流所帶的電荷量呢？這是個不錯的主意。如果一安培的電流每秒可推動一個單位的電荷，那麼電荷可以簡單地以安培－秒為單位來進行測量，換言之，如果：

$$\text{安培(A)} = \frac{\text{電荷(C)}}{\text{秒(s)}}$$

那麼——

電荷（C）
＝安培（A）×秒（s）

因此，電荷是以安培－秒（amp-second）為單位來衡量的。但是這個術語有點拗口。因此後來又將安培－秒重新命名為庫侖，以紀念當初提出這個測量電荷絕妙想法的科學家。[11]

賓果！現在我們有了電荷的單位。而以庫侖為單位的電荷正是法拉第所指的「電量」。

我們先避免在這個充滿術語的兔子洞裡走得太遠。如果上面這段讀起來讓你覺得邏輯有點太過複雜，沒關係（之前我早就提出警告，要理解電子可沒有那麼簡單！）只要記住下面的重點就好了。法拉第的電解研究顯示出化學反應可能涉及某類的帶電粒子，它們的行為像是原子膠，會將原子以不同比例結合起來，形成分子。因此，法拉第的電解實驗至少在一些物理學家的腦海中種下了一個想法，即可能有很少量的帶電粒子造成我們所謂的電流，不過這個想法要再等上六十四年的時間才被證明是正確的。

發現電子的科學家是湯姆森（J. J. Thomson）。[12] 當湯姆森在一八八〇年代展開他的研究生涯時，他在物理學的研究全然是理論性的。在一八七六年進入劍橋大學後，他攻讀劍橋大學特有的數學課程（Mathematical Tripos），從中獲得物理學的訓練，重點放在物理理論，而不是物理實驗，因此湯姆森甚至沒有做過任何物理實驗就畢業了。[13]

湯姆森是著名的馬克斯威爾學派的大將，他會對詹姆斯·克拉克·馬克斯威爾那些經常看似神祕難解的方程式的潛在含義加以解釋。這是有必要的，因為馬克斯威爾雖然精通數學「語言」，但他的方程式似乎常常陷入自說自話的境地，讓物理學家難以詮釋，[14] 而湯姆森就是靠著解讀馬克斯威爾經典的兩卷著作《電磁論》（*A Treatise on Electricity and Magnetism*）中的方程式，開始了他早期的理論物理學家生涯。

儘管馬克斯威爾在劍橋大學物理系任教時，湯姆森還在那裡讀大學，但湯姆森從未見過馬克斯威爾。有部分原因是馬克斯威爾在湯姆森開始讀書的三年後就去世了，但另一項原因則是，當時馬克斯威爾在主持劍橋著名的卡文迪希物理實驗室

（Cavendish）。卡文迪希是物理教學實驗室，但也注定成為一間舉足輕重的物理研究實驗室。卡文迪希就是探討要如何進行實驗，但理論物理學家認為這類實驗對於嚴謹的理論學家來說有些多餘。湯姆森的傳記作者喬姆．納瓦羅（Jaume Navarro）表示這種自視甚高的態度在當時很普遍：「（對理論物理學家來說），實驗科學似乎是種次等知識。它們是臨時的、特殊的，缺乏數學公式的嚴謹。」[15] 因此，理論物理學家與實驗物理學家之間少有交集。基於這一點，再加上湯姆森當時還很年輕，因此湯姆森本人從未遇過偉大的馬克斯威爾本人，這確實相當遺憾。

完全以數學方法來研究物理的理論物理學家認為實驗是多餘的，這一點看來其實相當諷刺，畢竟馬克斯威爾這位數學物理學的先驅，就是靠著將數學應用在法拉第的電力線實驗而引起他在科學界的第一場轟動。而且自從馬克斯威爾在他兒時的家中打造了一間實驗室以來，他就對做實驗非常著迷。馬克斯威爾發現實驗數據令他的精神非常振奮，而且要準確解釋實驗中的發現也是一項智性挑戰。就是在這種研究方式中，他一腳踏入富蘭克林和法拉第的研究傳統。因此在卡文迪希，他是一個很好的實驗室主持人。而在湯姆森這邊，他過沒多久就開始和馬克斯威爾抱持相同的看法，認為實驗是科學進步的基石，並開始進行他自己的開創性實驗。湯姆森甚至會批評他的數學物理學家同僚，說：「（他們）將操縱大量數學符號視為這主題的正常研究過程，抱持著偶爾會出現一些有價值結果的希望。」[16]

湯姆森和其他物理學家當時都以各種真空管進行實驗，在這樣的時空脈絡下，湯姆森最終將他的研究焦點放在克魯克斯管這個讓所有實驗物理學家痴迷的玩具上，試圖找到什麼物理新知。從克魯克斯早期的磁鐵實驗來看，這意味著克魯克斯管的負極發出的陰極射線是一種電磁現象，而這是湯姆森擅長的數學物理。他也開始相信，要是能解決陰極射線問題，可能會對電的作用原理的認識做出重大貢獻。這現象在很大程度上仍然是個謎。他將陰極射線的物理學視為一個讓他可以發揮所長的領域，能夠動用他的理論物理學訓練來回答一個極為重要的問題。他曾這樣告訴他的同事：「沒有其他物理學分支能夠帶給我們這麼有希望的機會了，讓我們一窺電的奧祕。」[17]

湯姆森認為陰極射線會被磁場彎曲這一點很奇怪。若是換成其他類型的射線，好比說光線，就不會有這樣的彎曲。然而，克魯克斯早已展現出，當拿磁鐵靠近克魯克斯管的玻璃時，可以用磁鐵來改變射線的左右方向，端視磁鐵的位向而定。磁鐵的負極（南）會排斥光束，正極（北）極會吸引光束。這確實顯示出陰極射線束中帶有負電荷。湯姆森推斷，倘若真是如此，那麼陰極射線的路徑也應該受到電場和磁場的影響。因此，湯姆森設計了一項實驗，他在管的兩側以一對電極來代替克魯克斯所用的馬蹄鐵，這對電極會產生一個垂直於光束通過路徑的電場。湯姆森發現電場也會使陰極射線束彎曲，光束會向正極彎曲，就像它彎向磁鐵北極一樣。這個結果支持陰極射線是由帶負電粒子所組成的觀點。

湯姆森還發現，電場兩端的的電壓越大，也就是說，電場強度越強，光束彎曲的程度就越大。這項發現並不太令人意外。不過湯姆森進一步推論，彎曲光束的能力應該還受到粒子的電荷和粒子的大小所影響。如果粒子具較大的負電荷，它就會「感覺到」來自正電極更強的拉力，因此偏轉量應該與粒子的電荷量成正比。但是粒子因其電荷引發的偏轉量也會被其質量所抵消。換句話說，較重的粒子會比較輕的粒子帶有更大的動量，因此較大的粒子需要更強的電場才能將其從原本的直線路徑偏轉。[18]在其他條件相同的情況下，粒子的偏轉應與其攜帶的電荷成正比，與其質量成反比。因此，對於任一特定的偏轉路徑，**荷質比**（*charge-to-mass ratio*）應該是個常數。

湯姆森隨即著手測量構成陰極射線的所謂帶電粒子的荷質比。他很快就確定出陰極射線粒子的荷質比是 1.758820×10^{11} 庫侖／公斤。這是一個極大的荷質比。不過荷質比就跟所有的比率一樣，是由它們的分子和分母所決定。若是一個粒子具有高荷質比，會是因為帶有很高的電荷？還是因為它的質量很小？很難說。

當時的科學家所知的最小粒子是最小的原子——氫原子——它可以是帶正電的，或是成中性。帶正電荷的氫原子是有一個單位的正電荷。如果說陰極射線的粒子的是帶正電的氫原子的負當量，那它們應該帶有一個單位的負電荷。在這樣的假設下，要如何比較氫原子和陰極射線粒子的荷質比呢？湯姆森用帶正電的氫原子進行了粒子偏轉實驗，然後用這些數據來計算粒子的相對質量。最後，他得到了一個非常驚人的結果。在假設兩者具有相

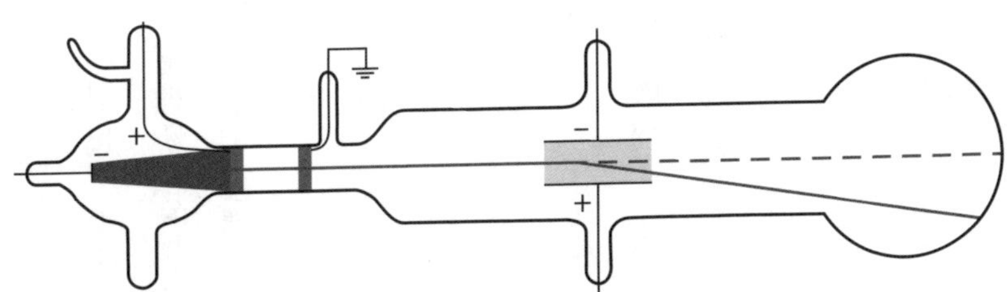

電子的發現

英國科學家湯姆森在實驗室使用了如上圖所示的設備進行實驗，發現了電子。這項裝置將發射陰極射線的玻璃燈泡（左），又稱為克魯克斯管，與一個包含正負兩極的電極板（中間）的長型玻璃管結合起來。湯姆森顯示出，陰極射線穿過電極板（實線）時會偏離其平常所走的直線路徑（虛線）。偏轉的方向總是朝向正極，偏轉的角度則取決於電極板上的電荷量。偏轉的方向顯示陰極射線是由帶負電荷的粒子所組成，而從要發生偏轉所需的電荷量來看，這些粒子甚至比最小的原子（氫）還要小，這在當時被認為是不可能的。但湯姆森的發現日後得到證實，他也因為發現我們現在所稱的電子而獲得諾貝爾物理學獎（1906 年）。

圖片來源：維基共享資源

同的電荷時，湯姆森計算出陰極射線的粒子質量僅有氫原子的兩百分之一！

計算出這樣的一個質量，在當時的學界引起了不小的轟動。若是接受這結果，那就必須接受還有比原子更小的粒子存在。這種新穎的想法很難消化，因為當時認為原子代表的是物質的最小單位，而且根據定義，它們是不可分割的。事實上，**原子**（*atom*）的英文來自於古希臘文「不可分割」一字。真的可能存在比氫原子這個最小原子還小上兩百倍的粒子嗎？這真的很令人震驚，但這正是湯姆森的發現所意味的。

不過，關於陰極射線粒子的大小還有些轉圜的餘地。湯姆森的計算是根據一個假設，即每顆單獨粒子的電荷量與氫原子的電荷量相等（只是剛好相反）。也許每顆陰極射線粒子都帶有更多的電荷，好比說是兩百倍。在這樣的情況下，湯姆森的荷質比就可以用每顆陰極射線粒子有很高的電荷量來解釋，而不是很小的質量。因此，在可以確定每顆粒子的電荷量之前，湯姆森對陰極射線粒子的質量測定仍然是個懸而未決的問題。陰極射線粒子到底是帶有很高的電荷，還是具有很小的質量？時間會說明一切。

到一九一三年時，終於有所突破，當時美國物理學家羅伯特．密立根（Robert A. Millikan）製造了一種裝置，讓陰極射線中的粒子附在極小的油滴上，這些油滴單獨落下時會通過一個電荷檢測器的感應器。[19] 理論上，任一油滴上附著的陰極射線粒子可能為零，也可能有很多。當密立根測量單一油滴上的電荷時，他發現油滴間的電荷總是以1.60217662×10^{-19}庫侖（相當於億分之一庫侖）的倍數在變化，而且任一油滴測量到的最小負電荷也是1.60217662×10^{-19}庫侖。[20] 對這些數據最直接的解釋就是測量到的最小負電荷值代表油滴僅攜帶一個陰極射線粒子，電荷量越高的油滴攜帶的粒子越多。此外，推算出的單一粒子的負電荷電量為1.60217662×10^{-19}庫倫，這與一個氫原子的正電荷電量一模一樣。

在密立根的實驗後，就沒有其他可能的結論了。氫原子和陰極射線粒子具有相等但相反的電荷，但它們的質量卻不相同，正如湯姆森最初所猜想的。陰極射線粒子的質量僅有氫原子的兩百分之一，成了當時已知最小的粒子，比所有的原子都來得小。事實上，陰極射線粒子是**亞原子**（*subatomic*）。這意味著需要澈底重新思考原子物理學。原子不是最小的物質單位，也不是不可分割的，在原子內部還存在其他更小的東西，電子就是其中之一。[21]

就陰極射線粒子似乎代表了最小單位的負電荷這一點來看，可想而知，無論是在萊頓瓶中還是在雷雨雲中，只要有負電荷積累，就會造成這些帶負電粒子的聚集。由此可知，陰極射線粒子同樣也代表了電的基本單位。因此，數百萬個粒子的協調流動

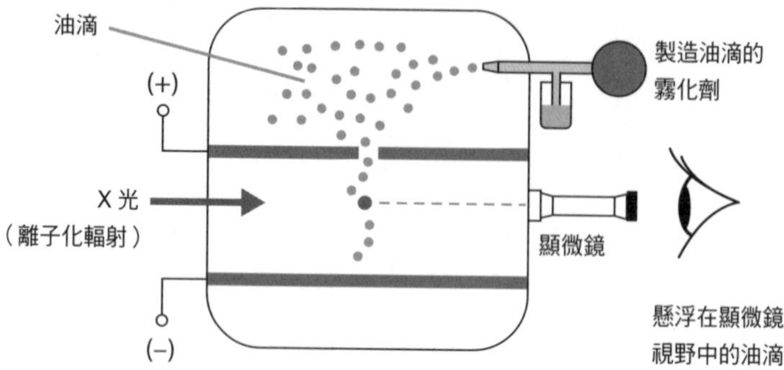

電子電荷的發現

美國科學家羅伯特·密立根使用此圖的實驗裝置來測量電子的電荷。他使用了霧化器這種類似香水噴霧的裝置來產生均勻的微小霧狀油滴，需要用到顯微鏡才能看到。他將其噴進一個空腔中，重力會導致油滴緩慢地向底部沉降，有些會穿過極微小的孔洞，落入第二個有 X 光照射的腔室。由於 X 射線會產電子，因此第二個腔室中充滿了電子，其中有些會被吸收到一顆顆的油滴中。

多數油滴會繼續緩慢下落，但那些吸收了電子的油滴會因為腔室上方帶正電的板子和下方帶負電的板子對其電荷施加的力而停止掉落。吸收了電子（帶負電）的油滴會受到一股朝上的電吸力（帶正電），因而抵消了向下的重力。密立根藉由改變通電板上的電荷量，找出讓一顆油滴懸浮靜止所需的最小電荷。他觀察到一個奇怪的現象，若是精確施加最小電荷量的倍數其他油滴也會懸浮不動。密立根正確地推斷，既然電荷量是電子所賦予的，那麼他發現的最小電荷值（$1.60217662 \times 10^{-19}$ 庫侖）勢必代表著一個電子的電荷量，而且那些施以最小電荷倍數也會懸浮的油滴勢必是吸收了相應數量的電子。密立根後來因為「他的基礎電荷研究」獲得諾貝爾物理學獎（1923）。

圖片來源：A. Belndez

就代表著電流的潛在機制，無論是流過銅線還是人體。基於此，後來就重新命名了陰極射線粒子，以彰顯它們在電學中的基本作用。此後，它們就被稱為**電子**（*electrons*）。[22]

電子的發現也催生出一個全新的領域：**核子物理**（*nuclear physics*）。顯然，在一個原子內，電荷會在帶負電的電子和帶正電的質子之間分離。（氫原子的原子核實際上就是一個帶正電的質子，當一個電子與之結合時，它就變成一個中性的氫原子。）**質子**（*protons*）則和**中子**（*neutrons*）這種不帶電的粒子，集中在密度很高的**原子核**（*nucleus*）內。電子則是像雲一樣環繞在原子核周圍。

這種原子結構有許多種描述方式。「太陽系」模型是最初提出來的其中一種。[23]在當中，原子核好比太陽，而電子則是微小且快速移動的行星，在離原子核不同距離的軌道上環繞著。離核最近的是那些被緊密束縛的，而在外層軌道中的電子，只是鬆散地與之結合；參與化學反應的正是這些鬆散結合的電子。下面會簡略說明這是如何發生的。

當外部軌道的電子成對存在時，它們是最為穩定的。這些稱為**路易斯電子對**（*Lewis pairs*），是為了紀念在一九一六年提出這個概念的吉爾伯特・路易斯（Gilbert

N. Lewis），他認為穩定性來自於配對中的電子會相互反向的**自旋**（*spin*）。電子自旋是**角動量**（*angular momentum*）的一種形式。[24] 在本書的討論中，並不需要了解自旋和角動量。實際上也很少有人（或許根本沒有）真的了解這些概念。這裡只需要認識一個重點，在一個路易斯電子對中，電子相反的自旋會平衡掉吸引力和排斥力，因此讓整個原子具有化學穩定性。若是原子的外層軌道上的電子呈奇數，那表示其中必然有電子是不成對的，而這個原子就會具有整體不平衡的自旋。按照定義，自旋不平衡的原子就會有不穩定的電性。[25]

這些電性不穩定的原子就會具有較高的化學反應性，因為它們未成對的電子會迫使它們與相鄰的原子發生反應，尋找另一個與之配對的電子，形成路易斯電子對。兩個具有不成對外層軌道電子的不同原子，可以共享幾個電子來滿足彼此的電子需求。因此，當兩個外層電子為奇數的原子聚集起來形成一個分子時，組合後的互補電子數量便成為偶數，這意味著所有電子都在路易斯電子對中，這時分子就會穩定下來。

最簡單的例子是氫原子，它是所有原子元素中最小的。每個氫原子僅由一個質子和一個繞軌道運行的電子所組成，因此會有一個電子急欲形成路易斯電子對。兩個氫原子可以聚集在一起，共享一個電子，形成路易斯電子對。因此多數的氫原子（H）

會與另一個氫原子結合形成氫分子（H_2），這通常是以氣體的形式存在。氮氣（N_2）也是如此，是由兩個氮原子（N）結合起來的，每個氮原子都有五個外軌道電子，它們聚集在一起形成雙原子的氮分子（N_2），這時總共有十個外軌道電子（五個路易斯電子對）。

原子間共享外軌道電子會形成一牢固的聯繫，這稱為**共價鍵**（*covalent bond*）。[26] 共價鍵是所有已知化學鍵中最強的，它們好比是大自然中的強力膠水，可將原子連接起來，形成蛋白質和DNA這類複雜的生物性**巨型分子**（*macromolecules*）。共價鍵非常牢固，要打破它們需要強大的能量。通常，光是靠熱量這種形式的能量是不夠的，一般需要用到強電流。這正是化學溶液在電解時發生的情況。電流破壞原本溶液中的化學物質的共價鍵，最後產生了新的化學物質。而在這反應中所需的電量（即電荷）會與化學產物的量成正比。這解釋了電解時的化學計量關係。輸入的電（電荷）越多，生成的分子就越多。這也意味著電子確實是以定量的方式參與化學反應，正如法拉第電解定律所暗示的。當中的解釋就牽涉到路易斯電子對和共價鍵的形成。

想想看，要是原子不能通過共享外層電子來滿足它們成對電子的需求，會有什麼樣的後果？思考這問題其實很有趣。若真是如此，就不會有所謂的共價鍵結合，原子也不會轉化為分子，更不會產生構成細胞物質的分子。簡言之，這個星球上就不會有生命存在。可以說，正是電子的這種化學性質讓生命得以存在。

講到這裡，已經聊夠了化學。我希望我在這裡說的能夠說服你相信，化學和物理之間的聯繫是透過這樣不起眼的電子從中介導。因此，最初分別在隧道兩端工作的物理學家和化學家，最終不可避免地會在電子的問題上相遇，這恰好位於隧道的中間。至於電子究竟算是一個化學實體，還是物理實體，這完全取決於你的觀點。

不過，本書的觀點是著重在大量同步移動的電子所扮演的角色上，這個現象我們如今稱為電。現在讓我們再回頭看看電子的發現對電學理論的影響。

湯姆森立即意識到，他新發現的電子對於富蘭克林的單流體靜電理論的重要性：

> 「電流體」（electric fluid）可對應到這些（電子）微粒的集合，[27] 這些微粒組合後會造成負電化：電化從一處到另一處的轉移是來自這些微粒的運動，從獲得正電（荷）的地方移動到獲得負電（荷）的地方。[28]

這些外軌道電子也是彼此間鬆散束縛在一起的電子，因此光靠單純的機械動作，有時便可以將它們移開。摩擦兩種不同材料所產生的靜電就是這樣一個例子，好比說在第1章談到的琥珀和羊毛。琥珀的外層電子很容易被羊毛「刮」走，轉移到它的表面上，這讓羊毛有多餘的電子，而琥珀則缺少電子。[29]羊毛奪走的電子讓羊毛整體帶負電，而徒留在琥珀中的質子則使琥珀整體上帶正電。琥珀帶的正電量勢必與羊毛帶的負電量一樣多，因為電荷數一定會維持總體平衡。[30]

然而，有些時候，由於兩種材料間的電荷量極其不平衡，電子會成團地跳回琥珀，這時便會形成電花，之後這兩種材料就會恢復為電中性。這個解釋聽起來是不是很像富蘭克林當初所描述的看不見的流體？事實上，電子確實就是富蘭克林的那道隱形流體，電子是驅動電流的虛幻運動物質。只是富蘭克林當時無從得知這個「流體」會往哪個方向移動。這是一個五五波的猜測，但他猜錯了。這種事情就是會發生。

電子的發現無疑是二十世紀深具變革性的大事。湯姆森和密立根與它的發現非常密切，因此這兩人的努力都得到了認可，先後獲得諾貝爾獎。不過，事實上，理解電子是電的基本單位的發展卻是個異常緩慢的過程。可以說是在法拉第注意到化學反應似乎涉及到離散的電荷單位開始的，又或者是它實際上早在富蘭克林注意到電就像一種隱形流體時就開始了。不過，也可以合理地說，這一切都始於第一個拿起琥珀摩擦的人，在造成電花後開始思考這一切是如何發生的。

早在一九一七年，密立根本人就非常貼切地描述這段過程：

在一般的通俗文章中，似乎有必要將每個偉大的發現、每個新理論、每條重要的原理與某個人的名字連起來。但物理學的發展實際上與此截然不同，而這幾乎是個普遍的規則……每一項研究通常都是對先前研究的修改，每個新理論的建構就像是蓋一座大教堂那般，在這浩大的工程中，有許多不同的建造者加以補充、擴充許多不同的元素。關於電子的理論尤其如此。[31]

電子理論的演化並沒有在湯姆森和密立根之後就告終。這兩位古典物理學家很難預料，一百年後的電子理論會是什麼樣貌。

電子展現出許多奇怪的行為模式。古典物理學原理無法充分捕捉到這些怪異行為，因此催生出現代量子力學（quantum mechanics）這個新領域，這就好比是給數學物理學家打了一劑類固醇。要認識量子力學必須要改變自己的思維模式。愛因斯坦在理解量子力學時也遇到了問題。因此，他甚至對電子的本質也產生疑問。在原子分裂時代到來之際，有人問愛因斯坦他對頻頻發現的各種新的亞原子有何看法，他冷冷地打趣道：「你知道嗎？若是能夠真正了解電子就足夠了。」[32]但是，不幸的是，要能夠理解電子，需要動用到量子力學和一大堆的數學物理學。

若你不是數學家，請不要擔心。我也不是。所幸，要理解電與神經系統的交互作用，我們並不需要動用量子力學，只需要了解電子是電的最基本單位，以及它的物理和化學特性會讓它會和**神經元**（*neurons*）這個神經系統的最基本單位產生交互作用。還記得神經元吧？之前已經稍微談到一點，說它們可能是解開魚類趨電性的指標。神經元之於神經系統就好比電子之於電流，兩者都是訊息傳導的基本組成。而訊息傳導是一切的關鍵。

沒有訊號，就沒有交流，也就沒有生命。

即使對電子一無所知也是有可能認識電學的，但若是不了解神經元，那就不可能認識神經系統。現在是時候詳細地討論一下神經元了。

－第10章－

紫荊的紅花苞

神經元

生命對藝術的模仿遠超過藝術對生命的模仿。

——奧斯卡．王爾德（Oscar Wilde）

冬天讓我很困擾，倒不是因為寒冷，畢竟就像斯堪地那維亞人掛在嘴邊的：「沒有壞天氣，只有壞衣服。」我在衣櫥裡放了不少暖和的衣服，足以對付寒冷。我不喜歡的是冬天的陰鬱，是那漫漫長夜以及烏雲罩頂的天空，是這些開始讓我疲憊不堪，渴望春天的到來。

但是，即使是在最寒冷的冬天，一夜的降雪也能讓大地煥然一新。特別是那些被雪覆蓋的樹，在早晨的陽光下閃閃發光，讓我們在一天的開始時感到精神為之一振。可惜我住在馬里蘭州，位於美國中部臨大西洋的地方，那裡很少下雪，而且森林裡主要是落葉樹種，在秋天時葉子都落盡了。冬天的馬里蘭森林光禿禿的，只有一堆雜亂的樹幹和樹枝，單色調的灰主導一切，與烏雲密布的天空融為一體。這可能是風景畫家和攝影師在冬季時比較偏好以松樹林為主題的原因，畢竟松樹林一年四季都處於「常青」的狀態。

說人家「見樹不見林」是種侮辱，這暗指一人眼界狹隘，陷入問題的細節中，缺乏整體觀。不過在冬天的馬里蘭森林，這狀況恰恰相反：你是看不到森林裡一棵棵的樹的。彼此相似的樹枝縱橫交錯，看不到明顯的葉子或顏色，讓人難以在這座森林的雜亂分枝中找出一棵單獨的樹。無論往哪裡看去，似乎都是如此，就是一團糟。

但春天來了，萬物都在變化。也許是為了補償灰濛濛的寒冬，馬里蘭州的森林裡長有一種在早春開著美麗花朵的樹：**加拿大紫荊**（*Cercis canadensis*）。我不知道為什麼大家會叫它「紅」花苞（red bud），因為它那豌豆大小的花苞明明是粉紅色的。總之，一棵盛開的紫荊樹非常吸睛，不僅是因為鮮活的顏色，也是因為花朵發芽的地方非常特別。

紫荊花跟大多數的開花樹木和灌木不同，不是在樹枝的末端開花，而是開滿整棵樹的表面，包括樹幹和樹枝，因此會看到一棵從上到下完全粉紅的樹。這一切都是在樹葉完全回到森林中的其他樹梢前發生的。因此，在早春，只要有眼睛的人都可以找出紫荊樹，其清楚的結構特徵很容易辨別，即使這棵樹仍然與處於休眠狀態的鄰居纏繞在一起，包圍在扭曲的灰樹枝中。

具有細長分支的神經元就好比是構成我們大腦「森林」的「樹」。可惜，在腦中沒有「紅花苞」神經元能夠從其他相鄰的神經元中脫穎而出，讓人可以從中識別出單一的神經元。因此，早期的神經科學家認為，他們在顯微鏡下觀察腦組織時，看到的那團糾結的灰色線狀物是一細絲基質，這些細絲不見得會與散布在整個基質中的細胞體相連。

在過去，有些科學家認為這些細絲是微小的管道，負責將養分送到神經細胞。其他人則認為細絲基質的功能是傳遞神經訊號。[1]這個想法在於，細絲基質就像具有三維立體結構的蜘蛛網。在纖維狀基質一端的振動，或是刺激，會像波一樣傳遞到神經系統的不同位置。當時認為這就類似於一隻在蜘蛛網上掙扎的昆蟲，牠在網上的振動會傳遞給蜘蛛，提醒牠有獵物要處理。至於大腦森林中到底發生了什麼，科學家對此爭論不休，持續了很長一段時間。由於缺乏挑選出當中個別樹木的能力，每個理論看起來都各有長處，難分高下。不過，這個局面後來也改變了。而這份變化一半是透過藝術來實現，另一半則是靠科學。

還記得前面提到的聖地亞哥．哈蒙．卡哈爾嗎？那位描述了一八六〇年弗萊教堂雷擊事件中有著悲慘遭遇神父的小學生？這男孩長大後成了一位醫師和科學家，為神經科學領域做出重大進展。他是第一個看到並識別出構成人類神經系統森林中一棵棵樹木的人，而這項觀察進而讓他看到這座森林的真實樣貌。值得注意的是，他是透過藝術獲得這些科學見解的。*

年輕時的卡哈爾對學業不是很認真，但他對繪畫充滿熱情。他主要是畫戶外風景，而且對大自然之美獨具慧眼。當然，要是他有機會看到早春的紅苞花，他也一定會畫下這些樹。不過在他的祖國西班牙，並沒有生長紫荊樹。

卡哈爾是位技藝高超、自學成才的藝術家。然而，並不是每個人都欣賞他的藝術，尤其是他的父親。卡哈爾的父親是位鄉村醫師，他不贊成兒子把時間浪費在畫樹或其他事情上。卡哈爾的父親希望兒子放棄藝術，他認為這只會帶領他走向破產的命

---

*諾貝爾獎得主聖地亞哥・哈蒙・卡哈爾提出神經元學說，指出神經系統是由神經元這個基本單位集合組成，而神經元會根據其特殊功能和結構位置而有不同的形式。卡哈爾的這些研究是在顯微攝影問世前所進行的。為了記錄他的科學發現，卡哈爾煞費苦心地花費難以計數的時間，畫下他在顯微鏡下的發現。

運，他希望兒子能追隨他的腳步，從事讓生活無虞的醫學事業。在經過多年的反抗，卡哈爾最後還是順服了父親的意願，進了醫學院。

所幸，在醫學院的卡哈爾為他的藝術興趣找到了可以繼續的合理理由。在那個時代，攝影還處於起步階段，但醫學書籍和期刊文章都很需要人體結構的準確描繪。而這意味著要畫圖，要畫很多圖。最為需要的是**顯微結構**（*microscopic anatomy*）這種精確的圖像，也就是在顯微鏡下看到的各種組織結構。

卡哈爾起初對他在顯微鏡下看到的東西很著迷，並饒有熱情地畫出了各種細胞體。但過沒多久他就對此感到厭倦。他曾這樣描述當時的心態：「現在要檢查一滴唾液，一點覆蓋在舌頭上的上皮細胞，一滴血液（等等）——總是出現相同的結構：細胞和更多的細胞，雖然多少有點不一樣，但還是單調地重複著，這樣的一致性令人厭煩。」[2]

然而，神經組織非常不同。這裡面也有細胞，但那些細胞很美。事實上，正是它們的美，激發了卡哈爾寫下這充滿詩意的獨白：「神經細胞，位在有機元件階層的頂端，長著向外伸展的巨型臂膀，就像章魚的觸角一樣，探索著邊界，注意著物理化學力量的不斷變動。」[3]哇！一口氣讀完真的是冗長而拗口！我不太確定這種混合有明喻和隱喻的大雜燴算不算是一首好詩，甚或只是通俗的散文，但有一點我敢肯定：神經元在卡哈爾心中留下了深刻的印象。

不過要準確繪製神經元，絕不是像躺在玫瑰花床那樣浪漫順遂（請原諒我也用了這個老掉牙的比喻，是卡哈爾的詩觸動我的）。首先要處理的就是經典的見樹不見林的問題。不過，在大腦組織這個例子中，森林問題比較極端。正如卡哈爾所哀嘆的，面對腦組織時，問題是「要找出在灰質中這些樹的根和分枝是如何結尾的，但是在這樣茂密而沒有一絲縫隙的森林中，樹幹、樹枝和樹葉全都碰觸在一起」。[4] 這片構成大腦組織的神經元森林需要一些紫荊。而卡米洛·高爾基（Camillo Golgi）將為我們在萬綠叢中標記出那一點紅。

義大利醫師卡米洛·高爾基與卡哈爾屬於同一時代的科學社群，他也對神經元很感興趣。高爾基的研究重點放在改善細胞染色的方法上，尤其是神經元。這是非常重要的研究。在大多數情況下，顯微鏡下的細胞是看不見的，除非使用強化對比的染劑為細胞「上色」，染劑會附著在細胞上。有時觀察到的痕跡只不過是染料，但通常這些是攝影中使用的不同沖印技術所造成的變異，後來進一步開發成適合給精細顯微攝影的技術。[5] 高爾基的染色就是採用這種照相顯影法。他首先用重鉻酸鉀溶液浸泡腦組織切片好幾天，然後將吸滿溶液的飽和組織浸泡在稀釋的硝酸銀溶液中。最後，在神經元內就會形成顏色很深的重鉻酸銀沉澱物。他稱這套技術為「鉻酸銀染法」（chromate of silver method），今天則稱為**高爾基染色**（*Golgi staining*）。

高爾基染色的一項決定性特徵是它的效果不是很好。也就是說，它染神經元的效率很差。大多數神經元根本沒有染上色。基於這個原因，當時的許多顯微鏡學家多半都忽視這種染色法。在一些早期的神經科學書籍中甚至帶有貶低意味。要讓高爾基染色發揮作用需要經過一定的練習，但很少有神經顯微鏡專家有時間、耐心或渴望想要掌握這套技術。因此，他們大都批評這種方法，指出還是看不見構造。

但高爾基染色的這項明顯弱點卻成為它最大的優勢。雖然高爾基染色無法讓多數細胞染色，但基於某種神祕難解的原因，神經元有時會完全吸收這種染劑。若發生這種情況時，神經元的整個結構從上到下都會完全展露在顯微鏡下。[6]最後的結果就是可以清楚看見一個獨立的神經元，好比一個隔離出來的細胞，即使實際上這個神經元還是糾結在那片未染上色的森林中，只是它相鄰的神經元幾乎呈透明，難以辨識出來。這些經過高爾基染色的神經元，就相當於是我們大腦森林中的紫荊樹。

高爾基本人也意識到他這項技術的價值，他描述了所有類型單一神經元的基本形態，對神經學做出重大貢獻。他描述了神經元的**細胞體**（*cell body*），或稱**胞體**

（*soma*）——這是我們在前文將其比擬作棒棒糖的糖果部分。他還確定出一條柄狀的突出物，現在稱為**軸突**（*axon*），也就是之前棒棒糖比喻中的棒子。雖然我們之前只是為了要談神經元結構的極化過程，不過將神經元比擬成棒棒糖確實太過簡化了，幾乎到了有點可笑的地步。就像富蘭克林隱形流體的電模型，神經元的棒棒糖模型頂多只能讓我們了解神經元的運作方式。

說起神經元，也是魔鬼藏在細節裡。細胞體有各式各樣的形狀，當中含有**細胞核**（*nucleus*），那裡是容納細胞DNA的一個卵形隔室。細胞體表面還有突出到神經元周圍的纖維狀分支。在這些突出物中有一條比其他的要長得多，從細胞體向外延伸了一段距離。這條突起便是軸突，而其他通常偏短的突起則是**樹突**（*dendrites*）（我們的棒棒糖模型缺少了樹突）。

事實上，有些人類神經元的軸突可以超過一公尺，儘管大多數要短得多。軸突的遠端就像是一根遭到磨損的繩子的末端。每個神經元都有這三個基本組成部分：一個細胞體、許多個樹突和一個軸突。這部分很簡單。不過其餘的部分就相對複雜許多，因為細胞體、樹突和軸突的形狀和大小各異。在混合搭配之後，便會組成不同類型的神經元，而每一種神經元可能在人類神經系統中都有其獨特的角色。高爾基染色提供了一種方法來整理這些形態細節，這可能有助於推測各類神經元的功能。[7]

建築師喜歡說「形式追隨功能」，這是在說，建築物中的每個組件功能應該是決定其設計的主要因素。如果這個概念是放諸四海皆準的，那麼是否也可以由神經元的結構研究來回推神經元的功能？卡哈爾顯然就是這麼想的。當他得知高爾基染色這套技法後，完全投入到這套染色上，並針對腦和脊髓中各種不同的組織進行練習，不斷改善。最後，卡哈爾練就出一套更厲害的染色技術，可說是青出於藍，遠遠超越了高爾基的成就，而且他是大規模地進行這項研究。此外，他準確無誤地畫出了他所看到的每個細節。卡哈爾繪製出各類神經元，更重要的是，他還注意到它們彼此間的交互作用模式，這讓他能夠看到普遍存在於所有神經組織中的相同點，最後提出我們現在所知的**神經元學說**（*neuron doctrine*）。[8]

神經元學說主張整套神經系統是由一個個基本元素，也就是神經元組合而成的集合體，當中的神經元有各式各樣的形態，具體形狀取決於一個神經元所擔負的功能和所在的位置。而這些不同的神經元會透過彼此間的樹突和軸突產生交互作用，將訊號從身體的一區傳遞到另一區。最重要的一點是，這套學說認為神經元是獨立的細胞，絕對不會融合在一起。在這套神經系統中，還包括有為神經元提供支撐結構的非神經元細胞，不過在傳遞從大腦到身體各部位的訊號時，是由神經元來主導。這就是神經元學說的概要。它主張在神經系統中，神經元具有完全掌控和下令的位階，它是所有神經組織的基本單位，包括腦部。

在一個多世紀後的今天，神經元學說對我們來說似乎是不言而喻的。但在卡哈爾的時代可不是如此。事實上，就連高爾基本人也是慢慢地接受神經元學說。然而，在卡哈爾眼中，神經元學說是無懈可擊的。而且他堅信是神經元的軸突在「接收和傳播神經衝動，這與高爾基的觀點相反，高爾基認為這些突起物僅擔負營養功能」。[9] 卡哈爾認為高爾基的觀點完全是無稽之談，軸突不可能是用來提供營養的。沒錯，這裡又誕生了一場科學辯論，就像伽伐尼和伏打之間的爭執一樣，之前提過他們對於導致蛙腿抽動的動物電來源抱持分歧的想法，卡哈爾和高爾基兩人都曾看過高爾基染色的腦組織繪圖——這是當時唯一可用的數據——但卻看到了非常不一樣的東西。卡哈爾的藝術可能一直是在模仿生命，但單是靠藝術並不能解答軸突功能的問題。

軸突或樹突的尖端與另一個神經元交互作用的點，稱為**突觸接點**（*synaptic junction*），或簡稱為**突觸**（*synapse*）。由於當時的顯微鏡解析度低，無法清楚看到兩個神經元只是在突觸處有相互作用和交流，還是有實質的接觸，好比說手牽手的狀態，又或者這兩個神經元真的融合在一起，就像連體嬰那樣。因此，卡哈爾的神經元學說需要其追隨者的信心，就像多數的學說一樣。

不過，神經元學說的信徒比起懷疑陣營中的反對者擁有巨大的科學優勢。相信神經元是神經系統的基本單位，而且是各自分離的，這為探討神經系統的潛在機制提供了一條途徑。要是能夠確定一個神經元是如何將其接收到的訊號傳遞給下一個神經元，那就能對整體神經系統產生基本的認識。用淺白一點的話來說，要是你對森林的樹深入認識，也就可能更充分地認識整座森林。正如之前就曾談過的，有充分證據顯示神經元之間的交流是藉由電來達成。可惜，光是看那些高爾基染色的神經元繪圖並不能幫人看到它們的電性。

卡哈爾也遇到了之前法拉第遭遇到的難題。他缺乏數學技能將他自己的發現提升到另一個層次。這時的生物學，就像之前的物理學那樣，正逐漸為數學所支配。卡哈爾很後悔過去荒廢學業：「（我）錯過了很多數學知識，那些我曾有機會去學的。」[10]不過，卡哈爾也相信數學雖然對物理學來說是不可或缺的，但對實際動手操作的生物學家是不必要的：「生物科學基本上是一門描述性的學科，幾乎完全是質性的，因此得以逃避量性的問題。」[11]或許曾經是如此，即卡哈爾剛開始他的學術生涯的時候；

但在他的生涯後期，生物學已經不再是這麼回事，特別是在神經生物學這個領域。

諷刺的是，卡哈爾曾經對物理學懷有相當濃厚的興趣：「我發現物理學非常有趣……電和磁……以及那些奇妙的現象都讓我著迷。」[12]這難免會讓人猜想，他之所以有這興趣，可能是童年時期目睹教堂不幸遭受致命雷擊的經歷。無論如何，他後來還是任他對物理的興趣枯萎消退，這次也是因為數學程度太差的關係。若他對電有更多的認識，勢必會對他的腦部研究很有幫助。

研究神經元的一大麻煩就是它們的尺寸實在太小了。靠著顯微鏡和染色，或許可以看到它們，但即便如此，看到的都已經是死的細胞體，那只是神經元的屍體，因為在處理和染色過程中它們都死了，只能祈禱它們的狀態跟活體時一樣。但是由於看不到活著的神經元是如何運作的，所以這一點永遠無法確定。

不幸的是，神經元不容易處理和操作，尤其是活體階段。這對研究身體電性的**電生理學家**（*electrophysiologists*）來說是一大障礙。他們需要一種類似高爾基染色的工具，讓他們可以用來探測神經元的電性，而最後出線的是槍烏賊的軸突，這堪稱是二十世紀的青蛙腿。[13]

之前已經提過，在法拉第、伽伐尼和伏打研究各種電學特性時，青蛙有多麼重要。青蛙不是人類，但牠們踢腿的方式與人類大同小異。**槍烏賊**（*Loligo forbesii*）有觸手，但沒有腿。不過牠們也有神經元。而且按照神經元學說的主張，牠們的神經元應該與其他生物的神經元有相同的基本運作方式。認識槍烏賊的神經元，可能就已經展開認識人類神經元的旅程，而且是走了很長一段路。但同樣的道理也適用於任何動物的神經元，那為什麼要特別拿槍烏賊的神經元來研究呢？因為槍烏賊神經元的軸突特別大。

當青蛙想要移動到某個地方時，會用牠的腿跳過去。隨著腿部肌肉一次次地收縮，青蛙逐漸朝著目的地前進。同樣地，當槍烏賊想要去到某個地方時，則是噴出一股水流來推動自身。不過牠也是漸漸移動的，每次噴射都只會讓牠向前移動一點。青蛙的跳躍和槍烏賊的噴射都是由肌肉收縮引起的，而肌肉是受到神經纖維的控制。

神經纖維（*nerve fiber*）是一束神經元和它們纏繞起來的軸突，形成一根繩索狀的神經組織。有時會將神經纖維簡稱為「神經」（nerves），但這樣的簡化可能會產生混淆，容易把神經纖維與單一的神經細胞（即神經元）混在一起。神經纖維由一束共同作用的神經元所組成，會傳送訊息。坐骨神經纖維是青蛙腿部的主要神經纖維。（在人類身上則是尺神經和迷走神經纖維，等一下就會談到它們）。不過在槍烏賊身上就不是如此，過去曾認為導致其外套膜收縮的神經纖維實際上並不是一束神經元，而僅僅只是一根神經元的巨大軸突。這是一九三六年在麻州鱈魚角（Cape Cod）的伍茲霍爾海洋研究所（Woods Hole Oceanographic Institution）發現的。[14] 這是一項絕佳的發現！因為這表示科學家終於找到一個很大的神經元，可以比較容易地加以操作和實驗，尤其是電學實驗。

若你是廚師或是經常釣魚，可能有機會剖開槍烏賊來做晚餐，或是將其當作釣餌。當你將槍烏賊的身體切開，展開牠的外套膜——這是人和魚都喜歡吃的部分——可能會注意到在這內層表面上有些小小的「管子」。這些管的直徑約為〇．五公釐，有點像是在楓葉背面看到的葉脈。事實上，就這些管狀物的大小、形狀和排列來看，外套膜確實與楓葉很類似，儘管它的顏色偏粉紅而不是綠色。但是你在外套膜上看到的管子並不是「靜脈」；它們是神經元的巨大軸突，更具體一點來說，是傳達指令讓肌肉收縮的**運動神經元**的軸突。

現在想像你將片魚的刀子換成一支帶有精細尖端的探針。拿出放大鏡，以便看得更清楚，這時可以慢慢地將脆弱的軸突及其細胞體從它附著的外套膜上移開。完成後，你就有一個神經元了，而且是一個完整的且巨大的神經元。要是這隻槍烏賊是現殺的，那你手上就有了一個活的神經元。現在該怎麼做呢？

劍橋大學的生理學家艾倫．勞埃德．霍奇金（Alan Lloyd Hodgkin）對槍烏賊軸突的用途自有一套想法，於是他把研究生安德魯．菲爾德．赫胥黎（Andrew Fielding Huxley）送到伍茲霍爾研究站去學習分離槍烏賊軸突的技術，以便日後進行研究。赫胥黎返回英國後，這兩位科學家先是迫使水銀滴流過軸突來測量反作用力，以此來判斷軸突內的流體黏度。我想不出來為何他們會對黏度感興趣，但也無所謂，反正他們的這套方法不管用，所以最後還是放棄了。

然而，在做這項研究時，霍奇金和赫胥黎注意到槍烏賊軸突的直徑很大，足以用細玻璃吸管刺穿它。如果可能進行這樣的穿刺，那應該也可以用玻璃吸管放入微小的電極到軸突內部。要是真能做到這一點，他們就有辦法來檢測軸突膜內外的電壓差。畢竟，從伽伐尼和伏打的時代以來，就一直懷疑神經系統具有某種電性。如果這個假設是正確的，那就意味著神經元這個神經系統的基本單位也可能具有某種電性。既然如此，何不在其中插個電極，試著測量它們的電狀態呢？

霍奇金和赫胥黎於是著手進行，結果令他們很開心，他們發現軸突細胞膜內外存在有微小但可測量的電壓差，約七十毫伏特，即〇．〇七伏特。他們還發現軸突的內部相對於外部是帶負電的。所以一般會說靜止（即未受刺激）的軸突的膜具有負七十毫伏特的**靜止電位**（*resting potential*）。這同時也意味著神經元細胞膜的導電性顯然很低，對流經的電流而言，算是電阻或屏障。否則，細胞內外的電荷會很快達到平衡，電壓計的讀數就會變為零。這樣非零的讀數對神經元生物學具有重要意義。

神經元的細胞膜可作為電阻，這基本上可將電荷隔離在細胞內，就像是萊頓瓶的玻璃將電荷限制在瓶內一樣。當然，大罐的萊頓瓶可以儲存大量電荷，並且達到非常高的電壓（可高達七萬伏特）。但神經元只能儲存不到億分之一庫侖的電荷，而且只能承受幾千分之一伏特的電壓。

與萊頓瓶相比，神經元內部的電荷和跨細胞膜的電壓差極小，但也要考慮到神經元的大小也是相對很小。不過，就萊頓瓶和神經元的電場相對強度而言，這又意味著什麼呢？神經元的電場強度，是否也如它的電荷、電壓和細胞體積一樣的微小？

之前在討論電場時，曾提過電場強度可以用伏特／公尺來衡量，就是兩電極間的電壓除以它們之間的距離。[15]直觀上來看，電場強度會隨著距離增加而下降，因此，如果將電極間的距離加倍，會預期電場強度減半；而物理學顯示這推論是正確的。基於這項原則，我們可以計算萊頓瓶和神經元的電場強度，比較看看這些數值。

之前已提過，若是用上很大的萊頓瓶，可以累積到高達七萬伏特的電壓。假設玻璃瓶身的厚度約為十公釐（〇．〇一〇公尺），這樣一個電力強大的萊頓瓶電場強度會是：

$$\frac{70{,}000\text{伏特（V）}}{0.010\text{公尺（m）}} = \frac{700\text{萬伏特（V）}}{\text{公尺（m）}}$$

這是非常驚人的數值，富蘭克林和他的火雞可以證明這一點。現在讓我們用同樣的計算方式來求神經元的電場強度。之前已提到，膜的內外電壓差是極小的七十毫伏特（〇．〇七伏特），不過細胞膜的厚度也很微小，僅有不到十奈米（0.00000001公尺）。因此，跨膜的電場強度為：

$$\frac{0.07\text{ 伏特（V）}}{0.00000001\text{公尺（m）}} = \frac{700\text{萬伏特（V）}}{\text{公尺（m）}}$$[16]

這兩個的電場強度是一樣的！

既然本章已經用了一大堆比喻，那麼再加一個又何妨？讓我們再打個比方吧！從上面的計算來看，可以得出的結論是，神經元實際上是個非常強大的萊頓瓶。而就像釋放那瓶強大的萊頓瓶會電到一長排手牽手的修士那樣，一個神經元的放電也會引起其下游神經元鄰居的注意，只是這些鄰居是以其間的軸突和樹突來「牽手」的。[17] 有了這層認識，我們離揭開神經系統訊息傳導潛在機制的距離又跨進了一大步。

之前在思考神經元結構時，我們是以棒棒糖當作神經元外觀的粗略物理模型。但現在我們知道它們的行為很像萊頓瓶，是時候升級我們的模型了。用萊頓瓶模型來替換我們的棒棒糖模型具有一些好處。棒棒糖模型在外觀上可粗略地模擬神經元的形狀，但萊頓瓶模型則可納入神經元的電學特性，而正是這些電學特性讓我們得以理解神經元的真正功能。話雖如此，這兩種模型還是有其侷限，因為它們只是神經元的物理模型。通常，最偉大的洞見是來自於數學模型。

數學模型在本質上只是程式（儘管有些程式並不是很簡單），告訴我們在定 x 值時，可以期待看到怎樣的 y 值。例如，如果 x 是海洋颶風移動的方向，那數學模型會預測的 y 值便是颶風可能登陸的海岸線位置。不管是何種情況，都會有科學家提出許多數學模型，而當中有些會比其他的更好。這就是為什麼氣象預報員通常會告訴我們幾個模型所預測的颶風軌跡，而每個模型所根據的方程式都不同。不過，一個數學模型若是能持續做出正確預測，那就證明了它的價值。要是颶風沒有按照某個模型所預測的路徑登陸，我們就會對這個模型失去信心。若是它不斷預測失敗，我們就會判定這個模型對颶風的實際認識不夠深入，並且放棄它，轉而支持與真實事件更契合的模型。

當實際結果與模型預測結果非常接近——即實際數據和預測數據之間存在很好的「擬合」（fit）關係時——那這就算是一個絕佳的模型。這時我們開始相信這個模型可能會提供一些基本想法，來揭露正在發生的事件的機制。好比說，如果氣壓數據是一個良好颶風追蹤模型中的關鍵參數，我們可能會認為氣壓或許在基本上就與暴風雨發展的機制有關。[18] 有了這個線索，便可以進一步探索氣壓，透過其他科學方法，來驗證或反駁這假設。

擁有數學模式背景的霍奇金，第一個想要研究的就是軸突，因為它的表現在數學上就好像一個簡單的電路，細胞膜提供電阻和電源開關，控制電流在膜內外的流動，就像牆上的電燈開關一樣。

問題是這種最簡單的電路模型與槍烏賊軸突的時程數據並不相配。也就是說，從時間內測量到的軸突電壓變化來看，除了有單一開關的變化，還發生了更多事情。

為了要讓他們的槍烏賊軸突電壓模型能夠與實際數據擬合得更好，霍奇金和赫胥黎調整了模型，添加了與其平行的一個並聯裝置，具有不同的電流和它自己的開關。在霍奇金和赫胥黎修改後，他們發現實驗數據與他們的電路模型擬合得非常好。[19] 他們的這個新改進的電路模型便成為描述軸突膜電壓的數學程式基礎，能夠得出沿著軸突上任意一點隨時間變化的膜電壓。現在這個數學方程式就稱為**霍奇金－赫胥黎模型**（*Hodgkin-Huxley model*）。

霍奇金－赫胥黎模型的科學價值在於它能夠預測動作電位的「形狀」，也就是電脈衝，這是在神經元細胞體受到刺激時沿著軸突產生的電流。[20] 這些電「脈衝」（有時稱為電波）的行為，類似於心臟收縮時在動脈中產生的壓力脈衝。[21] 用手指按壓橈動脈（即手腕表面處的血管動脈），每個人都會感受到脈搏，不是嗎？這時所感覺到的是一股瞬間的上升和下降的擺動，這是血液從心臟流向指尖時所產生的壓力。一個動作電位也是如此。當細胞體發送電訊號，在沿著軸突前往樹突的途中，經過的每一個點都會產生電壓脈衝。

當我們在談動作電位的形狀時，實際上指的是軸突膜上的電壓隨時間的變化，以x軸為時間，y軸為電壓來做圖所得到的形狀。前面提過靜止電位是負七十毫伏特，這實際上指的是電脈衝到達前，膜處於穩定態時的電壓基線。繪製動作電位圖可以讓我們看到在訊號通過的過程中電壓隨時間的變化。這樣的動作電位圖具有特別的形狀。從時間零開始，到達的訊號導致膜電壓從其最初的負七十毫伏特快速上升，一路衝到正值，到達約正四十毫伏特，也就是增加了一百一十毫伏特。然後，電壓幾乎以同樣快的速度回落到靜止電位。但奇怪的是，它會超過負七十毫伏特，一直降到負八十五毫伏特，然後又緩慢上升，回到其起始值的負七十，並一直保持到下一個訊號到達。

霍奇金和赫胥黎就是想用他們那套各自帶有開關的並聯電路數學模型，模擬這種不尋常的動作電位形狀。這確實是個非常簡單的模型，但它似乎很管用，幾乎完美預測了槍烏賊軸突動作電位中那個令人費解的奇怪形狀。

此時，你可能會想，那又如何呢？為什麼要在意槍烏賊軸突動作電位的形狀？或是霍奇金－赫胥黎模型有預測它的非凡能力？答案很簡單。若是槍烏賊的軸突沒有什麼特別之處（也就是說牠在電訊傳遞上，與其他包括人類在內的動物種種神經元的軸突都沒有區別），那麼在槍烏賊神經元中成立的，在大腦中的神經元也適用。而這應該對每個有腦的人都是有趣的話題。這也意味著或許能利用霍奇金－赫胥黎的模型，讓我們從電的層面來深入了解大腦如何傳遞訊息。

此外，就其包含的少量幾個參數來看，霍奇金－赫胥黎模型在數學上相對簡單，而這很可能意味著電流通過軸突穿越神經元的機制也相對簡單，可能只有幾個生物元件參與其中，這無異於帶來一個有可能實現的希望，讓我們能夠弄清楚它們的運作方式。

當然，也可以用更為複雜的電路模型來擬合動作電位數據，在電路中納入更多並聯電路和開關。不過，多數科學家都秉持所謂的「奧卡姆剃刀原理」（Occam's razor），相信對一件事最簡單的解釋最有可能是正確的。[22]若以奧卡姆剃刀原理來看軸突膜動作電位的電學模型，霍奇金和赫胥黎很可能是對的。槍烏賊的軸突構造中勢必含有相當於兩個電源開關，或是閥門之類的東西，能夠分別控制分支中的電流，類似於並聯電路。每個開關透過不同的電路分支來控制電流，這兩條分支有不同的電流。這是與槍烏賊軸突測量的時間電位關係變化吻合的最簡單電路模型，也是霍奇金和赫胥黎相信是對的模型。而且這裡的要點是，電荷可以通過軸突細胞膜的途徑只有兩條，而不是三條、四條或五條。

看到這個數字著實讓人鬆了口氣，因為這表示只要能弄清楚這兩個允許電流穿過軸突的細胞膜的「東西」的物理特性，不管它們是什麼，就能對神經元傳遞訊息的確切機制有更清楚的認識。*再一次，這個引領我們了解其背後神經生物學運作機制的神經元模型是個數學模型，而不是物理模型。

然而，霍奇金－赫胥黎模型帶來的問題就跟它回答的問題一樣多。其中最重要的是：軸突細胞膜上那兩個電氣開關的物理性質是什麼？神經元如何能夠維持膜的穩態電壓？現在先讓我們把這些問題擱在一旁。答案稍後會在適當的時候揭曉。我們先停在目前已經確定的部分，我們知道電的基本單位是電子，而神經系統的基本單位是神經元。不過要了解電在人體中的作用不可能只靠其中一個面向，但若將其合起來，對此的想法就有無限的可能性。

我們經常聽聞人有不同的學習風格。高爾基和卡哈爾都是視覺型的思想家，他們會從所畫或所看到的來推敲，推測其功能。霍奇金和赫胥黎則比較偏向數學腦，是透

*神經元依序相互連接，並且透過傳輸電荷脈衝（動作電位）將電訊號從一個神經元傳遞到下一個，有點類似透過人力接龍傳水桶的方式。訊號會透過軸突這樣的微管構造從一個神經元傳到另一個；軸突就好比是神經系統中的電線。只是與電線不同的是，軸突不是電導體。它是透過仔細調節內部特定離子（帶有電荷的原子）來傳導訊息。將某些類型的離子移入或移出細胞體，它們的內部電荷狀態便能夠保持穩定，即相對於軸突外部是略帶負電的情況。軸突的內部和跨膜的電荷差異幫助它準備好要接收在神經元細胞體與軸突連接處附近產生的動作電位。當動作電位到達時，正電荷會瞬間移入，負電荷則移出，直到軸突膜內外的電荷差又恢復回平常的穩定態。

過計算來理解。儘管繪畫技能和計算技能是兩種截然不同的天賦，但兩者都可提供對科學奧祕的洞見。

高爾基和卡哈爾永遠不能單靠繪圖就能弄清楚神經元是如何訊息傳導的，但他們確實發現神經元的結構設計很適合用來傳輸電訊號，尤其是看起來類似於電線的軸突。受到高爾基和卡哈爾的啟發，霍奇金和赫胥黎又進一步研究起軸突的電傳輸特性，並透過電測量和數學模式來推導機制，這當中涉及到包含兩個電流的並聯電路，還有兩個獨立的開關，負責來調節電流。但這些電路和開關的實際物理組成無法用他們的這套方法得知。

未來的科學家需要採用不同的路徑，才能讓我們了解神經元用來傳輸電訊的實際機制。而那些未來的科學家會以他們的前輩——高爾基、卡哈爾、霍奇金和赫胥黎——的發現為基礎，開展他們的研究。

上述四位科學家都因其在實驗室的開創性研究而獲得諾貝爾生理醫學獎，這確實是實至名歸的榮譽。

不過，此刻我想本章已經花了太多時間在實驗室透過顯微鏡觀察極其微小的東西，而這一切都是從本章開頭，關於馬里蘭州的寒冬讓我心情低落開始。現在是時候離開實驗室，回到野外，最好是一處氣候溫暖的地方。

－第11章－

殭屍人

電壓門控通道

昨晚我夢到我在駕駛飛機，所有的乘客都醉了，瘋了。
最後墜機在路易斯安那州的一處沼澤地，射殺了一群殭屍，最終脫困。
——取自滾石樂團〈前景渺茫〉（Doom and Gloom）的歌詞

路易斯安那州的紐奧良（New Orleans）是美國最古怪的城市，也是個兼容並蓄的地方。提起紐奧良，大家的腦海中會閃過各種畫面，有大齋期開始前一天的狂歡節（Mardi Gras）、爵士樂隊以及卡津料理（Cajun），還有克里奧爾菜餚。這些多數都集中在這座城市中的法國區。歷史悠久的法國區是這座城市的中心，擁有狂熱的夜生活，以及裝飾有鑄鐵陽台、色彩繽紛的建築。法國區的主幹道是波旁街（Bourbon Street），那裡聚集許多夜總會和餐館，是個歌舞昇平的不夜城。不過並非法國區的所有魅力都集中在波旁街。

妻子和我前去紐奧良參加兒子的婚禮時，我們在婚禮前幾天抵達，還有時間可以去觀光一下。這並不是我第一次來紐奧良，之前就到這裡出過幾次差。每次出差到這裡，我都會抽出一點時間去參觀法國區，體驗當地獨特的餐館，聆聽現場音樂表演，但我從未離開過波旁街。這一次，我決定去看看法國區的其他景點，所以我們轉進巷子去探索。過了一個轉角後，我們看到一家小店：「瑪莉·拉摩的巫毒屋」（Marie Laveau's House of Voodoo）。看到這家店的招牌，讓我想起紐奧良也是以巫毒教聞名。事實上，紐奧良是美國巫毒教活動的重鎮。我對這家店充滿好奇，忍不住走了進去。

當我走進商店時，一名咄咄逼人的售貨員向我撲來，直接略過打招呼的步驟，劈頭就問：「先生，需要什麼嗎？我們有幾副精美的塔羅牌在打折。也有各式各樣的巫毒雕像，還是你對人頭蠟燭有興趣？」眼前突然出現這樣一名攻勢凶猛的女人，再加上琳瑯滿目、奇形怪狀的商品，我的感官受到強大衝擊。我有點不知所措，打算要離開。但是，突然間，這名售貨員被另外一位在我之後進入店內的顧客所分神，於是我得以避開她，獨自一人繼續探索這家店。

這家商店販售的商品種類繁多，遠遠超出了巫毒教的範圍。就拿剛剛售貨員兜售的那些塔羅牌來說，它們其實與巫術無關，其實是源自十五世紀的歐洲，當時是種遊戲卡，後來用在神祕儀式中算命。商店擺在收銀機附近販售的「巫毒娃娃」實際上也與巫毒教無關，除了它們的名字之外。這種帶有針的肖像娃娃最早是在英國使用的，是為了驅趕女巫——當時認為女巫是所有厄運的源頭。直到二十世紀，巫毒娃娃進入流行文化，大家才將它們錯誤地與巫毒教聯繫在一起。店裡還有販售四葉草紀念章呢，每個人都知道這是凱爾特的魔法。看來這家商店似乎是在詐騙客人。裡面賣的一些商品根本與正統的巫毒教無關。

真正的巫毒教其實是種宗教，起源於非洲。紐奧良的巫毒教已經過諸多演變，融合有非洲習俗、羅馬天主教和美洲原住民傳統，這些傳統很可能是後來的信徒帶進巫毒教的。巫毒教教徒相信生命具有有形和無形的二元性，而這兩種形式還可以相互融合和分離。死亡標誌著靈從有形世界過渡到無形世界，但無形的存在也有可能回到有形的世界。

你可能會覺得我離紐澤西州這麼遠，怎麼會對巫毒教了解這麼多？我最初是從一個具有海地血統的朋友那裡得知巫毒是宗教。如果說紐奧良是美國巫毒教的信仰中心，那麼海地就是美洲巫毒教的信仰中心。與紐奧良相比，在海地的巫毒教更貼近其非洲起源。

事實上，巫毒教很可能是經由昔日興盛的非洲奴隸貿易，從海地傳到紐奧良的。在海地，巫毒教的信徒仍是以奴隸的後裔為主，而其他多數的海地人則將其視為無稽之談，純屬迷信。上面這些多半也是我從朋友那裡聽來的。但除了一般的宗教傳統外，據說巫毒祭司還可將死者復活成殭屍。而這些關於殭屍的部分是我在哈佛學到的。

一九八〇年代中期，我在哈佛醫學院做博士後研究。我當時是在達娜－法柏癌症研究所（Dana-Farber Cancer Institute）的生物化學實驗室做研究，試圖純化出細胞用來保護ＤＮＡ，抵禦輻射損傷的各種蛋白質。之所以進行這項研究，是因為我們推測這類蛋白質也可用來對付癌症（後來證明我們的猜想是正確的）。這份研究計畫有時順暢有時又會遇到很多困難，因此進展得緩慢。屢屢受挫讓我感到疲憊不堪。更慘的是，在校園的另一端，有個蛋白質純化的研究取得驚人的成功。一名研究生嘗試鑑定出海地殭屍藥劑中的活性成分，似乎得到一個驚人的發現。[1]

這名研究生就是韋德．戴維斯（Wade Davis）。他當時正在攻讀民族學的博士學位，研究不同民族的特徵以及他們之間的差異。為了完成他的研究計畫，戴維斯的指導教授派他去海地尋找並帶回傳說中巫毒祭司用來製造殭屍的藥劑。英國國家廣播電台（ＢＢＣ）新聞報導了有個名叫克拉維斯．納西斯（Clairvius Narcisse）的男子，出現在海地的太子港，但是官方早已開立他的死亡證明，這位博士班的指導教授便對巫毒教產生興趣。納西斯說他被人從墳墓裡挖出來，然後有位巫毒祭司讓他從死裡復活，並迫使他去某個偏遠的種植園當奴隸，後來他逃了出來。他身上的傷疤和其他已知的身體特徵都與死者的描述相符。他知道死者生平的許多細節，而且當中有些事只有死者本人，或是與死者關係很親密的人才會知道。就是連死者家屬也相信他們這位死去的親人復活了。

納西斯並不是唯一一名宣稱變成殭屍的人。還有其他被認為已死的海地人，有男有女，有時會在消失多年後重新出現，而且以出現類僵直症（*semicatatonic*）的狀況，地方上的人都認為這是巫毒祭司的「殭屍化」（zombification）所造成的。面對這些殭屍化案例，科學家多年來一直嘗試要以統整的醫學解釋來取代殭屍化的說法，但在很大程度上算是失敗了。[2]

當局陷入困境。這些死亡證明似乎都沒問題，也是由有執照的醫師在信譽良好的醫院所開具的。確切的死因通常無法確定，但這名男子是因為某種突發的急性神經系統疾病被送往醫院，入院後不久就去世了。

戴維斯的指導教授假設這些所謂的殭屍實際上是受到**神經毒素**（*neurotoxin*）的傷害，這是一種會攻擊神經系統的毒藥。[3]說得更具體一點，他認為這是從一種海地已知的有毒植物中提取出來的毒藥。確實有一項事實能支持他這套理論：這些有毒植物並不是海地的原生種，而是從非洲移植來的，變成了當地的入侵種。事實上，這些入侵植物在非洲的原產地正是巫毒教起源的地區。他的想法是，巫毒教和這種有毒植物都是隨著奴隸貿易從非洲進入海地的，而且有毒植物對巫毒教儀式很重要。還有一項事實也可佐證這個猜想，有種**曼陀羅植物**（*Datura stramonium*）是茄科植物的一員，在

1986 年 1 ～ 2 月號的哈佛雜誌封面

一名叫克拉維斯・納西斯的海地男子於 1962 年被醫師宣告死亡，並且已經下葬，但他於 1980 年神祕地出現。他聲稱是一位巫毒祭司對他用了殭屍藥，讓他陷入死亡狀態。據稱，他之後被人從墳墓中挖出來，並送去種植園中當奴隸，直到他逃脫為止。他的故事促使一名哈佛的研究員開始尋找殭屍藥劑中可以誘發類似死亡狀態的成分。最後研究員發現一種天然神經毒素，它會干擾神經系統的電訊號。

《哈佛雜誌》（Harvard Magazine 88:3）1986 年 1 ～ 2 月號的封面。

當地俗稱「殭屍瓜」（zombie cucumber）。這或許暗示著在殭屍儀式中可能有用到它。

戴維斯的指導教授對此的推論是，這些「復活」的人可能是被巫毒祭司故意下毒的，在用了一定劑量的神經毒素後會抑制他們的神經系統，看起來就像是死了一樣。他們後來之所以復活，有可能是因為毒藥的效果減退，不然就是因為巫毒祭司使用了某種解毒劑，讓人從「死去」的狀態復活。這是一個相當有趣的理論，不過還需要加以驗證。這就是戴維斯上場的地方。他被派去海地，想辦法弄到一些殭屍藥劑，帶回哈佛進行生化分析。

言歸正傳，戴維斯在海地成功地找到巫毒祭司，並從他們那裡取得多種殭屍藥劑的樣本，他將這些樣本帶回哈佛，加以分析。但後來發現當中並不含有植物性的神經毒素，不過他們確實從各種混合物中分離出了河魨毒素。[4]

河魨毒素（*tetrodotoxin*）是種毒藥，因為存在於河魨的臟器中而得名。河魨這類魚一共有三百四十九個物種，其中有一百二十種屬於四齒魨科（Tetraodontiformes），這些多半都是有毒的。多數熟悉河魨的人都知道牠們又名「氣鼓魚」（blowfish），那是因為牠們在感到受有掠食者威脅時，會展現一種奇怪的行為，把自己鼓成球狀。這會讓牠們看起來更大隻，據信可以威嚇那些體型較小的捕食者。不過我認為這一招不見得管用，因為在那些體型較大的捕食者眼中，只是讓牠們看起來更像一頓誘人的餐點，所以我對這套抵禦掠食者的保護理論抱持懷疑態度。無論如何，要是一隻掠食者真的決定吃掉膨脹的河魨，河魨體內的毒素就會加以報復，導致掠食者可能沒有什麼機會活下去。要是掠食者幸運地度過這段痛苦的經歷，倖存了下來，我想牠下次遇到河魨時，無論那隻河魨是否充氣，應當會三思而行。

毒理學家早就知道有河魨毒素的存在，因為已經有過食用河魨致死的案例。但如果只吃肌肉部分的話，河魨其實是很美味可口的魚。河魨毒素都集中在內臟裡。要是誤食了內臟，或者在準備料理時受到內臟汙染，還是很可能會導致食客死亡。

早在一七七四年就確定河魨的毒素是集中在內臟而不是肌肉，當時的英國海軍探險家——世人多半認為他發現了夏威夷群島[5]——詹姆斯．庫克（James Cook）船長的船上發生了一起意外事件。船員在準備河魨料理時，把肉的部分留給自己吃，而內臟則拿去餵給養在船上的豬。之後，船員紛紛出現了呼吸困難等的輕微症狀，而所有的豬都死了。

河魨毒素在日本也是一大問題。在當地，**河魨**（*fugu*）被認為是美味佳餚，不過通常只有在廚師獲得執照並接受過相關培訓的餐廳才能食用。在這種餐廳吃河魨是絕對安全的。事實上，日本每年發生的河魨中毒死亡事件都是家庭烹飪造成。受害者皆死於神經系統病變。

河魨毒素之所以會毒害神經系統，是因為它會干擾那些通過軸突的電訊號。要是這些電訊被完全阻斷，那麼依賴這些訊號運作的器官都會衰竭，吃到河魨毒素的生物注定會死。而且是不會復活的。

這是我們第一次遇到會干擾身體電訊的化學物質。讓我們詳細了解一下河魨毒素是如何致人於死的。

之前我曾提過，電流是電荷流過某個特定點的速率。請注意我沒有特別說「負電荷」，我只有說「電荷」。我很清楚知道這一點。在我們討論電子時，我的解釋讓人覺得所有電流都應該是由帶負電的電荷的運動所造成的。我會這樣講是因為在大多數電路中都是如此。但是在神經元中的電流並不是這樣。

流過神經元細胞膜的電流是由於正電荷的流動，而不是負電荷。如果你覺得我欺騙了你，請接受我的道歉。我希望你現在不會懷疑我。不過我之前說明得不完全，其實是為了要說明一個更重要的觀點：電子代表電荷的最基本單位。既然我們都理解了這個要點，就讓我們來看看另一種情況，在這裡，很特別的是，可以在電子不移動的情況下產生電流。

正如之前在第9章所提的，電子的重要性主要是與其化學性質有關。電子好比一種「膠」，能夠將原子結合在一起，形成分子。以金屬元素為例，原子核僅能約略地抓住其外層軌道中的電子，這一特點，就電的角度來看，反而讓金屬能扮演特殊角色。帶正電的金屬原子核無法牢牢抓住其外層帶負電的電子，這意味著，當有外來的力量移走其外層電子時，金屬原子很容易**離子化**（*ionize*），變成帶正電的離子。這些帶電的原子（即離子），帶有淨的正電荷，因為它們遊蕩在外層的電子離開，帶走了它們的負電荷。

在實際應用上，這意味著固體金屬，如銅線，只有電子可移動，進入電流之旅，而帶正電的原子核勢必只會留在原地。這就是何以在由金屬製成的電路中，電子的運動會產生電流，而且只有電子會運動。它們會在固定的金屬離子間同步移動，在金屬線內移動時，從一個原子核跳到另一個原子核。

不過，若是在其他材料中，例如鹽類化合物（溶解在水中時會形成離子）和分散在氣體中的離子，電子就只是整個電流故事的一部分而已。在另一部分的故事中，所有帶正電和帶負電的離子都可以在液體和氣體中自由移動，參與電流的產生，並且沿著電場的力線向吸引它們的電極移動。然而，多數大型的離子會阻礙自身的運動。因此，無論是在液體還是氣體中，勝出的總是電子。它們極小的體積讓電能夠以驚人的速度傳播。相較之下，離子就緩慢許多。

你可能在想，為什麼神經元會把賭注押在這種慢動作的模式上。這基本上要歸結到控制的層面。電子的尺寸極小，很難管理，它們往往想去哪裡就去哪裡，來去自如，就像小鳥一樣。但是離子由於體積大得多，速度又慢得多，因此可以像綿羊那樣放牧，並以單向柵門將牠們從一個牧場趕到另一處。蜂鳥是不可能放養的。

此外，神經元中的這些柵門通常有很高的辨識率，只會允許綿羊通過，不會放行山羊。事實上，神經元中有兩類的柵門，一種只會識別和放行綿羊，另一種則是專門給山羊用的。喔！而且，我差點忘了，這些柵門還有一個特點：它們是電動控制的。

那麼，當你把很多綿羊塞進牧場，然後打開一道柵門時會發生什麼事？你可能已經猜到了，會有許多綿羊快速穿過柵門，想要獲得自由。若是這些綿羊都帶正電荷，那麼就會有一道通過固定位置（即打開的柵門）的電荷流（即奔跑的綿羊）。而這就是電流的定義。只需要數一下在固定時間內跑過柵門的羊（千萬不要睡著啊！）就會得到電流的測量值，完全不需要出動電子。

神經元的軸突膜上就嵌入了許多這樣的分子柵門。[6]每道門都會控制一種特定類型的離子通過軸突上的膜，僅允許特定類型的離子進出軸突的內部。這些柵門又稱作「通道」（channels），其實非常地小。事實上，它們小到一次只能讓一個離子通過。特定離子的流動方向（向內或向外）取決於分子柵門的確切類型。而柵門的開關則是由周圍的局部電壓來決定。因此，它們被稱為**電壓門控離子通道**（*voltage-gated ion channels*），而在神經元的膜上，一共有兩種主要類型通道，一種控制鈉離子（綿羊），一種是鉀離子（山羊）。[7]鈉的門控通道讓鈉離子流入軸突，鉀的門控通道則讓鉀離子流出軸突。[8]也就說這兩類帶正電的離子會沿著相反向流動。

講到這裡，你可能會問，這些通道到底跟河魨毒素有什麼關係？我們剛剛不是在談論河魨毒素嗎？是的，而答案即將揭曉：河魨毒素會鎖住鈉的柵門。而把那柵門鎖上可不是件好事。

現在，我真的應該解釋科學家是如何發現這些細胞膜上的電壓門控通道，還有那有兩種不同類型，以及何以河魨毒素只會影響其中一種門的開關。畢竟，若是我們能理解這點，就等於能夠更近一步認識神經元在分子層級上，是如何用電來做到這一切神奇的事，這對於理解電和神經生物學的相互作用十分重要。

不過，正如你現在可能已經猜想到的，要在這樣基礎的層面理解事物，我們需要再深入一點化學世界，特別是生物化學。我知道你以為本書只是在談關於電的物理學和生物學，現在看似偏離了方向，若是你對這種化學轉向感到不開心，請不要擔憂。我保證我們涉足化學世界的時間將會很短暫，而且只有在絕對必要的時刻。我們很快就會回到正軌。

正如之前所提到的，與物理學和生物學相比，過去的主流科學家完全看不起化學。用十九世紀早期的蘇格蘭科學家托馬斯．湯姆森（Thomas Thomson）——他是最早以科學方式研究化學現象的人——的話來說：「化學與其他科學不同，最初是源自於錯覺和迷信，而且它的開端恰好與魔法和占星術同時。」（你可以很容易地看出大家為何會有這種印象，想想看，即使在兩個世紀後的我們還是會談論可以用來創造殭屍的化學藥劑！）不過之後主要是因為法拉第的電解研究——用電來分裂分子——以及由此產生的科學結論，化學終於獲得了科學地位。正如法拉第所說：「化學必然是門實驗科學，它的結論來自於數據，它的原理是由事實證據所支持的。」[9] 我完全同意。所以讓我們拋開迷信，實事求是。

還記得之前提到的霍奇金和赫胥黎嗎？他們證明當動作電位通過時，軸突的膜會瞬間切換電極性，內部會從負變為正（相對於外部）。而且他們還假設軸突的膜是一個簡單的電路，在當中，電流可以通過兩條獨立的路線，每條路線都各有其電阻和開關，就此提出了一個數學模型來描述動作電位的時間過程。當時的問題在於這個基於電路的理論模型，是否真的能夠代表任何的物理現實？或者只是偶然的數學結果碰巧與實際數據吻合？軸突的細胞膜中是否真如數學模型所暗示的，真的存在有兩種不同類型的電流通路？如果真是如此，那這些通路的物理特徵究竟是什麼？

另一組科學家——厄溫・內爾（Erwin Neher）和伯特・薩克曼（Bert Sakmann）——決定要共同努力，在軸突的膜中找到這兩種理論暗示的電通路。他們假設這樣的通路或「柵門」可能會以電通道的形式漂浮在膜內，因此研發出一種能夠固定一小塊槍烏賊軸突的膜，並且測量流經它的電的技術。他們推斷，如果取的膜塊夠小，有可能當中只包含一個此假設的通道。然後便可以測量通過那個隔離出來的通道的電流。若是在小塊中意外取到兩、三個通道，那測量的結果應當是單通道電流的兩倍或三倍。因此，取得包含多個通道來測量電流，然後由此推斷出單一通道的電流會是一個比較容易的做法。

這方法其實很像是密立根之前推算單一電子所帶電荷的方式。之前提過，他是在測量微小油滴的負電荷後，推算出一顆電子的電荷量。不同液滴之間的測量電荷總是以1.60217662×10^{-19}庫侖這樣精確的數字成倍數變化，而且從沒有出現小於此的電荷值，因此這成了單一電子的電荷量為1.60217662×10^{-19}庫侖的有力證據，而帶電量更高的液滴是由於它們攜帶多個電子。

為了達成他們的目標，內爾和薩克曼研發出一種目前稱為「膜片鉗」（patch clamp）的技術。正如你可以想像的，他們在一開始便遇到了一些技術性的挑戰。有些是機械方面的，另一些則是電學方面的。

在機械方面的挑戰是如何取一塊這樣小的膜。內爾和薩克曼最終使用了帶有超細吸頭的極小型定量吸管。他們將尖端接觸到膜的表面，施以輕微的吸力，便將膜吸到尖端，這樣便在膜上造成一個密封起來的極小區域——他們希望當中只含有一個通道。你也可以如法炮製做出類似的舉動，好比說拿一根吸管，將一端緊放在皮膚上，然後吸吮吸管的另一端，這樣就可以用那一小塊皮膚形成一小塊氣密區。信不信由你，儘管這聽起來很困難，但他們最終還是練就出完善的膜片鉗技術，能夠在軸突的膜中分離出單一通道。

不過，內爾和薩克曼隨後就要面臨如何量測電的挑戰。若是真有電流流過單一通道，肯定會很小，可能是一皮安培（picoamp），或譯作微微單位的萬億分之一安培（一皮安培，即0.000000000001安培）。以當時的技術是無法測量如此微小的電流，因此內爾和薩克曼決定親自研發所需的技術。他們最終創造出一種極其靈敏的**電放大器**（*electrical amplifier*）。

電晶體的發明者，同時也是諾貝爾獎得主威廉・肖克利（William Shockley）以相當生動的方式描述了放大器的作用：

> 如果你拿一捆乾草，把它繫在一頭騾子的尾巴上，然後劃一根火柴，把這捆乾草點燃，這時你可比較一下騾子在劃火柴不久後消耗的能量，和你本人劃火柴時消耗的能量，你就會理解放大器的概念。

就是這個概念。我想大家應該都明白了。但是，如果你想用一小塊軸突膜來放大電流，到達能夠用電流表測量到的程度，那騾子可是幫不了你。

放大器問題的標準解決方案，是將流經微型電路的極小電流當作一個可控制變因，置於一個有更多電流的大型電路中。既然已經知道兩個電路間的相對差異幅度，也就是**增益因數**（*gain factor*），那只要將大電路的電流除以增益因數，便可輕鬆地計算出通過微型電路的電流。[11]不過皮安培等級的電流實在太微小，也無法用這種方式來測量。顯然需要另一種方法來測量內爾和薩克曼感興趣的這種極微小電流。

最終，研究人員研發出另一種更為靈敏且複雜的方法來放大電流，加以測量。就本書的旨趣，沒必要知道這機器運作的確切細節，在此就不多贅述。只要知道這裡的重點是，這項技術的研發花了相當長的時間，而在那段期間，不得不暫停軸突膜中假定的離子通道的生化機制研究，只能等待電學迎頭趕上。[12]

這情況有點類似於伏打在嘗試開發電表時遇到的困境，他那時想要測量蛙腿實驗中所用的電流。如前文所提，伏打當時感到很沮喪，因為他研發出來的電表的靈敏度都不及青蛙腿。但他還是繼續努力，嘗試製造一個高靈度敏的電表，達到青蛙腿這樣的黃金標準。這兩個故事都傳達一個訊息：在生物層級展現出顯著效果的電流極小，根本就不是一般的電流感應器和電路所能捕捉到的。

內爾和薩克曼花了很多年改善這項技術，將高度精密的電放大器和精巧的膜片鉗抽吸裝置結合起來。最後，在一九七四年，他們終於能夠檢測並準確測量一皮安培的跨膜電流，儘管持續時間不到千分之一秒。但這已足夠了。他們證實了軸突膜中有離子通道的存在，這個通道最初是由數學模型模擬出的理論性存在。這項成就為他們贏得了一九九一年的諾貝爾生理醫學獎。在科學史上，從未有過以這麼微小的電流博得這樣龐大的影響力。

若是只看神經系統中各個組成的電訊號，肯定是相當微弱的，但將它們組合在一起，勢必會發揮很強的作用。問題是要如何做到這一點。這個答案的一大關鍵其實早就有人發現了，就在之前霍奇金和赫胥黎的報告裡，當時他們發現跨膜電極會出現瞬間反轉。事實上，這膜發展出一種結構，可以「感知」這種極性變化，並且會改變此結構，作為因應。

這些膜中的通道是由蛋白質構成，就跟多數細胞中的結構特徵一樣。蛋白質是相當大的生物分子，是由形狀更小、種類繁多的胺基酸分子鏈結形成。當蛋白質被拉伸時，就像是一串手鏈上的珠子，這是由二十種不同類型的珠子所串起，每顆珠子的種類、形狀，當然還有電荷都不相同。在正常的生理條件下，多數這些不同類型的珠子都是電中性的，既不帶正電荷也不帶負電荷，不過有三類的胺基酸本來就帶正電荷，還有兩類是帶負電荷。[13] 膜通道會使用帶正電荷的胺基酸來打造它們的電壓感應器。[14]

蛋白質的一端有種結構性特徵，在生物化學的術語中稱為**結構域**（*domain*），富含帶正電荷的胺基酸。蛋白質嵌入在膜中，其帶正電的感應器會從內膜表面往裡突出到細胞內部。當細胞內部處於靜止電位，帶有負電（負七十毫伏特）時，帶正電的結構域會與帶負電的細胞內部相互作用，使蛋白質處於「鬆弛」狀態，這時通道便會保持在關閉的狀態。

但若是內部突然變為帶正電，好比說動作電位靠近，傳來的電會反轉膜的電極，此時帶正電的結構域就等於是浸泡在帶正電的細胞內部。由於同種電荷會相互排斥，因此帶正電的結構域會遭到排斥，而不是受到吸引。在這樣的環境中，排斥力會導致蛋白質扭轉，這種力作用的方式有點類似我們在開汽水瓶蓋時的扭轉。於是這個分子會被扭曲成一個新的形狀，這時它的中間會出現一個通道或孔洞。

結果就是帶正電荷的鈉原子從孔洞衝進細胞內部，它們原先都被不可滲透的軸突膜排除在細胞外，這也造成細胞內部相對於外部帶有更多正電。因此，電壓的高峰（動作電位）就會沿著軸突前進。這道移動中的電壓波會遇到更多膜中的蛋白質通道，它們也會以完全相同的方式來反應，動作電位就這樣沿著一條軸突不斷移動。

之前曾提過，隨著動作電位的通過，電壓會快速上升，緊接著又會下降，跨膜的電壓差又恢復到原始的負七十毫伏特。這種電壓下降是由同樣位於軸突細胞膜中的鉀離子電壓門控通道所引起的，只是它與鈉離子的電壓門控通道方向剛好相反。[15]它不會讓帶正電荷的鈉離子進入細胞，而是開放鉀離子通道，讓帶正電的鉀離子逃逸到外面。因此，儘管有帶正電的鈉離子進入，導致正電荷增加，但因為有等量的帶正電的鉀離子離開，這樣一來一往便抵消了內外電性差異，依舊恢復回負七十毫伏特的平衡電壓，讓軸突準備好傳輸下一個訊號。[16]

好的，我知道，這裡的細節很多又複雜，也許對某些人來說，有點資訊轟炸。不過，要解釋這一切並不複雜。基本上，電壓門控離子通道就只是神經元軸突膜中的孔洞，這些孔洞會因應接近的動作電位引起的電極反轉變化，因此而張開和關閉。換句話說，它們就是霍奇金–赫胥黎模型所預測的那兩個電開關。它們先是接納帶正電的離子，然後又立即排出帶正電的離子，電訊脈衝就是靠這個步驟沿著軸突傳播下去的。最重要的是，這些離子通道具有選擇性，它們會限制可以通過細胞膜的離子類型，鈉離子通道是不會允許鉀離子進入的，而鉀離子的也不會讓鈉離子越雷池一步。

就跟我們計算帶電的綿羊穿過柵門的速度一樣，這裡可以看到電荷（帶正電的離子）以特定速度（每秒的離子數）通過開口（膜通道）的運動。因此，就有了電流。即使將軸突上所有的通道一起考量，這電流也不多，加總起來只有幾個奈安培

（nanoamps，也就是十億分之一的安培），但沒關係，光是這樣就足以保持電訊沿著軸突移動了。

這種電流的一個新特點是它並未涉及到電子，而且電荷和電流的運動向相同。還記得帶負電的電子吧？其電荷流動的方向與我們所定義的電流方向相反（即電流在定義上都是從正極向負極移動的），不過那是在負電荷移動的情況下。當正電荷可移動時，如這裡的鈉離子和鉀離子，電荷的方向和電流的方向就是一致的。因此，在軸突這個特殊的例子中，富蘭克林對電荷流動的說法似乎是正確的。就軸突而言，電荷（即正電荷）和「電流」的確是朝相同方向的。

現在讓我們來看看，河魨毒素到底是如何破壞這一切的。

前面提過，很早以前就知道有河魨毒素的存在，它比氰化物更致命，幾個世紀以來都有多起因它造成死亡的案例報導。不過，河魨毒素也用於治療，而且具有同樣悠久的歷史。根據一本年代可追溯到公元前兩千七百年的中國醫書，吃到河魨卵是致命的，但若一次只吃幾顆魚卵，就像吃藥丸那樣，便可經常服用，可能還有保健的功效。很久以後，在一篇發表的中文刊物中又建議，河魨卵的毒性太高，不能用於治療，可以將其先浸泡在淡水中，降低其毒性。這很可能是正確的，因為河魨毒素是水溶性的。

河魨毒素最初於一九六〇年代中期被分離出來，並確定其毒性機制。當時發現這種毒素就像軟木塞一樣會堵塞住電壓門控鈉離子通道，阻擋鈉離子進入通道。這就等於是阻礙了軸突傳遞動作電位。

若是所有生物的神經系統都是使用電壓門控鈉離子通道來傳遞動作電位，那麼下一個問題可能就是：那河魨是如何避免自己中毒的？稍早我們曾問過一個類似的問題，是關於電鰻如何在放電時避免自身遭到電擊，答案目前還不清楚。然而，在河魨的例子中，我們確實知道為什麼河魨不會毒到自己。這是因為河魨的電壓門控鈉離子通道的形狀與其他所有生物的鈉離子通道略有不同，因此河魨毒素這個「軟塞」套不進去。是不是很厲害的招數？

但我們仍想知道，為什麼這種有毒的魚會使用神經毒素而不是其他類型的毒素。這問題的答案可能與許多其他帶有神經毒素動植物的原因相似：為了要很快地殺死和威懾各種捕食者。既然牠們所有的掠食者都有神經系統，使用攻擊所有神經系統基本特徵的毒素可望提供廣泛性的保護，不論前來的捕食者是哪種動物都不用擔心。毒素在動物的防禦策略中相當普遍，而毒液則是用於攻擊。因此值得注意的是，在某些有毒章魚的毒液中，也出現這種高效率的河魨毒素。[17]這麼好的點子當然不能輕易浪費掉。[18]

既然說到毒液，我們現在知道蛇、蝎子和蜘蛛都演化出一系列針對另一個離子通道毒液，也就是電壓門控鉀離子通道。[19]這些毒液似乎與河魨毒素一樣有效。儘管這些物種的毒液似乎是許多有毒成分組合而成的混合物，但已分離和確定它們的目標都鎖定在鉀離子通道。

專門針對一種離子通道的神經毒素，對神經科學家而言非常有用。個別使用它們來阻斷特定類型的離子通道，可以藉此來研究其他類通道的功能，詳細研究它們的機制。今日，我們對離子通道運作的認識有很多都是利用這一特點，也就是神經毒素鎖定軸突的致命弱點：電壓門控膜通道，還會選擇性地抑制它們的活性。我們現在對這些神經毒素作用的認識並不是出於公共衛生動機的需要，想要去研究治療河魨中毒的方法，因為這種中毒其實很罕見。這些研究背後的動機其實是想要了解正常神經元如何傳輸電荷的細節，得知這些細節或可用在更廣泛的神經系統疾病治療上，而不單單只是中毒。

現在離戴維斯首次提出河魨毒素可能是殭屍藥劑的有效成分，已經有近三十五年了。在這段期間，進行了許多的河魨毒素研究。最新數據是支持還是反駁戴維斯在一九八四年提出的殭屍理論呢？我決定去尋找答案。

我第一個去看的參考資料是《存疑的探索者》（*Skeptical Inquirer*）這份期刊，它對所有可疑的科學主張都會進行嚴格審查，相當於是學術界的《流言終結者》（*Myth Busters*）。這個電視節目將流傳在市井小民間的可疑都會迷思神話都搬到攝影機前，以類似科學實驗的方法來驗證。[20]《存疑的探索者》已發行近四十年了。這本雜誌受到了批評，不過我認為它在處理可疑的科學主張時這方面相當可靠，試圖正本清源，並且將最終的判斷交給讀者。

果然，這份雜誌曾經評估過戴維斯的河魨毒素和殭屍理論，那是一篇在二〇〇八年發表的文章，由佩斯大學（Pace University）毒理學教授，同時也是《偽科學與超自然》（*Pseudoscience and the Paranormal*）一書的作者特倫斯．海因斯（Terence Hines）所寫。在文章中，海因斯指出戴維斯的這個假設難以讓人信服，他提出的證據是戴維斯報告中的殭屍，與已知的河魨毒素藥理學特徵不一致。那些所謂的殭屍的症狀與真正河魨毒素中毒的患者不同，而且在各種殭屍藥劑的樣本中，河魨毒素的比例存在有顯著差異。[21]在閱讀那篇文章後，我自己的結論是，他提出了非常強大的論點來反駁戴維斯的假設。但我必須說，他並沒有提出任何令人信服的證據來推翻戴維斯的理論。他當然強烈抨擊了戴維斯的理論，但我們可以說，他並沒有把最後一根釘子釘在殭屍的棺材上。

我個人其實不太在乎，戴維斯在幾十年前提出的巫毒祭司製造殭屍的理論是否正確。戴維斯的這則故事本身就充滿趣味，而且他這篇殭屍化故事，將河魨毒素這個無疑是真實的事件加到他的故事中，也讓這整件事變得更有趣——至少在我看來是如此。這是個以化學來連接電學和神經生物學領域的故事。怎麼能不有趣呢？

戴維斯現在是英屬哥倫比亞大學的人類學教授，也是國家地理學會的常駐探險家。他仍然積極從事民族植物學的研究。多年來，他在世界各地研究原住民文化與當地植物群交互作用的各種方式。他早已把殭屍、河魨和河魨毒素拋在腦後。我們也應該到此為止了。

我的好奇心得到了滿足，當我準備離開那家巫毒商店時，最後一件禮品引起我的注意：受祝福的雞腳。這是成對出售的，據說左腳和右腳來自同一隻雞，號稱可以為買主帶來好運。我知道兔子的腳會帶來好運。事實上，我小時候曾擁有過一隻兔子腳，就串在我的鑰匙圈上，那是我在狂歡節時玩幸運輪贏來的。這證明它真能帶來好運，不是嗎？不過受祝福的雞腳對我來說倒是前所未聞，我不確定它們代表的是真正的巫毒。我是否應該冒著可能被騙的風險，將這一對腳買下來？我兒子的婚禮將在兩天後舉行，也許它們會趨除壞天氣。到底該怎麼辦呢？

當我為此琢磨再三時，一直耐著性子在店外等我的妻子忽然變得不耐煩了，叫我快一點。她還有其他想看的東西。我順從地空手離開了這間店。兩天後，在婚禮開始的時候恰好下起了傾盆大雨。我沒有告訴任何人我曾有機會買下一對幸運雞腳，我默默地在心中安慰自己，會下雨也不是我的錯。

無論如何，我認為我們已經從活死人的故事中學到了很多。接下來讓我們花一些時間，認識那些死透了的死者，看看他們能訴說怎樣的故事。

－第12章－

探索者
神經纖維

探索是我們的本性。我們一開始就在探索，現在還是。

——卡爾·薩根（Carl Sagan）

我不是病理學家，但我很確定這人已經死了，光是這散發惡臭的防腐液便是一大線索。當我們拉下亮藍色屍袋上的拉鍊，露出他蒼白的上半身時，我很慶幸他的臉上蓋著一塊布。今天一早我就有點反胃，他那空洞的表情，對我的胃來說可能有點太過難以承受了，所以我很高興不用和他對到眼。

這項任務遠超出我的能力，我很高興一旁有專家指導。卡洛斯·蘇亞雷斯－奎安（Carlos Suárez-Quian）醫師是喬治城大學醫學院的教授。他在學校指導人體解剖學課程已長達十五年，對人體構造可說是瞭如指掌。當我跟他說我對迷走神經很感興趣時，他親切地提出要給我上一堂一對一的課程，為我專門導覽這條在所有神經纖維中最著名，也是最神祕的一種。「中午到解剖實驗室等我，」他跟我說：「別擔心。我們擺了一張輪床給新手！」我實際上不算是人體解剖的新手，過去也曾目睹過病理學家進行驗屍。不過，我還是很慶幸那裡有張輪床可供休息，以免我開始感到頭暈。

現在是中午，我和蘇亞雷斯都到了解剖實驗室。我們穿戴上圍裙和橡膠手套，準備要探索這人的脖子和軀幹，尋找對他來說曾經至關重要的迷走神經。讀到這裡，你可能會問，為什麼迷走神經這麼重要？

人體內有十二對神經纖維，統稱為**腦神經**（*cranial nerves*），而cranial這個英文字源自拉丁文中的cranium，是「頭顱」的意思。既然如此，可能會期待所有的腦神經都位於頭部。確實在那裡都找得到它們……除了第十對（Xth）**迷走神經**（*vagus nerve*），它會到處流浪，是個探索者。[1] 不滿於像它的同伴那樣待在頭顱底部，迷走神經會向下探索，到達人體非常下面的地方。

腦神經在基本上與從脊柱出發的**脊神經**（*spinal nerves*）沒有什麼不同，只是它們源自於頭顱，不是脊髓。多數腦神經起源於**腦幹**（*brain stem*），這是連接腦部和脊髓的神經結構，正如古希臘醫師蓋倫（Galen）所觀察到的那樣。[2] 然而，腦神經中有兩條（I和II）實際上是腦組織外部發出，因此，技術上來說，不算是源自於頭顱（cranial）神經。不過，打臉偉大的蓋倫不太禮貌，所以直到今天，在英文中還是繼續使用cranial一字（我們或許應該放過蓋倫一馬，畢竟他是在將近兩千年前拿那些頭部受到重傷的戰士來進行這些觀察）。

各類腦神經有的是由感覺神經元——從我們的感覺器官向大腦傳遞訊息的神經元——組成，有的則是運動神經元——從大腦傳遞訊息來移動肌肉的神經元——所組成。例如，第一（I）和第二（II）腦神經，就分別是傳送來自鼻子的嗅覺訊息和眼睛的視覺訊息。而第三（III）和第十二（XII）腦神經則分別控制眼睛和舌頭的運動。不過，有些腦神經會同時包含有感覺神經元和運動神經元。[3]迷走神經是就其中一個例子，總共有四條腦神經（V、VII、IX和X）包含兩種類型的神經元。這意味著迷走神經在傳遞動作電位時可以有兩個方向（朝向腦和遠離腦），就像電話線會將聲音訊息傳到雙方的電話一樣。[4]

解剖實驗室目前有幾具男屍和女屍，每具屍體多少都經過解剖。解剖課是由經驗豐富的解剖學家在屍體上進行，好讓剛進醫學院的新生可以檢視這些解剖結構。為了展現出不同的器官系統和身體結構，這間實驗室陳列著不同身體部位遭到解剖的屍體。蘇亞雷斯和我正在檢查的這具屍體上半部已被打開，而且肺部已經切割下來，以便移動。肺部用濕紗布整片覆蓋著，以保持濕潤，並放回體腔內的原始位置。

這是一個完全解剖好的胸部，每個部件都很容易拆卸，好讓學生能夠仔細觀察身體器官的實際樣貌。這樣他們便可以查看和操作立體的實體，這些之前只能在醫學教科書上看到平面的圖像。這讓學生能更清楚地認識將來要治療的器官結構——對有抱負的醫師來說，這樣的解剖學課程是寶貴的學習經驗。

蘇亞雷斯和我為了要全面認識迷走神經，必須深入胸腔。為此，我們得騰出一些空間，將覆蓋在上方的胸部結構移開。蘇亞雷斯抓住貫穿胸部切口的邊緣，連皮帶肉地將覆蓋胸腔的上蓋向後提起，就像翻書一樣，暴露出這具男屍的肋骨。他小心翼翼地抬起之前已經卸除下來的肋骨，放在一旁，然後輕輕地抬起左右肺，把它們放在旁邊。

蘇亞雷斯向我解釋，要追蹤迷走神經的最佳方法就是在頸部那裡攔截它，那邊的神經纖維是一束相對較粗的軸突，直徑跟鞋帶差不多；然後我們可順著它向下，進入胸腔。我們檢視的這具屍體的頸部和胸腔都解剖得宜，處理良好，這就是我們選擇他開始這趟迷走神經旅程的原因。

在上頸部，要找迷走神經相對容易，因為它的走向沿著**頸動脈**（*carotid artery*）移動，這條動脈是將含氧血從心臟運送到臉部和大腦的主要血管。只要按壓頸部的側邊，感受一下脈搏，就可以輕鬆找到你的頸動脈。你所感覺到的是血液在頸動脈中的搏動。迷走神經不會跳動，但是當你以這種方式來感覺脈搏時，也剛好壓在迷走神經上。在上頸部，迷走神經很靠近皮膚，而且很粗，旁邊還有相對較粗的頸動脈結伴。所以我想我可以在頸部找到迷走神經的主幹。不過一旦到達喉結處（咽喉的軟骨），一切就變得難以區分，這就是蘇亞雷斯發揮他專業知識的時候了。

蘇亞雷斯很快就找到了迷走神經的第一條分支，在它還沒離開頸部的地方。就在中喉周圍，一條包含感覺和運動神經元的神經纖維從主神經中分出來。它一路進入喉部（聲帶）和咽部（食道的入口）的肌肉，在那裡，它會控制語言以及偵測喉嚨的感覺。再往下走一點，迷走神經就離開頸部，進入胸腔。

迷走神經進入胸腔後，可以說真的是將意識拋諸腦後，成為**自主神經系統**（*autonomic nervous system*）中的主要神經纖維，這是神經系統中不是由意識控制的部分，主要負責內臟器官的功能，如心跳和呼吸。[5]第一個實例是發生在迷走神經分出獨立的分支，進入心臟和肺部時。如前所述，這具屍體的肺部已經被移除，但蘇亞雷斯指給我看另一條通往心臟的迷走神經分支，這仍然完好無缺。他指出迷走神經是從右心房進入心臟，並進一步解釋這就是何以外科醫師在進行心臟移植手術時會試著盡量多保留一點舊心臟的心房組織。他們想盡可能地保留迷走神經功能，好讓它幫助調節新植入心臟的跳動。[6]

在離開肺部後，迷走神經繼續向下移動，穿過橫膈膜——橫跨胸腔並將胸部與腹部分開的肌肉。為了要更清楚地觀察，蘇亞雷斯和我轉向另一具屍體，當中的腹腔已經過完善的解剖處理。

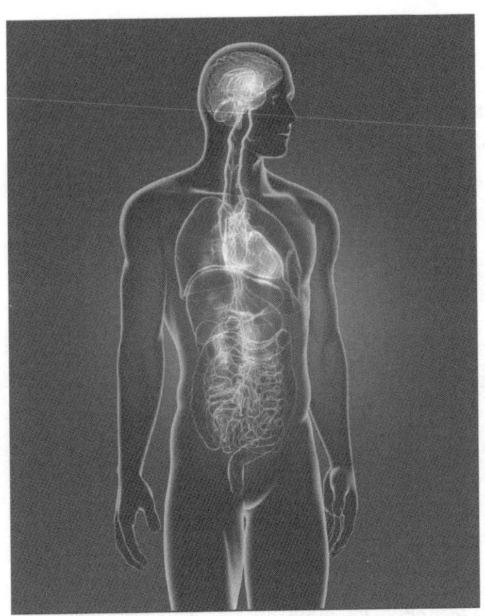

迷走神經

羅馬醫師蓋倫（公元 129—216 年）仔細研究過死傷戰士頭部的解剖結構，發現了一小群神經從頭顱底部進入身體，而不是像多數其他神經是從脊髓進入。這些神經被歸類為腦神經。這當中，稱為迷走神經的第十（Xth）腦神經相當獨特，會從頭部向下延伸到軀幹。迷走神經進入胸腔後，成為自主神經系統中的主要神經，其功能轉變為掌控我們意識之外的調控，負責調節內臟器官的功能。離開胸部的肺臟後，迷走神經穿過橫膈膜進入腹部。一旦進入腹腔，迷走神經的主支脈就會分別向肝臟、胃、胰腺、脾臟、腎臟、小腸和大腸上部伸出分支，將那裡的訊息傳遞給大腦。

圖片版權：Axel Kock-stock.adobe.com

在腹腔中，迷走神經的主幹發出較小的分支進入很多器官，包括肝臟、胃、胰腺、脾臟、腎臟、小腸和大腸（或結腸）的上部。看來迷走神經對內部器官的覆蓋很完善，除了位於腎臟上方的腎上腺、結腸下半部和直腸之外，幾乎沒有器官能脫離迷走神經的控制。換句話說，迷走神經會讓大腦充分掌握下面的狀況，儘管實際上我們不會意識到這部分。

就迷走神經廣泛調節身體內部器官活動這點來看，可推測若是迷走神經出現功能障礙，可能引發相連器官的病變。而且可以肯定的是——儘管缺乏強有力的證據——替代醫學的從業者早已將迷走神經與許多來歷不明或複雜的身體疾病聯繫起來。他們賦予迷走神經一種近乎神祕的色彩，聲稱功能失調的迷走神經是多數疾病的根源。因此，替代醫學從業人員設計出種種按摩手法、物理治療、瑜伽或針灸等療程來處理迷走神經。著重在迷走神經的替代醫學療法，通常是根據一套**多重迷走神經理論**（*polyvagal theory*），號稱這與「自主（神經）系統模型完全不同」。這在時下流行的自助書籍中經常受到推廣。[7]

主流醫學仍然對此抱持懷疑態度，不認為迷走神經療法是治療多種常見疾病的萬靈丹。儘管如此，巴爾的摩的約翰霍普金斯大學醫學院近來的一項研究卻強烈顯示，帕金森氏症這種引起震顫和減緩正常動作的腦部疾病，可能起源於腸道並透過迷走神經從腸道傳到腦部。[8] 將能夠誘發帕金森氏症的神經毒性蛋白注射到小鼠的腸道內，沒多久，牠們就出現了帕金森氏症的症狀。但若是在注射前先切斷迷走神經，就不會出現這種症狀。這顯示毒素會進入腸道的迷走神經分支，沿著神經向上經過胸部，再穿過頸部，最終一路通過迷走神經與腦的連接，進入腦幹。在這些實驗之前，帕金森氏症患者的驗屍結果已經顯示出，他們的大腦問題可能與腸道病症有關，但目前還沒有直接證據能夠證明，腦和腸道疾病是如何產生關聯的。[9] 現在看來，它們可能確實透過迷走神經與腸道疾病相連。

儘管目前沒有證據顯示，那些替代療法對迷走神經的處理，是否真的會對常見疾病產生任何醫學益處，但以電刺激迷走神經確實會為癲癇症患者帶來一定的益處，尤其是那些已經對抗癲癇藥物產生抗藥性的患者。[10] 儘管我們對癲癇所知甚少，但這項發現確實與目前的認識一致：癲癇是由腦電紊亂造成的。也許用電流刺激迷走神經能以某種方式讓大腦的電活動同步恢復。不過現在講腦的電活動還太早，這留待進入故事的後面再討論。目前我們還沒有準備好要進入腦的電輸入和輸出。事實上，我們甚至還沒完成對迷走神經的探索。

蘇亞雷斯向我展示迷走神經是如何沿著與進入腸道的血管相同的路徑前進，隨著不斷地分支與擴散，神經纖維變得越來越細。每條分支的最終點是**神經叢**（*plexus*），這是一團由神經、血管和淋巴組織糾結在一起的構造，無法進行解剖。

不過蘇亞雷斯很快就指出，迷走神經並不是唯一會調節腸道活動的神經。還有其他嵌在胃腸系統內壁的**腸神經系統**（*enteric nervous system*）——在醫學的英文術語中，「enteric」意為「腸」（intestinal），蔓延在整個胃腸系統中。腸神經系統可以獨立於腦和脊髓，自行運作，不過有趣的是，它可以透過迷走神經與自主神經系統溝通。顯然，在腹腔中沒有什麼能逃得過迷走神經的掌握。

到此，我的迷走神經之旅算是結束了，我很慶幸能有機會這樣近距離地親眼觀看這條重要的神經。我很感謝蘇亞雷斯擔任嚮導，也很感謝那些捐獻遺體給醫學教育的人。他們可能已經死了，卻沒有停止奉獻。事實上，就在今天，這些大體就要迎接更多好奇的一年級醫學生。能夠觀察這些遺體，會讓他們成為更好的醫師。[11]

密切觀察迷走神經很是有趣，也同時會得到很多資訊。但是，這就跟卡哈爾在顯微鏡下觀察和繪製死亡的神經元一樣，能夠學到的很有限；畢竟死亡的神經纖維不再具有功能，能夠告訴我們的也不多。現在，讓我們前去探索在活人體內正常發揮功能的神經纖維，看看它能教給我們什麼。不過，要做到這一點，我們得換一條神經。迷走神經位於體腔深處，而且就我們的目的來說，顯然沒有必要弄得太過複雜。我們需要更容易觀察和操作的，而**尺神經**（*ulnar nerve*）剛好符合這項需求。

尺神經是手臂內由運動神經元組成的神經纖維，它的分支附著在前臂兩塊不同的肌肉上。[12]要轉動門把來開門時，你的大腦會透過尺神經將這些指令訊息發送到手臂。那裡的神經在接收到腦部傳來的訊息後，就會根據這些訊息刺激適當的肌肉收縮。

尺神經不屬於腦神經這一類，也就是說，傳給它的訊息來自脊髓，而不是直接從腦幹到達手臂。尺神經起源於**神經根**（*nerve root*），那裡是神經從脊髓出發的位置，位於脊柱的頸部（cervical）區。[13]但它不像迷走神經那樣從頸部進入軀幹，而是直接從腋窩（axilla）直達前臂。尺神經還有一點也和迷走神經不同，它不屬於自主神經系統，因此在很大的程度上是受到意識的控制。通常它是由我們的意識所控制，不過接下來很快就會提到，它有時也可能逃脫我們的控制。

我們其實對尺神經頗為熟悉，在英文中還有個暱稱，叫做「怪骨頭」（funny bone）。大家都曾因為撞到手肘內側而感到前臂有股奇怪的刺痛感，這實際上與任何骨頭都沒關係，而是尺神經遭到撞擊所造成的痛感。尺神經就在那裡的皮膚下方，從手肘一路向下到前臂，進入手掌。

一旦到達手掌，神經就會分裂成細支。兩條靠近表皮的分別進入無名指和小指。如果你有在騎自行車，而且是像我一樣騎那種帶有下把位的，可能已經遇過在騎一段時間後這兩根手指會出現暫時麻痺的情況，這情況稱為**騎士麻痺**（*cyclist's palsy*）。這是因為當你下拉手把時，會壓迫到位於體表淺層的尺神經，因為那裡就是它進入你手掌的位置，若是出現這樣的手麻情況，表示是時候要換副新的附有襯墊的手套了。尺神經會不斷分支，深入延伸到手掌上大部分的肌肉，這就是我們能夠張開手指的原因。[14]

正如之前所提，尺神經是控制人類前臂和大多數手掌肌肉的部分動作，因此在實驗上，這相當於是青蛙腿中的坐骨神經。坐骨神經和尺神經都包含運動神經元，運動神經元會告訴肌肉該做什麼。用電刺激青蛙的坐骨神經，牠的腿部肌肉就會抽動；用電刺激尺神經，前臂和手部肌肉也會抽搐。因此，有可能在人類身上以尺神經來重現伽伐尼的蛙腿實驗。再者，多數人類也比青蛙更服從指令，所以不需要斬首後才能進行實驗，以確保牠們在過程中都乖乖地留在原地。（不過，正如之前提到的，喬瓦尼．阿爾迪尼所發現的，在電學實驗中同樣也可用剛遭到斬首的人類）。

因為尺神經就在皮膚下方，所以用簡單的黏附性電極，貼在皮膚上，就能夠對尺神經進行電刺激，無須以細針刺穿皮膚，進入神經。皮膚電極就像是電化學中的探針，能夠將軸突在神經纖維中用於發送動作電位的離子電流轉換為電子設備所需的電子電流，也可以反其道而行。因此，在操作上非常方便，可用皮膚電極來偵測神經的動作電位，並產生電子輸出，或者可以接收來自電子設備輸出的電子，然後啟動神經中的動作電位（我們將在第13章詳細討論皮膚電極是如何做到這一點的）。

如果將一對皮膚電極連接到手肘附近的尺神經上，進行電刺激，受試者的前臂就會向內猛拉，神經學家稱之為「尺偏移」（ulnar deviation）。[15]由於外部的電刺激遠比腦部發出的正常神經訊息來得強，受試者無法以自己的意識來停止這樣的抽動，因為外部的電訊號澈底壓倒了腦部電力相對較弱的訊息。

同樣地，使用相同類型的皮膚電極，可以偵測到來自大腦發送的正常動作電位，這是一種微弱許多的電訊號，這些訊號會透過尺神經從手肘到達手腕。[16]皮膚電極甚至可以用來測量動作電位通過尺神經所需的時間。如果一個人的大腦發出移動前臂的命令，那便可以測量動作電位的速度，並將其與前臂的運動進行比對。這樣便測量到通過尺神經的動作電位傳輸速度是每秒八十公尺，這非常接近兩百年前赫曼・馮・亥姆霍茲的量測結果，他當時測出神經訊息通過青蛙坐骨神經的速度為每秒二十七公尺。[17]

你現在可能覺得很奇怪，何以測量尺神經傳遞的電訊息這麼容易，但是之前在測量烏賊軸突那微弱的動作電位時，卻是困難重重。首先，這其實也不是很容易。就像烏賊的軸突那樣，要偵測尺神經的電訊息需要一個放大器，儘管相比之下確實簡單許多。話雖如此，在尺神經中實際偵測到的電訊息，是結合數千個運動神經元軸突同步發出的訊號。穿過神經纖維的組合訊息要比一個軸突單獨傳遞的訊息強得多，因此更容易透過皮膚偵測到。儘管如此，這仍然是個非常微弱的訊息，在我們一般身處的充滿種種電訊的環境中有許多環境噪聲，在這其中偵測到想要量測的神經訊息，排除掉其他外源性的電訊息，其實也是一大挑戰。

然而，有一種相當聰明的策略可以單靠皮膚電極，就能輕鬆偵測到尺神經相對微弱的訊息。只要將電極放置在尺神經調節的肌肉上，而不是神經本身，收縮的肌肉會將訊息傳播到更廣泛的皮膚表面，有效地加以放大，因此皮膚電極能夠更容易地偵測到。在這個例子中，收縮的肌肉組織就好比是生物性的「前置放大器」，能夠將神經動作電位的訊息增強，足以透過皮膚接收，並且傳給電訊放大器，進行放大和分析。這種測量神經標靶肌肉而不是神經本身訊息的策略，讓整個訊息偵測過程變得容易許多。[18]

我不會說將偵測電極放在標靶肌肉上的過程，讓測量尺神經電活動的操作變得很容易，就像玩遊戲一樣……但也差不多了。事實上，為了要進一步研究尺神經的運作，我們需要從醫學院回到高中。幸好，我們不必走得很遠，離喬治城醫學院最近的高中就在附近。

喬治城訪問預備學校（Georgetown Visitation Preparatory School）是一所私立的天主教女子中學，就位於華盛頓特區裡歷史悠久的喬治城街區。[19]這間學校正在積極發展STEM的教學計畫，這是一個著重在科學（Science）、技術（Technology）、工程（Engineering）和數學（Mathematic）培訓的課程。STEM教育課程有助於幫助學校的女同學在畢業時，能與應屆的男性畢業生站在相同的科學起跑點上。科技領域一直以來都有女性參與比例偏低的問題，這所學校試圖透過這類課程，鼓勵更多學子從事科學相關的生涯，來解決這個問題。真的是太棒了！這間學校還要求他們所有的新生都要修習「概念物理學」（Conceptual Physics）的課程。這是為什麼呢？因為這裡的教師相信「物理學會為女孩奠定紮實的化學和生物學基礎」。真是令人忍不住再一次叫好！

這樣一間學校會提供許多科學先修課程（advanced placement，簡稱AP），當中甚至包括對電學和神經科學的某些研究，這可能並不讓人多驚訝。他們的科學課程中包括實驗課，而且實驗課中還包括電學和神經科學的實驗，這一點也還不太讓人感到驚奇。可能真正讓人感到驚訝的是，這些實驗室課程將電學部分的操作與神經科學的結合起來。這無異於將這兩個主題在學生的腦中連結起來，並且展現出它們與日常生活的相關性。

我在這所學校的聯絡人是科學教師南西・考丁（Nancy Cowdin），她擁有神經科學的博士學位。我告訴她，我聽說她的實驗課會讓學生用自製的電訊放大器在她們的尺神經上做實驗。我想請教她這傳聞是否屬實。她證實了這項消息，並邀請我下次上課時來參觀。我滿心感激地接受了她的好意。但是我決定在那之前先做些回家功課。

考丁在她的神經科學實驗課中，有使用一些從「後院腦力開發」（Backyard Brains）購買的教具組。這是一家總部位於底特律的公司，由兩位密西根大學神經科學系的畢業生所創辦。這家公司懷有一個非比尋常的使命，想要將神經科學的教學向下扎根，一路延伸到大學部，甚至是高中層級。[20]正如其聯合創始人提摩西・馬祖羅（Timothy Marzullo）和葛瑞格瑞・凱吉（Gregory Gage）所言：「神經科學具有獨特的定位，這個有趣的領域結合了生物學、物理學、電學、健康和數學模式，可以當作吸引學生的「模式學科」（model discipline），進而改善他們在STEM相關領域的學業表現。」[21]不過神經科學尚有許多障礙需要克服。

具體而言，這間公司的聯合創辦人認為，電子設備的高成本一直以來都是早期學校教育在教授神經科學的主要障礙。馬祖羅和凱吉認為，神經科學的概念對於中小學生來說都是可以理解的，甚至可能會讓他們覺得興致盎然。但最大的障礙是要購買和操作這些複雜和昂貴的實驗設備，這導致神經科學的教學一路被推遲，直到進入大學。這對學生和神經科學這個領域都不是好事。不過降低成本這項障礙並不是激勵馬祖羅和凱吉創辦公司的唯一因素。他們說這「也是因為手作活動可以促進學習」。而且這不僅僅是他們的看法而已，這背後是有科學數據支持的。[22]

那這公司提出怎樣的解決方案呢？這是一套讓學生用DIY電子設備來親手組裝神經科學實驗所需的設備。[23]這樣一來，等於是一石二鳥。一方面可以讓學生同時學習電學和神經科學，另一方面他們還同時學到兩者間的關聯。畢竟，伽伐尼和伏打不就是這樣開始的嗎？

所幸，今天的神經科學領域的學生都擁有比伽伐尼和伏打還多的優勢，他們有各式各樣的商用發電機、電池和電子元件可供使用。不過一直到最近，組裝這些組件的研發工作才開始獲得期望的結果，這並不是一項簡單的任務。即使是最簡單的電學實驗設計也需要有電子工程師的協助。換句話說，即使是相對簡單的電子產品也難以做到使用者友好的程度，而且在許多人眼中，這正是科學家和工程師進入電學領域的主要障礙。這樣的學習曲線實在太陡峭了。不過有一群電子工程師找到了轉圜之道，在很大的程度上他們其實是直接繞過這個問題。他們發明了一種使用者友好的產品，還給它取了一個好聽的名字：Arduino（發音為//R-DWEEN-O//）。

Arduino讓業餘愛好者，包括那些年紀非常輕的人，也可以輕鬆構建出複雜的電產品。現在，即使是年幼的學童也能夠發明和打造出電子設備，從玩具和遊戲開始，但很快就會轉向更為複雜的計畫。有一群創意十足的小孩將他們的樂高——那些源自丹麥的塑膠積木——與他們的Arduino電路結合起來，創造出大量不同種類的機器人。[24]

但Arduino究竟是什麼？

Arduino是**開源電子平台**（*open-source electronics platform*），可用於構建小型電子設備。平台提供大眾免費的硬體和軟體程式，使用者可以按照自己喜好來加以修改。Arduino平台從本質上來講相當於一塊小型電路板——可以算是**微控制器**（*microcontroller*）——搭配上可在任何筆電中執行的軟體，即所謂的「集成開發環境」。[25]這套軟體允許用戶編寫電腦編碼指令，並將其上傳到微控制器。

Arduino平台的誕生（二〇〇五）僅比「後院腦力開發」（二〇〇九年）的創辦略

早。這項技術源自於埃爾南多・巴拉甘（Hernando Barragán）的博士論文。這位哥倫比亞的研究生就讀義大利伊夫雷亞（Ivrea）的互動設計學院（Interactive Design Institute），這座城鎮就在都靈附近。巴拉甘的論文題目是〈Arduino——開放硬體革命〉，就一項博士研究計畫來說，這個題目相當大膽。不過，這確實是場革命，而且這份研究也催生了這一場革命。

巴拉甘和他四位工程師酒友費盡心力地設計出一個小型、輕便且便宜的電子布線平台。他們最終的結果甚至超越原先低價的目標——基本上這是免費的。這終於滿足了他們長期以來想要滿足的特別需求，提供一種普世通用且價格低廉的電子平台。過去一直認為缺少這樣的平台是電學進步的障礙，而隨後廣為流行的Arduino也是產生推波助瀾的重大效果。這也對STEM教育計畫有裨益，解決了傳統電子教學實驗室中經常遭遇的許多障礙。[26]

至於為何會有這樣古怪的名字，其實這背後也有個小故事，Arduino實際上是巴拉甘和他的同事進行腦力激盪的酒吧。這家酒吧的名稱來自於一位名叫伊夫雷的阿德溫（Arduin of Ivrea）貴族，在一〇〇二～一〇一四年間，義大利還是由國王統治時，他曾在當地擔任軍事指揮官。推出這項技術後，這間酒吧也因而聲名大噪，最近還推出一款名副其實的新口味調酒，這是利用Arduino打造出來的雞尾酒電子調酒機「沉醉者」（Inebriator），調配出名為「巫毒」的新酒——當中混合椰子蘭姆酒、咖啡利口酒和牛奶（幸好不含河魨毒素）。[27] 誰說工程師都是書呆子？

後院腦力開發公司就是以Arduino平台來打造他們的產品。他們將微控制器以及稱為**屏蔽**（*shield*）的特製電路板層層堆疊，設計出各式各樣的**生物放大器**（*bioamplifier*），這是用於電生理學操作的一種標準電訊放大器。

後院腦力開發公司將他們這個小型生物放大器稱為**電訊盒**（*SpikerBox*），因為這種小型的盒狀放大器約莫一副紙牌大小，可用來圖像化神經纖維的動作電位，在筆電或平板電腦的螢幕上顯示出電壓隨時間的變化，以及突然出現的「峰值」。電訊盒還可以將來自神經纖維和肌肉的微弱電訊，放大到足以讓標準電表測量的程度。最棒的是，他們在設計這些生物放大器時也有考慮到青少年。一般來說，青少年學生拿到的會是一塊Arduino板和一袋電子元件，而且不用花多少時間，可能比看一場超級盃（Super Bowl）還短，就可打造出一個靈敏度不錯的電訊盒，足以偵測、放大和測量自己身上神經纖維傳遞的微弱電訊。

去這間學校參訪的這天終於來臨了，我也準備好了。考丁的班級將要進行尺神經實驗。我在課程開始前不久到達，考丁向我簡介了即將要上課的內容。她告訴我，在之前的實驗課中，學生已經用她們的Arduino電訊盒測量過蟋蟀腿的動作電位。那個實驗需要用冰冷的水來麻醉蟋蟀，將其固定在一塊板子上，然後將兩根細針般的電極插入後腿的兩端。四處移動電極，學生便能夠找到神經在腿內的位置。每次成功定位神經迴路時，都可以在筆電上看到蟋蟀腿部神經所產生的動作電位。

今天的實驗材料超越了蟋蟀，她們會用相同的方法在自己的手臂上測量動作電位，只不過這次不會麻醉，並且改用黏性皮膚電極而不是細針。學生發現了類似的動作電位，這與蟋蟀的動作電位沒有太大的區別。

今天的實驗將她們的認識提升到另一個層次。就跟之前的方法一樣，用這個電訊盒可以偵測到學生前臂的動作電位，只是這次的電訊號會被放大到更高的電壓（回想一下之前所提的騾子的比喻），並經過路由器，傳到另一個學生的前臂。說得更具體一點，放大後的訊號將會被送到放在尺神經上方皮膚的電極上。電極會將這放大的訊息傳到尺神經，這時，尺神經便會因這個刺激而啟動自身的動作電位，從而觸發這位學生前臂肌肉的收縮。如此一來，兩位學生的前臂就會同步運動，其中有一位能夠控制手臂的運動，另一位則無法反抗，因為來自外部的強烈電訊號會壓過她腦部發出的微弱內部訊息。

上課鈴聲響起，學生進入實驗室。考丁告訴她們今天有位訪客要來觀察她們做實驗。那就是我。我做了自我介紹，並告訴她們不要管我，我只會在實驗室裡走來走去，問一些問題。

學生一共分為五組，各自獨立操作，每組有三、四個學生。我從一組換到另一組，觀察她們並提出問題。我注意到，有些學生會很想要當控制者，而受控者的角色則不太受青睞。學生都知道刺激尺神經會產生輕微的電擊感，因此都不太願意體驗這種感覺。[28]但總之，每一組都至少決定出一名志願者，之後就將控制者和受控者的電路連接起來。其餘的學生則負責記錄數據。

剛開始時發生了一些不幸的錯誤和電腦故障，但很快地，每組都準備好了。第一項任務是調整電輸出的放大訊號，要產生足夠的電流來引起受控者肌肉完全收縮，但不致於會到帶來不必要的強烈電擊感。在完成後，每組開始進行最初的測試。

擔任控制員的學生必須屈曲她們與尺神經相關的肌肉。正如之前所提過的，這些肌肉位於前臂下側，介於手肘和手腕中間，當這些肌肉完全收縮時，會將手腕彎曲，將拳頭向內拉（若是你曾經玩過比腕力，就會知道這些是你用來壓倒對手的肌肉）。

擔任受控者的學生只需要放鬆她的手臂。尺神經主要是運動神經，因此當尺神經接收到來自控制者的電刺激時，它會啟動動作電位，命令受控者這塊相同的前臂肌收縮。

我注意到受控者對手臂不自覺的收縮反應都很一致，她們全都睜大眼睛，驚訝地笑著。儘管早已知道會發生什麼，但是對於將自己手臂的控制權交給別人，還是感到有點「神經緊繃」。她們會試圖抵抗這樣的動作，但不成功；發送的電訊息太強，早已蓋過她們腦部發出的神經訊息。[29]

而且這個實驗不只是唬人的噱頭，不是像過去的「飛行男孩秀」一樣，只是用來娛樂的表演。這是嚴肅的科學。而這意味著必須要提出一個假設來加以檢驗。果然，考丁要求每一組提出一個可以用她們的電訊盒設置來測試的假設。

有一組推測控制者手臂的神經訊息可能會受到前臂溫度的影響，也就是手臂內神經的溫度。畢竟，蟋蟀的神經系統不是因為浸在冰水中而被抑制了嗎？這意味著寒冷會減緩神經訊息的傳送。於是她們決定要用電熱墊來預熱手臂，並且用冰塊水來預冷手臂，然後進行比較。由於她們都知道電和水的組合可能有安全疑慮，於是還採取特別的預防措施，將加熱墊和電子設備都擺在離冰水區較遠的地方。她們的假設是，預熱過的手臂會產生更強的神經訊息。而且她們也知道應該用同一隻手臂來進行溫度比較，以免在她們的數據中增添變數，多了不同手臂間的個體差異。

還有一組認為，來自於慣用手的神經訊息應該比非慣用手的訊號來得強。當我問她們為什麼會提出這樣的假設時，她們告訴我優勢手臂應該更強壯，因為使用的時間較多，因此應該會產生更強的訊號。這聽起來也相當不錯。她們決定比較這一組所有成員中慣用手和非慣用手的神經訊號。

不過，最讓我感興趣的一組認為，控制者的手臂是否移動都與訊息傳遞無關。她們認為光是試圖要移動手臂就足以向受控者發送完整的訊息。她們的實驗設計是分別去看在限制和不限制控制者的手臂運動時，受控者的手臂是否會產生相同或不同的反應。

這組有三個學生，分別是伊莎貝拉、凱特和艾瑪。凱特是控制者，艾瑪是受控者。在第一次試驗中，凱特的手臂可以隨意活動，當她彎曲前臂時，艾瑪的前臂如預期地同步移動。但在第二次時，伊莎貝拉用力將凱特的手臂按在桌上。現在，當凱特試圖移動她的手臂時，她無法動彈，但艾瑪的手臂仍有動作。因此，這一組等於是將控制者的動作與受控者的分開。

艾瑪說，她在這兩次試驗中的感覺是相同的，她的手臂都會不由自主地動作。凱特表示，在第二次試驗中，她可以感覺到肌肉因被壓住而產生的緊張感，但由於壓制手臂的力量太大，所以她的手臂無法移動。最後，這組的結論是，只需要有移動手臂的意念，就足以將神經訊息發送到前臂的肌肉。凱特的肌肉實際上並不需要收縮，造成前臂的完全彎曲，也能將訊息傳送到艾瑪的手臂。

鈴聲再次響起，實驗課結束了。當學生在離開前清理實驗室時，考丁告訴她們要想一下在實驗設計中遇到的問題，並試著改進收集數據的方法。有一組說，若是她們拿一個秤來測量收縮手臂施加的力量，可以更有效地量化手臂收縮程度。考丁讚揚她們的創意，並告訴她們在下次實驗課時嘗試用這種方法來複製他們的發現。

當女孩們準備離開時，我問伊莎貝拉、凱特和艾瑪她們打算在上大學時主修什麼科系——三個都即將畢業。伊莎貝拉說她想主修天文學，或者是讀建築系。凱特說她對生物學很感興趣，但還不清楚要讀什麼。艾瑪說她想做跟健康有關的，也許是當醫師，但也可能是其他方面。我謝過她們，並祝她們一切順利。而且我很確定她們都會很適應。她們已經做好在大學讀科學的準備，倘若能繼續保持這方面的興趣，想必會有傑出表現。

這間喬治城訪問預備學校當然不是典型的美國高中，這一點我想我們都心知肚明。它確實是給美國精英階級讀的預備學校。而這自然產生了一個問題：考丁這套藉助後院腦力開發公司產品設計的電學和神經科學課程，能夠轉移多少到普通高中？當我向考丁提出這問題時，我對她的回答感到非常驚訝。「全部！」考丁說。

她解釋道，所有的學生，無論其學校環境如何，天生都對人體和人類行為感興趣。學習神經系統無異於提供學生一扇窗，讓他們認識身體是如何控制我們的思維、反應和行為模式。因此，這類型的神經科學實驗會吸引學生的興趣，提高他們在學習過程中的參與度。考丁說，多年來她和其他足智多謀的高中教師一直在五金雜貨店和自家廚房中，為教學實驗室尋找所需的材料。現在與過去最大的差別在於，科技設備，如後院腦力開發公司的產品，其價格變得越來越親民，種類也不斷增加，這激發了各級學校，不論資源多寡，提升了科學實驗的興趣，創造出無限可能。

我同意考丁的說法。前面曾提過，由於是採用DIY的方式來製作實驗所需的生物放大器，因此實驗成本相對低廉。[30] 而低成本有助於教材的普及。多年來，我一直擔任「新興科學人才計畫」（Regeneron Science Talent Search）的審查人，曾經看過許多高中生提出一些令人驚嘆的計畫。[31] 但我必須坦承，那些計畫寫得最好的學生往往是可以用到昂貴科學設備的。那些無法使用所需設備的學生確實處於劣勢，因為這限制了他們提出和回答有趣科學問題的能力。DIY電子套件這類產品有助於創造公平的競爭環境，讓學生的才能成為競爭的主要因素，而不是由他們是否能夠使用昂貴設備的機會來決定。

那教職員的專業知識有辦法勝任這樣的課程嗎？一般的科學教師會具備使用Arduino來製作，以及用後院腦力開發公司的材料來進行實驗所需的技能嗎？畢竟，沒有多少高中理科教師擁有神經科學博士學位，這是一項需要考慮的重點。不過，同樣地，這似乎也不至於構成太大的問題。考丁注意到有越來越多可供教師搜尋的網絡資源，用於教授神經科學概念的課程規劃，以及展現神經系統的電特性。教師不用獨自一人面對。考丁相信其他科學教師也能應付自如。她認為，若是學校提供教師足夠的時間來開發課程，並提供實驗所需、相對便宜的設備，那麼無論是否擁有博士學位，教師都可接受這樣的挑戰。

從事教職多年，考丁知道她自己在說什麼。她解釋道：「我曾在低收入、貧民區學校和私立學校任教，我覺得在喬治城訪問中學所上的課程，其實也很適合教給所有學生，而且對他們會很有益處。這種手動實作的學習方式是我們需要在學校努力增加的。」她說得完全正確。

學生勢必會從後院腦力開發的這種人—人介面中學習和自娛，這一點很容易看得出來，但要如何將這項科技轉化到日常生活中呢？也許最適合回答這問題的是學生本身。而這正是馬祖羅和凱吉所做的。他們對學生進行意見調查，問他們認為這種科技可以提供什麼價值，最常得到一個答案是以神經邏輯驅動的電子義肢。他們的想法是，可以由此設計出一個人機面，取代原本的人-人介面，這樣移動手臂的神經訊息就不會是傳送到另一個人的手臂，而是傳至機械手臂。因此，後院腦力開發公司推出了另一款教學實驗室產品「駭客手」（HackerHand），向學生展示這種人機界面的運作原理。那是一個塑膠材料的手模，可以由一個人前臂的神經來控制。[32]

若是生物醫學工程師真的能發明出這樣一隻人造手掌，甚至是整條前臂，那對於失去前臂但仍保有上臂神經功能的人來說，無異是個很棒的選項。大腦發送到失去的前臂的訊息可以被放置在上臂的電極所截取，經過放大後傳送到機械前臂，執行過去前臂的基本功能。確實非常具有未來感……或者其實已經是可達成的？

接下來，讓我們快速瀏覽一下神經修復術的現狀，以及其目前在改變截肢者生活的實際應用。我們期待很快看到新產品，也許就是來自今天的高中生的未來研究。

－第13章－

交錯的電路

神經義肢

哦，神經！神經！這就是名喚為人的機器的奧祕！

——查爾斯·狄更斯（Charles Dickens）

住在俄亥俄州坎頓（Canton）的梅麗莎·魯米斯（Melissa Loomis）非常愛狗，甚至會去當地的狗收容所當義工。二〇一五年某天早上，當她心愛的狗在後院與浣熊出現衝突的時候，她趕忙跑去處理，希望能救出這些狗，避免牠們被可惡的浣熊咬傷。這場騷動結束後，狗和浣熊都沒受傷，但魯米斯卻不幸出事了。浣熊咬了她的右前臂手腕，造成兩處傷口。然而在接下來的幾個禮拜，沒想到這些傷口出現嚴重感染，恐怕得將她的手臂截肢才能挽救她。最後她付出巨大的截肢代價來保住性命。[1]

魯米斯不是少數遭遇這種失去肢體痛苦的人，有很多人都和她有類似的情況。光是在美國，就有超過兩百萬人至少失去了一條肢體，而且根據預測，到二〇五〇年將有三百七十萬人遭到截肢。全球來看，每年約有一百萬新增的截肢案例（換個說法，就是每三十秒就有一人遭到截肢）。[2]

儘管目前的器官移植，甚至是臉部移植，都能挽救生命，減輕許多人的傷害，但肢體移植帶來的挑戰更為特殊，因為這牽涉到連接許多不同類型的組織，而排斥移植肢體的威脅非常大。就截肢者的數量，以及捐贈肢體移植的諸多障礙來看，這些令人難過的事實顯示出裝置義肢是多數失去肢體者的唯一補救措施。

義肢已經問世很長一段時間。在義大利卡普阿一座墳墓中發現的**卡普阿腿**（*Capua leg*），可追溯到公元前三百年左右，是目前已知最古老的義肢。它是由青銅製成的，這就是為何它可以完好無損地保存兩千多年的原因。[3]但製作義肢的技術並沒有太大的進展，直到十九世紀，才有超越卡普阿義肢的技術出現。美國內戰（一八六一～一八六五年），即俗稱的南北戰爭，大幅推動義肢工程的進步，引發了一場革命。

當時大量退伍軍人從戰場返回家園，需要裝置一個或多個義肢，這大幅增加了製造和改進義肢產品的需求。[4]聯邦政府又允諾要補貼所有需要義肢的聯邦退伍軍人，每人可申請的補償金上限為七十五美元（價值相當於是二〇二〇年的兩千三百美元，約合台幣七萬元）。這項政策進一步刺激義肢製造（作為對抗聯邦政府的懲罰，國會認為南邦聯軍的退伍軍人沒有資格獲得補償金）。總之，資金的湧入刺激了研發更好用的新義肢的浪潮。在一八六一～一八七三年這段期間，美國專利局頒發了一百三十三項的義肢專利。[5]不幸的是，多數義肢的改進都著重在美觀而不是功能。由於在當時身體缺陷是一項恥辱，許多義肢的設計只是為了掩飾身體殘缺，而不是取代肢體功能。[6]而且沒有一個義肢是電動的。

今天，戰爭仍在推動義肢的需求。戰地醫療的改進，再加上使用了保護軀幹但不保護肢體的防彈背心，這導致更多的軍方人員，在嚴重戰場傷害中倖存下來，但難逃肢體截肢的命運。在美國內戰期間，三分之一的軍人在截肢手術期間或之後不久就死亡，但現在截肢者的生存機會要大得多，這又進一步推動了對義肢的需求，以幫助這些在過去可能難逃死劫的退伍軍人。

對今日的截肢者來說，他們更想要的是恢復肢體功能，而不是隱藏他們的傷勢。聯邦政府再度推動義肢研究的進步，主要是由國防高等研究計畫署（Defense Advanced Research Projects Agency，簡稱DARPA）來資助當今的多數義肢研究。現代義肢的研製目標是盡量模擬天然肢體的運動，以及自然地控制肢體，甚至讓截肢者用意念來驅動義肢的運動，就像過去控制原本的肢體那樣。心智控制？有可能嗎？義肢研究中的**神經義肢學**（*neuroprosthetics*）便是著眼於將人類神經系統與電控的機械肢體相連起來的領域。[7]

試想一下。你因為某種意外或疾病而遭到截肢，失去前臂和手掌，不再使用你的尺神經。在心智上，你的大腦知道沒有手臂了，但當你想要移動手指時，它仍然會向你的尺神經發送訊息，這是一個自然的反應。從大腦傳到前臂的動作電位在被切斷的神經末端就戛然而止，因為之後便沒有可以接收訊息的地方，大腦訊息無法傳遞，徒然浪費了來自大腦的指令。

但要是我們將大腦發給尺神經的訊息重新導向，回收利用呢？好比說，將這些訊息轉移到一個電子設備上，傳到在義肢中的一小塊電動機械「肌肉」中，這樣大腦下達給無名指和小指的移動命令，就會經由尺神經傳給義肢的無名指和小指，使其有所動作。這可能會有用。不過，光是靠無名指和小指很難撿起東西。不信的話，可以試試看。你會發現能夠將東西按壓在手掌上，但無法真正抓住，還需要其他三隻手指的協助，尤其是大拇指，這樣才能讓義肢的手掌自然抓握。而要讓這三根手指動作需要**正中神經**（*median nerve*）的訊號輸入，這是手臂中的另一條主要神經。

就像之前提到迷走神經的主幹是沿著頸部的頸動脈那樣延伸，正中神經的主幹也是沿著手臂中的主要動脈肱動脈行走。按壓手臂下方靠近腋窩的位置，便可以感覺到肱動脈的搏動。要按用力一點，這條血管的位置比較深層。在這個位置，肱動脈和正中神經並排在一起。動脈和神經會沿著手臂一起向下，直到抵達手肘正下方，在這裡動脈和神經便分道揚鑣。正中神經會通過手腕向手指前去，這時它會穿過**腕隧道**（*carpal tunnel*），腕隧道是一條內襯有骨骼和韌帶的狹窄通道。[8] 正中神經在腕隧道處受壓就會導致腕隧道綜合症，這是一種類似騎士麻痺的神經系統疾病，差別只是它造成前三根手指的疼痛，而不是後兩指。

可以看得出來，尺神經和正中神經會協同合作，閉合所有手指。既然如此，為什麼不能重新調整尺神經和正中神經的傳導路徑，改去控制義肢上的五根機械手指的動作呢？但是，即使我們能夠同時調度尺神經和正中神經，義肢的運作仍然很侷限，因為手的功能遠超過手指閉合這樣簡單的動作。若是想要完全模擬手部的動作，還需要招募手臂上的第三條主要神經：**橈神經**（*radial nerve*）。尺神經和正中神經控制的是手指的閉合，而橈神經則負責張開手指和伸展手腕。因此，的確是需要一次動用這三條神經——尺神經、正中神經和橈神經——才能讓前臂和手指自然地動作。也就是說，要完全控制假臂的動作，必須要同時調度這三條神經。

要重新調度手臂中的三條主神經可沒那麼容易。不過，一旦能夠動用這三條神經，義肢將擁有幾乎與自然手臂和手掌一樣的運動自由度。[9] 這樣就成了一個有用的義肢。不幸的是，要實現這個目標，必須克服一大挑戰，要能夠偵測到來自手臂神經的訊息，然後將其轉換為**可機讀**（*machine-readable*）的訊息，也就是義肢中的機械設備可以解讀的訊息形式。

最初在第10章開始討論動作電位時，曾經提過神經系統的電訊息是由大

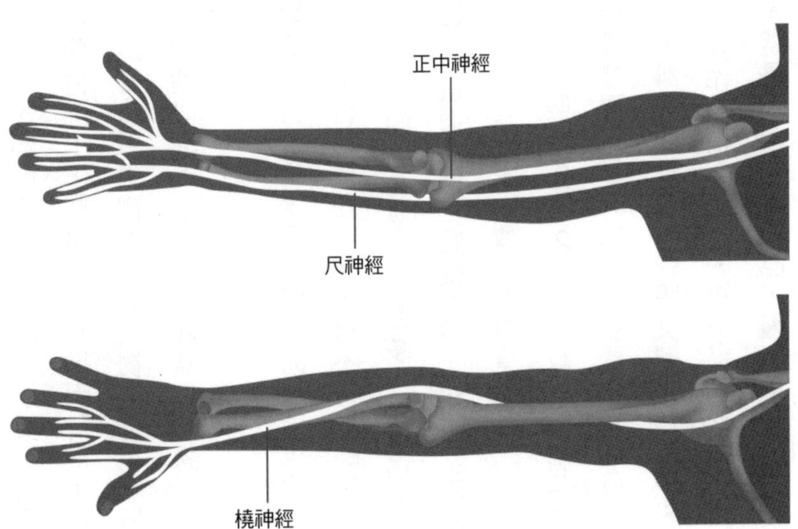

手臂中的主要神經

手指運動和觸覺需要手臂的三條神經參與：尺神經、正中神經和橈神經。對於下臂截肢者來說，這些神經因為被切斷而不再起作用。但是被切斷的神經會產生一種稱為「幻痛」（phantom pain）的現象，截肢者會感到好像來自下臂部分的慢性疼痛。以外科手術將這些神經末端重新導向到其他標的組織通常可以緩解幻痛，甚至可以讓神經獲得新的功能，比方說，驅動電動機械義肢的運動，以及回復一些指尖觸覺。

量陽離子在受控的狀態下，穿過神經元細胞膜所傳播的。這與絕大多數非生命世界的電傳導有著根本上的差異，在這些情況下，電訊息通常是因為電子通過電線移動所造成的。若是用電腦的術語來說，這意味著生物電和非生物電是在兩種截然不同的平台上運行，也可以說它們兩種的「硬體設備」不同。因此當你想將這兩個電平台連接在一起時，就會出問題。

乍看之下，這兩種毫無關聯的平台幾乎是無法跨越的技術障礙，難以將它們連接起來控制義肢。畢竟，要將這兩個平台連接在一起，可不是把神經纖維的末端和電線的末端連接起來就可以搞定的，真正的工程要複雜許多。在生物電和非生物電系統間，需要某種「橋接」（bridge），這通常稱為**腦機介面**（*brain-machine interface*，簡稱ＢＭＩ），這是設計來在兩個不同平台間來回傳遞電訊息的。[10]

以電腦工程的專業術語來說，介面（interface）的定義是一個共享邊界，能夠跨越兩個截然不同的元件或系統，交換雙邊訊息的地方。腦機介面是種特殊類型的介面，好比中繼站，在接收源自於腦部的神經訊息後，會將其轉化為電子訊息，然後傳到由電腦控制的電子設備，成為執行動作的指令。[11]換句話說，腦機介面的主要作用就是將離子電流轉變為電子電流，這是一項關鍵功能，因為電腦化的設備只能使用電子移動所產生的電流。不過，在實際運作上，最好的腦機介面的訊息傳遞方向剛好與此相反，是將電子電流完好地轉變為離子電流，好讓訊息進出腦部。

腦機介面有多種形式。之前講高中神經科學實驗室時曾提到皮膚電極，這就是最簡單的一種腦機介面。皮膚電極是片金屬圓盤，約有一枚硬幣大小，一側塗有電解凝膠塗層。當用膠帶貼在皮膚上時，就形成了一個好比果醬三明治的東西，只是一邊的麵包由皮膚代替，另一邊則是金屬電極。這個好比果凍三明治的構造能夠將離子電流轉化為電子電流。這是透過特定的電化學反應來達成的，有點類似於伏打電池的電化學反應。[12]穿越果凍層的陽離子會引發帶負電電子的反向運動，在電極處會偵測到這些電子的運動，這是一股微弱的電流。經由電訊盒這類生物放大器之後，就可以將這些電壓和電流訊息放大到足以驅動電子設備的程度。

但這樣的交換仍然必須是可機讀的格式，而要讓機器可讀取通常意味著需要將訊息數位化。所幸，神經訊息在本質上是二進制的，因此很容易數位化。我之所以說這是「二進制」（binary），是因為透過動作電位傳遞的訊息是一直保持在**全有全無**（*all-or-nothing*）的狀態——不是發送完整的動作電位，就是完全不發送。

腦部發送的動作電位不會有強弱差別，這不是腦部控制訊息強度的方式。如果腦部想要增加發送訊息的強度，它會提高發送頻率，引發更多的動作電位。以敲房門來叫醒裡面睡意很濃的人來說，想要讓睡著的人清醒一點，從原本遲鈍的反應中活躍起來，可以敲得更用力，也可以敲得更快，或者兩者兼有之。這應該會刺激他清醒。然而，腦部只能以敲擊得更快的方式來告訴肌肉要增加收縮強度。無法採取敲得更用力的這種方式。[13] 從肌肉的角度來看，敲得更快，意味著腦部想要更強烈的收縮，肌肉內建的生物編寫程式是按照大腦的意願來寫的。

既然大腦訊息的強度與其動作電位的頻率成正比，那麼機器只需要計算在特定時間內到達的動作電位的數量即可判別強度。而這正是電訊盒這類電子設備發揮作用的地方。它們會偵測皮膚電極接收到的「峰值」，即動作電位。它們會放大這些峰值，並且在每次峰值經過電極時向電腦發送電訊。電腦會計算出一定時間內的峰值數量——這就是一種衡量訊息強度的方法。[14]

當然，腦機介面也有比皮膚電極和電訊盒複雜多的類型，但無論是哪種腦機介面，將離子電流轉化為電子電流的基本概念都是一樣的。

正如之前在高中神經科學實驗室中所提到的，要偵測來自尺神經的訊息，最簡單的方法就是在它抵達目標肌肉時攔截訊息，因為這時目標肌肉會將訊息傳遍整塊肌肉，放大訊息。[15] 肌肉組織放大的訊號會增加電訊息強度，這足以讓放在肌肉上方的皮膚電極偵測到。如此一來就無須將針電極插入肌肉內。這太具有侵入性了，更不用提這造成的疼痛。

不過，在截肢者身上的情況就沒那麼簡單，畢竟尺神經的目標肌肉通常已不存在，尤其是對那些手肘以上遭到截肢的人。[16] 因此，若要使用相同的方式，必須給尺神經一個新的目標肌肉去作用，這時就需要採取外科手術的途徑，動用**目標肌肉神經分布重建術**（*targeted muscle reinnervation*，簡稱TMR）。[17] 這項手術是為失去身體部位的神經進行重新連接，最初是由芝加哥西北大學的外科醫師塔德・庫伊肯（Todd Kuiken）和格瑞葛瑞・杜瑪尼安（Gregory Dumanian）研發出來的。[18]

在進行目標肌肉神經分布重建術時，會將切斷的運動神經重新連接到上臂肌肉的殘餘部分，這些肌肉原本的神經連結已遭到損壞或是被移除，因此不會再接收到來自神經系統的刺激。一旦幫這些肌肉片段重新配線，接上「外來」神經，它們就會因應大腦發出的訊號產生收縮，這些訊號原本是要傳給神經的原始目標肌肉的。這些肌肉團塊現在成了目標肌肉的替代物。重新配上神經線路後，就會多出一個新的偵測點，可以在這塊肌肉上方連接皮膚電極，偵測腦部透過那條神經傳來的訊息。截肢者只要產生移動缺失肢體的意念，腦部就會發出訊息，驅動重建神經的目標肌肉抽動，並帶動接下來的義肢動作。截肢者想要移動手指時，大腦會透過重新定向的神經向這塊新的替代肌發送訊息，肌肉便會抽動，而皮膚電極便會偵測到抽動的肌肉。在生物放大器增強訊息後，將其發送到電腦化設備中，將這段神經電訊轉換為機器可讀的指令。接下來，這套設備迅速將這些指令轉發給義肢內的電動機，電動機讀取指令後，義肢便可移動了！

自二〇〇六年首次問世以來，已有數百名手臂截肢患者接受過目標肌肉神經分布重建術，與此同時義肢的功能控制也持續改善中，使其能夠解讀那些訊息。[19] 這類型的義肢又稱為**高階義肢**（*advanced prosthetics*）。如果你是《星際大戰》的影迷，那你至少會對一種高階義肢很熟悉。天行者路克（Luke Skywalker）在他父親揮動光劍，斬斷他們的關係並砍斷他的手臂後，就裝了一個這樣的義肢。如果你不是星戰迷，請容我在此解釋一下。

高階義肢是種仿生手臂，和天然手臂幾乎一樣的重量，而且其靈活度和運動範圍也很類似。最早的高階義肢原型是由DARPA資助狄卡科技（DEKA）旗下的聯合聚晶（Integrated Solutions Corporation）研發出來的。他們將其暱稱為路克——LUKE （life under kinetic evolution，意思是動力演化下的生命），當然也是順道向天行者致敬。這個名字肯定是最為硬凹的縮語，只是為了要組合出這樣做作的名號，但我們也都習慣了。無論如何，我很慶幸在電影中是路克，而不是丘巴卡得裝假手臂。總之，這台LUKE的原型機創造了歷史，現在這個領域中已經發展出好幾代的LUKE。[20]

在她受傷前，梅麗莎．魯米斯對高階義肢並不熟悉。她不認識有人裝過這種義肢，也從來沒看過。不過她看過《星際大戰》。當我提到天行者路克的仿生手臂時，她立即插話道：「天行者路克啊！我看過。但我就只知道這樣。」這樣已經夠多了。當她的醫師提出讓她安裝高階義肢的想法時，她全心全意地決定要試試看。

不過在此之前，需要進行目標肌肉神經分布重建術（TMR）。魯米斯是TMR的理想人選，儘管她的糖尿病會增加手術風險。但在衡量她本來就不多的選項後，魯米斯選擇手術。她告訴我：「因為我的手臂感染和截肢，我已經動了好多次手術，我問自己，還怕再多做一次嗎？」她決定接受目標肌肉神經分布重建術，這項決定讓魯米斯在神經修復術史上留下一個印記，不過是因為在當時誰也沒料想到的原因。

所有這些程序都著眼在手臂被切斷的運動神經上，而忽略了失去手臂的另一個主要後果。截肢者失去的不僅是不再供其運動神經元指揮的肌肉。感覺神經元在這裡的重要性也不分軒輊，特別是掌管觸覺的感覺神經元，它們也被切斷了。這意味著，即使通過目標肌肉神經分布重建術和仿生手臂來替代失去的肌肉，魯米斯也無法感覺到她抓住的東西。

魯米斯的外科醫生阿傑・賽斯（Ajay Seth）是一位在坎頓自行開業的骨科醫師。他也是為她進行手臂截肢的外科醫師，他想讓魯米斯能夠充分利用最先進的高階義肢技術。在研究了一番二〇一五年「最先進技術」的真正狀態後，發現截肢者有可能擁有可以感覺和動作的高階義肢，但這是一個前所未知的領域。除了目標肌肉神經分布重建術（TMR）之外，還需要進行一項更為複雜的外科手術。這項手術是**目標感覺神經分布重建術**（*targeted sensory reinnervation*，簡稱TSR），之前僅做過幾次。賽斯在了解其細節後，認為他有可能為魯米斯進行目標肌肉神經分布重建術的同時進行這項手術。也就是說，賽斯認為他可以在一次很長的手術中，為魯米斯同時進行TMR／TSR，能夠給她裝上一隻既可以移動也可以感覺的高階義肢。

魔鬼藏在細節裡。TMR／TSR手術的細節是影響結果成功的關鍵。所以我聯繫了賽斯，他非常親切，並且很有耐心地向我詳細介紹了他當時所做的一切。當我聽到他實際操作的時候，我明白他的耐性正是這項手術成功的關鍵因素。

賽斯告訴我，他小心翼翼地分離了魯米斯手臂殘肢中的運動神經和感覺神經。然後，他將運動神經重定向到肌肉塊（TMR），將感覺神經重定向到皮膚塊（TSR）。從頭到尾，他一共動了十六個小時的手術。他解釋道，手術之所以要花這麼長的時間，是因為手臂中的三條神經——尺神經、正中神經和橈神經——的內部微結構實在太複雜。

在每條神經內，運動神經元和感覺神經元會各自形成不同的**神經纖維束**（*fascicle*），這當中是由軸突相互纏繞而成的。每條神經纖維束負責不同的功能。這有點類似家裡的電話線。若是你曾經割開過電話線，就會知道在外層的塑膠護套中包含四條細線，每條線的顏色都不同，有綠、紅、黃和黑。以顏色來區分是為了讓安裝電話的技師能夠清楚分辨。這些細線中的每一條，不是送電流流向電話，就是讓電流遠離電話，而且分別控制不同的功能。安裝人員在處理這些個別的電線時，會將外部塑膠護套的地方剝去一些，露出電線的末端，然後將末端中的細線彼此分開，各自連接到電話機中相應的端點。

尺神經纖維的情況也與此很類似。若是剝去包圍它的鞘——用以隔離神經和環繞周圍的結締組織——你就會看到與電話線內部電線對應的一條條神經纖維束。但尺神經遠比電話線複雜，不只有四根線，而是有十八條神經纖維束，需要將它們彼此分開。正中神經和橈神經的神經纖維束也具有相當數量。這項手術等於是要區隔出五十多條外觀相似的神經纖維束，並將其重新定向。而且，神經纖維束可沒有用來區別彼此的顏色。

這便是賽斯面臨的挑戰。他必須切斷三種不同的神經，剝開它們的鞘，露出裡面的神經纖維束，將以釐清梳理，一一識別，然後為它們重新定向，連接到新的位點。尺神經的十八條神經纖維束中只有一條是專司感覺的，其餘的都包含運動神經元。賽斯需要找到那一條特定的感覺纖維束，才能將它引導到皮膚。其餘的神經纖維束則重新分配在二頭肌或三頭肌（分別位於上臂前後的肌肉）的肌肉組織中。問題是要如何從尺神經的十八條神經纖維束中找出負責感覺的那條。更辛苦的是，這整個過程還得在正中神經和橈神經上各重複一次，它們也是有很多神經纖維束。[21]

在經過好幾個小時後，賽斯成功地梳理出所有的神經纖維束，並將它們彼此分開。然後，他使用一台**體感誘發電位機**（*somatosensory evoked potential*，簡稱SSEP）來判斷尺神經、正中神經和橈神經中的感覺神經纖維束。SSEP機器有一個微型電極探針，外科醫師可以將其接到神經纖維束的末端，並加以電擊，這時神經纖維束的神經元便會受到激發，產生動作電位。醫師會在已經麻醉的患者頭上放置高靈敏度的皮膚電極，可偵測到神經纖維束內的動作電位，在電擊後不到十分之一秒內，就會到達腦部。[22]頭部的SSEP電極僅會偵測到包含感覺神經元的神經纖維束所發出的動作電位，因為運動神經元所攜帶的訊息方向不同，是往遠離腦部的地方而去，而不是朝向腦。所以，在電刺激後，如果腦部接收到訊息，那麼它就是一個包含有感覺神經元的神經纖維束；如果腦部沒有接收到，那就表示遭受電擊的神經纖維束只含有運動神經元。[23]

賽斯使用SSEP電極來電擊每條神經纖維束，確定出含有所需的感覺神經纖維束，然後將其連接到魯米斯殘餘的上臂的皮膚下側，並將其餘的神經纖維束連接到魯米斯前臂和後臂可用的肌肉組織。連接完成後，他縫合了魯米斯的手臂，希望她的身體能從那裡開始接管，每條移植的神經束都能在新的位置上生長。

魯米斯的複雜手術總共有四十一個步驟，也就是說有四十一個機會出現嚴重錯誤。不過賽斯的手術技巧高超，沒有出任何差錯。從手術的角度來看，這是完全成功的。剩下來要觀察的是，這是否會帶來功能。魯米斯會有感覺嗎？時間會說明一切。

讓義肢感覺似乎沒有能夠移動它來得重要，但想想看下面這個情況：為什麼你拿起一顆雞蛋，或一個玻璃杯時，不會用力擠壓而把它弄碎？這是因為你的觸覺告訴你不要對物體施加過多壓力，你的大腦會調整你的抓握力，避免太強或太弱。換句話說，感覺神經就像是個反饋迴路，可以微調運動神經的命令，而這正是魯米斯這個病例特別之處。她是美國第一位同時成功進行目標肌肉神經重建（TMR）和目標感覺神經重建（TSR）術的截肢者。

TSR之於感覺神經元，就像TMR之於運動神經元那樣。只不過在TSR中，重建神經的地方是肢體殘端上的一塊皮膚，而不是肌肉。碰觸摸那塊硬幣大小的皮膚，就會透過感覺神經向大腦發送觸覺，截肢者所感覺到的觸感，就好像是來自原本感覺神經的目標，好比說是拇指。想要更了解這個狀況，可以想像用一根針沿著手肘到腋窩直線前進，每次的距離約為一吋左右。你會感覺到針刺感逐漸在你臂上移動。不過當針進入以TSR連接拇指感覺神經的皮膚小塊時，那種手臂下方的針刺痛感會瞬間跳躍到拇指去，即使你早已失去拇指。

TSR之所以有效，是因為腦部天生就會辨識特定的感覺神經的訊號，好比說來自拇指的。神經現在是對施加在殘餘手臂皮膚上的觸摸訊息做出反應，這點並不特別重要，因為腦部會認為這種感覺是來自失去的指頭。這是個有趣的現象，但這個真的對截肢者有用嗎？確實是。

原先預計需要六到八個月的時間，神經才能癒合，並且成長到可以恢復功能的程度，也就是說，能夠傳送正常動作電位。不過，魯米斯的進步比預期的快很多。在僅僅兩、三個月後，這些神經纖維束就已經附著在組織上，並且明顯地在新位置上茁

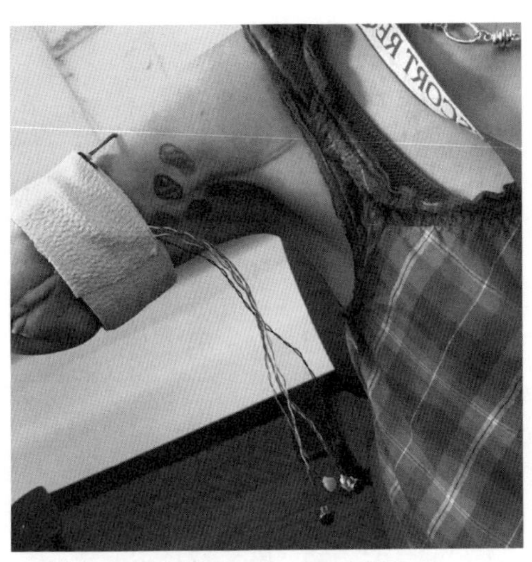

讓手臂截肢者恢復觸覺

截肢者梅麗莎・魯米斯接受了目標感覺神經重建術（TSR），將她的尺神經、正中神經和橈神經中的感覺神經纖維束重新牽線到她腋下約硬幣大小的皮膚塊。手術後不久，她開始在每處皮膚區塊感受到壓力刺激，這顯然來自她失去的指尖觸覺。在約翰霍普金斯的應用物理實驗室，科學家以末端配備有壓力感應器的高階義肢來探測魯米斯的新感官能力。將義肢的指尖的電線連接到魯米斯腋下的皮膚電極，魯米斯能夠在義肢的指尖接觸物體時感受到模擬的觸覺。照片中魯米斯的手臂下側貼有她的外科醫師標記的活皮膚貼片，這樣科學家可以知道要在哪裡安裝電擊器。

照片由賽斯提供

壯。在接下來的幾年裡，魯米斯的TSR皮膚貼片的感官能力會繼續逐步改善，遠遠超過當初賽斯最樂觀的預期。他語帶驚訝地告訴我：「她現在（的TSR皮膚貼片中）重新長出了她從前手指上的每個神經感覺單元！」

這項手術還帶來另一項好處，魯米斯偶爾會出現的幻痛幾乎消失了。幻痛是種好比觸電的感覺，或是像截肢者經常感受到的缺失肢體的燒灼感。造成這種疼痛的原因尚不清楚，但將切斷的神經重新連接到新的肌肉似乎可以緩解這種疼痛。

但這裡便出現了一個問題。目前所有市售的高階義肢只能搭配TMR作用，還沒有具備辨識TSR的功能。儘管現已具備所需的神經外科技術，具有觸覺功能的TSR義肢仍處於概念階段。

這讓魯米斯陷入了困境。雖然她現在能夠靠手臂下方的五塊皮膚貼片而獲得五根手指的觸覺，但沒有可以向這些皮膚貼片發送訊息的商業用義肢。這正是TSR術施用的步伐如此緩慢的一大原因。這情況帶來一個讓人進退維谷的悖論。如果沒有接受過TSR術的截肢者，那麼義肢開發人員就沒有受試者來研究，無法探討恢復觸覺的問題。但是，如果沒有觸覺義肢可用，截肢者為什麼一開始要接受TSR術？因此，做過TMR／TSR聯合術的魯米斯變得非常獨特，而這使她成為備受關注的截肢者，讓許多神經修復學研究人員渴望與她合作。

魯米斯最終前往位於馬里蘭州勞雷爾的約翰霍普金斯大學應用物理實驗室（Applied Physics Laboratory，通常簡稱為ＡＰＬ），與那裡的神經義肢小組科學家一起合作。ＡＰＬ是美國大學附屬研究機構中最大的，佔地四百五十三英畝，裡面有二十棟主建築，工作人員高達七千兩百名，而且其研究重點是放在解決全美最複雜的工程和分析問題。神經修復術也屬於這類問題，所以很多ＤＡＲＰＡ資助的神經修復研究都集中在那裡。

我的博士學位是在巴爾的摩的約翰霍普金斯大學完成的，對ＡＰＬ也算熟悉，儘管我從未在那裡工作過，只是前去參觀過ＡＰＬ的設施幾次，還曾經受邀擔任他們學術座談會（Colloquium）的講者，這個座談會自一九四七年以來就一直持續著，每週會舉辦一次科學講座。我仍然與ＡＰＬ有些聯繫，所以決定親自登門拜訪，看看他們的神經修復實驗室目前的進展。

接待我的人是羅伯特·巴迪·阿米傑（Robert Bobby Armiger），他是位生物機械工程師，從事高階義肢的研發。之前魯米斯來這間實驗室時，他也是參與那個計畫的其中一位。他告訴我：「我的研究目標是看看我們可以提供多少直覺式和天然的反饋控制給高階義肢使用者，而不需要將電極插入他們的腦中。」他相信TMR這套方法很快就會接近這項目標，讓人能夠完全自然控制義肢的動作。不過他也提到，在高階義肢上重建天然觸摸感這方面，目前還沒有取得多大的進展。儘管如此，當他發現魯米斯接受最新的TMR／TSR手術後，他認為他的團隊能夠很快地調整當前高階義肢的原型，為魯米斯提供模擬的手指觸感。於是他知會了賽斯，請他將魯米斯帶到實驗室。

他們的想法是將微型的壓力感應器放在五個義肢的指尖上，並將這些用電線連接到小型的振動盤上，約是助聽器電池的大小，那可裝在魯米斯殘餘手臂下方的五個TSR皮膚貼片端。[24] 當義肢上的指頭碰觸到東西時，壓力感應器會導致相應的圓盤振動，這時魯米斯便會感覺到，好似她失去的指尖正在碰觸某個會振動的東西。若你曾摸過水族箱的小型打氣機的外殼，那種震動感就與魯米斯的感覺非常接近。拿起一物體的感覺，對她來說就像是拿起一個水族箱的打氣馬達。阿米傑的研究小組著手為他們的高階義肢安裝相應的電線，為魯米斯的來訪做好準備。

在這之前，這個神經修復學研究小組曾經與另一名截肢者強尼．馬森尼（Johnny Matheny）合作過，他們將他的高階義肢原型調整到幾近完美。在經過練習後，馬森尼在操作APL的原型義肢上算是得心應手。馬森尼僅接受目標肌肉神經分布重建術，但沒有做過目標感覺神經分布重建術。不過他還做過魯米斯沒有做的一種非常新的外科手術：手臂的骨整合術（osseointegration），這是一種在截肢臂末端進行的手術，會將一根金屬棒插入上臂的骨頭（肱骨）中，當中有根柱狀物會從皮膚中伸出。馬森尼的這根外部小柱讓他只需將義肢夾在柱上，就可以將高階義肢直接連接到他的上臂。骨整合術會為截肢者帶來三項優勢：

一、這為高階義肢提供一個穩定的機械性支持結構。可以直接連接到截肢者的骨骼系統，就像手臂固定在骨架上一樣（另一種吸附式的皮膚附件在本質上就不太穩定，因為皮膚容易四處移動）。

二、這不需用到皮膚表面來記錄肌肉訊息和傳遞觸覺反饋。

三、這提供使用者更好的**本體感覺**（*proprioception*），這是一種對身體位置和自我運動的感受。[25]

為人和藹可親的馬森尼善於交際，可說是神經修復學領域最好的代言人。他有時會陪同APL人員參加科學會議和公共活動，展現他操控高階義肢的熟練度。事實上，目前的原型機中又增加了一項功能，以無線藍牙技術取代皮膚電極上的電線，就跟現在的筆電和手機可在短距離內向印表機發送無線指令的技術相同。[26]藍牙技術不僅能移除所有笨重的電線，讓整個構造更簡化，同時也意味著馬森尼可以在其他地方控制義肢。只要他戴著藍牙Myo臂環，這是一種含有感應器的環，看起來像吊帶襪的吊帶，即使義肢放在房間的其他地方，他根本沒有戴上，也可以讓義肢移動。

事實上，這是馬森尼在聚會時最喜歡拿出來自娛娛人的把戲，他會卸下義肢，將其放在桌上。然後，他動念要用手指抓住桌子，這樣就能讓義肢爬過桌面，讓在場的每個人都感到驚訝萬分。馬森尼絕對不會成為派對上被冷落的壁花，他的特技讓他成為令人難忘的派對嘉賓。從「飛行男孩」的表演以來，人類確實在這方面有了長足的進展，走了很長一段路。

可惜這個原型是為身為男人的馬森尼量身訂製的，不適合身材嬌小的魯米斯。所以，魯米斯要體驗這台原型機的唯一方法是隔空使用，不將原型機裝到手臂上。所幸，分離式地使用並不會影響她的試用體驗。

二〇一六年六月，賽斯和魯米斯前往應用物理實驗室（APL）。魯米斯的父親也陪同他們前去，為女兒打氣。實驗室的神經義肢研究小組對魯米斯接受TSR手術細節很感興趣，就像魯米斯和賽斯對這群研究人員的觸摸式啟動高階義肢那樣。在認真討論過接下來要採行的步驟後，研究小組拿出他們的高階義肢原型。正如之前我所提過

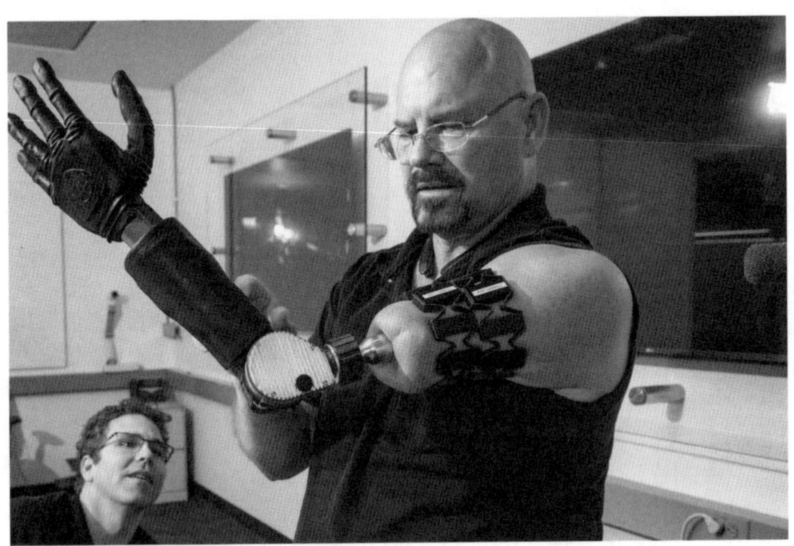

強尼・馬森尼示範使用他的高階義肢

約翰霍普金斯大學應用物理實驗室的神經修復學研究小組曾與手臂截肢者馬森尼合作過一段時間，研究他們的高階義肢原型。馬森尼做過骨整合術這項非常新的外科手術。這種骨骼手術是在截肢的末端進行。將一根金屬棒插入上臂（肱骨）中，並讓一根金屬柱狀物從皮膚中伸出，這樣便可將高階義肢連接到圓柱上。除了提供義肢更好的穩定性，骨整合術也無須佔用手臂殘肢上的皮膚區塊；這些皮膚區塊可以當作記錄點，以拾取馬森尼腦部發送到他缺失前臂的電訊息。腦部發出的電訊號是由馬森尼戴在他手臂殘端上的臂環感應器來偵測。臂環會編碼這些訊息，透過藍牙的無線傳輸方式送到假臂中的微型電腦。電腦接收訊息後，會對高階義肢中適當的機電設備發出指令，使其產生與馬森尼腦部下達的肌肉運動命令相對應的精確動作。這隻假臂上裝有 100 多個感應器，可以接收對運作十分關鍵的訊息，例如、振動、扭轉和溫度等，另外還有 17 個獨立的電機控制著手指上臂和下臂處的 26 個關節。這樣的設計使義肢變得非常靈巧，能夠產生與完整肢體高度相似的複雜動作。

的說，魯米斯無法真正戴上這項設備，不過研究團隊將皮膚電極鉤在她上臂殘端進行神經重建的肌肉組織上。然後，研究員告訴魯米斯去想像用她失去的手臂進行各種動作，如彎曲手肘、張開和合上手掌，以及嘗試移動她的手腕。這些電極是與電腦連接的，因此電腦會記錄到魯米斯每個想法、命令造成的電訊息模式。然後，電腦將這些訊息轉換為機器可讀的電腦編碼，並將這些編碼反饋到高階義肢的電動機裡。編碼告訴高階義肢在收到特定的編碼命令時就要執行特定的動作。這項步驟完成後，就準備要測試了。

將電極重新連接到高階義肢後，他們要求魯米斯去重複想一下同樣的動作。在她第一次嘗試時，魯米斯光是藉著再次去想之前相同的動作就能夠讓義肢做出來。手掌和手臂的動作——粗略運動技能——已經夠好了，但魯米斯的意念命令是否能夠讓義肢上的各個指頭靈巧動作呢？實驗室裡充滿了期待。他們要求魯米斯只移動她的食指。她在腦中想著這項任務，然後義肢的食指動了。接著又告訴她去想用她的食指和拇指捏住某樣東西，義肢再次做出相應的動作。魯米斯可以控制個別的手指！到這一步，魯米斯已經能像之前接受目標肌肉神經分布重建術的截肢者一樣控制手臂，如在她之前的馬森尼。但她是否也能透過五個義肢上的手指感覺到她所觸摸的東西？

當義肢測試從動作轉向感受時，研究室裡明顯瀰漫著一股緊張的氣氛。測試開始時，每個人都安靜了下來。微型振動馬達被貼在她上臂皮膚上的五塊皮膚貼，那裡曾是她五隻手指感覺神經所在的位置。一切準備就緒後，科學家轉向魯米斯的父親，請他代勞。他很樂意加入這項測試。他們告訴他：「只需去摸義肢上的拇指。當你這樣做時，她應該立即感覺到，並告知我們。」[27]當她父親觸摸義肢的拇指時，一個具有感染力的微笑在魯米斯的臉上蔓延開來，整間實驗室都知道她的TSR手術圓滿成功。魯米斯確實可以透過義肢來感覺。

然後，魯米斯的父親繼續觸碰義肢上的其他手指，一根接一根，觸摸每根義肢指頭的末端。而每一次魯米斯都能感覺到他的觸摸。五根手指都有感覺。在創造功能齊全的義肢的這條路上又跨越了一個里程碑。

當她父親觸摸義肢的指尖時，魯米斯感覺到的其實是貼在她手臂上那些神經重建區塊上的微型振動馬達。對魯米斯來說，這樣震動的感覺就像是來自她失去的指尖，但與真正的觸覺還是不同。這種觸摸感覺就像振動，因為它們確實就是振動。雖然它們永遠不會與天然觸覺一樣，但這樣的振動確實提供了足夠的感覺，截肢者可以由此學習調整義肢的抓握強度。不過魯米斯最想要的觸覺是那種包含天然觸覺中所有細微差別的觸覺，就像撫摸她的狗時所獲得的那複雜觸覺一樣。

要獲得那種精細觸感，還有很長一條路要走。儘管如此，阿米傑表示他們還有兩個觸感計畫在進行。一種是用小柱塞來取代TSR皮膚貼片上的振動盤，柱塞會以更類似於我們正常感覺的方式來按壓或輕敲貼片。另一項是在義肢指尖使用溫度感應器，以此來活化放置在TSR皮膚貼片上的微加熱膜。阿米傑告訴我，他們最重大的挑戰是要與正常人類神經系統的超速感知能力相匹敵（摸到熱煎鍋時僅需約八分之一秒就能感覺到熱）。目前義肢從溫度感應到加熱皮膚貼片的反應時間太慢，因此所提供的熱感會延遲許多。

這時我向他回饋自己的想法，表示反應延遲可能不會造成太大的問題，因為義肢不像真的手臂那樣容易被燒傷。不過阿米傑告誡我不要低估熱感應的價值。它可能看起來不像壓力感應那麼重要，不過他解釋道，許多截肢者都很重視溫覺。他們懷念在炎熱夏天握住一罐冰鎮啤酒時的冰涼感覺，又或者是來自所愛之人的溫暖雙手。溫覺是在眾多觸覺體驗中讓人愉悅的感覺。他說，截肢者希望再次變得完整，這意味著重新獲得包括感應溫度在內的所有觸覺。他語帶警示地指出，不要低估任何感官體驗的價值。

事實上，觸覺並沒有得到重視。大家並不理解觸覺就跟我們的其他感官一樣，具備各種細微差別，甚至可以說更多。皮膚中分布有多種類型的觸覺神經元，每種觸覺神經元會記錄下皮膚變化的不同層面。人的觸覺體驗是整合自這些不同感覺神經末梢的複雜活化模式。[28]觸覺不僅僅是感受按壓或冷熱。天然的觸感遠不止於此。這就是特別難以在義肢中複製出觸覺的原因。魯米斯感覺到的那份來自義肢手指的振動，只是我們稱之為觸摸體驗的一個很有限的維度。

想要獲得真正的觸覺，或許需要更為複雜的腦機介面。這是猶他大學神經義肢研究小組正在研究的觸覺恢復路線，那裡是**猶他傾斜電極陣列**（*Utah slanted electrode array*，簡稱USEA）的發源地。[29]USEA是由一百個微型針狀電極排列成的矩形，是個10×10的矩陣，類似於一個釘床。布滿突出針頭的「床」面是個很小的正方形（4×4公釐），大小差不多是一美分小硬幣上的林肯的臉。這上面的每根針都可以單獨測量電壓。為了要在組織內測量到不同深度的電壓，針頭在整個陣列中逐漸變短，因此陣列呈現出傾斜或楔形的外觀，就像傾斜的屋頂一樣。[30]

USEA可以直接刺入神經，電極會穿透到不同的深度。當一根針頭偵測到超過某個閾值的電壓變化時，就會將峰值、發生時間以及針在陣列中的位置記錄下來。之後可以分析這些峰值數據，尋找所謂的「爆發」（bursts）處，即同時發生且來自非常接近的一群針頭的峰值。特定的爆發模式通常與特定的觸覺有關。若是能找到特定爆發模式與觸覺中的某個特定面向的關聯，就可能在發出的訊息中模擬這些爆發模式，為義肢佩戴者重建相同的感覺。這個概念其實很類似「教導」電腦辨識肌肉抽動的模式，讀出大腦傳來的各個獨特運動指令，然後為高階義肢編寫程式，就能在獲得一特殊指令模式時產生相應動作。只是，在USEA的例子中，這樣的操作是在更小的尺度上進行，而且針對的是感覺神經元，而不是運動神經元。

USEA上的電極有個非常重要的特徵，它們同時兼具讀取和寫入兩種模式。換句話說，它們既可以測量針頭現有組織的電壓（讀取），也可以向針尖輸送電壓或電流（寫入）。這意味著當USEA進入神經時，它可以讓電腦讀取由特定感覺產生的電壓脈衝的爆發模式，將特定模式與特定感覺連結，之後便可以透過傳送相同的電壓模式到神經來重現相同的感覺。

在手掌缺失的情況下，因為沒有手，所以就沒有來自神經的感覺訊息，不會記錄到感覺訊息。但仍然可以記錄和解釋（解碼）從腦部透過運動神經纖維發送到肌肉的運動訊息，並使用來自神經和肌肉的訊息來控制高階義肢。而且還可以反其道而行，

用於腦機介面的電極陣列

這是連接電腦到神經系統的最佳電極，同時具有讀取或寫入模式，可進行接收和發送電訊息編碼到神經組織的分散區域。具有多個電極的微型化陣列能夠同時處理進出組織的神經訊息通道。猶他傾斜電極陣列（USEA）代表的是一種廣泛使用的陣列架構。它由 100 個排列成 10X10 陣列的微小細針所組成。針的高度逐排遞減，因此可以用一個陣列探測一定深度範圍內的組織。圖中是兩個不同尺寸的 USEA，放在一美分硬幣上，以便比較。

照片由猶他大學的理查．諾曼提供

將電訊息發送到手臂中失去目標物的剩餘的感覺神經纖維，活化這些神經纖維，這樣便能透過這些神經纖維發送一組類似的數位脈衝，將感覺訊息傳遞到腦部。是的，我知道這整件事現在變得太過複雜了。現在讓我們用一個具體的例子來說明，看看這一切是如何應用在現實生活中的手臂截肢者身上。

猶他大學的科學家最近測試了一種應用USEA的方法，可望在將來作為TSR的替代方案，成為恢復截肢者觸覺的一個選項。[31] 這套方法不是像賽斯那樣小心翼翼地在魯米斯截肢的殘臂上以外科手術來分離神經的各種纖維束，然後將它們重新定向到皮膚區塊，而是直接將USEA插進截肢者的殘臂神經中。一片放置在正中神經裡，一片置於尺神經中，等於一共插進了兩百根電極針。由於每根針刺入神經纖維的深度不同，因此每片USEA上的一百根針，幾乎涵蓋了每條神經內約莫十八條神經束。這時研究人員會一個接一個地寫入編碼給USEA的每一個電極，一共能夠激出起一百一十九種不同的感覺（八十六種是來自插入正中神經的電極，另外三十三種感覺來自尺神經中的電極）。每次他們寫入一個訊息給USEA的一個電極，就會要求截肢者在一張繪製他失去的肢體的圖表上定位和分類他經歷到的感覺。受試者能夠將所有一百一十九精確定位到特定部位，並且為每個位置體驗到的感覺分類，包含：振動（百分之二十七）、按壓（百分之二十九）、疼痛（百分之十六）、收緊（百分之十二）、運動（百分之三）、輕敲（百分之三）。最後的結果便是一張截肢者觸覺的「感覺圖」。

使用這份感覺圖，科學家就能夠將激發出每種感覺的單一電極與高階義肢上的合適的感應器——即相應的**感受野**（*receptive fields*）——相連，也就是說，他們將截肢者的一百一十九種感覺中的每一種與義肢臂上的相應位置配對。然後他們為感應器進行程式開發，觸發電壓脈衝進入截肢者適當的正中神經或尺神經。測試顯示，當觸摸義肢的指尖或按壓義肢手掌時，截肢者體驗到的感覺非常接近真實狀況中的觸覺。截肢者能夠利用這些感覺來改善他的抓握力，不論是拿鬆餅、生雞蛋、蛋殼、牛奶盒、汽水罐，還有最棒的是，他還能握住酒杯。這些來自義肢的感官反饋能夠為截肢者顯著提高義肢的整體性能。之前我們已經討論過，「觸感」不是一種單一的感覺。因此，當研究人員透過觸摸感應器模仿真正的手上存在的其他訊號模式，將其轉為數位化的脈衝編碼，發送到神經（也就等同送到腦部），這些仿生刺激模式變得更加逼真，更加改善義肢的性能。我真的會為此舉杯致敬！

那麼，在面對這一切時，梅麗莎．魯米斯該何去何從呢？她告訴我，當她最初想要一隻具有天行者路克全部功能的高階義肢時，並沒有真的理解到這項要求是多麼的天馬行空，離現實多麼遙遠。「我只是想，我會得到一隻很酷炫的義肢，它會非常棒……我沒有意識到實際這樣的東西根本不存在。我沒想到這不是隨便去拿，就可以得到的。」而這就是魯米斯和其他手臂截肢者目前所面對的現實。不過，魯米斯至少已經嘗試過未來的義肢，只是有觸覺感應的高階義肢還不能夠讓截肢者帶回家，放在車庫裡。目前離這個選項還有好幾年的時間。展望未來，魯米斯感到有些沮喪：「我有這種超能力，卻無法讓它發揮作用。」

魯米斯無法使用APL附有振動盤技術的高階義肢原型，它還只是一種研究工具。而且即使他們可以給她，也還需要加以修改和縮小，才能讓她戴在手臂上。原型機對她來說太重，無法長時間佩戴，因為她沒有像馬森尼做過骨整合術，改善重量分配的問題。所以魯米斯處於另一種「時間會證明一切」的情況。她必須等到商業用高階義肢最終發展出有TSR觸覺感應，才能發揮她非凡的能力。同樣地，猶他傾斜電極陣列這項替代方案也處於研究階段，不會很快發展出供商業使用的技術。而且即使可用，這將會需要魯米斯進行更多手術，在她上臂的神經中安裝USEA，因為這項技術完全不一樣，也沒有使用TSR皮膚貼片來產生觸覺。

不過魯米斯依舊保持樂觀的態度，這從她遇到浣熊的那天就開始了，並且幫助她度過這段充滿苦難的日子。她告訴我，做了TMR／TSR手術幾乎消除了她的幻痛——這在手術前相當嚴重。所以即使那只是這些手術帶來的唯一好處，她也會接受手術。而且，儘管她目前使用的商用高階義肢很重，戴起來不舒服，也沒有觸摸功能，還得經常送廠維修，但她確實有時覺得它很有用。更重要的是，她認為觸覺型高階義肢的未來是光明的。[32] 她說她很開心能與這些研究人員合作，推動義肢技術的發展。她目前正在當受試者，與許多對TSR領域感興趣的不同義肢研究團隊合作。她也希望未來幾代的截肢者能夠獲得價格合理、具有觸摸感應的商業用高階義肢。[33] 因此，魯米斯對現況仍感到滿意，沒有遺憾。她甚至對浣熊沒有任何怨恨，只要牠們離她的狗遠一點。

觸覺只是人類的一種感官，而截肢者的情況有些特殊。除了失去四肢之外，人還會遭受到哪些感官損失呢？是否也有電子設備可以幫助他們重新獲得這些感覺？確實是有的。我們將在下一章討論。

－第14章－

寂靜之聲

感覺神經植入物

耳聾比起（失明）是種更為嚴重的不幸，因為這意味著失去最為重要的刺激——帶來言語、激發思想並讓我們與人類知識為伍的聲音。

——海倫．凱勒（Helen Keller）

她（海倫凱勒）足以與凱撒、亞歷山大、拿破崙、荷馬、莎士比亞等不朽人物並列。

——馬克．吐溫[1]

我的一雙兒女在嬰兒時期都曾罹患慢性耳炎。我們能夠用抗生素控制兒子馬修的感染，直到他長大，擺脫這問題。然而在他妹妹安娜身上，抗生素的效果並不理想。小兒科醫師每個月都會測試她的聽力，這樣我們就可以密切追蹤感染對她聽覺感知的影響。小兒科醫師急著要為她安裝耳管，這是以手術方式將微小的塑膠圓柱插入耳膜，以便排出當中的積水。但我很猶豫，一直推遲。因為耳管手術需要全身麻醉，而且不能保證耳管能有效降低感染。再說，安娜似乎沒有耳朵痛的問題，只是聽力下降。我不想讓這麼小的孩子只是為了一個似乎沒有明顯困擾的問題承擔麻醉和手術的風險。此外，我也認為一個才一歲的孩子到底需要多少聽力？她甚至還不會說話。

當安娜的聽力減退到正常人的一半時，我們的小兒科醫師對我變得不耐煩了，堅持要對安娜做耳管手術，暗示我如果繼續反對就等於是在虐待兒童。我告訴他我的理由，說一歲大的孩子不需要多少聽力，這問題自然會消失，就像她哥哥一樣。他反駁我的說法，表示嬰孩必須要有正常的聽力，才能發展正常的口說和語言技能。我對此表示懷疑，而他則對此表示憤怒。他強忍著不要對我怒吼，但是以極其嚴厲的聲音說道：「要是你喪失一半的聽力，你就會知道這情況有多麼難受！」這番話讓我動搖。最後，安娜動了手術。事實證明小兒科醫師是對的。手術後，安娜的耳炎確實有所改善了，她的聽力也提高到正常範圍，而這一切證明我是個白痴。

如果一半的聽力受損就會對嬰兒造成這樣嚴重的傷害，實在很難想像完全沒有聽力的孩子會遭遇到多大的困難。在美國，每一千名兒童中約有三名就有某種程度的聽力損失，而這當中約有三分之一是完全失聰的。[2] 先天性失聰的原因很多，包括感染，如巨細胞病毒（cytomegalovirus）、德國麻疹病毒（rubella）、疱疹和弓漿蟲（toxoplasmosis）。懷孕期間服用某些藥物也會增加嬰兒耳聾的風險，例如抗癲癇藥（Dilantin）和治療痤瘡的藥物（Accutane）。也有一些是遺傳性耳聾，雙親都攜帶有聽力突變的基因。雖然父母通常並沒有耳聾問題，但他們的後代中約有四分之一是天生耳聾。[3]

對完全失聰的孩子來說，幾乎沒有什麼選擇。耳管沒有作用，就連助聽器也經常無濟於事，因為助聽器只是提高音量而已。如果本來就沒有聽力，提高音量也於事無補。不過對許多人來說，還是有個補救辦法。

在過去五十年間裡，失聰的兒童和成人都開始使用俗稱電子耳的**耳蝸植入體**（*cochlear implants*）。[4]英文中的cochlea來自於拉丁文，原意是螺旋形的蝸殼，非常貼切地描述了這個內耳中的微小器官的樣貌。人類內耳的運作原理極為複雜，不過要獲得正常聽力所需的一連串步驟倒是很簡單。在空氣中傳播的聲波會撞擊到鼓膜，使其振動。振動的鼓膜帶動迷你的**耳小骨**（*ossicles*）運作，產生放大振動的效果。

這些放大的振動之後便進入耳蝸外側，並沿著螺旋管向內移動，就像蝸牛縮回牠的殼一樣。耳蝸的內壁排列著纖細的髮狀觸手，因此在耳蝸內部看上去，好比一處貼滿絨毛地毯並且逐漸變窄的管道。當髮細胞開始振動，就會向腦部發送特定模式的動作電位，接著大腦就會將其轉化為我們的聽覺。許多失聰的病例都是因為耳蝸中的這些感覺細胞受損所致。沒有髮細胞，就沒有動作電位，也不會有聽覺。就是這麼簡單。

不過要具備正常聽覺還需要能夠區分**音調**（*pitch*）的能力，即對傳入聲波頻率的知覺。音調之於聲音正如顏色之於光。就像顏色代表不同頻率的光波，音波代表的是不同頻率的聲波。而且就如同顏色是你所感知的視覺那樣，音調便是你感知到的聽覺。

口語的理解來自於破譯編碼於其中的抑揚頓挫與音調變化。這就是何以傳輸動作電位的特定位置的髮細胞之所以很重要的原因。聲波的頻率會決定振動進入耳蝸的深度。這是因為振動的物理特性以及它們被耳蝸壁吸收的方式，而不是因為髮細胞會辨別任何聲音頻率。高頻的聲波會產生高頻的振動，而這會很迅速地為蝸壁所吸收，因此不會深入到管道中。相較之下，低頻的振動則不易被吸收，會穿透得更深。因此，振動與其可以進入耳蝸的深度與聲波頻率成反比。簡言之，髮細胞會對它們遇到的任何振動做出反應，只是它們能遇到的振動頻率取決於細胞本身在耳蝸內的深度。

大腦在接收到這些動作電位時，實際上「知道」是耳蝸中的哪些細胞群發送的。這些「知識」讓大腦能夠推估最初刺激動作電位傳遞的聲波頻率。若是訊息來自耳蝸開口附近的髮細胞，大腦就會判定這聲波的頻率一定很高，所以會將這些神經訊息轉化為高音調的感知。若是發送動作電位的髮細胞來自耳蝸深處，那大腦就會將其註記為低頻聲波，產生低音調的聽覺。

現在我已清楚解釋了大腦偵測音調的運作原理，也許在繼續深入探討前，我應該稍微退後一步，先回頭定義聲音的概念。物理學家通常將聲音定義為**聲波**（*acoustical wave*），這是指在氣體、液體或固體中傳播，而且可以被聽到的振動頻率。不過，生理學家有時會從生物學的角度來定義聲音：耳朵所接收到的聲波，而且能為大腦所感知。這樣一來，就會帶我們回到一個有著數百年歷史的哲學問題：「如果在森林裡倒了一棵樹，沒有人聽到它倒下的聲音，那它算是有發出聲音嗎？」[5]答案取決於你問的是誰。物理學家會說有發聲，因為倒下的樹會產生聲波，但生理學家會說沒有，因為需要有耳朵和大腦才能將聲波轉化為對聲音的體驗。我很開心這個重要問題終於得到了回答。哲學就是這樣討人喜歡，不是嗎？

在第4章和第5章曾提到，伏打和杜興都曾將電極插入自己的耳朵，電擊自己，引發聽覺。杜興甚至還電擊聾人的內耳，讓他們產生對聲音的感知。但是電產生的聲響只是噪音。如果想要真正感受自然的聽覺體驗，察覺出各種音調的細微差別，必須有選擇性地刺激耳蝸的特定區域。隨意刺激整個耳蝸，或只是其中的某個部分，只會產生噪音而已。

現代耳蝸植入體不會發出噪音，它們能夠為失聰者提供真正的聲音體驗。下面將會簡介一下。目前市面上的耳蝸植入體是個細長有彈性的錐形探針，外觀有點類似一小片草皮。以外科手術將探針放置在耳蝸較為寬廣的開口處，然後小心地插進去，直到螺旋腔的末端，使其在內部深處運作。探針上裝置有精確間隔的不同電極。對不同電極加以刺激便能刺激耳蝸上的不同點，這些電擊的具體位置將會決定大腦如何解讀電極接收到的訊息。大腦會將來自耳蝸開口附近的訊息記錄為高音調，將來內部深處的訊息註記為低音調，而來自耳蝸中間區域的聲音當然就被感知為中音調。[6]不過要模擬完整的聽覺體驗，需要超過三個的音調級別。事實上，探針上放置的電極越多，聽覺體驗就越好，因為這意味著對傳入聲波的解析度更高，進而為患者帶來更好的頻率解析和更豐富的聽覺體驗。耳蝸探針上的每個電極代表一個頻率範圍，這又稱為**頻道**（*channel*）。增加頻道數量會縮小每個頻道需要覆蓋的頻率範圍。換句話說，頻道越多，音調解析度越高，提供的天然聽覺體驗越好。

在早期，耳蝸植入體只有六個頻道，這導致聲音聽起來很機械化；因此聽障者的口說音調也變得機械化，因為他們的大腦會試圖複製他們所聽到的語音模式。相較之下，目前最新的高解析度耳蝸植入體配備有高達一百二十個頻道，可大幅提高聽覺體驗，非常接近自然聽覺。[7]因此，佩戴現代耳蝸的患者的口語能力得到顯著改善。

不過耳蝸植入體只是這故事的一部分。還要考慮其他電子硬體設備。耳蝸的探針是透過一根細線將耳蝸連接到一個約為代幣大小的微型電子設備上，就埋在頭顱底部耳朵後方附近的皮膚下（如果一人的兩耳都有植入，那麼在頭顱兩側都有裝置）。這項裝置會將訊息發送到耳蝸內的適當電極。根據定義，這是個「只能寫入」的腦機介面。耳蝸植入體不會從耳朵或大腦接收任何訊息，只是透過耳蝸將電刺激形式的訊息傳給大腦。

講到這裡，你可能會問，那皮下裝置是從哪裡獲得聽覺訊息的？答案是這個設備上裝有一外部麥可風，這是以磁力固定在皮膚上的。麥可風接收傳在空中的聲音並將這項訊息以無線方式發送到顱下裝置。因此，不需要用電線穿透皮膚，降低感染的機率。顱下裝置會對來自麥可風的電訊解碼，並將其重新編碼為訊息，傳送到適當的電極頻道。之後便由大腦接手，讓聾者體驗聲音，有時還是他們生平的第一次。[8]

耳蝸植入體可說是最早開發的其中一種植入式神經假體。最初是在一九五七年推出，但一開始就遇到了問題。它們很容易脫落，而且還有其他植入技術的障礙。再加上難以獲得研究資金，這些條件讓聽覺外科醫師變得氣餒，最後人工耳蝸的研發幾乎停滯不前。不過到了一九五八年，首次在患者體內裝置心律調節器後，情況開始改觀。[9]（自一九三〇年代以來一直使用的是體外心律調節器。）這些刺激心臟的設備只需要單一頻道的電極，作用原理是在心臟中放置一個電極，將其程式設定在以約每秒一次的頻率發出電擊，刺激心肌以正常速度收縮。這個概念比耳蝸簡單得多，因為只要將一個電極放置在心臟的正確位置上，施以簡單電擊，就會傳播到心肌，產生正常的同步收縮，沒必要用多根電極來涵蓋整個心臟。此外，心臟不像耳蝸那樣微小、脆弱、難以動手術。因此，植入式心律調節器的進展要比耳蝸快得多。

植入式心律調節器的成功在很大程度上受惠於電子設備的微型化，這主要是拜一九四八年發明的電晶體之賜。在引入電晶體和積體電路前，心律調節器的控制器相當笨重，約有一本書的大小，無法植入體內，只能外戴。隨著電池和電路板變得越來越小，最終便可將整個心律調節器移到體內，這樣患者就不需要佩戴任何外部硬體在身上。植入式心律調節器的結構與耳蝸植入體類似，會將刺激電極置入到心臟的腔室內，而火柴盒大小的電子控制器則是埋在鎖骨下方的皮膚內，不像耳蝸植入體那樣埋在頭顱底部。這兩種設備都試圖透過電刺激讓其目標器官執行其本來的功能，或是讓心肌以正常速度跳動，或是讓耳蝸向大腦發送適當的神經訊息。

時至今日，心律調節器已獲得廣泛使用，特別針對心律不整患者。儘管難以獲得確切的數據，不過據估計，目前美國佩戴心律調節器的人數高達三百萬，也就是將近百分之一的美國人口。在當中，約有百分之七十的人年齡在六十五歲以上，顯然植入心律調節器的年長者比例要高得多。[10]

心律調節器最近也用作研發「呼吸心律調節器」（breathing pacemaker）的模型，這是為睡眠呼吸中止症（sleep apnea）患者所發明的一種機具，這種病症的特徵是睡眠期間會停止正常呼吸。這種疾病通常是由於舌頭和喉嚨中其他的軟組織肌肉在睡眠中鬆弛所引起的。鬆弛的組織塌陷到氣道，阻礙正常呼吸。這種新的胸腔植入式設備可以監測呼吸。當呼吸停止時，它會向喉嚨中的電極發送電脈衝，使鬆弛的組織收縮，重新打開氣管。這台機器的英文取名為Inspire，顯然是一語雙關的文字遊戲，既包含有吸氣之意，也有激發喚起的意思（我個人覺得這個取名方式相當聰明，比起通常用來命名新電子設備的那些令人厭煩和無趣的首字母縮寫來說，是個很棒的進步）。Inspire於二〇一四年獲得美國食品藥物管理局（FDA）的批准，用於治療睡眠呼吸中止症。[11]

植入式心律調節器一開始就取得了成功。第一位接受植入的患者活到八十八歲，儘管他在餘生中一共升級了二十六次心律調節器。正是植入式心律調節器的成功重新激發起聽學專家的希望，想要再次嘗試解決耳蝸植入體的問題。而最終他們也成功了。[12]

今天，若是將心臟、耳蝸和喉嚨的電子植入體全都算進來，體內裝置有電子植入體的美國人總數相當可觀。而且這數字在未來可能會更高，因為目前有越來越多的器官治療走上電子化。講到這裡，我覺得有點扯遠了，本章應該是關於感覺神經假體的，是時候回到這個主題上。

是的，耳蝸植入體已經存在有一段時間了。過去半個多世紀以來，一直穩定地逐步改進中，目前已經可以為完全失聰者提供高品質的聽覺體驗。不過其背後的運作原理並沒有多少創新。若說有什麼新鮮事，可能是使用者的年齡。

耳蝸植入體使用者的年齡層日益降低，有些甚至只有三個月大。[13]儘管美國食品藥物管理局的耳蝸植入體使用指南中仍然明言規定年齡下限為十二個月，不過有越來越多先天性耳聾兒童在不到十二個月時就進行植入。提早接受植入術主要是基於兩項因素：一、事實證明，這項手術的風險相對較低，即使是在嬰兒身上；二、早期接受植入的兒童在進幼稚園前的語言能力明顯更好。[14]沒錯，科學證實了我孩子的兒科醫師在二十多年前告訴我的：即使是嬰兒也需要良好的聽力，否則會損及他們未來的語言能力。

但耳蝸植入體並不是治療耳聾的靈丹妙藥，只能幫助患有特殊聽覺缺陷的人，也就是耳蝸中的髮細胞失去功能，而植入的患者仍需要有一個完好無損的耳蝸才能讓植入體運作。雖然髮細胞缺陷經常是導致耳聾的問題，但這並不是唯一的聽力問題。要是耳蝸結構受損，或是有其他情況而無法植入時，又該怎麼辦？到目前為止，這類患者還沒有什麼其他的選擇。然而，最近科學家找到了一種方法，可以完全繞過以耳蝸作為中介的路徑，直接向大腦發送聲音訊息。這種策略不會針對耳蝸進行電刺激，而是針對進入腦幹處的聽覺神經。

聽覺神經是第八（VIII）對腦神經。與迷走神經不同，聽覺神經從不離開頭部，分布範圍很是侷限。聽覺神經直接連接到耳蝸，會將耳蝸產生的所有動作電位傳遞給腦中的神經。正如截肢者身上的尺神經變得毫無作用一樣，當耳蝸無法發出神經訊息時，聽覺神經也只能閒置一旁。[15]

聽覺神經裡只有感覺神經元，因此它只能傳遞來自耳朵給大腦的訊息，而不會有反向傳遞訊息。[16]因為聽覺神經專用於聽覺，若是加以電擊，就會聽到聲音。然而，最初有人懷疑直接電刺激聽覺神經是否真能提供失聰者語言感知的幫助。後來發現，若是在聽覺神經進入腦幹的位置，也就是**耳蝸核**（*cochlear nucleus*）這個位置予以電刺激，便會產生很接近語言的感知。

一般說來，**核**（*nucleus*）是指某物的中心或核心，也就是所有動作發生的區域。細胞有細胞核，那是基因所在的地方。原子也有個原子核，那是質子和中子所在之處。嗯，腦幹也有核，那裡是神經元網絡執行類似功能的地方。

聽覺神經在腦幹處的耳蝸核與大腦產生交互作用。所以，如果你用一道電訊來代替因為耳蝸受損或缺失而接收不到的耳蝸神經訊息，那耳蝸核就是傳送這道電流的一個好選項。這樣等於是直接刺激同樣的腦幹神經元，它們本來就是會在耳朵偵測到聲音，耳蝸神經會去刺激的地方。

所幸，大半的耳蝸核都位於腦幹表層附近，因此實際上不需要將電極穿進腦內，只要放置在耳蝸核正上方的腦幹表面即可，這樣便足以刺激它產生聽覺，就像將皮膚電極貼在手臂表皮尺神經的正上方一樣，這就能夠刺激它來移動手臂。所以，儘管這種手術是侵入性的，但並不需要真正打開頭顱，切開大腦。可以說這種手術是將電刺激直接送到大腦的門口，但並沒有真正跨過門檻，深入內部。因此，一般認為這種手術相對安全。

這類型手術稱為**聽覺腦幹植入術**（*auditory brainstem implantation*，簡稱ＡＢＩ）。

在一九七九年首次進行，當時是將一對電極放置在耳蝸核上，相距約一．五公釐。當時用的構造相當簡陋，只能讓患者感知到環境中的聲響，但沒有產生真實的聽覺體驗。今天，最常用的植入裝置看起來像是一把迷你獨木舟槳，在側邊有二十一個平均分布的電極。這套具有二十一個頻道的植入體比過往的先進很多，但所產生的聽覺體驗仍然不如耳蝸。這就是為什麼僅有完全失聰，而且無法使用耳蝸植入體時，才會考慮進行聽覺腦幹植入術。

同樣地，許多符合這些標準的患者都是非常年幼的孩童。因此，與耳蝸植入體的情況一樣，現在施行聽覺腦幹植入術的兒童患者也越來越年輕化。有些機構估計推測美國有百分之二．一的失聰兒童早晚都會進行聽覺腦幹植入術。[17]這些兒童當中多數患有**第二型神經纖維瘤**（*neurofibromatosis type-2*），這是一種罕見的遺傳性神經系統疾病，通常會導致聽覺神經受損。儘管隨著聽覺腦幹植入術的改進，聽覺體驗也不斷改善，但植入成功的患者（約百分之八十）仍然無法靠植入體來理解他人說的話，不過他們可以利用他們所聽到的內容來提高讀唇語的能力。而且有百分之九十三的人能夠提升句子的理解力。此外，聽覺腦幹植入術與耳蝸植入體一樣，都不是為失聰者提供聽力的萬靈丹，但隨著電子科技的不斷進步，它們確實提供了額外的選擇和充滿希望的未來。

講了那麼多關於失聰的治療，那麼失明呢？可想而知，恢復視力的挑戰要比恢復聽力更為艱鉅。這主要有三個原因。首先，要獲得有用的視覺所需的空間解析度遠高於聽覺所需的音調解析度。其次，所需的腦機介面勢必更加複雜。第三，所需的植入術會更具侵入性。儘管如此，在神經電刺激提供人工視覺體驗這方面還是有一些重大進展，現在甚至已經有攜帶型的神經視覺假體設備。目前正在研究的種種視覺植入體的細節各不相同，而且牽涉的技術複雜，遠超出本書的範圍。[18]不過這與彌補聽力損失的成果還是有許多相似處。

人類視覺的機制本來就比聽覺機制複雜得多，不過就跟聽覺一樣，產生視覺過程的主要元件相當簡單，類似於照相機的零件。如果你熟悉相機的運作原理，會知道它的前方有個鏡頭，可用來調節光線，就像人類的眼睛一樣。

眼睛的鏡頭，也就是我們所謂的水晶體，有一大弱點，就是它會變得混濁，這狀況一般稱為**白內障**（*cataract*），這會妨礙正常的光線進入視網膜。這種混濁可能是由於年齡、某些類型的藥物使用（包括合成代謝類固醇）和遺傳因素。起霧本質上是個光學問題。光學問題通常可以透過光學方式來解決，也就是植入人工水晶體，這樣便能有效治療。將混濁的天然水晶體以手術移除，並插入透明的塑膠水晶體來替代。光到達視網膜的通道就此恢復，視力也跟著變好。在美國，每年有超過三百八十萬人進行切除白內障的水晶體置換術，其中大部分都順利地恢復視覺。

幾年前，我也有白內障的問題，雙眼都植入人工水晶體，替代我原本的水晶體，所以我也算是那些植入人工水晶體的一分子。我可以親身證明這種治療非常有效。實際上，就在一夜之間，我的雙眼視力從嚴重受損變為視力二・〇。這是一種對嚴重問題快速而永久的修復。不過那也是因為我很幸運，我的眼病僅侷限在水晶體，視網膜並沒有出任何差錯。

視網膜問題處理起來要困難得多。有些人的視網膜問題在本質上可能是機械性的，好比說視網膜撕裂，或剝離——視網膜不知何故從眼睛後部脫落的情況。這種機械性的問題有時可以用機械性的解決方案來處理，像是動手術將視網膜重新連接到其原始位置。不幸的是，還有許多其他類型的視網膜問題是因為神經功能不正常，即便視網膜結構完好無缺。在這類病例中，視網膜不會向大腦發送正確的訊息，因此大腦無法創造出圖像。這在本質上是神經系統問題，因此需要一套神經系統的解決方案：

神經義體眼植入體（*neuroprosthetic eye implant*）。

對神經義體眼植入體這個領域來說，一開始就有個壞消息，眼睛的體積很有限而且構造很脆弱。在眼睛內植入假體，要比使用假臂，甚至是耳蝸植入體更為困難。不過眼睛還是有個好處，眼睛對異物的容忍度驚人地高。自體排斥在心臟和耳朵植入體的開發過程中一直是個問題，但縱觀白內障手術的歷史，眼睛的內部可以容納許多外來材料。除了鐵和銅等對眼睛有劇毒的金屬外，丙烯酸、聚甲基丙烯酸甲酯（polymethyl methacrylate）——這是一種透明塑膠，通常簡稱為PMMA——和矽膠等其他材料都可以無限期地留在眼睛中，不會造成任何傷害[19]（我的水晶體就是用PMMA這種材料製成的）。眼睛這種高容忍特性讓科學家在設計植入的神經假體材料時可以有更廣泛的選擇。

之前在第5章提過，伏打不僅在他的耳朵內產生電感聲響，還曾在他的眼球表面放置電極，刺激出顏色等視覺感知。他將此視為電參與視覺歷程的證據。因此，從伏打這位發現電池的人開始，在將近兩個世紀的時間中，用電來刺激視覺的潛力一直頗受重視。

不過現代的視覺神經假體研究史倒是沒拖得這麼長。通常會將它的起源歸功給德國神經外科醫師奧弗里德·福斯特（Otfrid Foerster）在一九二〇年代的一項研究。福斯特並沒有用電刺激眼睛，而是刺激腦中的**枕極**（*occipital pole*）。枕極是枕葉中的一個區域，位於大腦後端，離眼睛最遠的位置。[20]視神經（第二腦神經）是從眼球後部出發的感覺神經纖維，一路向枕極延伸。

由於這項解剖學特徵，長期以來一直推測枕極對視覺很重要，福斯特的發現似乎證實了這一點。以電刺激枕極時，患者表示有看到星星、雲朵和風車形式的光。神經科學家將這種視覺稱為**光幻視**（*phosphene*），這是一種實際上沒有光線進入眼睛卻看到光線的現象。福斯特的研究也意味著，或許將來可以利用腦部枕極電刺激來提供盲人視覺體驗。在這之後，這便成為開發讓盲人重見光明的腦植入體的科學論據。有好幾個研究團隊嘗試以各種方法來處理這個問題，不過基本上都是對神經元進行電刺激，主要就是在視網膜到腦枕極的神經路線上。為了實現這個目標，科學界前仆後繼地花了近一個世紀的時間努力，最近終於獲得一些重要成果。[21]

在所有的這些嘗試中，都沒有用到天然眼球類似照相機成像的這一特點，而是在頭上戴一台真的攝影機，將其輸出的電訊從外界連線到腦機介面上，在那裡會將訊息編碼成適當的輸出電訊，前去刺激視覺神經通路中特定點位的神經元。目前已選出四種不同的神經元群當作標的：一、視網膜；二、視神經；三、枕極表面（或稱視覺皮層），以及四、外側膝狀體核（lateral geniculate nucleus，簡稱ＬＧＮ）。ＬＧＮ位於整段視覺神經路線的中間，可充當中繼站，將來自視神經的訊息轉發到枕極。

無論訊息是從哪裡進入這條通路，輸入的電訊號都是為了刺激**視覺皮層**（*visual cortex*）區的神經元，好讓大腦將訊息轉換為二維圖像，供心智使用。視覺皮層實際上是「心智之眼」。

在四種可能的神經元標的群中，取得最大進展的是刺激視網膜神經元時所產生的視覺效果。阿格斯（Argus II）的「第二視力套組」（Second Sight Medical Products）這套視網膜刺激系統，是第一個獲得歐盟（二〇一一年）和美國食品藥物管理局（二〇一三年）批准的視網膜神經假體，能夠用來治療患有視網膜色素病變（retinitis pigmentosa）的患者。這類眼部疾病與視網膜細胞損失有關。從那時起，其他的視網膜系統醫材也陸續獲得監管批准。[22]

這項技術看來相當有前景，不過到目前為止，患者仍然只能看到光和影。這對他們日常生活中的定位很有幫助，但與天然的視覺體驗完全不同。視網膜假體的一大問題是無法將電刺激聚焦在視網膜上較小的區域內。理論上，視網膜原本的解析度極限是一個神經元的寬度，但目前還不可能將電刺激限制在這麼精細的視網膜區域內。在實際操作上，電流會分布在視網膜上一塊相當可觀的區域，當中有許多神經元，因此大幅降低了解析度，無法與天然視覺相提並論。

不過使用視網膜假體有一大優點，那就是所需的電子植入體只要放進眼睛內而不是大腦中。眼科手術雖然也有其挑戰性，但開腦的手術完全是另一個層次。相對簡單的眼科手術不會有侵入性腦部手術帶來的一大串相關問題。此外，就算眼科手術不成功，可能也不會造成很大的損失，反正眼睛已經沒有功能了。但若是在腦中出了什麼差錯，可能會造成嚴重的後果，不僅僅只是眼睛的問題。

近來，在視覺神經修復學中，腦機介面這個領域出現重大進展。在上一章曾經提過，在觸覺的重建上，猶他大學的研究人員會預先測試截肢者的觸覺體驗，然後為特定截肢者構建出一份手部感覺的電子「詞彙表」。這種方法的好處是研究人員不需要先得知神經系統用來編碼觸覺訊息的基本原理，他們只需要建立一組隨機的電刺激模式，然後觀察截肢者的大腦如何將這些個別模式轉化為特定的觸覺感受。接著，他們就可以製作個人化的觸覺電「詞典」，將其編寫到程式中，存入截肢者腦機介面的編碼器裡。之後，編碼器可以將義肢感應器的輸出轉換為適當的電極刺激模式，截肢者的大腦便會辨識出來，產生相應的觸覺。

原則上，這方法也應該能夠套用在眼睛的視神經上。也就是說，可以植入一個多電極陣列視神經，提供隨機模式的刺激，並要求患者描述所感知到的視覺感覺。但就算真的這麼做了，頂多只能讓盲人說：「我看到左邊有個藍點。」或者「我看到一條斜線。」但不會有人說，「我看到一隻貓的臉。」視覺圖像對這種體驗法來說太過複雜了。但是假設你可以作弊，不是提供隨機的電訊息。假設可以從正常眼那裡獲得一些電訊模式，這樣便能縮小選項範圍。

剛好有個研究小組正在用小鼠的眼睛在做這個試驗。[23] 所有哺乳動物的眼睛結構都大同小異，根據這一前提，康乃爾大學的科學家正展開一項研究，將電極微陣列插入小鼠的視神經，然後讓小鼠看各種圖像，同時「讀取」通過視神經的神經訊息。在記錄下經過視神經的訊息模式後，就交由電腦演算來找出特定圖像特徵與特定電訊特徵間的關聯。這項研究的目標是為腦機介面製作一個個編碼器，能夠將數位相機拍攝的圖像進行解碼，然後以電訊方式「寫入」視神經，讓大腦將它們識別為正確的影像訊息。[24] 採用這種方法也具有同樣的優勢，無須得知視網膜究竟是如何對圖像進行編碼，然後將其轉變為電訊，只需要能夠複製這些編碼訊息，直接發送到腦中。

這就像是在說：「Ich muss schnell ein WC finden!」你不需要理解這句話中每個字的意思，只需要知道當你對德國人說這句話時，他會立刻為你指出最近的洗手間方向。每次你說這句話時，都會得到相同的反應，不管你是找哪個德國人問。在德國旅行時，這句話很有用，即使你從來不知道句子的字意。同樣的道理也適用在神經系統的電訊編碼上，我們並不需要真的理解這套語言才能利用它為我們帶來好處，只需要記住關鍵的表達方式即可。目前這種方法尚未應用在人類身上，不過已經用小鼠的眼睛確定出運作原理，未來可望進入人體研究，發展前景相當看好。[25]

還有一種方法是完全跳過視神經，將電訊直接傳送到大腦的視覺皮層區。第二視力（Second Sight）——就是推出阿格斯第二代人工視網膜系統（retinal stimulation system Argus II）的同一家公司——推出了一種名為奧里安（Orion）的新設備，它繞過眼睛和視神經，直接對大腦的視覺皮層區施加電刺激。這項設備使用包含有六十個頻道的電極植入體，類似聽覺腦幹植入術（ABI）中放置在腦幹耳蝸核上的二十一頻道電極植入體。還有一點也與ABI類似，植入體的電極會傳遞一種能讓大腦學會解讀的電刺激模式。就像是對耳蝸核刺激會產生聲音體驗，刺激視覺皮層也會產生具有光感形式的空間視覺體驗，只不過這依舊是個解析度相當有限的圖像。

六十個頻道代表的是理論上的最大解析度，相當於六十個畫素或**像素**（*pixels*），這是螢幕顯示組成數位圖像的一小塊照明區。這好比是一個有六十四個格子

（8×8）的方形棋盤，若是在棋盤上用棋子來組成不同的圖像，可想而知以最後的圖像解析度不會有多好。相較之下，蘋果電腦推出的視網膜螢幕（Retina Display）像素（2048×1536）超過三百萬，之所以取名為視網膜，就是因為它的解析度可與人類的視網膜媲美。因此，裝置奧里安系統的盲人所看到的世界難以跟正常人比擬，但他們確實可以看到。而且就算只有這樣差的視力，對他們的日常生活也很有用。

目前奧里安系統正在六位盲人患者身上進行臨床試驗。[26]這些患者過去都曾有過視力，但後來由於意外或疾病而失明。這是這項試驗的一個重要特點，因為這意味著這六名患者都知道看到日常物體時的狀況。因此，他們能夠向研究人員描述他們有什麼視覺感受：「我看到了一些看起來像日出的東西。」我在執筆寫本章的時候（二〇二〇年五月），這項規劃進行六十個月的試驗已進展到第二十三個月。這是首次嘗試用腦部植入體來創造仿生視覺的試驗，是項具有里程碑意義的研究，這些患者是真正的先驅。我決定找一位來訪談。

理查德・麥可唐納（Richard McDonald）是第五個獲准進入這項試驗的患者，他植入奧里安系統快兩年了。他和他的妻子查麗娜從洛杉磯來東岸出差，我趁機邀請他們，於是我們在巴爾的摩的一家海鮮餐廳一起共進晚餐。他們在一起已經有十七年了。麥可唐納出生就患有青光眼（glaucoma），這是一種因為眼內液體壓力升高的眼疾。他不斷地失去視力，在十三年前變得完全失明。麥可唐納告訴我，他很慶幸在失明之前與妻子共度了四年時光，這樣他才知道她的長相，而且他的腦海裡一直縈繞著她的形象。查麗娜一直在他身邊，所以她知道他失去視力和部分恢復視力的經歷。他們都為麥可唐納被選中參加這項研究以及植入體的效果感到興奮和感激。

我們用餐時，麥可唐納就戴著奧里安人工視覺裝置。當中的相機有個微型鏡頭，就跟手機鏡頭很類似。它是架在一副環繞式太陽眼鏡的梁架上，這副太陽眼鏡看起來就跟一般普通的深色太陽眼鏡很相似。他的頭上戴有一條「防汗帶」，是用來固定電子設備，還有一個裝有控制器的袋子，約有一本書這麼大，就像肩包那樣掛在他的肩上，不會特別引人注意。我們談話時，他環顧四周，然後轉過頭來「看」桌上的各種東西和講話者的臉，包括我們的服務生在內。他的身體和頭部動作似乎與他的行為配合得很好。我甚至不認為拿菜單給我們的服務生有注意到這個戴著奇怪頭飾的男人失明了。

在討論了一下菜單後，我們點了菜。很快我們的晚餐就上桌了。麥可唐納可以看到他前面的餐盤，但查麗娜告訴他各種配菜的位置：「四季豆在九點鐘方向。」他說話時會直視著我的臉，好像他真的知道我的眼睛在哪裡。我問他用腦植入體看東西是什麼感覺，他鉅細靡遺地為我描述了。

「想像一下，」他說：「用以前二戰電影中潛艇上的那些舊式雷達螢幕看東西。我的觀看體驗就很像那樣。我看不到顏色，只有單色調。我看到的光是脈動。」他繼續解釋道，因為這套設備的設定是以六赫茲的頻率（每秒六個脈衝）向他的大腦傳送

理查・麥可唐納展示他的人工視覺裝置

麥可唐納是參與名為奧里安的人工視覺設備的臨床試驗的盲人患者，這項設備跳過眼睛和視神經，由手術植入腦部的電極直接對視覺皮層區施加電刺激。大腦會學習將電極傳遞的電刺激模式，解釋成視覺。奧里安系統產生的視覺體驗是透過分離空間的光感形式。這是一個解析度相當有限的圖像，不過即使是低解析度的視力也能大幅改善那些完全失明者的日常生活。這套設備包含一顆微型相機鏡頭，裝置在環繞式太陽眼鏡的鼻梁架上（深色的鏡片僅是裝飾用，並沒有任何功能）。以一條頭帶將電子設備固定，一台約有書本大小的控制器裝在一個小袋裡，可以掛在肩上。未來推出的新一代設備可望採用密度更高的電極陣列在腦植入體中，並且整合出更好的視覺成像演算法到控制器的軟體中，提供更高的圖像解析度。

照片由理查・麥可唐納提供

電脈衝，因此他看到的圖像就像是以六赫茲的頻率在閃爍，速度快到幾乎看不出來是脈動，但仍不全然如此。他說當頻率增加到十赫茲時，影像的閃爍問題就會好很多，但這種型號的設備通常不會提供十赫茲的，只有六赫茲。他期待能夠在未來拿到至少十赫茲的，因為這種閃爍還是讓人有點分心。

儘管有影像閃爍不定的問題，不過麥可唐納對這樣的人工視覺感到滿意，認為這改善了很多他的日常生活。他告訴我，最棒的是能夠注意到在他前方的東西，無論是人、汽車還是垃圾桶等。這讓他有信心能夠四處走動，不用擔心會撞到東西。但他仍然需要他的拐杖來協助他通過特殊的地面，好比說有樓梯台階的地方。

他的大腦不斷在學習，將他看到的陰影形象詮釋為實際物體的圖像。例如，他正在學習如何從他看到的光影模式來區分三角形。他告訴我：「我看到的三角形和你所看到的完全不同，我是要學會我感知到的某種視覺模式代表一個三角形。所以當我看到這樣的光影圖案時，我的心智就會創造出一個三角形的圖像。」麥可唐納說，以這種方式來看一個三角形，對於像他這樣的盲人來說已經夠好了，但他說與他一起合作的科學家認為還有改善的空間。他們的目標是讓麥可唐納看到和其他人眼中一樣的三角形，他們認為關鍵在於改進軟體，就是麥可唐納口中的「應用程式」。

在這裡我們無法詳細介紹，不過簡單來說，這個應用程式是處理相機圖像並將其轉換為電刺激模式，準備傳給大腦的軟體。具體想法是讓應用程式來做麥可唐納現在大腦嘗試做的，也就是說，嘗試將特定的刺激模式辨識為三角形。這樣的應用程式可望將相機圖像識別為三角形，並向大腦已經建立好一個三角形的眼睛影像的植入體發送電訊息。這有點類似之前提過的另一批研究人員的工作，他們正在對小鼠眼睛的視神經訊息進行解碼。

是的，麥可唐納的植入體中僅有六十個電極，這確實限制了圖像解析度。但這類電訊模式也可傳達圖像資訊。因此，未來可望透過改進應用程式來提升視覺感知，這樣的效果會遠超過增加植入體中電極數量兩、三倍甚至四倍的成效。這對麥可唐納來說是個好消息，不過他表示，他不確定是否還會想從頭開始學習使用另一套植入體，以及再接受所需的額外腦部手術。已經五十三歲的他認為下一代植入體對自己來說可能太晚了，沒什麼用處。他覺得，還是把下一代腦植入體留給下一代的盲人好了。

不過，對於改善應用程式來增強他目前植入體所提供的視力，麥可唐納倒是滿心期待。他非常樂觀。就算未來的應用程式不會提供比現在更好的視覺感知，他表示自己仍然對現況心滿意足。手術前，麥可唐納完全看不到，現在至少有一些視力。他說：「能夠成為第一批接受腦部植入體帶來人工視覺體驗的盲人，我感到非常榮幸。」麥可唐納就是喜歡嘗試新體驗。[27]

今晚的晚餐也讓麥可唐納有了另一種新的體驗。他說以前從未吃過蟹餅，但他發現自己很喜歡這道菜。這是在今天晚餐談話中唯一讓我心生懷疑的話。身為一個切薩皮克灣（Chesapeake Bay）所在的馬里蘭州人，我很難相信竟然會有人沒吃過蟹餅。

到目前為止，我們已經介紹了用於重建觸覺、聽覺和視覺的神經假體，現在只剩下味覺和嗅覺這兩種感官。從概念來講，神經假體在解決這些感覺重建的原理上應該沒有什麼區別，都是要先找出舌頭或鼻子與腦之間必經的神經通路，開發可以偵測到產生味覺或嗅覺的化學物質的感應器，然後設計出合適的腦機介面，最後透過電將所有元件連接起來。不幸的是，各自都有些獨特的障礙有待克服。

第一個問題就是舌頭和鼻子共享它們的感覺路徑，這就是為什麼當你因為感冒無法聞到氣味時，也會失去食慾，無法品嚐美食的原因。舌頭有鹹、甜、苦、酸和鮮這五種基本味道的受器。而嗅覺則可以輔助味蕾，增加味覺的複雜性。最近的研究顯示，鼻子可以區分億萬種不同的氣味。[28]要不是因為我們靈敏的鼻子，我們的舌頭在喝到廉價的葡萄酒時，也會很滿足。因此，舌頭和鼻子的功能性假體同樣需要高度複雜的化學受體來傳達自然的味覺和嗅覺體驗。儘管阿米傑之前就曾告誡我不應低估任何感官，但恢復味覺和嗅覺所需的侵入性外科手術讓人看了望之生畏。[29]就是因為上面這些原因，關於味覺和嗅覺的神經假體研究很少，而且在短期內也不太可能會增加。這些類型的感覺假體可能要等到觸覺、聽覺和視覺神經假體的技術更加完善後，才能挪用那些技術來處理味覺和嗅覺缺陷。

不過，舌頭並沒有完全被排除在神經假體之外，有人試圖重新利用舌頭的感覺來為盲人提供替代「視覺」。這種方法利用的是大腦的神經可塑性，這是一種重塑神經功能的能力。下面我們先暫停一下主題，談談**感官替代**（*sensory substitution*）和**神經可塑性**（*neuroplasticity*）。

若你有跟我一樣的經歷，可能已經明白感官替代是什麼滋味。兒時的夏天，有時我會和朋友躺在沙灘上玩遊戲。一人會在另一個人赤裸的背上寫下一個大大的字母，或是簡單畫出某樣東西的輪廓。這遊戲主要是讓人猜背上畫的是什麼。這是一項需要大腦將這種空間觸覺轉化為相應視覺的任務。在幾次練習後，我就很會玩這遊戲。當時的我做夢也想不到用背來「看」會成為一個重要的科學研究領域。

美國神經科學家保羅．巴赫里塔（Paul Bach-y-Rita）是感官替代科學領域的先驅，基本上可說是由他在一九六九年開創了這個領域，而且直到二〇〇六年辭世為止，他一直是這個領域研究成果最豐碩的研究員。[30] 巴赫里塔將寫背遊戲提升到另一個層次，嘗試以科學方法研究。他從改造一把舊牙科治療椅開始。我知道上次提到改造牙科治療椅時，最終得到的是一套處決囚犯的電椅裝置。不過這次對牙科治療椅的改造完全不同，是抱持著崇高的目標：讓盲人重見光明。

巴赫里塔在牙科治療椅的椅背上安裝了四百顆小型振動馬達，組成類似網格的構造。這些振動馬達跟梅麗莎．魯米斯腋下皮膚貼片上讓她產生觸覺的微型振動馬達很類似。巴赫里塔的系統中有一台攝影機，會將拍攝的影像發送到電腦，透過程式將視覺圖像轉換為一組振動模式。坐在那張椅子上的盲人會用錄影機掃描放在她前方的物體，影像資訊會轉變為振動模式，在她背上「畫」出圖像，這裡的振動就好比是筆墨。振動量會與圖像的暗度成正比，白色區域則完全沒有振動。在經過訓練後，盲人受試者便能從背上的振動輕而易舉地辨識出物體。之後沒多久又製造出縫有振動器的背心。穿上這樣的背心可以讓盲人自由地活動，要體驗振動圖像時就不用一定要坐在牙科治療椅上。

不過這種靠振動來辨識的方法還是有個問題，那就是背部皮膚觸覺的解析度有限。巴赫里塔的研究顯示，要透過觸覺刺激讓人感知到兩個獨立分開的點所需的最小距離約為五十公釐，這稱為**兩點辨別**（*two-point discrimination*）。相比之下，人類舌頭的兩點辨別約為一．一公釐，解析度明顯更高。因此，巴赫里塔將他的感官替代技術從背部皮膚轉移到舌頭表面。他還將刺激的形式從振動改為微弱的電擊。

你可能還記得，在第5章提過伏打也曾用他的舌頭來偵測伏打電堆產生的微弱電訊，在第2章也提過可以用舌頭頂住九伏特的小電池，橋接起正極和負極端，便能感受到這顆小電池的電流。由此來看，舌頭在電流的辨別上確實非常敏感。所以改用電刺激舌頭的做法確實很合理。

巴赫里塔的研究顯示出，要在盲人的腦海中形成圖像，舌頭會比背部好得多。他還發現，盲人比起那些僅是被蒙住眼睛的正常明眼人更善於識別這些圖像。他進一步在圖像識別測試期間去監測大腦活動，結果顯示出盲人在用舌頭識別圖像時，視覺皮層區會活化起來。

這些腦部研究顯示，視覺皮層是腦中形成圖像供心智觀看的區域，而這不僅單靠眼睛所觀看到的。雖然眼睛是首選的訊息來源，但當失明導致視覺輸入缺失時，視覺皮層可以用替代的觸覺來形成圖像。這些發現突顯出巴赫里塔長期以來的信念，即無論是由哪個器官發送訊息，大腦都會以相同的方式來處理圖像訊息。他經常說：「你不是用眼睛看的，而是用腦子看。」

這些發現與早期的研究一致，過去就曾發現當盲人閱讀點字書時視覺皮層會變得活躍。在腦海中形成圖像時，視覺皮層似乎相當擅長使用替代感官。當沒有視覺訊息時，它可以使用空間觸覺訊息來取代。

目前市面上已經推出巴赫里塔的舌頭視覺設備的商品，其商品取名為「智慧港」（BrainPort）。[31]當中包含有四百個微電極組成的網格，分布在一塊約一吋（二・五四公分）平方的薄型塑膠片的一面。將這裝置的電極面朝下，放在舌頭表面。除了空間訊息外，它還可以提供相當於是「灰階」的電圖像，因為傳送到四百個電極中的電流量會按照像素的明暗度調整強度。像素明暗度的訊息來自於用頭帶固定在額頭上的微型相機。相機的數位圖像會由腦機介面處理成四百像素的灰階圖像，並據此來傳遞刺激舌頭的電量。佩戴這項設備的盲人描述他們好像看到了「用小氣泡繪製出的圖」。[32]

這種現象算是神經可塑性的一種，是大腦自身的適應力，在無法使用身體某部分的神經感覺系統時，改用其他替代路徑的一種不可思議的能力。替代感官只是神經可塑性的一個面向。當大腦的某部分因為中風或其他類型的腦損傷而無法運作時，也可以交換腦功能區域。若是能利用原先正常的感官知覺搭配感官替代，再加上大腦先天的神經可塑性，有可能真的獲得一些驚奇的成果。也許現在是時候讓我們仔細端詳一下腦中的電力運作。

－第15章－

心靈的聖殿

大腦

條條大路通羅馬。

——中世紀諺語

無論你是取道電學，還是神經學，所有關於電與人體交互作用的研究最終都會指向腦。這是我在整本書中不斷意有所指，卻又意欲迴避的終點。「意有所指」是因為我經常暗示大腦在電作用中扮演的關鍵角色，而「迴避」是因為我刻意避免直接討論大腦的運作原理。直到現在，我們才在本章開始同時討論電和大腦這一主題。

為什麼我這麼小心翼翼字斟句酌在談論關於腦的問題呢？儘管腦在體內所有與電有關的歷程中都扮演直接作用，而且在整體上對於維持生命十分重要，但如果沒有先認識神經元這個組成單元的實際運作方式，就很難在電的層級上探討在腦中的運作。經過前面鋪陳與介紹，我們現在終於到達這個階段，掌握到一個神經元透過電來傳遞訊息的方式，以及它們如何組織成神經纖維（如觸鬚）從腦中延伸出來，到達身體的各個角落。在具備這些基本知識後，我們就準備好前去認識腦中的電力運作。但是請不要抱太大的期望，因為我們真的知道得不多。若是以電的角度切入，腦在很大的程度上仍然是個黑盒子。我們發送電訊，也接收電訊，但它確切的含義可以有很多詮釋，當然有些還引起了激烈爭論。不過，既然我們終於走到這一步，抵達腦部，還是得從某個地方開始。我認為最好先從一個相對沒有爭議的主題開始：腦的能量消耗。

腦的耗能算是非常「環保」：成人的腦每天持續運轉，無論是清醒還是進入睡眠狀態，而這僅需約十二瓦的功率。相較之下，一台典型的桌上型電腦，耗電量約為一百七十五瓦，而筆電的耗電量大約在六十瓦上下。而且腦使用的是可再生能源，是儲存在食物中的太陽能。簡言之，大腦是地球上最環保的電腦。

哎呀！我剛剛把大腦比作電腦了嗎？沒錯，我想我的確這樣做了，而這帶我們直接進入第一個爭議——因為有些神經科學家很厭惡將大腦模型比擬為生物性的電腦。他們口口聲聲地強調這兩者間毫無關聯。總之，我現在一腳踏入戰火最猛烈的地方。不妨先讓我把我的想法說完，然後再以同樣的篇幅列出批評我這種想法的人的觀點。

腦之所以這麼節能，其祕訣在於高超的運算效率，也就是說，它可以用很少的能量來完成大量的運算。研究顯示，大腦的運算效率超過電腦好幾個數量級。[1] 這也催生出一些研發計畫，努力讓電腦的運作方式更像人腦。模仿腦中的電路配置不僅提高電腦本身的效率，還有助於開發出更有效的腦機介面。之前已提過，神經系統和電子系統在硬體上有不同的接線方式，因此需要在神經假體中使用腦機介面。

還有另一點也同樣重要，兩個平台之間的差異越大，連接它們所需的能量也越大。由於我們不能（也不想）讓人類大腦像電腦一樣運作，因此目前看來唯一明智的選擇就是讓電腦和其他電子設備像人腦一樣運作。如果電腦的電路變得更像人腦，腦機介面的功率需求就會降低，這就意味著電池會變得更小，而待機時間會變得更長。[2]這對神經假體來說也是個好消息。

不過，除了神經假體的實際應用外，開發在效率上模擬神經系統電路的電子設備或許還有另一個好處，能夠讓人對神經系統在最基本層面的運作方式有進一步認識。有些生物學家認為，高等動物的演化，在很大程度上是受到對高神經效率的天擇所驅動。[3]因此，目前在電子設計中嘗試模擬高等生物神經系統的研發工作，可能也是在探索受到數百萬年自然界審查與考驗的設計策略。

讓我舉個例子來說明這一點，用一些在第10章和第11章提過的參數。[4]我們知道，巨型烏賊的神經元大小是人類神經元的一千倍。體積大意味著神經元的細胞膜具有更大的表面積。由於細胞膜中含有電壓門控通道，因此更大的細胞膜表面積就代表著神經元擁有更多的電壓門控通道。我們也知道各個電壓門控通道在傳播動作電位，也就是所有神經系統訊息的基本單位時，會相互協調，同步運作。因此，在電子設計上，可以將每個神經元視為一個單獨的**配電箱**（*electrical compartment*）。既然烏賊神經元的配電箱包含大量電壓門控通道，就代表它具有大量的**資訊容量**（*information capacity*），這對傳輸大量訊息來說很便利。

不過細胞消耗的代謝能量會隨著體積增加而大幅提升，也就是說，大細胞消耗的能量是以非常高的比例在攀升。因此，擁有大型神經元儘管會增加資訊容量，但卻要付出相應的代價，得耗損掉更多身體在新陳代謝過程中產生的能量。

就與神經元體積增加所造成的能量成本來看，這裡的問題可以簡單地歸結為：身體可以分配多少能量用來增加神經元的資訊容量？這就跟你在家中選擇網路速度的設定大同小異。你可以選每秒三百兆位元（Mbps）的速度，這樣便可滿足線上遊戲、電腦運作和觀看影片的需求，但你的錢包會告訴你必須要降低網路速度才有錢為你的狗買食物。因此最後你決定選擇五十位元的速度，這樣狗才不會餓肚子。

這可能就是為什麼，在哺乳類這種神經系統最高階的動物中神經元相對較小的原因。腦容量較大的哺乳動物如鯨和象，牠們都是因為神經元數量增加，而不是神經元變大。資訊容量和代謝能量這兩項需求間似乎存在某種權衡關係，哺乳類藉著標準化最佳神經元大小來達到這種平衡，因此哺乳類物種間，神經元大小的差異很小。那麼，在考量電路設計中配電箱的最佳大小時，也許可參照演化提供的教訓：當涉及到神經元時，尺寸確實很重要……但並不總是越大越好。

這表示，若能結合早期電學和神經學研究的新知，就可以對大腦運作的方式做出重要的推論。這些知識主要是以還原或稱**化約**的方式（reductionist approach）來彙整，也就是說，我們的研究先聚焦在構成整體的部分組件上，試圖從中了解全局。但這並不是研究電和大腦的唯一方法。還有另一條路線也可行，而這路線的支持者便是對我剛才提出的大腦如電腦模型（brain-as-computer model）最為憤怒的。

毫無疑問，我的說法會為人詬病，反對者的批評主要是因為他們認為僅透過化約論的方式來認識大腦會產生嚴重的侷限。他們主張只有從整體上研究腦的電活動，才能真正了解腦的電性。這批反化約論的陣營也認為，我們無法透過這套方法獲得真正的認識，因為這種方法有見樹不見林的危險。因此，他們提出要用完整的大規模研究方式來探討腦部，補強化約論的疏漏，並宣稱這種方法對於理解大腦運作非常重要。

這當中有些神經科學家確實對於將大腦比作電腦這個行之有年的說法抱持敵意。他們表示這個比喻早已失去它的用處，現在只是在阻礙我們。之所以說這會造成阻礙，是因為在大腦如電腦模型中忽略了他們所謂的**突現性質**（*emergent properties*），這是指一系統在運作時出現的屬性，無法單靠研究系統中的某一組件來預測。他們提出，我們最想知道的腦功能莫非是產生意識的機制和睡眠的性質，而這些都屬於突現性質，因此若我們只是以相應的電腦元件來探究大腦，那就無法認識到這些性質。這群神經科學家普遍認為，要透過行為，而不是電腦來研究大腦。

大腦如電腦模型一直招致這類的批評。早在一九五一年，神經科學家卡爾・拉許立（Karl Lashley）就對任何基於機器的比喻大肆抨擊，他說：

> 笛卡爾對皇家園林中的水力裝置印象深刻，並且發展出一套有關大腦運作的水力學理論。在那之後，關於大腦的運作，又出現電話理論、電場理論，現在還有基於電腦機械的理論……我們大可以直接研究腦的本身以及行為現象，以此來研究腦的運作，而不是沉迷在牽強附會的物理比喻中。[5]

這種看法在目前厭惡大腦如電腦模型這個比喻的人士間相當普遍。他們特別指出，過度偏重腦與感官的相互作用——如我們在第13、14章中所做的，在他們眼中便是個錯誤——就會對大腦如何控制行為的機制視而不見，這才是它真正神奇之處。在他們看來，研究大腦如何處理感官訊息並將其轉化為適當的行為，這才是認識大腦實際運作的關鍵。

不幸的是，我們對大腦控制身體行為的方式所知甚少，因此，他們主張，我們永遠無法藉由研究眼睛到腦的視覺迴路等細節來達到這一目標。按照他們的說法，我們永遠也想不通，為什麼當眼睛看到火焰、聞到煙味、耳朵聽到警報時，腿就會以最快的速度將身體拖出房子。我們若能理解這一點，就會理解大腦實際運作的方式。

然而，問題是，科學家的大腦在思考時就是藉助比喻才運作得最好。在前面好幾章我們曾多次見識到比喻的力量。很早就提到富蘭克林將電比喻為一種無形的液體，多年來這一直為學界所用，因為電在許多方面確實表現得很像流體。當然，電不是流體。我們現在知道電是電子的運動，而且電子流的運動方向還與富蘭克林所謂的流體的運動方向相反。但即使最終在一八九七年發現電子時，也沒有對我們對實際的用電產生任何重大影響。事實上，在現代電學，我們仍使用那些十八世紀流體論中的舊術語和比喻。我們仍然假裝電的「電流」是沿著富蘭克林最初設想的流體方向移動，即便這與現實中電子流動的方向相反。值得注意的是，在思考電的一切時，舊的流體比喻實際上比現代的電子知識更合適，因為我們仍然沒有真正了解電子究竟為何物。電子仍然是一再挑戰人類智力的物理實體。但是我們確實很了解水是什麼。

我個人並不認為富蘭克林本人真的相信電實際上是一種像水一般的流體，法拉第當然也不相信。只是流體這個比喻對他們來說很好用，而且在他們的研究中也沒找到更好的替代物。而在我看來，這一點就是要揚棄將大腦比喻為電腦會產生的問題。我們都知道那不是台電腦，但是光知道大腦不是電腦並不能讓我們更了解大腦是什麼。至於反對將大腦比喻成電腦的一方所提出的那些「突現性質」，其實只是個概括性的術語，泛指我們尚未了解的大腦活動……但如果我們繼續將大腦比擬作電腦，並且繼續化約這條研究路線，說不定有朝一日可以了解。[6]

談到這裡，也許身為讀者的你可能會說：「我對一切神經科學和電學都沒什麼問題，但現在這些聽來似乎有點過於形上學了。」我有注意到這樣的走向。不過有時形上學可以讓我們反思在做科學研究的實際意義，而在這一點上，是可以就此改進的。還記得之前提到的一棵樹倒在森林裡的問題嗎？這是好多年前由哲學家提出的，它其實幫助我們得以為聲音的科學概念完善地下定義。所以，探究這些腦的基本性質有助於指引未來腦部研究的方向。至少這是我們所希望的。

所幸，本章並沒有要解釋大腦的運作原理，也無意解決相互對峙的大腦如電腦的比喻，或是腦的突現性質的爭論。本章的目標更為狹窄且集中。我還是對那些較為廣泛的問題抱持不可知論者的立場，只是嘗試根據腦中的電活動來描述腦。我們將觀察出入大腦的電流，並將大腦簡單地看成一個黑盒子。這套方法儘管有所侷限，但我希望以此來推論大腦這個黑盒子的運作方式，即便我們仍無法完全解釋清楚。

我們就從大腦發出的電訊息——腦波開始吧！

什麼是**腦波**（*brain waves*）？這到底指的是什麼？這個有趣的問題又將我們帶回之前提過的第二項爭議。不過，讓我先告訴你它們與一般電波的不同。腦波不是電磁波，跟無線電波或微波不是同一類。身為輻射科學家，我覺得腦波不是一個好名字，因為這會引起很多混亂。稱腦波是「波」，唯一合理的地方是因為偵測到它們會以不同頻率的振盪，而這樣的震盪具有類似波的模式。由於腦波的頻率也是以赫茲為單位來測量的，就跟電磁波一樣，因此進一步加劇了這之間的混淆。

那腦波到底是什麼呢？雖然這答案在二十世紀出現很大的演變，不過即使到今天，我們還是無法明確地說出個所以然來。有些神經科學家說它們代表的是神經系統訊息的另一個有待探索的維度，並相信腦波是理解大腦功能的關鍵。其他人則認為腦波只是大腦的神經元在執行其正常電功能——以動作電位來傳送和接收訊息——製造的背景噪音。現在，讓我們先避開這些臆測，盡可能僅以電活動來定義腦波，這樣我們至少能在電的意義上達到共識。

關於腦波，最好是從操作型定義切入，它們是一種週期性的電壓波動，可以用放置在頭皮特定區域的皮膚電極偵測到。它們是由靠近腦部表層的不同神經元群放電所產生的，在同步放電時，每一群神經元都帶有其獨特的波狀電壓振盪模式。

腦波模式在清醒和睡眠狀態有很大的差異，這與那時的正常腦活動有關，而異常的腦波模式則與腦部疾病或睡眠問題有關。在專家眼中，腦波對於診斷腦部疾病非常有用，尤其是癲癇和睡眠問題。這一點幾乎每個人都同意，不過在那之外，一切就變得複雜起來。

腦波研究很早就開始了，甚至是在發現巨型的魷魚軸突前。但幾乎沒有什麼重大進展，至今依舊無法回答腦波是如何產生的，或是它們可能的功能。目前我們仍然不知道它們是否有作用，不過確實對它們的產生過程有了相當詳細的認識。

從採取化約論路線的神經科學研究那裡，我們現在得知，每一個神經元會在細胞膜上將正負電荷分離。而從法拉第的研究中，我們也認識到電荷的分離會產生電場，所以每個神經元周圍都有微型電場。當神經元產生動作電位時，細胞膜內外分離的電荷會翻轉，這時電場也一同翻轉。若是大腦中的神經元是隨機地發出動作電位，那加總起來，當中的電場便會達到平衡，那麼大腦內的淨電場就達到零和。不過這不是大腦實際運作的狀態。在腦中，聚集在各種功能核內的局部神經元群會同步發出動作電位，由數百萬個神經元形成這種協調作用所產生的淨電場足以在腦外偵測到。腦內的不同區域會因為一人的行為或思考而增減其電活動，因此會產生局部電場的波動。

將皮膚電極放在頭皮上，有可能偵測到腦內這些電場的微小波動，並且在頭皮特定區域測量這些表面電壓的變化。這些電壓的變化是受到電極正下方的局部電場的變化所驅動。皮膚電極僅能偵測到大腦最外層，也就是皮質層的電場變化。皮膚電極幾乎無法提供有關大腦深處電場狀態的資訊。這就像那位僅在路燈下找鑰匙的人的故事一樣，因為那裡是他唯一能看到的地方。測量頭皮電壓只能讓我們看到頭皮下方的腦電場，僅此而已，無法再深入。而且由於偵測的訊號非常微弱，因此環境中的任何電活動都會破壞測量結果，產生與腦活動無關的**噪聲**（*noise*），這是一種人工造成的電活動。[7]

腦波的另一個問題是在細胞層級的解析度很差。電極越小，靠近腦組織越近，其空間解析度越高。比方說若是將微電極嵌入大腦的皮層組織內，理論上它就能夠記錄到一個神經元的單一動作電位（解析度約為〇・二公釐）。要是嵌入的探針再粗一點，那測量到的就是鄰近神經元群的集體活動（解析度約為一公釐）。放置在皮質層表面的更粗一點的探針，測量的則是一片皮層褶皺的電活動（解析度約為五公釐，即〇・五公分）。然而，位於頭顱外的皮膚電極所覆蓋的皮層面積橫跨約三個腦褶皺（約為三公分）。這是個很寬的區域，超過許多腦中結構的大小。[8] 很難想像這樣粗略的電量收集裝置如何能偵測到腦部發送的細緻電訊息，好比說傳給左手無名指的指令。這就是為什麼通常不會用腦波來控制神經義肢，因為訊息解析度實在太差，無法驅動精細的技能性動作。[9]

儘管以頭皮電極來測量腦中的電活動有其侷限，但若能收集覆蓋在整顆頭顱表面所有電極下方的腦部電壓變化，將這些好比為各個腦部區域拍下的快照整合起來，可望提供有用的資訊，或許有助於推斷在這個當下的大腦活動。

就腦的解剖結構來看，頭皮電極主要測量的是大腦皮層的電活動，也就是最外層那片厚度僅為二~四．五公釐（約是一片南瓜籽的厚度）的部分。這其實是一個好消息，因為大腦皮層正是處理大部分感官資訊的地方。好比說在上一章提到的腦後方的視覺皮層，那裡就是負責處理視覺的地方。但這同樣也是個壞消息。

為什麼說大腦皮層處理我們大多的感覺也是壞消息？因為這意味著，在很大程度上，測量到的腦波同時受到身體當下的感知和行為的影響。例如，睜眼時的腦波與閉眼時就不一樣。就是連把嘴張開也會影響到腦波，因為這時肌肉會有電活動，由此來看，質疑腦波是否真能提供一扇窗來認識大腦或身體的確也不無道理。而自一九二九年首次發表發現腦波的論文以來，就一直無法擺脫這問題。

德國醫師漢斯．柏格（Hans Berger）是第一位研究人類腦波的學者，但當時其他科學家對他的研究絲毫不感興趣。[10] 柏格在做研究時，其他神經科學家都還專注在化約論的方法上，研究單一神經元的動作電位。

偏偏柏格對**超心理學**（*paranormal psychology*）的興趣極為濃厚，而且相信人際間的心靈感應，這讓學界對他的研究更是興趣缺缺。他將腦波視為個體間能夠遠距傳遞思想的一種潛在機制，這類邊緣想法讓他更難受到當時主流科學界的青睞（再加上他又是納粹同路人，這點讓他實在沒有什麼好的歷史形象）。當時的人開始打趣地將腦波稱為「柏格波」（Berger waves），這可不是為了紀念柏格，而是帶有輕蔑之意，暗示只有他才會對腦波感興趣。

在經過漫漫長路後，腦波才逐漸獲得重視，但還是有人認為腦波仍然沒得到任何尊重。許多批評者表示，要從腦波得到任何關於大腦運作跡象的可能性非常有限。他們將腦波比喻作蒸汽。請原諒我又用了另一個可怕的機器來比喻，但如果將大腦看作是蒸汽機，那麼腦波就是釋放的蒸汽。光是測量蒸汽輸出率的波動是很難由此推論蒸汽機的運作原理。

腦波的支持者經常主張，腦波振盪這樣的現象正恰恰突顯出它們具有某種功能意義。畢竟，無線電波在傳輸編碼訊息時不也會振盪嗎？也許腦波正在將編碼的訊息從腦中的一個區域傳到另一個區域。不過這論點遭到強烈反對。對此駁斥的科學家指出，所有試圖保持**穩定態**（*steady state*）——一種平衡狀態——的系統都有振盪的傾向。不論是加拿大苔原上的老鼠族群數量（在能夠持續其最佳規模的數量附近波動），還是試圖盤旋空中的蜂鳥所擺動的翅膀，又或是家中的空調設備，會因為要維持恆溫器設定的而出現溫度波動。振盪的出現通常只是一種跡象，說明系統試圖維持某種類型的平衡。

在腦波的例子中，振盪的主要原因可能是神經元需要維持興奮期的平衡基線狀態。如果神經元的基礎活動狀態太過高亢，就會以更快的速度發出動作電位，那麼有更強大的刺激出現時，它的因應就會受到限制。反過來說，要是它的基礎活動太低迷，當刺激減少時它降低發出訊息的能力也會受限。透過保持在活動量上的中間位置，神經元快速變化的能力便得以最大化。[11] 由於整群皮層的神經元會同步微調它們的基本活動狀態，我們就會看到頭皮電壓的震盪，這也就是我們所說的「腦波」。

不過，腦波的振盪確實是有不同的頻率。事實上，學界已經根據腦波的頻率（赫茲（Hz））範圍來加以分類和命名：δ波（〇．二～三赫茲）、θ波（三～八赫茲）、α波（八～十二赫茲）、β波（十二～二十七赫茲）和γ波（二十七～一百赫茲）。有人試圖為每個頻率類別定義出不同的功能，宣稱可將一人特定頻率的腦波活動與「正常」人的腦波相比，由此來診斷出腦功能異常。接下來就使用神經反饋療法，嘗試將這「異常」腦波振盪恢復到正常範圍內。主流醫學認為這些腦波矯正療法只是無稽之談，很少有保險公司願意理賠這樣的費用。不過，腦波異常的說法其實有一定的道理，可以當作是一些腦功能異常的指標，尤其是癲癇。

癲癇的病徵是**痙攣**（*seizure*），這可以想成是腦中出現的一場電風暴。癲癇發作時，腦波通常變得很不穩定，然而，即使不是處於癲癇發作期，癲癇患者的腦波模式也往往與常人迥異。[12] 因此，在診斷時會使用**腦電圖**（*electroencephalogram*，簡稱EEG）來測量腦波，這是一種診斷型的醫療程序，可用來監測癲癇患者的狀態。[13] 將電極放置在患者的整顆頭顱上，記錄下腦波。

這與心電圖（EKG）很類似，只是在做心電圖時是將多個皮膚電極放置在患者的胸部上，以此來推斷體內跳動心臟的異常電活動。[14] 癲癇患者的腦電圖會出現規律性高振幅的腦波，這是在腦中神經元幾乎同時發出動作電位時產生的。一定程度的腦波同步是正常的，但過度的同步化，或稱**超同步**（*hypersynchrony*）則是癲癇的指標性症狀，因此腦電圖對於診斷和監測這種疾病的狀態非常有用。[15]

時至今日，神經科學家對腦波的確切功能或失能依舊爭論不休。事實上，已經有好幾本書專門在談論這個主題。[16] 我們當然無法在這裡解決這個爭議，所以也許我們應該結束對腦中的電活動的討論，將焦點轉移到加諸在我們頭上的電活動。沒錯，我們即將要進入另一大爭議中。

大眾對電痙攣療法，也就是俗稱**電療**（*electroconvulsive therapy*，簡稱ECT）的認識多半來自**休克療法**（*shock therapy*）這一過時的用語。在醫學語彙中，休克指的是血液流動不足時引發的危險情況，通常是因為血壓劇烈下降導致。同樣地，雖然醫院的**休克創傷科**（*shock trauma*）經常治療意外觸電的人，但這一科名稱中的「休克」指的是醫療性休克，而不是受到電擊。

休克療法始於一九二〇年代，這項療法的主要策略是以藥物來誘導患者進入休克狀態，並將藥物劑量維持在可用醫療手段控制的程度內，通常使用的藥物是胰島素，這會導致極低的血糖濃度，產生中度休克。內科醫師認為，讓患者處於醫療性休克狀態，失去意識數天或數週，可以讓他們的大腦從病痛的折磨中得到休息，對於不同形式的精神疾病會有益處。但實際上並沒有這樣的效果。因此，當腦電圖問世後，這項療法基本上就被拋棄了。

電痙攣療法不會產生醫療性休克，但是會引發痙攣。誘發的痙攣確實對包含憂鬱症在內的少數精神疾病有真正的益處。在醫學界休克療法的起源有點模糊，有好幾位醫師聲稱是他們的發明，不過電痙攣療法則有明確的記載，首次使用的記錄可以回溯到一九三八年四月十一日的羅馬，而且最初導致使用這療法的事件也很清楚。[17]

前面提過，癲癇是一種週期性痙攣發作的腦部疾病，而精神分裂症則是一種嚴重的長期心理障礙，會影響一人的思考能力。這兩種截然不同的疾病相當盛行，但在一九三〇年代，醫師認為這兩種疾病同時發生在一人身上的情況極為罕見，並且對此現象提出了種種理論，有些人認為癲癇和精神分裂症可能代表某些未知腦功能的兩個極端——在病理上出現過度活躍或是完全不活躍的狀態。我們現在知道這些理論都弄錯了。這兩種疾病同時發生的比例其實比過去所想的高。然而，由於當時的醫師認為這兩種疾病間存在有這樣的互斥性，因此判定兩者間存在有某種病理關聯。有些醫師推測這些疾病之所以不會同時發生，是因為癲癇，具體而言是伴隨這種癲癇發作的痙攣，可能有預防精神分裂症的效果。這理論後來便導致了以誘發癲癇發作來治療精神分裂症的想法。

起初，醫師嘗試用藥物來誘發精神分裂症患者癲癇發作。但藥物劑量很難控制，還出現了多種併發症。[18] 甚至也有些意外死亡的案例。由於用藥物引發癲癇存在有這些問題，因此需要更好、更安全的替代方案。

在羅馬執業的精神病醫師烏革・切萊提（Ugo Cerletti）得知此事後，立即想到可以用電來誘發癲癇發作。這是因為他之前研究過癲癇一段時間，曾在實驗室裡用狗當作模式動物。切萊提會用電在狗身上誘發類似癲癇的發作，然後再研究這對狗的腦部的影響。值得注意的是，他最初嘗試誘發癲癇時，並沒有直接電擊腦部。事實上，切萊提在做實驗時完全避免讓腦部通電，因為他認為讓電流通過腦部，可能會損壞他想要研究的組織。因此，切萊提是給狗的軀幹通電，以此誘發癲癇發作。他將一個電極放在狗的嘴裡，另一個放在直腸裡，這樣電流產生的直接路徑就不會經過狗的腦部。

如果這些狗的電擊實驗讓你想起愛迪生和布朗在五十年前做的那些可怕實驗，這很正常，因為在本質上它們是一樣的。因此，切萊提再次發現他的前輩很久以前學到的：心臟是電擊的關鍵目標。讓電流從嘴巴流到直腸，會直接穿過狗的心臟，讓牠死亡。

但隨後，切萊提聽聞當地的屠宰場在肢解豬隻前，都會先電擊牠們的頭部。前面已經提過，這種人道處理至今仍很普遍，在屠宰動物前，會先予以電擊昏迷，讓動物瞬間失去知覺的。切萊提參觀了屠宰場，並且學到一件事：將電極放在兩邊的太陽穴上加以電擊，豬隻幾乎都不會因電擊而死亡。要是沒有立即屠宰，這些豬就會出現嚴重的**全身強直陣攣發作**（*grand mal epilepsy*），包括肌肉痙攣和長時間失去意識，這與癲癇發作的症狀不無二致。但牠們後來會復原，而且沒有出現明顯的長期影響。了解這些之後，切萊提找到了解決方案，能夠改善實驗狗的高死亡率問題。他改造了屠宰場的豬電極，套用在狗身上，也如法炮製地將電極安裝在狗的太陽穴上。從此以後，在誘發癲癇的研究中，他再也沒有造成任何一隻狗的死亡。

然而，在操作上，切萊提依舊重蹈前人覆轍，犯下和愛迪生及布朗同樣的錯誤，僅著重在電壓的調控上，試圖找出不至於造成狗死亡又能誘發癲癇所需的最佳電壓，完全忽略了致死主因其實是電流而非電壓。他以狗進行了一系列的電壓反應實驗，並確定出在使用他設計的這套特殊設備和程序時，可選擇一百二十伏特的電壓，這在幾秒鐘內就會引起狗的癲癇發作；而若將電壓提高到四百伏特，一旦超過六十秒，就會造成死亡。切萊提認定這算是很大的**安全範圍**（*margin of safety*），致死電壓與操作所需的電壓差異很大，因此他得以繼續實驗，不會再在實驗過程中電死狗。

所以，當精神分裂症的臨床治療產生這樣的需求，想要找一種安全有效的療法來取代引發癲癇的藥物時，切萊提已經有一個「準備就緒」的解決方案：電既有效也非常安全。在他看來，這項技術早已完成動物試驗的安全測試（即他在五年前以狗進行的試驗）。由於沒有精神分裂症的模式動物可用，理所當然的下一步就是直接在患者身上進行試驗。而這正是切萊提所做的。他再度改造狗用的電極，以便在人類身上使用，他已準備好治療他的第一名患者。

當羅馬警方將一名在當地火車站引起騷亂的精神分裂症重症男子，帶到切萊提的精神病診所而不是監獄時，切萊提終於有了試驗的機會。一九三八年四月，這名男子成為史上第一位接受電痙攣療法，或一般俗稱電療的患者。在經過幾次嘗試，不斷調高電壓來確定引發他癲癇的閾值後，終於找到合適的值，他在接下來的幾週內接受了約十次治療，之後他復原的狀況很好。切萊提開始治療更多的患者，也取得類似的成效。

很快地，切萊提將他的電療擴展到臨床上出現憂鬱症的患者。他發現憂鬱症對電療的反應比精神分裂症更敏感。這意味著電療具有龐大的潛在患者群，因為憂鬱症的盛行率是精神分裂症的七倍左右。就像富蘭克林的名聲因為萊頓瓶而水漲船高，導致大批癱瘓者到他家尋求電擊刺激他們功能失調的肌肉那樣，切萊提的診所很快也擠滿了憂鬱症患者和精神分裂症患者，他們也想要以電療來治療他們的腦功能障礙，而切萊提盡可能地給予治療。

多年來，醫學界一直認可電療在重度憂鬱症上的效果。[19] 在今天，全世界的醫師都將電療視為一項有價值的臨床選擇，提供給發展出耐藥性的憂鬱症患者選用。[20] 簡言之，在經過這麼多年後，至今仍在使用電療，因為它非常有效、無痛、安全且快速——患者通常會在前一、兩次治療後就表示病情有好轉的跡象。而且已經有研究證明電痙攣療法搭配**抗憂鬱藥物**（*antidepressants*）的效果會比單純藥物治療更好。[21]

沒有人確切地知道電療的運作原理。關於其機制，最受人吹捧的假設是**抗痙攣理**

論（*anticonvulsive theory*）。這個理論是根據觀察結果所得，他們發現多數患者（近百分之九十五）在引發癲癇的治療過程中，會對電擊逐漸產生越來越強的抗性，因此在後續治療中需要不斷提高電量。[22] 當時對此的想法是，導致難以誘發癲癇的抗性機制與這療程的療效有某種關聯。不過，這個「假設」當然只是避重就輕地迴避問題，因為我們根本不知道為何會產生抗性，導致難以誘發癲癇。

另一個理論是**強化神經可塑性理論**（*enhanced neuroplasticity theory*），這理論認為電療之所以有用是因為它強化了大腦的神經可塑性。在上一章，曾提過當沒有眼睛的視覺訊息可用時，大腦的先天神經可塑性會改以接收來自背部或舌頭的空間觸覺訊息，以此在腦海中形成圖像。這裡的想法則是，電療引起的神經可塑性強化或許讓大腦能夠建構出一套變通方案，處理憂鬱症帶來的腦部變化（如樹突萎縮、海馬體變小等）。但由於缺乏合適的實驗技術來測量腦神經可塑性的潛在變化，這項理論至今仍未得到證實。[23]

電療後可測量到很多腦中的生化改變，但很難知道究竟是哪些變化與療效有關。不過，最近以小鼠進行的研究倒是提供了一些線索。約翰霍普金斯大學醫學院精神病學系的研究人員研究了海馬體神經元的變化。海馬體是一種海馬形狀的腦部結構，據信在給予小鼠電療後，會改變牠們的學習和記憶能力。這個研究小組證實了其他研究人員之前觀察到的情況，即在電療刺激後，海馬體中會產生新的神經元。

約翰霍普金斯大學的研究小組還用上基因工程，來進一步深入這項觀察。他們發現，這些新神經元需要一種叫做Narp的蛋白質才能產生正常的樹突。[24]缺乏Narp的小鼠，在電療後從新神經細胞中長出的樹突較少，而且牠們憂鬱症病情的改善也較少。[25]參與這項研究的資深研究員厄文．麥可．瑞提（Irving Michael Reti）說：「所有這些都指向Narp似乎是藉由形成新的突觸或連結來調節與其他神經元的交流，這可能就是在電療後這種蛋白質之所以有舒緩憂鬱症狀的原因。」[26]此外，Narp似乎並未改變抗抑鬱藥物（如氯胺酮）的療效，這顯示電療和藥物是透過不同的機制來緩解憂鬱症。所以，也許Narp最終會提供我們電療效果在分子層級的解釋。不過在那之前，我們仍然沒有一個扎實的理論來解釋電療的運作原理。

時至今日，現代患者體驗到的電療，與過去在切萊提的診所中截然不同。現在做電療是要全身麻醉的，而且病患會處於完全睡著的狀態，還會使用肌肉鬆弛劑，減少在誘發痙攣期間的肌肉收縮。患者在療程中不會感到任何疼痛，也完全不會意識到治療正在進行。早年在電療後會出現的短期記憶喪失這類副作用，也因為改用短脈衝而不是持續的電流，而有所改善。另一項受歡迎的變化是電療的用電量，現在調整成較為適當的電量，而且全世界都是以輸送到腦的庫侖量（即電荷）來測量，而不是根據電極間的電位差（即電壓）。電壓僅是特定電療裝置中的一組電參數，因此在比較不同診所電療患者的不同電量上，其參考價值有限。[27]

儘管電療在憂鬱症的緩解上有一定的成效，但它仍然是最具爭議性的一種精神病療法。這是為什麼呢？有許多因素影響到大眾對電療的態度，包括對觸電的內在恐懼。不過，真正對電療形象造成嚴重打擊的是一部電影：《飛越杜鵑窩》（*One Flew Over the Cuckoo's Nest, 1975*），當中將電療描述成一種折磨和控制患者的手段。

另一個為電療塑造出負面形象的因素是，至今仍然不清楚其療效的機制。當代醫學是以科學為基礎，因此醫師對於機制不明的療程不太放心。儘管如此，接受過電療的憂鬱症患者及其家屬，對電療及其效果都表達高度的滿意。[28]電療正在緩慢地獲得肯定，漸漸恢復其形象，未來很可能會看到更多的使用，除非有發現其他更有效的治療方式。

我們要如何知道有更有效的治療出現？整部電療的歷史難道不就是在彰顯，所有療法都只是為了滿足當下流行的疾病理論所引領的風潮嗎？它們不是很快又會被最新疾病理論帶來的下一種流行療法給取代嗎？癲癇能預防精神分裂症的錯誤理論，難道有比許多早期電療師認為疾病是來自局部營養失衡的錯誤理論好嗎？由誤導性的理論催生出的現代療法，真的有比根據過去誤導性理論發展出來的舊療法更好嗎？這些都是很好的問題，值得在這裡多加衡量與思辨。

在二十世紀初施行的電療，與今天日普遍施行的電療間存在一項根本差異。我們現在所處的時代會要求進行**隨機臨床試驗**（*randomized clinical trial*），這是評估醫療價值的一種很好的科學方法。隨機臨床試驗的基本設計有三項基本原則：

一、應同時比較兩種以上的治療方法，其中一種是標準療法試驗，另一種則是無效的療法。

二、患者必須隨機分配到各個療程組中。

三、必須對治療效果進行客觀測量，並對測量誤差的可能性進行統計分析。[29]

在這三項標準中，患者的隨機分配對於了解真相最為重要。

在尚未發展出隨機臨床試驗前，多數關於藥物療效的知識，都是來自從業者的專業意見和患者的見證，這兩者都是非常不可靠的。正如之前提過，普爾弗馬赫的電動腰帶，只能靠患者的評價來強調其效果。腰帶製造商並沒有進行隨機臨床試驗來支持其荒謬的效果。在一九〇六年頒布《純淨食品和藥品法案》（*Pure Food and Drug Act*）後，所有的產品開始面臨要證實聲稱療效的壓力，但當時還並不是很清楚要透過什麼方式能夠科學地證明這些主張。隨機臨床試驗的誕生為他們提供一套方法。

現代隨機臨床試驗來自於早期針對人群中疾病分布的**流行病學**（*epidemiology*）研究。流行病學的英文就是其字面意思，可拆解成「流行病」（epidemics）和「學」（-ology）。在十九世紀，流行病學領域採用這種精算法來確定不同職業中工人的死亡率。同樣的這套方法後來也用在確定罹患特定疾病的可能性，然後反過來確定這些疾病的可能原因。最著名的研究是由倫敦醫師約翰・斯諾（John Snow）使用的統計，他的分析顯示出，經常在倫敦爆發的霍亂疫情是因為飲用的井水受到汙水汙染所致。不過，在發展出這些統計方法後，還等上很長一段時間，直到十九世紀晚期才廣泛用在公衛保護和預防，用以比較接受不同臨床治療的患者的後續發展。

然而，一直到一九三五年，當英國統計學家羅南・費納德（Ronald A.Fisher）爵士所著的《實驗設計》（*The Design of Experiments*）出版後，醫學從業人員才真正明白嚴格控制的臨床實驗的力量，能夠解答關於各種特定疾病治療效果的問題。費雪大力提倡隨機化（randomization），表示這是統計技術中最為基本而強大的。不久之後，隨機化的臨床試驗開始普遍。當時的主要目的，是為了確定各種藥物和新發現的抗生素在治療結核病等傳染病上的療效；結核病是種慢性的細菌性肺炎，通常會致命，曾經在世界各地釀成災情。從那時起，隨機臨床試驗就應用在各種醫學治療上，從藥物到外科手術都有。

那麼，究竟為什麼隨機臨床試驗有如此強大的力量呢？因為將患者隨機分組後會減少甚至是消除**選擇偏差**（*selection bias*），這是一種根據病情嚴重程度而引導患者接受某些治療的傾向。而且，隨機化還可以避免**觀察者偏差**（*observer biases*），這是來自醫師或患者對某些治療的偏好而產生的。實際上，隨機化的試驗設計讓專業意見和患者見證都顯得過時。[30]真相就在數據中。這就是為什麼我可以信誓旦旦地說電療對憂鬱症有效——因為有一系列隨機臨床試驗反覆地證明這一點，而且這些試驗都是可重複的。事實上，由於過去已累積充分證據，因此在電療憂鬱症臨床試驗中，繼續在對照組中進行無效的虛假治療試驗可能會判定為不道德，因為目前已經確定電療是更為有效且安全的醫療方式。

但在精神分裂症這邊的情況則很不一樣。諷刺的是，儘管早已證明電療對治療憂鬱症有益，但在精神分裂症這個最初推動電療發展的疾病上，其療效卻沒有那麼明顯。幾乎從一開始，精神病學家就懷疑切萊提用電療來治療精神分裂症的效果，因為很少有其他精神科診所能在患者身上得到與其相媲美的療效。這很有可能就是因為切萊提本人也受到觀察者偏差的效應影響，在有意無意間偏向了電療在精神分裂症治療上的效果，畢竟這套理論是特別拿精神分裂症來解釋電療效果的。相較之下，當時並沒有關於電療如何治療憂鬱症的基本原理。[31] 近來的隨機臨床試驗顯示，在難治型精神分裂症患者中，在標準療程中額外添加電療，相較於加入虛假電療的對照組，並沒有展現出明顯益處。

電療組和假電療組都產生了約兩倍的可測量益處，顯示這種改善主要是來自安慰劑效應，與實際上是否接受電療幾乎沒有關係。在這組精神分裂症患者中，單獨使用電療也沒有產生顯著的益處。[32] 換言之，現代的隨機臨床試驗所得到的結論與最初提出的精神分裂症驅動治療假設恰恰相反，這些研究顯示，在臨床上，電療對憂鬱症患者的效果最多，而對精神分裂症者很少——如果硬要說有的話。

隨機臨床試驗就是這樣一種強大的工具，能夠比較兩個療程（或沒有施以治療）的差別。有了隨機臨床試驗，我們現在能夠考慮各種腦部電療的可行性，並且客觀評估其效果。現在讓我們看看另一個例子。

很長一段時間以來，有些醫師擔心，既然電療會導致類似癲癇的痙攣，是否有可能真的導致癲癇。不過最近的研究顯示他們應當是多慮了。[33]還有其他醫師提出理論，推測若是只用電刺激迷走神經而不是整個頭部，或許還可以用電來抑制癲癇發作。

以刺激迷走神經來治療癲癇的想法來自於一項偶然發現，是因為一九五二年的一項貓腦波研究計畫。[34]研究員發現，用電刺激貓的迷走神經會使其腦波去同步化。而腦波的高度同步化，正如之前提到的，這是癲癇的一大標誌，因此可以合理地推論，刺激癲癇患者的迷走神經或許能夠減少或消除他們高度同步化的腦波，從而減輕他們的癲癇發作。這項療法最初在一九八八年推出，其安全性和有效性在一九九〇年代的隨機臨床試驗中得到證實。從那時起，這項療程的使用就日益普遍。

迷走神經刺激裝置的作用原理，與在前一章談到的耳蝸植入體和心律調節器很相似，而且用到的技術也有許多相同之處。以外科手術將電極連接到頸部左側的迷走神經，約在喉結的高度。這些電極以電線連接到位於鎖骨正下方的控制器，類似於放置心律調節器的位置。這項設備會向迷走神經發出間歇性的電刺激。在刺激過程中患者會有不適感，因此持續時間和頻率會保持在能夠抑制癲癇發作所需的最低量。通常，每五分鐘刺激一次就夠了。然而，就跟用於治療憂鬱症的電療一樣，迷走神經刺激緩解癲癇發作的機制也仍然是個謎團，但其控制癲癇發作的有效性已獲得證實。[35]

將迷走神經當作控制腦電活動的一個入口，就像治療癲癇那樣，是一種相對侵入性較低的手術。但在帕金森氏症這類腦部疾病的治療上，將電極置入腦部深處卻是非常關鍵的步驟。現在我們就來看看如何用電來治療帕金森氏症。

帕金森氏症（Parkinson's disease）是種退化性的神經疾病，主要影響的是產生多巴胺這種神經傳導物質的神經元。這些神經元聚集在「黑質」（substantia nigra）中，這是拉丁文，意思是「黑色物質」。之所以會得到這樣的名稱，是因為在驗屍時看到這類腦結構的外觀明顯深沉。這樣的深色是黑色素（melanin）造成的，人類皮膚變黑也是因為這種色素。皮膚中的黑色素有助於防止來自太陽的有害紫外線。不過黑質中的黑色素還有另一個功能，它會參與製造神經傳導物質多巴胺的生化途徑。

神經傳導物質是以化學方式來刺激神經元發出動作電位。不過，一個神經元要接受到刺激，必須具有可以與特定類型的神經傳導物質結合的受體（receptor）。這有點類似於鎖和鑰匙的關係；其中受體是鎖，而神經傳導物質則是鑰匙。就跟鎖和鑰匙一樣，要是它們不是同一對，就無法使用。如果神經元上沒有多巴胺受體，它就不會受到多巴胺的調節影響。而那些具有多巴胺受體的神經元，則要依賴多巴胺才能正常運作。在帕金森氏症的患者身上，產生多巴胺的神經元由於某種原因正在慢慢死去，因此需要多巴胺的神經元便無法與其結合。這些缺乏多巴胺的神經元主要是參與肌肉運動的控制，因此多巴胺缺乏會導致肌肉運動不規律，尤其是在四肢，從而讓患者出現震顫的情況。

你可能還記得，在第8章討論過魚的趨電性（朝向正極游動的現象）的生化機制時，曾簡要地談到神經傳導物質的功能。當時討論了最近的證據顯示，趨電性可能是透過與帕金森氏症有關的多巴胺途徑所傳導的，並且具體地提到D2型多巴胺受體途徑。那是因為D2型多巴胺受體的化學抑制劑，既會在小鼠身上誘發類似帕金森氏症的症狀，又會消除魚類的趨電性。

帕金森氏症通常是用**左旋多巴**（*levodopa*，簡稱L-Dopa）來治療，這種合成化學物質能夠增加身體製造的多巴胺。這種藥物可以口服，能夠滿足具有多巴胺受體的神經元的依賴性。它可以暫時抑制帕金森氏症造成的震顫。但是左旋多巴有許多副作用，包括嚴重的精神問題，而且患者可能會產生抗藥性。顯然，需要有更好的治療方法。

雖然在一九九〇年代初期就開始用**深層腦部刺激術**（*deep brain stimulation*，DBS）來治療帕金森氏症，不過這種療法的歷史可以追溯到一九三〇年代初期，當時神經科學家懷爾德·潘菲爾德（Wilder Penfield）和愛德恩·柏德瑞（Edwin Boldrey）使用電刺激來辨別腦皮質的不同功能區。他們的研究方法稱為**皮層刺激定位術**（*cortical stimulation mapping*），這是用電流刺激大腦皮層表面的不同位置，來看看它會引起什麼身體反應。透過這種方式，他們可以將不同的身體功能映射到大腦皮層上的特定點。[36]他們當時對神經系統的感覺和運動功能都做了這樣的刺激，有條不紊地探究整個大腦表面，不僅能夠繪製出與每個身體部位相關的皮層位置，還能測量用於每個身體部位的皮層總體積。他們發現，單就大腦而言，並不是所有的身體部位都需要相同程度的關注。以感官功能來說，一如預期，眼睛、鼻子、嘴巴和手佔用了大量皮質組織，而身體其他部位所用到的皮質組織相對較少。

有人試著將這樣的比例關係描繪出來，反映身體不同部位感官需求的大腦皮層體積，這是以一個男性身體來表示，將身體部位依其在大腦中占用的皮質區比例來縮放大小，戲劇性地將其形象化。最後描繪出的男性形體相當扭曲，還戲稱為**荷姆克魯斯**（*homunculus*），或是皮質小人、感官侏儒。[37]他與達文西精確描繪的具有完美男性身體比例的**維特魯威人**（*Vitruvian Man*）截然不同。與維特魯威人相比，荷姆克魯斯的身體嚴重扭曲，看起來像是一隻長了大頭和大手的侏儒。

在一九三〇年代，要將潘菲爾德和柏德瑞的腦功能定位技巧從大腦皮層擴展到腦部的其他區域是不可能的。我在前面已經提過，大腦皮層代表的僅是腦部的最外層，因此對這區域進行電刺激不算是太過侵入性的處理。但是，要對內部的腦組織功能進行通電定位得將電極置入腦內深處，這會損傷到覆蓋在其上方的腦組織。然而，到了一九四〇年代，神經外科醫師開發出一種立體定向裝置，能夠在不對腦組織造成重大損傷的情況下，讓電進入腦內的密室。

感官侏儒（或譯荷姆克魯斯）

身體各部位對腦的感覺功能有不同比例的需求，將各部分所需的比例關係形體化成一個立體的男性模型，身體各部位的大小是按照其對腦組織的需求比例來縮放。最後造出的是一個看似畸形的動物，通常戲稱為感官侏儒（homunculus）。在過去，荷姆克魯斯是指號稱存在於男性精子中的微小畸形人。這是在十六世紀試圖解釋人類有性生殖運作的荒謬解釋，最初是在醫師帕拉塞爾蘇斯（Paracelsus, 1493-1541 年）的著作中提到，不過幾個世紀以來，這個荒誕的想法一直吸引世人的想像，所以荷姆克魯斯一詞廣泛出現在不同脈絡中的醫學史著作和文學作品。不過在現代科學中，通常是指照片中呈現的那具代表腦功能感覺的雕像。

圖片來源：Mpj29/ 維基共享資源

立體定位神經手術（*stereotactic neurosurgery*）是種腦部微創外科手術，利用三維坐標系統來定位，能夠進入腦部深處的結構。這通常用在精密的外科手術上，例如病灶的活組織採檢，或是藥物的精確注射。由於這項手術用的探針很細，而且通常得以選擇一條既能到達最內部結構的路徑，又能夠避免刺穿覆蓋在上方的那些最為敏感的組織。

在發展立體定位裝置後，便可將用於繪製腦功能圖的電刺激技術從表層深入到內部。神經科學家終於能夠如法炮製，將以前在表層進行的電刺激定位套用在深層的腦內結構，繪製出內部的功能圖。好比說，他們以此確定出黑質在控制肌肉運動中的作用，還有腦中負責獎賞系統的快樂中樞是位於**依核**（*nucleus accumbens*），或譯**伏隔核**，這個結構就在黑質附近。

用於治療帕金森氏症的腦內結構電刺激，實際上衍生自**燒灼術**（*ablation surgery*）。燒灼術原本是為了去除或破壞組織，通常用於破壞腫瘤，但在必要時也可用於功能失調的正常組織。過去經常用燒灼術來治療帕金森氏症。之前發現有種叫做**蒼白球**（*globus pallidus*）的結構，它與黑質間有直接的神經傳遞交流，而破壞蒼白球的一側可以緩解身體另一側震顫症狀。但無法同時緩解身體兩側的震顫，因為若是燒灼蒼白球的兩側會導致認知和語言障礙。而且，燒灼術最嚴重的缺點是其永久性，一經燒灼是無法逆轉的。

起初，在進行腦部燒灼術中使用電刺激只是為了確認待燒灼組織的正確位置。也就是說，會對要切除的腦組織通電，短暫地刺激其功能，由此項功能來確認這就是手術要燒灼的實際目標。但後來發現，在對帕金森氏症患者進行燒灼術時，這樣的電刺激通常會暫時停止患者的震顫。[38] 這項觀察激發出一個新想法，或許可僅用電來治療帕金森氏症，因此最後出現帕金森氏症的深層腦部刺激術（DBS）。[39] 相較於燒灼術永遠只能根據經驗來猜測要燒去多少組織，電刺激卻可以輕易地調整和優化，這便是它勝出的一大優勢：可以隨意修改電量（即劑量）。最重要的是，電刺激不是永久性的，可以隨時切斷電流，也能以手術將電極從腦中移除。

就患者的角度來看，進行DBS意味著接受立體定位手術，要將一對電極植入大腦深處。此外，DBS還要植入一個皮下神經刺激器裝置，這有點類似其他植入式的電療控制器。外科醫師會在胸部植入一個神經刺激器，然後將一對皮下電線穿過頸部和頭皮下方，連接到兩個電極上，這樣它們就能穿過頭顱，在腦部結構內發出電刺激。之後會以一個體外的無線程式編輯器來調整內部的神經刺激器。

DBS治療帕金森氏症的作用機制是什麼?依舊沒人清楚。這是意外發現電療適用症的另一個例子，單憑經驗來改善療程，但對其作用原理並沒有充分了解。不過，它確實有效。隨機臨床試驗也證明了這一點。[40]

目前DBS刺激早已應用在於許多其他腦部疾病上，同樣也再度引起爭議。特別是將DBS用在依核，即所謂的快樂中樞上，來緩解強迫症這類的焦慮問題，這類療法已經導致有人過度刺激他們的依核，以獲得類似鴉片類藥物的快感，或產生高潮的感覺。[41]有人認為這會讓身體對DBS電刺激帶來的愉悅感「上癮」。普爾弗馬赫的電動腰帶產生的電流刺痛感可能令人愉悅，但不會上癮。至少DBS不是自己一個人在家裡就可以做的，這需要醫師的參與，而醫師會注意到過度快樂的危險。人需要維持一定程度的焦慮感，因為減輕焦慮的欲望其實是一股自我保護的驅動力。耽溺在快樂之中的人就是連他們應該要擔心的那些危及生命的事情都不在乎，所以他們往往不會活得很長。

在本書中，我只能提這幾個以電療處理腦部疾病的例子，包括處理憂鬱症的電療、癲癇的迷走神經刺激以及帕金森氏症的DBS。我之所以選擇這些針對特定疾病的電療法是因為下面四個原因：

一、這些疾病相對較多。

二、用於治療的電療法已行之有年，而且目前在臨床上廣泛使用。

三、這些療法的效果已經過隨機臨床試驗確定。

四、每種療法都展現出讓腦部通電的不同方法。有的是通過頭顱（ECT電療），有的是取道周圍神經（迷走神經），另外一種則是將電極插入大腦深處（DBS）。這三種方法截然不同，不過侵入性越來越強。

但我不想給你留下錯誤印象，以為這些是唯一可以用電來治療的腦部疾病。尤其是DBS，目前正在研究以此來處理**肌張力不全症**（*dystonia*），這種病的主要特徵是會出現無法控制的肌肉扭曲；另外還有**妥瑞氏綜合症**（*Tourette's syndrome*），這種疾病會出現無法控制的抽動症；甚至是疼痛管理，包含截肢者遭受的幻肢痛等。不過，目前大多數還處於研究階段，尚未進入常規的臨床實踐。[42]

儘管這裡討論的三種電療法在很多方面都有所差異，但它們也都有些共同點：就使用的電極數而言，在操作上相當簡單。電療、迷走神經刺激和DBS都僅需要放置幾個電極在特定位點。不過與神經修復術相比，這樣的手法顯得粗糙。正如之前提過的，用於治療耳聾的腦幹植入體有二十個電極，而治療失明的視覺皮層植入體更是高達六十個。用於治療腦部的電極數量這麼少似乎不太對勁，特別是考量到光是一隻耳朵中的耳蝸植入體就可以高達一百二十個電極。腦是一個龐大而複雜的器官，還要擔負許多複雜的身體機能，它的功能遠遠超過耳朵。若是想要認真用電來治療腦部疾病，就必須要提升現有的水準。我們需要顯著增加電極的數量，才能懷抱希望，治療那裡發生的種種腦部疾病，產生重大效應。

所幸，已經有一個人在嘗試增加可放置腦中的電極數量，而且這個人在擴展這項技術的規模上留下令人讚嘆的成就。事實上，許多人認為他是未來科技術領域的英雄，所以有充分理由對他將來的成就抱持樂觀。不幸的是，這位英雄也具有引發爭議和挑起衝突的本領。不過，正如我們之前所看到的，每當涉及到腦部時，總是會有爭議。至於衝突，這也是驅動每個好故事的力量，所以故事才需要英雄的參與。可以說，我們現在已經擁有要寫下一個偉大故事的所有素材。讓我們就以這個故事來為這本關於電和人體的書作結尾吧！

－第16章－

未來衝擊

人工智慧

要做出預測很難，尤其是關於未來。

——丹麥諺語[1]

二〇一九年七月十六日，伊隆・馬斯克（Elon Musk）在加州科學院的莫里森天文館主持一場重要活動，全世界都可以在網路上看到現場直播。這是個銀河級的場地，也是個大日子。馬斯克公開宣布他最新成立的神經科學新創公司：Neuralink（意為「神經連結」）。[2] 也許你已聽過這個新聞，即使你毫無所知，多少也聽說過伊隆・馬斯克這號人物。馬斯克是知名工程師、企業家、未來學家，也是可重複使用火箭公司SpaceX以及特斯拉電動車公司的創辦人。[3] 你應當記得特斯拉還有另一款Model S電動房車，這在之前討論電池的演變時曾提過，當時談到從伏打的原始電池堆一路發展到現代的一萬八千六百五十鋰電池，那時就提過Model S這輛電動車，這一共需要七千一百零四顆的鋰電池來供電。

馬斯克熱愛挑釁，而且似乎因為他古怪的商業作風和獨特的生活風格而時常惹人非議，但這些我都不在乎。關於他，有件事是可以肯定的：從來沒人說他笨。所以當馬斯克在談科技時，我會認真聽，因為他知道自己在講什麼，而且他不會浪費時間在雞毛蒜皮的事情上。而在這一天，他發表了Neuralink的新一代**腦機介面**——馬斯克預測這將改變人類文明。既然牽涉到文明，我怎能不全神貫注地聽講呢？

馬斯克宣稱：「處理腦部相關疾病對我們來說很重要……無論是因為意外造成，還是先天性的，或是由腦或脊柱引起的。這些疾病……我們都可以用晶片來處理。而這是大多數人還不明白的。」這我知道，我不是他們，再多說一點細節吧！但是他接下來講的卻讓我大失所望。「這一切都將會……」——他說到一半就停了下來，好像是在斟酌用語，然後繼續說道：「實際上，我認為，這會發展得相當緩慢。我想強調這一點。Neuralink不會突然間就推出一種神經織網，開始接管我們的腦。」這將需要很長一段時間，然後他笑著補充道：「但你會看到它問世。」不會馬上接管我的大腦？這挺好的，算是讓人鬆了一口氣。但是他口中的那個「神經織網」（neural lace）指的到底是什麼？

雖然我對文明的轉變將會非常緩慢這點有些點失望，但還是很開心我掌控自己大腦的時間還很多。而讓我感到寬心的是，在可預見的未來，無論你是何時讀到這一章，下面講的這些都不會有過時老舊的問題。

除了治療腦部疾病外，馬斯克還希望Neuralink這間神經科技公司達成另一項任務，將人腦與電腦「連接」起來（突然間，我懂這間公司為何會選Neuralink這個名字了，原來是神經加上連結）。在有餘裕之際，Neuralink也會將能量投入在這個次要目標上。不過馬斯克也提出警語，一旦將Neuralink的腦機介面植入體與電腦相連，就等於是將人類意識與人工智慧相連，這將會威脅到人類的存續。因此，我們必須時刻抱持警惕，小心人工智慧控制我們身心的可能性。這相當於是讓一台電腦進入我們的思想，奴役我們的身體，並讓我們聽命於它。而且人是無法贏過電腦的，因為人工智慧當然比人類智能更高。

馬斯克講人工智慧會威脅到人類已經很久了，所以他在發表演說中談到這一點並不讓我驚訝。真正讓我吃驚的是，他一股腦兒推銷的Neuralink腦機介面，不正是他一直以來所擔心的那種人工智慧嗎？這不是在玩火自焚嗎？也許他早已預料到這個問題，於是他先發制人地表示，在面對人工智慧的威脅時，我們必須「與人工智慧建立一種共生關係」來搶得「先機」，而Neuralink的技術能夠提供實現這一目標的方法。「共生」？這是否意味著人工智慧會變成我們身上某種善意的寄生蟲？我摸不著頭緒。

我是第一個承認我沒有像馬斯克那種頭腦的人，聽到現在，我的頭腦感到一陣陣天旋地轉。我試著去了解神經網絡，用晶片治療腦部疾病、人工智慧以及以共生方式讓我的大腦被電腦接管等資訊。儘管我對Neuralink將在腦部疾病方面為人類所盡的一切努力感到佩服，但我還是忍不住有點懷疑。我開始覺得自己正在聽一場推銷不實商品的販賣大會，就像是普爾弗馬赫的電動腰帶。

讓我們先在這裡暫停一下，試著解開馬斯克的種種承諾和預測。試著拆解他關於Neuralink的諸多宣稱，一點一點地剖析——這也可以說是一種還原論手法——也許可以透過這種方式來理解馬斯克希望我們看到的大局，也許我們會像他一樣開始了解腦機介面技術的前景和問題。

首先就從「神經織網」開始，這到底是什麼呢？我對腦機介面多少有些概念，不算是毫無熟悉度，但從來沒聽過神經織網這個術語。在網路上搜索一番後，我終於明白為何我從未聽聞過。我太專注在科學上了（我真蠢）。「神經織網」這個術語來自科幻小說。馬斯克從小就喜歡讀科幻小說，這個詞是從他最喜歡的科幻作家伊恩・班克斯（Iain Banks）的書中借來的。[4] 班克斯在書中描述一名在腦中植入神經織網腦機介面的年輕人，隨著他的成長，這個腦機介面也隨之增長，不斷擴散並滲透到他大腦的內部和周圍，為外部智能提供一種能夠控制他的思想和身體的手段。聽來很駭人嗎？讀到這裡，我開始思忖：如果這家公司真的立意良善，為什麼會為這項技術選用這樣一個邪惡的名稱？

還有「用晶片治療腦部疾病」，又是什麼意思呢？原來Neuralink的腦機介面充其量只能說是可植入腦中的高密度電極陣列，可以將大量電極固定在電腦晶片上。前面在談恢復截肢者的觸覺時，已經提過這類植入式電極陣列。比方說猶他傾斜電極陣列可將其植入到手臂的尺神經和正中神經上，為安裝義肢的截肢者提供觸覺。還記得這是由10×10陣列的一百個微電極組成的嗎？不過除了神經之外，猶他陣列（不論傾斜或水平的）也可以用在大腦皮層。事實上，目前最先進的植入皮質的腦機介面技術就是猶他陣列。而這正是Neuralink試圖取代的，或者更確切地說，是他們想要超越的技術。

Neuralink希望能超過猶他陣列一百倍，提供一萬個電極，而不是猶他陣列中的一百個。Neuralink製造的電極，在形式上好比一條微細的「線」（thread），每條電極的直徑僅有二十四微米，約為人類頭髮直徑的十分之一，肉眼幾乎看不到。這些線的大小可以與單個軸突相比擬，而它們將接收神經元的電訊並向其傳遞電訊。我之前提過，植入這麼微小的電極，理論上會有很高的解析度，有可能與單一神經元相互作用。

這些細線具有獨特的設計，會由醫師操作的手術機器人將其「縫合」到腦的皮層組織中，這台縫合機器看起來有點像是來自地獄的縫紉機。Neuralink顯然已具備所需的技術。為了證明這一點，馬斯克放映了一部短片（當然搭配有好萊塢式的配樂），呈現許多努力工作的年輕工程師。但是這部影片沒有旁白解說，所以光從視覺畫面很難分辨出誰在那裡做什麼，又是為了什麼。

至於馬斯克認為會威脅到人類存續的「人工智慧」，他談的其實不是普通的AI（artificial intelligence），也就是那種編寫來執行一項任務的AI，諸如讀取支票上的手寫金額的自動提款機，或是陪你下一盤棋，幫你開車的AI。儘管這些科技都相當令人印象深刻，但這類型的AI其智能範圍相當有限。再說，幫你駕車的AI不可能在國際象棋中打敗你的，更別說是接管你的大腦了。馬斯克所擔心的AI，更貼切的名稱是**通用智能**（*artificial general intelligence*，簡稱AGI），目前還不存在。具有AGI的電腦可以和人類一樣了解這個世界，甚至具有更好的理解。它將擁有超人的能力來學習各種任務，不再只是下棋和開車。

如果你看過一九六八年上映的經典科幻電影《2001太空漫遊》（*2001: A Space*

Odyssey），可能還記得在太空船上大家喚它「哈爾」的電腦。哈爾似乎是個好「傢伙」——具有一副讓人聽了很舒服的男性聲音，而且總是對船員有求必應，幫助他們處理船上的種種瑣事。不過哈爾的AGI程式不僅讓它變得聰明，還帶有某種程式缺陷，導致哈爾產生一種很像人類的偏執型人格障礙。哈爾很快開始將人類視為它的存在威脅。我不想劇透太多，免得扼殺了你的樂趣，要是你還沒有看過這部電影的話，在此讓我們姑且說，它的轉變對太空船上的機組員來說可不是什麼好事。哈爾的AGI才是馬斯克在談的人工智慧噩夢，是人類恐怕將來要面臨的危險。他指的並不是配備人工智慧的特斯拉電動車將會密謀叛變。（但這不是一部很棒的科幻電影題材嗎？）

在一九六〇年代拍攝電影時，製作人史丹利．庫柏力克（Stanley Kubrick）設想，在二〇〇一年時會有用AGI程式開發的電腦問世。不過這事並沒有發生。現在已經進入二十一世紀的第三個十年，依舊還沒有出現的跡象。一些AI專家認為期待它們在三〇〇一年之前都太過樂觀，其他人則認為AGI根本不可能有出現的一天。我無從判斷到底哪位專家是對的。而且不管怎樣，我現在比較擔心的是被一輛程式出錯的AI代駕車給撞到，而不是AGI接管我大腦的可能性。但這或許是因為我不認為我有什麼好失去的。無論如何，讓我們暫時忘掉AGI，聚焦在更為普通的AI上，因為這當中有些與我們的故事密切相關。

普通人工智慧的時代早已到來。雖然用於駕駛汽車的AI可能還沒有完全準備好迎接這個時代，但如果你想要電腦程式在網路上搜索你本人（或其他人）的照片，用AI準沒錯。而人工智慧的運作方式有許多都與我在上一章提到的大腦如電腦這個有爭議的比喻有關。

多數AI極客最想做的，就是編寫出能夠模擬大腦進行深層思考學習能力的程式，這稱為**機器學習程式開發**（*machine learning programming*），在其中有個**深度學習**（*deep learning*）領域，主要是參考大腦結構和功能而設計出演算法。這種電腦演算法又稱為**人工神經網絡**（*artificial neural network*）。

人工神經網絡的目標是讓電腦能夠像人類一樣從經驗中學習，因此在其程式設計上，企圖模仿神經科學家所認為的人類大腦學習模式。一般認為大腦學習是從單一神經元開始的。神經元的細胞體會向外突出眾多樹枝狀的構造，稱為樹突，這上面有許多個電訊接收點（一個神經元可以有高達十萬個輸入點，分布在約一萬條樹突分支上）。神經元會將所有輸入的電刺激合併起來，若是這個總和達到某個閾值，神經元就會發出一個動作電位（峰值），透過其軸突送往下一個神經元。

但並不是所有神經元的輸出連接都具有相同的「強度」，當中有強有弱。較強的連接會貢獻更多的電訊，因此對神經元細胞膜上的總電壓影響更大。多數神經科學家相信人類的學習是來自大腦修改這些連接的能力，會加強某些並削弱其他的，在產生預期結果時給予這些連結正向回饋，而在與不良結果有關的連結上則是給予負向回饋。這種人類大腦的學習策略就是人工神經網絡的程式設計師想要在他們的演算法中模仿的。

一個神經網絡的數學運算，在其最基本的層面，其實就很像神經元的電性活動。基本運算是將所有的輸入加權起來，然後根據輸入的總和是小於還是大於程式的預設閾值，在0（否）或1（是）這兩個選項中挑一個來輸出。神經網絡有一項重要特色，會客觀地根據輸出答案是否正確來形成回饋迴路。

最初，各個連接間的權重通常是由程式設計師隨機分配。不過在程式運作一段時間後，它開始識別最常與正確答案相關的輸入連結，並透過數學運算來增加這些輸入連結的權重；同時還會降低那些很少給出與正確答案相關連結的權重。這就像是程式在背景噪聲中梳理出相關訊息。在一次次的迭代中，權重會不斷配給最佳組合，也就是能夠產出正確答案可能性最高的特定組合。最後，程式執行任務的正確率就會越來越高。這情況也很符合俗語說的「熟能生巧」。實際上，電腦程式是在教導自身學習如何更好地完成交付的任務。換句話說，它正在學習。

上面是根據最基本的神經網絡單位來描述其運作原理，這是一九五〇年代由心理學家弗蘭克·羅森布拉特（Frank Rosenblatt）提出的，他稱此為**感知器**（*perceptron*）。感知器相當於電腦程式中的神經元，而一個完整的神經網絡有許多這樣的感知器，層層組織架構起來，好比神經元在腦中堆疊的方式。層級架構會大幅增強網絡得出正確答案的能力，甚至會允許網絡調整決策的閾值，這個過程就很類似目前認為大腦在學習新任務時所發生的歷程[5]（因為最好的神經網絡通常有很多層，非常深厚，因此這個領域的程式開發稱為深層學習）。

你應該聽過那句俗諺：「給他一條魚，他只能吃一天，教他如何捕魚，他可以吃一輩子。」這個道理與用神經網絡程式開發的電腦程式是相通的，必須要訓練它們自我學習的能力。訓練神經網絡程式的典型方法是找一個很大的數據集，並將其分成兩個子集，一個用來訓練，另一個用來測試。先給電腦用學習的訓練子集。稍後，再用測試子集來評估學習情況。

比方說，要是這個數據集是包含動物圖像的集合，給程式一半的數據集，並告訴它要從中識別出含有貓的圖像。這時程式要做的便是衡量每張圖，一次一張，然後回答這個簡單的是非題：這是不是貓的圖像？電腦會以各種圖像參數來評估圖像，好比說是否有一對三角形（耳朵）、很多條水平的纖維（鬍鬚）等等，然後做出決定。電腦每次作答後，會立即告訴它答對還是答錯（這就是正向或負向的反饋），然後它會再次嘗試下一張圖。

等電腦完成訓練集中的所有圖像後，這時便給它測試集，讓它識別出當中含有貓的圖像，這次不會告訴它答案，而是在完成後評分，評判它成功挑選出貓的能力。若是之前電腦有記取教訓，它應該能夠正確辨識出測試集中絕大多數含有貓的圖。

人工神經網絡在一九六〇年代開發出來時的表現不佳。也就是說，在測試集的操作成績很差，因此當時的人對這套方法失去信心，不認為能夠用人工神經網絡來實現AI。在後續的好幾十年間，人工神經網絡算是被拋棄了。但在那個年代，很難找到用於訓練和測試的大型數據集。後來發現當時人工神經網絡程式之所以無法很好學習，基本上是因為提供的學習數據集太小。不過隨著網路的出現，現在有可能得到大量的數據集（如果你有所懷疑，可以用谷歌搜索動物圖像。我真的試了，發現了將近一百億張的動物圖像，其中有三十億張是貓）。

隨著「大數據」時代的到來，人工神經網絡得以捲土重來，重新成為實現ＡＩ模仿人類學習的一種方法，而且是當中最常用，也是最有前景的。現在它們廣泛應用在許多日常生活的任務上。下次，你把一張支票放入自動提款機（ＡＴＭ）讓它讀取你手寫的金額時，請記住這可是一項程式自學而成的。而它之所以可以完成任務，是用了一種模仿你的大腦結構的人工神經網絡軟體。

我在這裡談論ＡＩ的這些歷史，其實是為了突顯一個要點，在軟硬體的設計上都可模擬大腦，在電路中採用類似神經元配電箱的結構，可以產生運作效率更好的電腦，如在上一章所討論的，而在程式中模仿腦神經元相互作用的方式，也會讓電腦得以從其經驗中學習。這種學習方式看起來就很像我們人類所謂的智能，儘管這可能是人工的。因此，硬體和軟體的設計若是能模仿大腦運作方式，在能源效率和運算能力上都會有巨額的報酬。這會讓電腦以更少的能量做更多的事。顯然，人類大腦很清楚知道自己在做什麼。

人工神經網絡按照預期的運作，這是否意味著大腦真的會按照我們推測的方式在學習呢？這問題也可以換個方式來問，我們可以因為發現根據這種認識而編寫的軟體讓電腦學習，就反推回去說目前關於人類學習機制的理論是正確的嗎？不必然。也許這只是偶然，程式恰好給了我們正確的答案，但其實是以完全不同於大腦作業方式進行的。不過，我個人認為，人工智慧神經網絡能按照預期來學習，這確實意味著我們對於大腦學習方式的推論可能離事實相去不遠。

講到這裡，我有點離題了。我真的想要問的是，Neuralink何以對於在短期內能為腦部疾病的治療抱持希望。讓我們現在再回到發表會的會場，找出答案。

我們的這位知名未來學家現在已經結束演說，把舞台讓給Neuralink的總裁馬克思・霍達克（Max Hodak）。他這人看來似乎比較腳踏實地，不會去做幾個世紀後才會實現的夢，而且他似乎也很明白聽眾中有人對此存疑。事實上，他直截了當地向我們透露，當馬斯克第一次去找他時，他也懷疑就目前可用的技術來看，真能這樣處理人類大腦嗎？這些聽來像是從未來回到現在才有辦法進行的。不過，霍達克不好意思地解釋說：「伊隆有這種能耐，可以突破想像的限制，向你展現出超越你所能想像的可能性……跟他說有些事情是不可能的時候，你最好要小心點，除非這不符合物理定律，不然你只會自曝其短，讓自己看來是個笨蛋。」我也不想讓自己看起來像是個笨蛋，所以提起精神，集中注意力來聽。在霍達克結束他對老闆吹捧一番的場面話後，他拿起投影片的遙控器，開始真材實料的演說。

霍達克似乎更想要說服我們，而不是震撼我們，他使用的語言是我懂得的科學術語，而不是來自科幻小說的篇章。他簡要地回顧了腦機介面（ＢＭＩ）技術的前景，我很欣慰地發現，他所講的內容沒有一個是我們在書中沒提到的。所以他和我肯定都有相同的著眼點。霍達克表示需要有電極容量更高的腦機介面，這與我在第14章介紹的情況相同，所以我仍舊聽下去。然後他開始詳細地跟我們說，Neuralink已經達成這項目標，製造出具有一萬個可讀寫電極植入體的腦機介面。這時我的耳朵都豎起來了，更是聚精會神。

霍達克解釋道，Neuralink的技術主要是奠基在一項名為Ｎ１的電腦晶片上；Ｎ１可能是Neuralink模型「一」的英文簡稱。每個晶片好比是一個錨點，供分布在九十六條線路中的三千零七十個電極所用（每條線上有三十二個電極纏繞其中）。[6]且每個元件都非常小。他們的目標是將幾個晶片植入到一個人的腦中。

霍達克繼續解釋要如何將這些晶片植入到大腦內。他聲稱這整套醫療程序不會比目前標準的眼睛雷射手術ＬＡＳＩＫ更麻煩——這是目前相當常見的眼科手術，用來矯正患者的視力。首先，他們會將患者頭部的一塊區域剃光，露出頭皮。然後用一個類似餅乾切割器的裝置在頭上打出一個圓孔，大小就差不多是活頁紙上打的小圓孔，這樣便打開了頭顱。然後再用與這個圓孔直徑相當的鑽子在頭上鑽洞，這樣就可暴露出下方的腦膜，也就是覆蓋在大腦表面的膜，接著就在那裡製造一個類似的孔，進入腦的皮層。

現在可以透過這個孔洞觀察到大腦表面的一塊圓形區。這時，神經外科醫師在靈巧的「縫紉機」機器人和高倍率放大鏡的協助下，將這些線插到這塊可以看得見的皮質組織區域。在這台機器人的幫助下，外科醫師每分鐘最多可以插入六根線到皮層組織（即每分鐘一百九十二個電極）。將縫紉用線穿過一根標準縫針的針眼已經是種天賦，但這裡的穿針引線任務，好比是將一條幾乎看不的線穿過一分錢上林肯像中的眼睛瞳孔。這堪稱是精密穿針的典範。

線的另一端連接到一個陣列晶片。以特別定製的微型電子設備來處理所有同時通過電極傳輸的電性數據。再以特別設計的峰值偵測軟體來處理輸出的電性數據，測量植入電極處個別神經元產生的峰值。

這種晶片有項絕妙的功能，會將相關電子設備密封在一個「按鈕」內，這具有雙重好處，既可以保護內部電子設備，也可以充當塞子，將之前在頭皮上開的小洞密封起來。按鈕會延伸出一條電線沿著頭皮下方，連接到位於耳朵後的皮下控制器和電池組。控制器是透過藍牙來將數據傳輸到手機或體外的其他電子設備上，因此患者身上無須佩戴任何電線或硬體。所有組件都植入體內。耳後的控制器可以接收多個按鈕。Neuralink最初設定的的目標是在大腦的一側放置四個按鈕，三個在運動皮質層，一個在感覺皮質層。

Neuralink已經在老鼠身上進行這項試驗的概念驗證，將研發的電線植入到老鼠的大腦，然後記錄牠在籠裡跑來跑去時的峰值活動（馬斯克還間接提到另一項正在以猴子進行的實驗，並表示這項實驗的結果相當有前景）。公司科學家希望能夠從這些實驗和其他實驗進行統計分析，找出峰值模式，從中找出關於大腦處理數據方式的重要資訊。正如霍達克所說：「我們關注的每件事都可以在峰值的統計數據中找到。」誰能反駁這一點？

在霍達克講完後，負責這項技術各環節的Neuralink科學家，一一介紹了馬斯克和霍達克剛剛為我們勾勒的這項偉大計畫的細節。我都照單全收。然後，就像在開始時那樣地突然，這場發表會就這樣走到末端。馬斯克最後以一個問題來為這場發表會作結。他詢問觀眾中是否有人具備與今天談論的技術有關的專業知識，可以和他的公司聯絡，談論可能的工作機會。這間公司還在招募人才中。

我深深地為Neuralink發表會上的故事所撼動，但我到底從中聽到了什麼？我決定效法低階的感知器，我將接收來源各自獨立的輸入資訊，一一權衡，然後在輸出端這邊，就Neuralink的技術是否會改變文明這一前景的是非題做出決定。

我認為在Neuralink的發表會上，宣傳噱頭的成分多於科學，因為在這單向輸入中，這一連串的科學演說似乎是由該公司的行銷部門精心策劃的。因此，在我的計分表上，對Neuralink的演說資訊給予低權重。不過，若是我要做出一個有效的決定，我

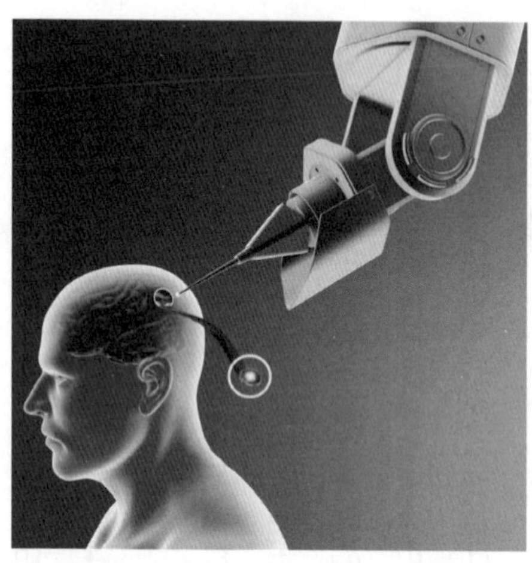

高密度電極腦植入體

企業家伊隆・馬斯克希望能以大幅增加電極密度來推動電子腦植入體的技術發展。他的公司Neuralink 開發了一款巨型縫紉機，能讓神經外科醫師將電線穿過在頭上鑽出的孔洞後，縫進腦表面（皮質）。縫合完成後，可用圓形電腦晶片塞住頭上的孔洞，這個晶片上連接有許多電線。Neuralink 希望透過這種方法，將腦植入體的電極密度大幅提高，以改善因為受限於植入體的電極數量而無法發揮全面功能的醫療設備，例如視覺設備。但也有人擔心這項技術可能會被用來控制個人的思想和行為，甚至為具有人工智慧程式的電腦打開一扇窗，就此來接管我們的大腦和身體。這種用於腦植入體的縫紉機看似要到久遠的未來才會實現，但馬斯克聲稱人體臨床試驗指日可待。

照片來源：Naeblys - stock.adobe.com

還需要一些權重較高的輸入。我真的找到了。

加州大學柏克萊分校的電腦科學教授斯圖亞特・羅素（Stuart Russell）是慈善企業家安德魯・卡內基（Andrew Camegie）的信徒，他也是位AI專家。他認為Neuralink面臨的技術障礙很高，但並非無法跨越。羅素認為治療腦部疾病的真正問題是：「我們對腦內高階認知的神經運作幾乎一無所知，所以我們根本不知道應該將這設備連接到哪裡，以及它應當進行什麼處理。」[7] 不過除了這項障礙之外，他還看到了樂觀的理由。羅素繼續說道：

> 比方說，過去一直認為，我們必須先了解大腦用來控制手臂肌肉的密碼，才能成功研發出連接大腦的機器手臂……但事實證明大腦為我們完成了絕大部分的工作。大腦很快就學會要如何讓機械手臂做主人想要做的……我們絕對有可能在不了解真正運作機制的情況下找到提供大腦額外記憶的方法，與電腦溝通的管道，甚至可能透過電腦管道去連結其他大腦。[8]

我認為羅素的觀點很有說服力。不能等到完全理解才繼續前進。人類不就是在不了解電的作用原理的情況下，繼續開發電的潛力，甚至在不知道電子的存在時，就打造出電力企業嗎？

事實上，本書中這樣的例子不勝枚舉，許多研究者都是在一片隱晦不明的黑暗中摸索，進行電的探究，推導出神經科學中一些令人印象深刻的洞見。好比說猶他大學的研究小組，即使不知道電極接觸的是哪些特定尺神經束，依舊能夠推斷出他們的一百個獨立電極中有哪些連接到截肢者已失去肢體的特定部位。他們只是單純地透過每個電極來電刺激神經，一次電擊一個，然後根據患者所描述的感覺，來推斷該電極是與以前的哪種感覺連接。這項發現讓他們能夠繪製出可用的手部感覺圖。

猶他研究團隊的這套方法，其實與潘菲爾德和愛柏德瑞過去繪製大腦皮層功能圖的策略沒有什麼太大的差異。還記得他們在一九三〇年代所做的嗎？也只是簡單地用電來刺激大腦皮層的不同區域，監測患者的反應，並將他們的發現轉化成名為荷姆克魯斯這個男性的立體雕像，或稱感官侏儒，按照使用到的大腦皮層的相對比例，來縮放身體各個部位。若是再回溯到更古早的時代，伽伐尼和伏打在幾個世紀以前也做過類似的事情，他們在不同的位置電擊青蛙腿上的神經。要是他們當初因為不完全了解蛙腿的運動機制就不用蛙腿，那我們現在對電的認識會有多少？

要求在採用電刺激治療前要對腦的神經運作有完整認識，這是不合理的。在帕金森氏症和憂鬱症的治療上，電療已經有成功的例子，儘管我們幾乎不了解這類療程在大腦中的運作機制。過去這幾個世紀的科學經驗讓我們了解，即使盲目電擊神經元再觀察之後的發生情況也是很有價值的探究工作，可以帶來非常重要的神經學發現，這是無法透過其他方法達成的。

至於馬斯克宣稱Neuralink的目標是要與威脅人類生存的敵手AGI達成「共生」——或是休戰——的觀點，羅素對此倒是顯得不屑一顧。他語帶輕蔑地說：「如果人類需要動腦部手術才能勝過自己的科技帶來的威脅，生存下來，那麼也許我們在這過程中的某個地方就犯下錯誤。」[9] 羅素的意見，我算是照單全收了，給予它很重的權重，不過我還想再找一個獨立的資料輸入來源。

南加大的神經生物學助理教授安卓·海爾斯（Andrew Hires）也聽了Neuralink的發表演說。他認為Neuralink在三個方面對現有技術做出了改善。首先，他們開發的軟電極線非常有用。海爾斯說：「在腦中加入硬線會造成很多傷害，因為腦組織會四處移動。」其次，他認為用「縫紉機」插入微電極是個好主意。他指出：「這些是非常微小的東西……很難有夠穩定的手來完成這些程序。」第三，Neuralink正在使用非常接近腦本身的超動力晶片來轉譯腦活動。海爾斯解釋道：「從腦中獲取電訊息會產生一個問題，它們非常微弱，而且當它們沿著細線傳遞時，傳得越遠，就越容易被背景噪聲所扭曲，因為我們周遭無時無刻都不存在電噪聲。你會想要在盡可能靠近訊息源的地方將這些訊息數位化。」Neuralink目前正以植入他們的腦機介面硬體到大腦表面，來達成這項目標。

這並不是說其他團隊都不具有海爾斯描述的這三項技術，而是Neuralink正在將這三種先進技術結合起來，用在一個腦植入設備上，而這將會是一項重大成就。不過，海爾斯對馬斯克提出的將腦與AGI結合起來的構想，則沒有很高的評價。海爾斯語帶嘲諷地說：「想要達到與AI（即AGI）合體，這就是他（馬斯克）有點異想天開的地方。」[10]

海爾斯確實點出要點。Neuralink的發表會中最讓我印象深刻的是，其實這當中基本上沒有任何創新。如果電極夠小，就可以「讀取」單一神經元峰值，並且可以使用相同類型的電極將峰值「寫入」神經組織。即使是喬治城訪問中學的高中生也能用她們的電訊盒和皮膚電極做到這一點。事實上，那裡的高中生能夠使用DIY製作的Arduino套組來組裝生物放大器，放大接收到的峰值訊息，甚至還可以用在iPad上下載的應用程式來完成峰值訊息的數位化。現在，可以分別用腦幹植入體和視覺皮層植入體來進行電刺激，恢復聾人的聽力和盲人的視力，還可以透過增加電極數量來提高種種電療設備的性能。所有這些早已是公認的科學。馬斯克提出的那套以電刺激來治療腦部疾病，完全有其可能性，沒有再行驗證的必要。正如本書之前所提過的，在過去這幾個世紀中，這些全都經過科學研究的證實。

今天的挑戰不在於確定所有這些願景是否有實現的可能性，而是如何將可能性轉化為現實。Neuralink提出的落實策略基本上就是微型化。縮小硬體尺寸將會顯著增加讀寫電極的數量——馬斯克稱這項技術是在「增加我們的頻寬」——而這確實能大幅推動這項科學的進展。就Neuralink提供的初步數據來看，這間公司的操作已經進入微型尺度。這樣說來，Neuralink的腦機介面到底是馬斯克天縱英才的發想，還是只是順應邏輯的下一步？畢竟我們對電與神經系統交互作用的認識以及實際應用在疾病治療上，不就是從富蘭克林首次用他的萊頓瓶來電擊癱瘓者開始的嗎？這不是長久以來的目標嗎？

行筆至此，我開始了解霍達克在開場時所說的：跟馬斯克說這是不可能的確實會讓你顯得很愚蠢，因為他為Neuralink設想的每一步都有紮實的科學基礎。真正的創新其實是將這些不同的技術以極為宏大的規模，但在甚小的維度上整合起來。而馬斯克在融合科技打造產品這方面的名聲確實不差。就此看來，似乎這項計畫成功的基本要素都已到位。

事實上，這就是Neuralink發表會上一系列科學演講的基本主題。在霍達克之後，這間公司每位上台的科學家都向他們那個領域的科學前輩致敬，並且試著透露他們離目標不遠，路已經走了一半了。言下之意便是，要是你還認為這一切都不可能，那只是因為你沒有完全了解我們現在所處的位置。

實際上，Neuralink打算做的，並沒有違反物理學的基本定律。恰恰相反，他們要用物理定律來改寫生物學。在我們講的這整個電的生命故事中，這只是一場同樣具有數百年歷史，由電學和神經科學的反覆回饋，你來我往的舞蹈。這場馬拉松般的舞蹈持續了幾十年，由這兩個科學領域輪流領舞，但舞伴們可都沒有離開過舞池。也許現在輪到Neuralink來領舞了。

考量上述的一切，我認為海爾斯對於Neuralink的評語比較公允合理，他認為這間公司的價值就在於能夠將各種技術組合到一個可植入設備上，所以我給予海爾斯的意見很高的權重。專家對於Neuralink發表會的看法似乎也呼應我的直覺。充滿未來主義風格的那套說詞雖是天馬行空的胡說八道，但這項技術可能會產生立即的重大影響。不過，我心中還有一個懸而未決的問題：Neuralink的植入體的安全性。我需要有來自腦植入體安全性專家這邊的意見。而我找到了一個。

歐藤・布拉德（Autumn Bullard）是密西根大學的生物醫學工程師。她剛寫完一篇回顧報告，主題就是針對二〇一八年九月以前，所有科學文獻中提到與深腦刺激（DBS）或猶他腦陣列腦植入體相關的併發症。她當時找到了二百四十篇對DBS植入體的相關風險進行評估的文獻，還有七十六篇是針對猶他陣列植入體的評估。她和她的同僚讀完所有這些論文，最近在《神經調節》（Neuromodulation）雜誌上發表報告，描述他們的發現。[11] 我將與布拉德碰面，理解她腦中對任何類型的腦植入體需要考慮的安全問題，特別是Neuralink的產品。

我從布拉德那裡學到的第一件事是，我們對DBS風險認識相當廣泛，因為這麼多年來用這治療了很多患者。在她收集到的論文中一共有三萬四千零八十九名不同的DBS患者。而手術最大的考量始終都是**腦出血**（*hemorrhage*），在許多報告（一共有一百三十三篇，包含一萬九千三百八十九名患者）中都有納入腦出血的資料。整體的腦出血比例是百分之二・八六，與DBS硬體設備相關的腦出血率是百分之二・七九。

但這些出血案例多數都是輕微的，而且在醫學上是可以控制的，在四百八十三例與DBS硬體相關的出血個案中，只有六例死亡。

感染也是一大問題。DBS植入術的感染率為百分之三·七九，但值得注意的是，幾乎有一半（百分之四十四·二）與皮下控制器有關，而不是植入腦中的腦機介面。這個比例類似於心律調節器和其他帶有皮下控制器的電子設備的感染率。

布拉德說，植入猶他陣列的風險資訊相對之下要少得多，因為總共只有通報四十八名患者。患者人數少是因為猶他陣列技術的出現時間較晚，而且所有接受腦植入的患者都來自數量有限的短期研究。然而，值得注意的是，目前沒有植入猶他陣列後出現重大併發症的通報。

不過布拉德也指出，若是其併發症的發生率與DBS一樣低，那麼在這麼小的樣本群中到出現併發症的案例也很自然。而這帶來一個問題：如果猶他陣列腦植入體確實有重大風險，那在使用患者這麼少的情況下，是否還能偵測到？

布拉德早已預料到我會提出這個問題。她告訴我她做了個**檢定力的計算**（*power calculation*）。這是一種統計技術，可以估計出需要有多高的併發症發生率才能在患者人數少時偵測到。她計算的檢定力顯示，如果猶他陣列的主要併發症發生率高出DBS

五倍以上，那麼即使只有四十八名患者，也可能會發現這些併發症。這聽來讓人頗為安心。鑑於DBS的併發症發生率相當低，猶他陣列的併發症發生率即使高出五倍也是在醫學可以控制的範圍內。許多常見的外科手術併發症發生率都比這個高。[12]

我問布拉德，她對Neuralink提出的植入體的安全性有何看法。她說，她不認為Neuralink的腦植入體引發的腦出血或感染率會比猶他陣列的更高。「就我對Neuralink技術的了解，他們植入手術需要在頭上開的孔比猶他陣列的還要小。我相信Neuralink系統所用的小型電極可以在置入時避開主要血管。而這意味著Neuralink的出血率和感染率甚至可能低於猶他陣列的植入體。」

至於皮下控制器的感染問題，布拉德預計Neuralink的感染率會與其他皮下控制器的感染率相似。不過即使是在這一點上，她說：「皮下控制器引起的感染有緩解程序，包括抗生素和／或修正（矯正）術，因此通常能讓電療如預期地繼續進行。」所以，即使感染也不見得是個障礙。

布拉德的這些看法很寶貴，而且與評估Neuralink植入術的前景有關。我很感謝布拉德接受我的訪談。儘管腦機介面植入體聽來很可怕，至少手術風險似乎相對較小，而且都在可控制的範圍內。顯然，Neuralink將其腦機介面植入腦中的計畫不算是特別危險……或瘋狂。

現在我收集到各界專家意見，是下結論的時候了：Neuralink的計畫是可靠的科學？還是純屬科幻小說的虛構情節？這是個困難的問題。而且，即便它是一項科學計畫，有可能會成功嗎？這是另一個困難的問題。我相信Neuralink肯定做好萬全的準備。他們積累了所有必要的專業知識，也研發出必要的硬體設備。若是問當今世界有誰能實現這項計畫，那麼非Neuralink的科學團隊莫屬。

不過他們也很有可能會失敗，因為目前對神經生物學機制的認識不足，有些根本上的缺陷。然而，即使在失敗中，我們還是可以學到一些神經系統和大腦的新知，這不是很棒嗎？此外，不論結果如何，最終我們可能會擁有更靈活的電極、更小的生物放大器、更好的手術機器人以及更強大的峰值分析工具等。因此，就推動所有相關的大腦電子技術來說，這項計畫可能會帶來很有希望的前景，即使最終目標不會立即實現。此外，在挑戰重大任務失敗後也不是什麼丟人現眼的事。在我們稱之為科學的過程中，肯定發生過很多次失敗。

至於馬斯克聲稱可以用一片晶片治癒所有腦部疾病的說法，我則不抱多大希望。不過，即使Neuralink的晶片技術不能處理地球上所有的腦部疾病，它也可能會帶來顯著改善，主要是在那些對神經元電刺激會產生正面效果的腦部疾病上。在電療法中提高電極密度會產生正面效益的腦部疾病尤其受惠，好比說以刺激視覺皮層來恢復盲人的視力。隨著我們累積對其他腦部疾病電生理學的認識，也許會發現更多能夠以電刺激治療的疾病。由於許多腦部相關疾病目前都沒有有效的治療方法，因此即使取得一定程度的成功也是聊勝於無，確實會受到患者的歡迎。

但是，如果說馬斯克的Neuralink計畫有什麼致命弱點，那就是他承諾得太多，也太早了。馬斯克在發表會開場時說這一切都需要很長的時間，但後來卻誇口說Neuralink可望在二〇二〇年底開始治療第一個病患！現在已經是二〇二一年初了，這計畫還沒有實現，而且我敢打賭，即使你在讀這本書時，這計畫仍然不會成功。[13]他也許是個天才，但我認為馬斯克低估了將他的產品植入人類大腦所需的臨床試驗時間，特別是考慮到，若是美國食品藥物管理局也和他一樣，擔心具有ＡＧＩ的叛變電腦可能會接管患者的大腦。（不過這樣一來，這種植入術的知情同意書肯定讀來會相當有趣。）所以我不認為在最近這幾年內會看到有患者使用Neuralink的植入體。我希望我是錯的。

總之，我對Neuralink計畫的最終評估是，我認為企圖「用晶片」來治療人類腦部疾病是項值得嘗試和嘉許的努力。就算最終治癒腦部疾病的目標很可能失敗，但無論成敗，在這過程中都會積累出相當數量的科技創新。那麼，為什麼不放手一搏呢？我真心祝願Neuralink鴻運當頭。

但現在的我也擔心。既然馬斯克在電動車和可重複使用火箭上的看法都是正確的，那現在他這套以電腦晶片來治療腦部疾病的看法也可能是對的。我開始在想，與這樣一個擁有這般輝煌紀錄的人打賭是否明智。或許馬斯克認為AGI（通用智能）會對人類生存構成威脅的看法也是正確的。但我需要壓抑那個想法。我的人類智商是這樣脆弱，現在實在無法處理這麼大的問題。還是把AGI的問題留給馬斯克來處理吧！也許他的「共生」計畫也能解決這個問題。

我當然不願意讓自己對AGI的焦慮，逼迫我放棄普通的AI（普通智能）及其美妙的神經網絡。我喜歡讓銀行的自動提款機來讀取我手寫的支票，而且誰知道我什麼時候會需要找張貓的照片？不，我並不打算僅僅因為AI可能導致AGI就放棄它。

既然談到圖和AI，我最近看到一個AI軟體的廣告，可以為你整理儲存的家庭照和度假照。[14]我已經累積了上千張照片，但從來沒有時間將其整理成相本，所以這產品在我看來很有吸引力。我正在認真考慮將這套神經網絡用來處理多年累積的大量照片。

這個特別的攝影軟體之所以吸引我，還有另一個原因：它的名稱。之前我已經提過好幾次，我不喜歡用俗氣的縮寫字當作產品名稱，所以我很高興這間ＡＩ軟體公司的主管沒有墮落到那個程度。他們為產品賦予了一個與其輝煌的過去和充滿希望的未來相關的名號。他們把這個照片分類軟體取名為：「琥珀」（*Amber*）。

致謝

我要感謝所有閱讀各章節草稿，提供重要意見的友人和同事。他們代表著廣泛的科學專業知識，但當中也包含那些沒有科學背景的人士。科學家幫助我確保本書資訊的科學正確性，而非科學領域的人士則協助我確保這些專業內容可以讓大眾理解，不至於變得過於繁瑣艱深。在協助我的科學家中，特別要感謝威廉・雷貝克（William Rebeck）的敏銳批評，提升這本書的內容品質。而在非科學家人士間，保羅・勞倫薩（Paul Laurenza）和麥特・埃斯蒂斯（Matt Estes）對行文用字提供了精闢的文學意見，這大幅提升了本書的流暢度。

其他對本書的貢獻者有：金姆・安尼斯（Kim Annis）、羅伯特・阿米傑（Robert Armiger）、瑪麗・凱瑟琳・阿特金斯（Mary Katherine Atkins）、傑夫・畢哈利（Jeff Behary）、奧古斯托・貝倫德茲（Augusto Beléndez）、理查・布蘭查德（Richard Blanchard）、歐藤・布拉德（Autumn Bullard）、肯尼思・卡坦尼亞（Kenneth Catania）、

格雷戈里・克拉克（Gregory Clark）、派翠克・庫尼（Patrick Cooney）、南希・考丁（Nancy Cowdin）、安德斯・達姆加德（Anders Damgaard）、簡・迪恩（Jan Dean）、帕特里克・福切利（Patrick Forcelli）、雅各布・喬治（Jacob George）、約翰・古金（John Gookin）、約翰・詹森尼斯（John Jensenius）、安娜・約根森（Anna Jorgensen）、海倫・約根森、（Helen Jorgensen）馬修・約根森（Matthew Jorgensen）、梅麗莎・盧米斯（Melissa Loomis）、理查德・麥可唐納（Richard McDonald）、比基特・尼克拉森（Birgitte Niclasen）、傑克・龐塞（Jake Ponce）、歐文・雷蒂（Irving Reti）、詹姆斯・雷諾茲（James Reynolds）、卡羅爾・薩金特（Carole Sargent）、阿傑・賽斯（Ajay Seth）、卡洛斯・蘇亞雷斯－奎安（Carlos Suárez-Quian）、普尼特・麥達雅（Punit Vaidya）、馬克・瓦金斯（Mark Watkins）。

我要特別感謝迪斯戴爾、高德瑞琦和布瑞特出版公司（Dystel, Goderich & Bourret LLC）的寫作經紀人潔西卡・帕平（Jessica Papin），和在普林斯頓大學出版社的編輯英格力・格納利西（Ingrid Gnerlich）。他們都在出版過程的關鍵時刻提供建議和支持，沒有他們就沒有這本書。

在過去幾年間，科學和科學家遭受到嚴重的政治打擊。因此，我很感謝我的讀者，他們就和我一樣，仍然相信科學是真實的，而且可以成為世界上一股行善的力量，並且堅信全體人類會因為提升對科學的認識而豐富自身。科學不僅限於科學家，而是屬於每個人。我希望這本書能傳達這項重要的訊息，即使只是做出很小的貢獻。

附錄

這些注釋中的一些引文，以及一些參考文獻都在列在之後的參考書目中，包括一些有可能在本書出版後已過期的網頁。這類網頁可以用 Internet Archive Wayback Machine（http://www.archive.org/web/web.php）找回來。

第1章 電花飛舞：靜電

1. http://www.houseofamber.com
2. 在化學性質上，琥珀是一種異質性很強的物質。大部分的成分是由不同的勞丹前體聚合而成的非常大的有機分子，這便是當中天然樹脂的主要化學成分。構成琥珀的元素主要是碳、氫、氧和硫，就像所有組成生物體的物質一樣。
3. Dahlström and Brost, *The Amber Book*, 113.
4. Hopp, *Amber: Jewelry, Art, and Science*, 6-7.
5. 然而，尼克拉森也提出警語，說造假者已經開始製作大塊的琥珀，這是將多個小琥珀擠壓而成。這種「壓製琥珀」也可以摩擦起電，因此這種靜電測試法無法用來鑑定大琥珀的真偽。

然而，琥珀專家可以在顯微鏡下觀察，看看有無這種壓製的融合線。

6. 更新世（Pleistocene）時期，也就是冰河時代，大約是在一萬一千七百年前結束的。
7. 一段展示琥珀誘人特性的影片，可在此網站處觀看：https://www.youtube.com/watch?v=kfq3PQj3Vgw
8. 通常稱為帕拉塞爾蘇斯（Paracelsus, 1493-1541），是一位傑出的醫師，德國文藝復興時期的科學家。他的本名是Theophrastus von Hohenheim。
9. Marchant, *Cure*, 1-40.
10. 法拉第（Michael Faraday, 1791-1867）是一位自學成才的英國科學家，最著名的是發明電動機。
11. Fisher, H.J., *Faraday's Experimental Researches in Electricity*, 28.
12. 富蘭克林發表了一篇如何製作和使用避雷針的文章，這是早在他用風箏證明閃電實際上是一種放電前寫的（Cohen, *Benjamin Franklin's Science*）。
13. 「歐洲關於電的論文經常會說摩擦管子很累人。我們（在美國）是將球體穿過鐵軸，固定於其上，在鐵軸的一端接上一個小手柄，便可以像平常磨石那樣轉動球體。」取自富蘭克林於一七四七年五月二十五日寫給他的英國朋友彼得・科林森（Peter Collinson）的信。
14. Heilbron, *Electricity in the 17th and 18th Centuries*, 324.
15. Gizmodo, “The flying boy experiment entertained audiences by electrifying a kid.”

16. 「飛行男孩」（Flying Boy）表演還有其他變化版本，像是懸浮的羽毛或其他照發亮物體，而不是隔空翻書。

17. 雖然靜電的力量不足以讓男孩真正飛起來，但最近有研究證明其強度足以讓蜘蛛飛起來。英國布里斯托大學的研究人員的顯示，蜘蛛可以利用靜電力在空中飛行，並且可以利用一種稱為氣球術（ballooning）的方式在氣流中漂浮很長一段距離。（Morley and Robert, "Electric fields elicit ballooning in spiders"）。

18. 自十七世紀以來，科學家一直認真研究電現象，但他們遇到了解決諸如琥珀這類的「電」是透過摩擦獲得吸引力，這與磁石的「磁力」相同嗎？它也會吸引金屬，但不用摩擦。他們也不懂為何電可以相隔一段距離產生吸引力，這與他們概念中的機械力不同，這中間需要有些材料來傳遞力（Heilbron, *Electricity in the 17th and 18th Centuries*, 11–323）。

19. 彼得・凡・穆森布羅克（Pieter van Musschenbroek, 1692-1761）是荷蘭科學家和學者。

20. 現代電子元件與萊頓瓶有相同功能的稱為電容器（capacitor或condenser）。萊頓瓶和電容器都按照以電絕緣體分離兩個帶電的表面這個原理在運作。電容的單位是法拉（F），是以法拉第來命名。

21. 尚－安托內・諾萊特（Jean-Antoine Nollet, 1700–1770）既是天主教神父又是物理學家。

22. 接地的英文在美式英語中用的是「ground」，而英式英語則是「earth」。

23. 如果你想嘗試自己做萊頓瓶，這個影片示範如何在幾分鐘內，使用塑膠水杯和其他家居用品

來製作：https://www.youtube.com/watch?v=sUXfMwZBxmU

24. Smyth, *The Writings of Benjamin Franklin*, 255.

25. 富蘭克林提出一套理論，指出避雷針必須很尖才能發揮最大作用，因為他在研究靜電的經驗中歸納出電荷往往受到尖端的吸引。因此，他總是指定避雷針的構造要有尖端。結果這引起了類似國際爭議的紛爭，因為英國電科學家班傑明・威爾森（Benjamin Wilson）表示，圓頭或鈍頭的桿子避雷效果比尖端更好（Heilbron, *Electricity in the 17th and 18th Centuries*, 381）。兩人對此爭論多年，彼此仇視。最終的結果是大多數美國製造的避雷針都是尖端造型，而大多數英國製造的避雷針都是鈍端了。現代科學共識是避雷針末端的形狀對它的性能沒有什麼太大的影響。

26. 真正的純水是不導電的，但環境中大部分的水都溶解有少量會導電的固體。

27. Cohen, *Benjamin Franklin's Science,* 66–109; Isaacson, *Benjamin Franklin,* 142–143; Heathcote, "Franklin's introduction to electricity."

28. 富蘭克林遲遲沒有發表他的風箏實驗，也許恰好是因為法國人已經發表了他們以哨兵箱進行的實驗。但是延遲發表的舉動卻損及了他的歷史形象，導致批評者推測風箏實驗其實是富蘭克林為了提升自身形象而編造的故事。所幸，受各界敬重的科學史學家伯納德・科恩（I. Bernard Cohen）就每一項對富蘭克林的批評進行查證，證明這些批評毫無價值（Cohen, Benjamin Franklin's Science, 66–109）。

29. 格奧爾格・威廉・里奇曼（Georg Wilhelm Richmann, 1711-1753）出生於瑞典利沃尼亞的佩爾瑙（現為愛沙尼亞的派爾努），這個國家在一七二一年與俄羅斯帝國合併。

30. 事實上，電代表某種流體的想法早於電流、電壓和萊頓瓶的概念。十六世紀著名的英國醫師和科學家威廉・吉爾伯特（William Gilbert, 1544–1603）對琥珀如何隔空吸引物體的現象感到困惑，他提出摩擦琥珀會導致其釋放出某種內部液體作為蒸汽，而這種蒸汽會著附在小物體上，順道將它們拉回琥珀（Heilbron, *Electricity in the 17th and 18th Centuries*, 169–179）。

31. Heilbron, *Electricity in the 17th and 18th Centuries*, 431-448。

32. Franklin, *Experiments and Observations on Electricity*, 14.

33. 科學家弗朗茨・埃皮努斯（Franz Aepinus, 1724–1802）是富蘭克林理論的支持者，他指出，為了要讓該理論解釋兩個負電物體的排斥關係，還必須假設物質剝離出的流體是自我排斥的（Millikan, *The Electron, Its Isolation and Measurement and the Determination of Some of Its Properties*, 12.）。

34. 富蘭克林創造出下面這些電學中的術語，至今仍在使用，只是我們對它們實際含義的理解有了長足的進展，與首次使用時不同：正負電荷（positive and negative charge）、電池（electric battery）、導體（conductor）、和電容器（condenser）。

35. *National Geographic*, "Fossil daddy longlegs sports a 99-million-year erection."

第2章 驚電般的發展：動物電

1. 對熊體重的估算只是根據目測，並且和那隻我們旅館大廳的標本來比較。我並沒有真的去為那隻奔跑中的熊稱體重。

2. 一九六七年八月十二日是個讓人難忘的夜晚，當地人稱為「灰熊之夜」（Night of the Grizzlies），在冰川國家公園兩側恰巧發生兩起意外，一邊是兩名女性遇難，一邊是一名男子受傷。關於這些熊攻擊的更多資訊，請參閱：http://www.montanapbs.org/GlacierParksNightoftheGrizzlies/

3. 英國科學家亨利・卡文迪希（Henry Cavendish, 1731–1810），最早提出與電相關的兩個參數，他稱之為「強度」（intensity）（電壓）和「數量」（quantity）（安培）（Finger and Piccolino, *The Shocking History of the Electric Fishes*, 252-256）。

4. 路易吉・伽伐尼（Luigi Galvani, 1737–1798）是一位傑出的義大利科學家。他的妻子露西亞・加萊亞齊・伽伐尼（Lucia Galeazzi Galvani）密切參與他的研究，但因為當時反對女性科學家的習俗，因此她在科學的工作並未獲得讚譽。

5. Glickstein, *Neuroscience: A Historical Introduction*, 55–58.

6. Piccolino and Bresadola, *Shocking Frogs*, 141–214.

7. 亞歷山德羅・朱塞佩・伏打（Alessandro Giuseppe Volta, 1745–1827）是一位才華橫溢的義大

利科學家；甲烷的發現和電池的發明都歸功於他。

8. 一段戲劇手法拍攝的法拉第電實驗的（幽默）短片可以在此網站觀看：http://www.rigb.org/christmas-lectures/supercharged-fuelling-the-future/thermodynamics-2016-advent-calendar/15--faradays-frogs

9. 赫爾曼・馮・亥姆霍茲（Hermann von Helmholtz, 1821-1894）是位博學的德國科學家。德國最大的研究機構協會就是以他的名字命名：亥姆霍茲協會（Helmholtz Association）。

10. Glickstein, Neuroscience: *A Historical Introduction*, 60.

11. Turkel, *Spark from the Deep*, 29.

12. Turkel, 45.

13. Turkel, 44.

14. Turkel, 55.

15. 揚・英根豪茲（Jan Ingenhovsz, 1730–1799）是富蘭克林的科學同行。他最著名的事蹟是發現植物的光合作用。

16. Finger and Piccolino, *The Shocking History of the Electric Fishes*, 285285.

17. 沃爾希的成功可能更多地與他高超的實驗技術有關，而不是他使用裸背電鰻。與電鰻相比，裸背電鰻物種的電性很弱。

18. Wulf, *The Invention of Nature*, 9。

19. 來自洪堡自己的旅行報告，首次發表於一八〇七年。（Humboldt, “〔Hunt and fight of electric eels with horses〕”）
20. Carlson, B. A., “Animal behavior: Electric eels amp up for an easy meal”; Catania, “Electric eels concentrate their electric field to induce involuntary fatigue in struggling prey.”
21. Gizmodo, “This electric eel kills its prey with a sophisticated coiling manoeuvre.”
22. Finger and Piccolino, *The Shocking History of the Electric Fishes*, 406–407.
23. 在這裡我選用通俗術語電位（potential），僅是以此來表示兩處電荷的差異。從按嚴格定義來講，電位勢（electric potential）是將一單位的正電荷，從一個參考點移動到電場內部的一個特定點，而且不會產生加速度時所需要做的功。
24. 另一個恰當的類比是萊頓瓶，這是拿玻璃當作絕緣體和隔離物，將電荷分隔在瓶子內外側。
25. Physics World, “Electric eel inspires new power source.”
26. 有個短片，回答了為何電鰻不會電到自己的問題，可以在這個網站查看：https://www.popsci.com/why-dont-electric-eels-electrocute-themselves
27. Klein, “Testing the electric eel’s shock powers with his own arm.”
28. Klein, “Testing.”

第3章 晴天霹靂：閃電

1. Lang et al., "WMO world record lightning extremes: Longest reported flash distance and longest reported flash duration."
2. *Independent*, "Two of the longest and biggest lighting strikes on earth recorded."
3. 正如瑟文尼（Randall Cerveny）所言，衛星技術的進步會締造出破紀錄的事件。二〇二〇年六月二十六日，WMO宣布二〇一八年十月三十一日發生在南半球巴西的雷擊有四百四十英里，打破最長閃電的距離紀錄，二〇一九年三月十九日在阿根廷北部出現長達十六・七三秒的閃電，成為持續時間最長的新冠軍。WMO官員預測，即使是這些最新紀錄也可能很快被打破，因為可能存在更大的「巨型閃電」，只是迄今為止尚未測量到。
4. Gookin, *Lightning*.
5. Gookin, *Lightning*, 8–10.
6. Elson, "Striking reduction in annual number of lightning fatalities in the United Kingdom since the 1850s."
7. Verge, "How exactly did lightning kill 323 reindeer in Norway?"
8. ScienceBlogs, "Death by lightning for giraffes, elephants, sheep and cows."
9. Orlando Sentinel, "Lightning kills giraffe at Disney Park."

10. WPEC CBS12 Television News, June 11, 2019.
11. Andrews, C. J. et al., "Lightning injury–a review of clinical aspects, pathophysiology, and treatment."
12. 這種轉動小腿的動作可能會提供一些保護，避免受到接地電流的影響，這在避免閃電的直接攻擊上並沒有什麼用處，這時閃電會直接從頭部進入，然後通過你的身體到達地面。
13. 約翰．詹森尼斯（John Jensenius）已經於二〇一九年從NOAA美國海洋暨大氣總署（National Oceanic and Atmospheric Administration）退休。
14. Ritenour et al., "Lightning injury: A review."
15. 取自一七三二年八月十二日《美國水星週刊》（*American Weekly Mercury*）的報導，（Marrin, A Glance Back in Time, 274）。
16. 有關馬里蘭州議會大廈富蘭克林避雷針的更多資訊，請參考此網站：https://msa.maryland.gov/msa/mdstatehouse/html/lightrod.html
17. VOA News, "Franklin-designed lightning rod saves historic Maryland building."
18. Uman, *All About Lightning*, 8.
19. 科學家稱此為「電荷中性原理」（charge-neutrality principle）。也就是說，地球的所有正電荷和負電荷加起來都為零。嚴格來說，整個地球都是如此，但由於土壤是不均勻的，因此地球表面的電荷可能存在有局部差異。此外，帶高負電荷的雷雲可以排斥地面上所有局部的負電荷，因此在其下方感應出帶正電荷的地面。

20. Viemeister, *The Lightning Book*, 104.

21. 雖然它們的大小明顯不同，但密度的差異也很重要。較小的冰粒是低密度的小晶體；較大的冰粒是高密度的小圓球。

22. 關於閃電基礎科學更為詳盡的說明，請參閱：Uman, *The Lightning Discharge*。

23. Uman, *All About Lightning*, 65–70; Dwyer and Uman, "The physics of lightning."

24. Cohen, *Benjamin Franklin's Science*, 7 (Franklin's emphasis).

25. 目前並不清楚富蘭克林是如何得知雲電荷的，不過他很有可能比較過他從雲中收集到萊頓瓶中的電荷與他用絲綢摩擦玻璃收集到的電荷了——這是富蘭克林對正電荷訂下的標準——從而發現它們的電性不同。

26. 富蘭克林給靜電的「正」和「負」名稱，實際上是分別替代了舊有的術語：像玻璃的（vitreous）和像樹脂的（resinous）靜電，這些術語是一七三三年由夏勒．法蘭索．德西斯德奈．椈費（Charles François de Cisternay du Fay）首次創造出來。這位法國化學家注意到，用絲綢摩擦玻璃（拉丁文為vitreous）製成的物體，以及用羊毛摩擦柯巴脂（一種類似琥珀的樹脂）製成的物體會產生兩種不同類型的靜電，每種類型會自我排斥但會吸引另一種。摩擦由其他材料製成的物體會產生靜電，其表現會類似玻璃或樹脂。這對許多人來說，意味著靜電代表兩種不同的流體，但它並沒有說明每種流體的流動方向。富蘭克林的模型與雙流體模型的不同之處在於，它聲稱在摩擦過程中只有一種流體從一種材料移動到另一種材料。在某些情況下，液體會移動到被摩擦的物體上，而在其他情況下，則是從物體上移開。他說這流體是移動到玻璃上，但離開了柯巴脂，使玻璃中的流體過剩（因此呈陽性），而柯巴脂中的流體不足（因此呈陰性）。然而，富蘭克林從未解釋過，他是基於什麼樣的基本原理決定不同材料是帶正電荷，還是負電荷，也沒有解釋他是如何確定出單一流體的運動方向。就此看來，他將正電荷和負電荷分別分配給玻璃體的靜電和樹脂的靜電，似乎是相當武斷的。

27. 通常來說，大量的負電荷在移動中的雷雨雲裡，會對其正下方地面的負電荷產生推力（因為同類電荷相互排斥），使局部地面區域相對帶正電。這可能導致一道向上從地面發出向上延伸到天空的帶正電的先導閃電（leaders），有時稱為流光（streamers）。從雲中下來的階梯式先導閃電（帶負電）遇到從地面上來的流光（帶正電）會在地面上方幾公尺處完成電路連接，因此階梯閃電實際上從未接觸到地面（這就是為什麼有直接遭閃電擊中的受害者表示，他們在被擊中前先感到一股靜電。流光帶有的地面來的正電荷會經過他們的身體，吸引向下的階梯式閃電）。從高大的物體發出的流光，如旗竿、避雷針和船桅，有時會在天空中發出可見的光。在高大船隻上的水手會將這種從船桅發出的光芒稱為聖艾爾摩之火（St. Elmo's fire）。聖艾爾摩是水手的守護神，水手認為這道光芒是聖艾爾摩保護船隻免受風暴侵襲的標誌，但這道光芒其實預示著即將發生閃電，很可能會擊中桅杆。

28. 可在美國國家氣象局網站上觀看閃電中電荷與光的運動方向動畫影片：https://www.weather.

gov/safety/lightning-science-return-stroke

29. 再讓事情變得更複雜的是，在極少數情況下，雷擊是可以從地面往天空而去的。在特定天氣條件下，地面上的負電荷可以一路上升到雲層中的正電荷區域。發生這種情況時，就會看到一個閃電倒過來打。不過在這種情況下，實際上看到的就是一個倒置的閃電——主閃電的多個分支是朝上而不是朝下（Uman, *All About Lightning*,51）。我告訴過你閃電是頭善變的野獸。

30. Uman, *All About Lightning*, 49.

31. Cohen, *Benjamin Franklin's Science*, 120.

32. Ramón y Cajal, *Recollections of My Life*, 22–23.

33. Ramón y Cajal, 24.

34. Ritenour et al., "Lightning injury: A review."

35. Andrews, C., "Electrical aspects of lightning strikes to humans."

36. 「電刑死刑」（electrocution death）其實是有點重複和累贅。「電刑」（electrocution）一詞的真正意思就是以電處死。英文的字源是由「電的」（electro）和「行刑」（execution）這兩字結合起來。不過今日這個詞也納入遭受嚴重電擊導致身體受傷的狀況，無論是否致命。

37. Peng and Shikui, "Study on electrocution death by low-voltage."

38. Bikson, "A review of hazards associated with exposure to low voltages." 另見：https://www.

allaboutcircuits.com/textbook/direct-current/chpt-3/ohms-law-again/

39. Cohen, *Benjamin Franklin's Science*, 122.

40. 《大事紀》：「威尼斯古老的聖馬可鐘樓倒塌時，唯一的受害者是一隻倒楣的貓。」

41. Gensel, "The medical world of Benjamin Franklin."

42. 引自富蘭克林給他父母的一封信，此信於一七四四年九月六日從費城寄出。

43. 富蘭克林給普林格爾的信，一七五七年十二月二十一日。（Gensel, "The medical world of Benjamin Franklin"）

第 4 章 電療治百病：電療機

1. 起電機（influence machines）慢慢取代了純粹只是以摩擦發電的機器。它們的運作原理是根據靜電感應，不斷補充少量的初始電荷將機械做的功轉化為電能。關於起電機發展的歷史紀錄以及在一八九〇年市面上機型的完整描述，請參閱：Gray, *Electrical Influence Machines*。

2. King, *Electricity in Medicine and Surgery*, part II, 27.

3. Licht, "History of electrotherapy."

4. 在他的書中，衛斯理展示了他對電學的強大掌握，並且對富蘭克林的風箏實驗和他的避雷針詳細而準確地描述（Wesley, *The Desideratum*, 28–29）。

5. Wesley, *The Desideratum*, vi.
6. Wesley, vi (Wesley's emphasis).
7. 衛斯理並不是第一個提出電液和神經液可能是同一回事的人。這個想法可以追溯到艾薩克・牛頓。
8. Wesley, *The Desideratum*, 9.
9. 衛斯理也是最早提出電可能是由帶電粒子組成的人之一（Wesley, *Desideratum*, 14.）。
10. Cleaves, "Franklinization as a therapeutic measure in neurasthenia."
11. King, *Electricity in Medicine and Surgery*, part I, 31–36.
12. King, part I, 43.
13. 亞道夫・蓋夫（Adolphe Gaiffe, 1832–1887）是巴黎一家電器公司的發明家和創始人。
14. King, *Electricity in Medicine and Surgery*, part I, 61.
15. King, part II, 13.
16. Wootton, *Bad Medicine*, 67–70.
17. 約瑟夫・李斯特（Joseph Lister, 1827–1912）是一位提倡手術室清潔的英國外科醫生。在臨床醫療上，他首度引進苯酚（phenol也稱為石炭酸）當作消毒劑。現代殺菌漱口水「李施德霖」（Listerine）就是來自於他的名字。
18. 第一種抗生素青黴素（penicillin）是在一九二八年由亞歷山大・弗萊明（Alexander Fleming,

1881-1955）發現的。

19. Pitzer, *Electricity in Medicine and Surgery*, 55.
20. King, *Electricity in Medicine and Surgery*, 269–270.
21. Wootton, *Bad Medicine*, 148.
22. Wootton, 144.
23. 吉翁・班加寧・阿蒙・杜興（Guillaume-Benjamin-Amand Duchenne, 1806-1875），有時稱為杜興・德布洛涅（Duchenne de Boulogne）。
24. 讓－馬丁・沙可（Jean-Martin Charcot, 1825–1893）通常被譽為「神經學之父」，但沙可本人也承認，他的成功要感謝前輩杜興。
25. Poore, *Selections from the Clinical Works of Dr. Duchenne*.
26. Poore, 369.
27. Poore, 375–376.
28. Poore, xv.
29. De La Peña, *The Body Electric*, 143–161.
30. 普爾弗馬赫－伽伐尼公司（Pulvermacher Galvanic Company）。
31. Pitzer, *Electricity in Medicine and Surgery*, 82.
32. Wexler, "The medical battery in the United States (1870–1920)."

33. King, *Electricity in Medicine and Surgery*.
34. King, *Electricity in Medicine and Surgery*.
35. Parent, "Giovanni Aldini: From animal electricity to human brain stimulation."
36. Inside Science, "The Science That Made Frankenstein."（引言取材自這篇網路文章，原始的引言來自*Newgate Calendar*，這是一份監獄行政單位的月報，由倫敦新門監獄看守人出版。）
37. 很容易理解為什麼觀眾會認為阿爾迪尼是在用電讓人起死回生。當時，大眾和科學家都難以為生命下一個準確的定義，著名的法國解剖學家和病理學家馬利・弗蘭索・札維耶・畢夏（Marie François Xavier Bichat, 1771-1802）曾大肆宣傳過他的工作定義：「抵抗死亡的一系列功能。」根據這個定義，阿爾迪尼用電活化屍體的展演似乎是在顯示電是其中一種抗死功能。可惜，畢夏本人的抗死力很低。他在三十歲就發燒而死（*Strauss, Human Remains*, 60–62, 111–112）。
38. Seymour, *Mary Shelley*, 44.
39. Flexner, *Medical Education in the United States and Canada*.
40. 關於弗萊克斯納（Abraham Flexner）在教育改革領域的成就，有一本編年性質的詳細傳記，請參閱：Bonner, *Iconoclast*。
41. AMA目前擁有超過三萬名會員，每週出版的《美國醫學會雜誌》（Journal of the American Medical Association,（JAMA）），是極具影響力的醫學期刊。

42. Flexner, *Medical Education in the United States and Canada*, 157 (emphasis added).
43. Flexner, 156–166.
44. 順勢療法（homeopathy）和對抗療法（allopathy）是相互對立的治療理論。順勢療法的基本觀念採用低劑量的致病源來當作治療此疾病的方式，而對抗療法則是使用高劑量的藥，而且恰恰不是引起疾病的物質。
45. 這份報告也點名表揚了好學校。弗萊克斯納稱讚約翰霍普金斯醫學院在實驗室設施方面「無與倫比」，並表示該學院在臨床教學方面提供了「理想的機會」。因此，許多意欲改革的學校很快就採用了約翰霍普金斯大學的課程。事實上，今日大多數美國醫學院採用的兩年課堂學習和兩年臨床培訓課的教育模式就是來自約翰霍普金斯大學的課程設計。
46. X光，或稱X射線剛好就是電療開始在醫學領域消失時出現的。事實上，一八九五年發現X射線可能加速了電療的消亡。在發現X射線後，立即將其用於診斷和治療，使用可以輕易見到它們有效縮小了惡性腫瘤的效果。諷刺的是，電療師是所有醫師中最早準備好轉向X光的。他們的發電機可以很容易地為X射線管發電，當中也有許多人可能看到了將自己的醫療生涯從「電技師」轉變為「放射科專家」的好機會。請參閱：Jorgensen, *Strange Glow*, 116–140。
47. 這種狀況也出現在幾乎同時代的鐳的情況。用鐳來治療癌症產生了醫療需求，這進而推動了昂貴的鐳礦開採和提煉。一旦採礦和精煉方法到位，鐳的價格就會下降，低到足以用在其他商品上，像是能夠在夜晚發光的鐳漆錶盤手錶。請參閱：Jorgensen, *Strange Glow*, 81–140。

第5章 迴路：電池

1. 伏打的傳記，請參閱：Pancaldi, *Volta*。
2. Johnson, The Ten Most Beautiful Experiments, 60–74.
3. 伽伐尼是如何將這個實驗與他切斷的蛙腿但仍保留有發電能力的論點兜在一起，這中間的邏輯仍不清楚。
4. Finger and Piccolino, *The Shocking History of Electric Fishes*, 334.
5. 威廉・尼科爾森（William Nicholson, 1753-1815）通常被稱為專業的化學家，但他還是作家、出版商、發明家、專利代理人和工程師。
6. Pancaldi, *Volta*, 183。
7. Finger and Piccolino, *The Shocking History of Electric Fishes*, 330.
8. Pancaldi, *Volta*, 191–192.
9. Nicholson, "Observations on the Electrophorus, tending to explain the means by which torpedo and other fish communicate electric shocks."
10. 伏打堅信自己發現了魚電器官的機制，因此他為他的新設備取的第一個名字是 *organe*

electrique artificiel。這是法語，意思是「人造電器官」。不過這個名稱並沒有流行起來。

11. 正確來說，這個詞彙最初是由富蘭克林在他的電學領域中使用的。他將多個連接起來的萊頓瓶的放電比喻為一起發射的大炮（battery），因此*battery*這個英文字現在也有電池的意思。這個字之前被用來描述多節電池，但我們現在也用來指稱單顆電池。

12. Pancaldi, *Volta*, 185.

13. 如果緊壓水管末端，減短其直徑，出水的力會增加，但水流速度實際上會降低。有些人認為這有違常理，因為壓縮水管後水力變得更大，射出的距離得更遠，他們將其誤解為流速變高的跡象。但是，實際上，捏住水管的末端並不會讓水桶滿得更快；相反地，這會增加裝滿水桶所需的時間。

14. 這說起來容易但做起來很難。要讓水龍頭處的水壓加倍，我必須增加水塔的高度，這是造成水壓的地方。

15. Schlesinger, *The Battery*, 50.（關於電池的資訊並不多，要找到非技術性、且可靠的來源很少。此書是一個明顯的例外。）

16. 不幸的是，一般也常用法拉第的術語將電池的正極稱為「陽極」（anode），負極稱為「陰極」（cathode）。這些名詞來自希臘文，原意分別是與日出和日落相關，這是法拉第在威廉·惠威爾（William Whewell）的建議下引入的用語，因為就像太陽一樣，電流也是象徵性地在東方（陽極）升起並在西方（陰極）落下。相當晦澀難懂，不是嗎？我個人認為它們帶來的混淆多於啟發，所以在本書中，我不會使用這些術語。我將電池的兩端稱為正極和負極。

17. 鋰電池的發展對現代電子產品產生變革性的影響，因此按二〇一九年諾貝爾化學獎頒發給三位對鋰電池發展做出重大貢獻的科學家似乎很恰當，他們分別是：約翰．古迪納夫（John B. Goodenough）、史丹利．惠廷安（M. Stanley Whittingham）和吉野彰（Akira Yoshino）。

18. 18650這個型號的鋰電池直徑為十八公釐，高度為六十五．〇公釐（因此得到這樣的名稱），而典型的ＡＡ電池約為14×50公釐。

19. 請勿嘗試拆卸18650鋰電池或任何其他鋰電池！它儲存有的巨大能量，會爆炸成火焰。

第6章 被電震回現實：電刑

1. Inspector General, “Review of electrocution deaths in Iraq: Part I,” 3.
2. Inspector General, “Review of electrocution deaths in Iraq: Part II.”
3. Wick and Byard, “Electrocution and the autopsy.”
4. Price and Cooper, “Electrical and lightning injuries.”
5. Rådman et al., “Electrical injury in relation to voltage, ‘no-let-go’ phenomenon, symptoms and perceived safety culture.”
6. Cooper, “Emergent care of lightning and electrical injuries.”

7. Hyldgaard et al., "Autopsies of fatal electrocutions in Jutland."
8. 通常不需要將房屋中的每個插座都換成接地故障斷路器（GFCI）插座；任何電路中僅需一個這樣的插座就夠了。僅更換電路中的一個插座可降低成本。不過在更換任何舊式電源插座前，請諮詢有執照的電工。
9. Wick and Byard, "Electrocution and autopsy."
10. New York Public Library Blog. "Ben Franklin on cooking turkey . . . with electricity."
11. 請注意，這條電路的路線——一隻手到另一隻手——會穿過富蘭克林的心臟，這是對富蘭克林生命構成最高風險的路線。
12. 引用自富蘭克林一七五〇年十二月二十五日寫給弟弟約翰・富蘭克林的信。原始信件保存在麻州歷史學會溫思羅普家族（Winthrop Family Papers）文件中（為了閱讀清晰起見，已將引文內容現代化，變動了拼寫、大小寫和標點符號）。
13. 這是焦耳第一定律，以物理學家焦耳（James Prescott Joule, 1818–1889）來命名。這條定律表示從電導體輸出的熱量與電流的平方乘以電阻的乘積成正比。
14. New York Public Library Blog. "Ben Franklin on cooking turkey . . . with electricity."
15. 人道屠宰協會（Humane Slaughter Association）是一家總部位於英國的非營利組織，致力於改善食用動物在運輸、營銷和屠宰過程中的福利。他們提供科學研究資助，協助找出更好的方法來人道屠宰從魚到牛等所有食用動物：https://www.hsa.org.uk

16. 最近，關於美國家禽業採用的電浴浸泡法引發了一些爭議。批評者聲稱這種方法只會使雞隻癱瘓，並沒有讓牠們失去知覺：https://www.huffingtonpost.com/entry/chickens-slaughtered-conscious_us_580e3d35e4b000d0b157bf98
17. Berg and Raj, "A review of different stunning methods for poultry—animal welfare aspects."
18. Modern Farmer, "Here's why a chicken can live without its head."
19. 為了避免你認為無腦生存只是鳥類中才會出現的現象，這裡也有家貓的例子：https://www.regenexx.com/blog/can-learn-walking-cat-no-brain/
20. Gezgin and Karakaya, "The effects of electrical water bath stunning on meat quality of broiler produced in accordance with Turkish slaughter procedures."
21. 那時尚沒有注射死刑的做法，也不在當時委員會審查的三十四種方法內。一八八八年，紐約醫師布萊爾（Julius Mount Bleyer）在該委員會發布最終報告後，首次提出使用有毒劑量的嗎啡進行致死注射。但醫學界基本上反對注射死刑。現代皮下注射針是弗朗西斯·林德（Francis Rynd）於一八四四年發明的一種醫療器械，被視為一項醫學突破。醫生不想將皮下注射針頭與殺人聯繫在一起，擔心這會損害皮下注射針頭的形象，因為光是針頭就已經讓一些患者害怕了。
22. Galvin, *Old Sparky*, 15–41.
23. Moran, R., *Executioner's Current*, 81.

24. Popular Mechanics, "The most gruesome government report ever written evaluates 34 ways to execute a man."
25. 英文中的死刑：Capital punishment來自於拉丁文中的*capitalis*，意思是「頭部的」。所以死刑一詞的字面意思是對頭部的懲罰，因為死刑通常是以斬首的方式來執行的。
26. Galvin, *Old Sparky*, 63.
27. 「腦死」（brain-dead）是指包括腦幹在內的大腦功能不可逆轉地喪失。宣告腦死的患者在法律上和臨床上已經死亡，即使心臟尚未停止跳動。
28. Buffalo Evening News, "Never mind the intentions."
29. Auburn Daily Advertiser, "Kemmler."
30. Moran, R., *Executioner's Current*.
31. Moran, 17–18
32. 關於麥可爾文（Charles McElvaine）電刑的種種事件，總結在：Moran, R., *Executioner's Current*, 215–217中。這些資訊的原始來源是《紐約時報》的報導："Two shocks were needed."。
33. *New York Times*, "Two shocks were needed."
34. Elliott, *Agent of Death*.
35. Elliott, 14–15.

36. 艾略特並沒有立即接替艾德溫・戴維斯成為州電刑師。戴維斯於一九一四年退休，由約翰・赫爾伯特（John Hulbert）繼任，一九二六年赫爾伯特退休後，才由艾略特接任。
37. Wick and Byard, "Electrocution and autopsy."
38. Krider, "Benjamin Franklin and lightning rods." https://physicstoday.scitation.org/doi/10.1063/1.2180176
39. Elliott, *Agent of Death*, 150.
40. Elliott, 211.
41. Elliott, 149–150.
42. *New York Times*, "G. M. Ogle, authority on the death chair, dies."
43. Elliott, *Agent of Death*, 148.
44. Elliott, 147.
45. 這是在美國引入注射死刑之前；一九八二年在德州進行第一次注射死刑。
46. Elliott, *Agent of Death*, 141.
47. Elliott, 150.
48. Elliott, 309.
49. 從一八九〇年到二〇一〇年，美國一共有四千三百七十四人被電椅處決。相比之下，同期報告的雷擊死亡人數約為兩萬一千人，不過有可能更多，因為並非所有雷擊死亡都會向管理當局通報（López and Holle, “Changes in the number of lightning deaths in the United States during the twentieth century”）。

50. 美國憲法第八修正案明文禁止「殘忍和異常的懲罰」。
51. 只有在一九九九年之前被判處死刑的田納西州囚犯才能選擇死刑方式。後來的死刑判決都是按照規定，接受注射死刑。
52. Tennessean, “Death row inmates weigh the choice between the electric chair and lethal injection.”
53. Tennessean, “Tennessee executes David Earl Miller by electric chair.”
54. Dorman et al., “Tennessee execution.”
55. 請參閱：McNichol , *AC/DC*.

第7章 力場之日：交流電與力線

1. 說得更準確一點，海流方向是每六小時又十二分半改變一次，比六小時略微多一點，這是因為月亮在繞地球公轉的二十七．三二天的過程中會不斷推進其在天空中的位置。
2. Carlson, W. B., *Tesla*.
3. 電晶體（transistors）是在一九四〇年代由貝爾實驗室（Bell Laboratories）發明的。電晶體可讓半導體材料（例如矽）放大電訊信號。我將在第11章詳細說明電訊信號的放大。

4. 二極管是一種只允許電流單向流動的半導體設備。
5. 法拉第後來受到當時英國傑出化學家漢弗萊・戴維（Humphry Davy）的訓練。
6. 電場和磁場不完全是一回事。它們是不同但相關的現象。如果你無法理解兩者之間的區別，請不要認為自己很奇怪，這很正常，幾乎每個人都遇過這樣的麻煩。讓我們先說一個運動的磁場會產生電場，而運動中的電場會產生磁場。而這種「運動」是相對於某個特定的觀察者而言，這裡就進入相對論的世界（想想愛因斯坦）——這個領域就本書的目的不一定非得進去不可。所幸，這種力場的物理特性足以相互比擬，因此在談論場論（field theory）時經常將這兩個術語混為一談，簡稱為電磁場（electromagnetic fields）。這也是我在本書中依循的路線。今後，除非需要加以區分，否則我談的都是電磁場的一般性質。
7. 漢斯・克里斯蒂安・奧斯特（Hans Christian Ørsted, 1777-1851年）是一位非常傑出的物理學家和化學家，他因發現電與磁之間的關聯以及首次分離出鋁元素而享譽國際。
8. 磁場（magnetic field）是法拉第在一八四五年創造的一個術語。
9. 雖然這個概念是直接來自奧斯特的研究，但電磁鐵是由威廉・斯特金（William Sturgeon）出於實用目的而開發出來的，一般認為他是發明者。
10. 據稱，自然磁化的磁石最早是在古希臘發現的，在這地區當時稱之為Magnesia，這便是英文中的磁鐵magnet一字的由來。不過這個故事很可能是杜撰的。
11. Faraday, "Experimental researches in electricity—fifteenth series," Part I, 11.

12. Duchenne, *A Treatise on Localized Electrization*, 288–291.
13. Licht, "History of electrotherapy."
14. Duchenne, *A Treatise on Localized Electrization*, 192.
15. Forbes and Mahon, *Faraday, Maxwell, and the Electromagnetic Field*, 101–103.
16. Faraday, "Thoughts on ray-vibrations."
17. Forbes and Mahon, *Faraday, Maxwell, and the Electromagnetic Field*, 117.
18. Maxwell, "On Faraday's lines of force."
19. 馬克斯威爾實際上用了更精確的術語「不可壓縮的流體」（incompressible fluids）。水和大多數其他液體都是不可壓縮流體，而氣體這種可壓縮流體的行為表現則大不相同。
20. Maxwell, "On Faraday's lines of force."
21. Forbes and Mahon, *Faraday, Maxwell, and the Electromagnetic Field*, 158.
22. 場強度的現代標準國際單位是牛頓／庫侖（newtons per coulomb）。
23. Forbes and Mahon, *Faraday, Maxwell, and the Electromagnetic Field*, 160–161.
24. Forbes and Mahon, 107.
25. 一馬力等於七百四十五．七瓦特。
26. 詹姆斯．瓦特（James Watt, 1736–1819）是一位蘇格蘭發明家，他的蒸汽機對工業革命貢獻卓著。

27. 費蘭蒂（Sebastian Ziani de Ferranti）與喀爾文勳爵（Lord Kelvin）一起設計了最早的交流電源系統之一，其中包括一個基本的交流變壓器。路西安・高拉德（Lucien Gaulard）和約翰・狄克森・吉布斯（John Dixon Gibbs）後來設計了一個很相似的變壓器，並將其推向市場。他們最終在英國法院的專利訴訟中輸給了費蘭蒂。

28. 還有其他方式可調控直流電壓，例如升壓轉換器或變壓器搭配整流器，不過這些方法遠比相對簡單的交流變壓器複雜許多。

29. Brown, "Death in the wires."

30. Moran, R., *Executioner's Current*, 101.

31. Guttmann, "A review of Mr. Harold P. Brown's experiments."

32. 布朗（Harold Brown）反交流電的運動及其後果的完整描述，請見：Moran, R., *Executioner's Current*, 92–118.

33. 更準確地說，提供給美國家庭的標準「一百一十伏特」的交流電不是週期最高的「峰值」即 V peak，而是所謂的均方根電壓（root-mean-square voltage）。均方根電壓是一段時間內的平均電壓。家用電壓的峰值約為一百五十五伏特（Vrms = 0.71 Vpeak）。

34. IEEE Spectrum, "DC microgrids and the virtues of local electricity."

35. Fairley, "Edison's revenge: The rise of DC power."

36. James, *The Correspondence of Michael Faraday* (vol. 2).

37. Faraday, "Experimental researches in electricity–fifteenth series."

第8章 殭屍魚：電場

1. 電釣的英文在北美常用「electrofishing」，但在其他地方，通常稱為electric fishing。
2. 有關電在漁業管理和研究中的應用，有一份當代且完整的介紹，請參閱：Beaumont, *Electricity in Fish Research and Management*。
3. Reynolds, "Development and status of electric fishing as a scientific sampling technique."
4. 對於生命力較頑強的魚類，允許使用的頻率可提高到六十赫茲。
5. 電釣的歷史悠久，早在一八六三年，倫敦就頒發了第一項電魚設備專利。
6. 也可以用交流電來電擊魚，在擊昏效果上一樣好。只是，由於交流電沒有固定的正負電極（因為電流每秒不斷地來回切換很多次），所以不會看到任何趨電效應，所以比較難釣到魚。基於這個和其他原因，幾乎所有的電釣都是採用直流電。
7. 純水實際上是一種非常差的電導體。但環境中的大部分水中有一些溶解的固體。它們充當電解質以增加水的電導率。
8. 實際上，使用高錳酸鉀晶體（一種紫色鹽）和濕濾紙可以很好地觀察電場。在此影片中，可以看到使用高錳酸鉀可視化各種電場幾何形狀的示例：https://www.youtube.com/

watch?v=63FnT0W-Hxc

9. 電經過電線時會產生電磁場（electromagnetic fields，ＥＭＦ）和非游離電磁波（nonionizing electromagnetic waves）這種輻射。有人提出ＥＭＦ和低能量的非游離輻射有害健康，不過幾乎沒有支持此論點的科學證據。更多關於各種輻射的已知生物效應和健康影響，請參閱：Jorgensen, *Strange Glow*。

10. 大鱗亞口魚（*Catostomus macrocheilus*）原產於太平洋西北部，分布範圍從英屬哥倫比亞省一直到奧勒岡州。

11. 溪流電釣者身後會拖著一根又長又粗的電線當作負極，他們稱之為「鼠尾」（rattail）。它從電池組的底部延伸出來，前面約一百二十公分左右的長度有用橡膠塗層絕緣，而後面一百二十公分則是裸露的未絕緣電線。電釣小組拖行這條長長的電線到下游，這樣就能讓電場的末端定在他們身後，因此電釣小組確實就是走在電場內，所以需要穿上具有保護功能的橡膠涉水褲。

12. Van Harreveld, "On the galvanotropism and oxcillotaxis of fish."

13. 刺激反應理論並不要求刺激一定是疼痛。你可能聽過巴夫洛夫的狗實驗，狗在聽到鈴聲時開始分泌唾液，這種行為是透過將鈴聲與狗的進食時間連結起來的預先條件化（preconditioning）過程而產生的。

14. Van Harreveld, "On the galvanotropism and oxcillotaxis of fish."

15. 有關反射研究的完整歷史，請參閱：Liddell, *The Discovery of Reflexes*.

16. 我省略了如何消除感覺神經元的細節，免於讓大家受驚。不過為滿足某些人的好奇心，我在此補充一些，魚的感覺神經元主要位於皮膚和魚鰭中。因此在實驗中，會將魚鰭切掉，只留下脊髓和運動神經元，運動神經元從脊髓延伸出來穿入體側的肌肉。然而，在破壞脊髓後，就沒有這反應；所以這反應不能完全歸給運動神經元。（我還應該提一下，這些實驗都是在脊椎動物的動物權保護法規頒布前進行的。）

17. 魚類的趨電性儘管不是靠反射弧，卻需要完好的脊髓，這也有可能是因為魚類運動神經元的細胞體實際上穿透了脊髓，因此破壞脊髓也會損害運動神經元。

18. 由於電鰻的頭部帶正電，鰻魚有可能利用其電場將獵物吸引到頭部。但到目前為止，還沒有證據顯示電鰻利用趨電性來吸引獵物。

19. Vibert, “Neurophysiology of electric fishing”; Blancheteau et al., “Etude neurophysiologique de la pêche électrique”; Lamarque, “Electrophysiology of fish subject to the action of an electric field.”

20. 極性（polarity）這個名詞和極性化（polarize）這個動詞在不同的文本脈絡中會用來表示不同的事物，可能會造成混淆。我不想增加這種混亂。就其最一般的定義來說，當一個物體因為末端不相同而定義出其功能的方向性時，就表示這物體被極化。鉛筆是極化的，因為它僅在特定方向上才能書寫。而黑板粉筆則不是極化的，把它翻轉過來還是一樣可以寫。在這本書中，我使用極化一詞時，指的是其一般意義，用來表示具有明確功能定位的事物。因此，磁鐵、電池端子和運動神經元等細胞都是有極性的實體。相較之下，看起來像小的甜甜圈的紅血球，並且無論面對哪個方向都具有相同功能，因此這便是沒有被極化的細胞。

21. Rolls and Jegla, "Neuronal polarity: An evolutionary perspective."
22. Sharber and Black, "Epilepsy as a unifying principle in electrofishing theory."
23. 休克療法（shock therapy）一詞實際上是電痙攣療法，簡稱電療（electroconvulsive therapy）的誤稱，我會在第15章解釋。
24. 在電場中，電壓沿著電力線，大致上是呈線性關係。因此，當對齊電力線時，魚頭的電壓會與尾巴的不同。從頭到尾的電壓差便是整隻魚經歷到的電擊電壓。相較之下，垂直於電力線的魚其身體感受到的電壓差要小得多。
25. Peimani et al., "A microfluidic device to study electrotaxis and dopaminergic system of zebrafish larvae."
26. 斑馬魚卵通常在受精後兩天孵化。因此，受精後五~七天的幼生大約是孵化後三~五天。
27. 你會期待一些控制組的幼生表現出明顯的趨電性反應，因為牠們必須在通道中朝任一方向游動。牠們連續兩次隨機游向正極方向的概率並不是零。因此，控制組得到零的結果非常值得懷疑。

第9章 物理學家的重要玩具：電子

1. 儘管克魯克斯管很有趣，但它不僅僅是一個玩具。克魯克斯的研究其實是承繼真空玻璃管研究的傳統，當時知道在高壓下這會出現奇怪效應，這種效應可以追溯到二十五年以前。克魯克斯本人認為他的實驗證明了物質第四態的存在。
2. 你可能覺得自己從未見過克魯克斯管，但如果你年過三十，可能已經看過了。還記得那些舊的單色電腦顯示器嗎？螢幕上的字母會發出綠光的那種？它們實際上是經過美化的克魯克斯管。螢幕內部塗有螢光塗料，當受到來自顯示器背面的「陰極射線」照射時，螢光塗料就會發光。
3. Amdahl, *There Are No Electrons*, 1.
4. 一系列嘗試定義電子的論文集合，請參閱：Simulik, *What Is the Electron*?
5. 關於電子對化學重要性的最早期闡述，請參閱：Thomson, *The Electron in Chemistry*。
6. 關於牛頓的簡要生平和他在煉金術方面的研究，請參閱：Gleick, *Isaac Newton*。
7. Thomson, "The connection between chemical combination and the discharge of electricity through gases," 493.
8. 一般傾向將法拉第視為物理學家而不是化學家，但他的研究實際上跨越了這兩個學科。
9. Forbes and Mahon, *Faraday, Maxwell, and the Electromagnetic Field*, 83 (emphasis added).

10. 正如之前所提，當電流在電線中流動時，它會產生磁場。如果兩條平行的電線都有電流流過，那麼它們會各自產生磁場。這兩個磁場或是相互吸引，或是相互排斥，主要取決於電流的方向，若是同向就會排斥；若是相反，就會吸引。如果我們將每條電線中的電流設定在恰好一安培，那應該就會有一定數量的電荷流動，而兩條電線間的應該會產生一定的拉力（或推力）。

11. 有關庫侖的生平和他在電荷方面的研究，請參閱：Gillmor, *Coulomb and the Evolution of Physics and Engineering in Eighteenth-Century France*。

12. 湯姆森（J. J. Thomson）因在氣體導電方面的研究，獲得一九〇六年的諾貝爾物理學獎。他這項開創性的研究最終導致電子的發現。

13. 在劍橋大學，大學部的課程是以考試來評估，考試分為多個部分，涵蓋一組稱為tripos的相關學科領域。湯姆森的數學Tripos包括數學物理的訓練。

14. 事實上，馬克斯威爾的著作以諸多惱人的數學錯誤而聞名，這使得它們變得更難理解，直到湯姆森出現，並改正數學錯誤。

15. Navarro, *A History of the Electron*, 21.

16. Navarro, *A History of the Electron*, 56.有趣的是，一些現代理論粒子物理學家會批評他們自己的專業現況，稱數學已經有了自己的生命，完全脫離了實驗驗證；在這種情況下，不是因為實驗不被重視，而是因為實驗變得太困難而且執行成本太高。關於此項爭議的完整討論，請參閱：*Lost in Math*。

17. Thomson, *Notes on Recent Researches in Electricity and Magnetism*, 189.

18. 動量（momentum）是物體運動時所具有的力。它是物體質量和速度的乘積，是一個向量，意味著它有一個明確的方向。隨著物體動量增加，須施加更大的外力才能使其偏離路徑。

19. 關於密立根發現電子的一系列科學事件的第一手資料，請參閱：Millikan, *The Electron*。

20. 密立根因這項研究獲得了一九二三年的諾貝爾物理學獎。

21. 我們現在知道電子是一種稱為基本費米子（elementary fermion）的亞原子粒子。質子和中子是複合費米子，由奇數個基本費米子組成。因此，每個原子都可以細分為更小的費米子粒子，而電子就是它們的原型。

22. 準確來說，電子一詞實際上早於電子這個粒子的發現。在一八〇〇年代晚期，已經很明顯可以推測，電荷必定含有一些無法進一步細分的基本單位，而這代表的是原子中帶電的部分——當時認為這是不可分割的物質。在一八九一年，約翰史東．史托尼（Johnstone Stoney）將這個不可分割的電單位命名為電子（electron），此名稱後來用於湯姆森發現的粒子，因為新發現的粒子顯然就是一個單位電荷的載體。

23. 「太陽系」模型在物理學家中又稱為拉塞福–波耳（Rutherford-Bohr）模型。

24. 嚴格來說，電子或其他基本粒子固有的角動量（自旋）是一種量子力學特性。它與經典物理學中的角動量定義無關。

25. 我稱這些原子是「電性」不穩定的原子，以便區分兩種不穩定的狀態，一種是因為電子自旋不平衡，另一種是由於質子和中子數量不平衡而導致原子核不穩定。原子核不穩定的原子容易自發衰變（spontaneous decay），這種核子物理現象就是一般所稱的為放射性（radioactivity）。請參閱：Jorgensen, *Strange Glow*, 43–44。

26. 一般認為路易斯是共價鍵的發現者。由於這項巨大成就，他被提名過四十一次的諾貝爾化學獎，但他從來沒有拿到諾貝爾獎。

27. 湯姆森最初不是稱它們為電子，而是「微粒」（corpuscles），是指一種微小的物質。電子這個名詞是到後來才採用。

28. Navarro, *A History of the Electron*, 84.

29. 最近的實驗證據顯示，在摩擦材料產生靜電時，「彎曲」可能比「刮擦」的動作更重要。請參閱：Mizzi et al., “Does flexoelectricity drive triboelectricity?”

30. 根據電荷守恆定律（The law of conservation of charge），電荷不能被創造或消滅。它可以四處移動。這條「定律」最早是由威廉・沃森（William Watson）和富蘭克林在十八世紀提出的，但直到十九世紀才由法拉第以實驗來加以證明。

31. Millikan, *The Electron*, 5.

32. 愛因斯坦的這句名言是來自離子阱（ion trap）的發明者漢斯・德默爾特（Hans G. Dehmelt），他在一九八九年諾貝爾物理獎頒獎典禮的演講中引用這句話。

第10章 紫荊的紅花苞：神經元

1. 這稱為神經訊號傳遞的網狀理論（reticulum theory）。
2. Ramón y Cajal, *Recollections of My Life*, 295.
3. Ramón y Cajal, 294.
4. Ramón y Cajal, 324.
5. Alturkistani et al., "Histological stains.
6. 迄今為止，仍不確定何以高爾基染色法會在神經元染色上出現這樣反覆無常和隨機的結果。
7. 事實上，高爾基習慣根據其推定的功能來命名神經元的類別（例如，感覺神經元）。卡哈爾對此不以為然，因為尚未確定出單個神經元的真正功能。卡哈爾喜歡用簡單的形態學描述來命名他發現的細胞類型。例如，他將具有金字塔形細胞體的腦細胞命名為錐體神經元（pyramidal neurons）——這是一個純粹描述性的名稱，並未指涉它們的功能。
8. 卡哈爾繪製的一些最美麗和最重要的神經元圖收錄在一本高解析度的彩版書中，請見 Swanson et al. (eds.), *The Beautiful Brain*.
9. Ramón y Cajal, *Recollections of My Life*, 322.
10. Ramón y Cajal, 155.
11. Ramón y Cajal, 156.

12. Ramón y Cajal, 155.

13. 有關槍烏賊軸突對神經科學的價值的完整內容，請參閱：Kleinzeller and Baker, *The Squid Axon*。

14. 這項發現要歸功於約翰．扎卡里．楊（John Zachary Young），他證實槍烏賊外套膜上的管狀結構是運動神經元的大型軸突（Keynes, "J.Z. and the discovery of squid giant nerve fibres"; Young, "The function of the giant nerve fibres of the squid"）。

15. 電場也可以用每庫侖（電荷的單位）有幾牛頓（力的單位）來衡量：一伏特／公尺等於一牛頓／庫侖。

16. 用能斯特方程式（Nernst equation）可以得到相似的電場值，這是針對同一個電磁場問題的電化學解法；但是使用能斯特方程式需要先知道膜內外離子的相對濃度。

17. 電訊號在突觸處會從一個神經元傳到下一個神經元。在電突觸（electrical synapse）的狀況中，電訊號的傳輸可以是直接的。但化學突觸（chemical synapse）更為常見。在動作電位到來時，突觸的軸突側會釋放出神經傳導物質這種化學物質，以為因應，然後釋放出來的神經傳導物質會與突觸的樹突側的受體結合。神經傳導物質與受體的結合導致受體區域的膜去極化，從而引起新的動作電位的啟動，從細胞體沿軸突向下游方向傳到下一個神經元。電突觸比化學突觸傳輸訊號更快。但是電突觸比較沒有變化性，而且不會受到外部調節。電突觸也可以向任一方向傳輸訊號，而化學突觸會確保訊號僅沿著預期方向移動。因此，基於控制和方向性這兩大因素，化學突觸在整個神經系統，乃至於神經元和肌肉細胞間的連接處都遠多於電突觸。

18. 有時，科學家會增加數學參數來改善一個糟糕的模型。模型的複雜度增加有時會給人一種錯覺，讓人以為它會有更好擬合的——統計學家稱之為過度擬合（overfitting）的問題。不過最好的模型——那些揭示出真正洞見的模型——往往是最簡單的。因此，最有用的模型是那些數據擬合得很好，同時參數量最少的。愛因斯坦就找到這樣一個能量和質量之間關係的模型：$E = mc^2$。沒有比這個更簡單的數學模型了，時間也證明數據完全符合他的模型。

19. 事實上，在加入第三個平行分支到模型中時，模型與數據擬合得最好。有人認為，在電路模型中要加入這個次要的第三分支，是由於非專一性離子從細胞膜洩漏出來，引起少量的電流流過膜（Hodgkin and Huxley, "A quantitative description of membrane current and its application to conduction and excitation in nerve"）。

20. 這個相對簡單的數學模型是由一個方程式來定義：$I_m = C_m\,dV/dt + I_{Na} + I_K + I_{leak}$，$I_m$是跨膜的總電流，而$I_{Na}$、$I_K$、$I_{leak}$是跨膜的鈉離子和鉀離子電流的附加貢獻，再加上一點非特定離子外洩的微小電流貢獻。C_m是膜電容常數，dV/dt是電壓隨時間的變化（Kleinzeller and Baker, *The Squid Axon*, 308）。

21. 在這裡我們使用「脈衝」（pulse）而不是「波」（wave），以免將動作電位與電磁波混淆。

22. 奧卡姆剃刀（Occam's razor）原理，據信是源自於十四世紀的方濟會修士「奧卡姆的威廉」

（William of Occam），他當時的研究就是我們現在所稱的科學哲學。至於當初為何選用「剃刀」一詞，目前則難以考據，有人推測這意指的是要剃掉不需要的東西。

第11章 殭屍人：電壓門控通道

1. Del Guercio, "From the archives: The secret of Haiti's living dead."
2. Nugent et al., "The undead in culture and science"; Littlewood and Douyon, "Clinical findings in three cases of zombification."
3. 海地殭屍是由某種有毒麻醉劑造成的，這種說法並不是全新的。至少從一八六〇年起，就有好幾個不同的人提出類似的假設。當時法國駐海地大使馬基德・德福賓・傑森（Marquis de Forbin Janson）在他的報告中寫道：「我抵達太子港兩天後，一名婦女用了麻醉劑後於同一天晚上被埋在該鎮墓地，在夜間將她挖出來時，她還在呼吸。」（Davis, *Passage of Darkness*, 66–71.）
4. 如果你對故事感興趣，想看更長篇的內容，戴維斯以印第安納・瓊斯小說的風格為普羅大眾寫了一本書，在書中他詳細描述了他對殭屍藥水的探索以及他發現的關鍵成分，請參閱：Davis, *The Serpent and the Rainbow*。這本書後來被環球影城拍成一部俗氣的恐怖片。戴維斯還寫了一本關於海地殭屍民族生物學的學術著作，請參閱：Davis, *Passage of Darkness*。

5. 當然，夏威夷群島的真正發現者是幾個世紀前從波里尼西亞航行來的波里尼西亞人，夏威夷原住民是他們的後裔。
6. 烏賊的軸突膜中每平方微米就有幾十個鈉離子和鉀離子門。
7. 軸突膜中也有鈣離子和氯離子通道，但它們並不參與動作電位。
8. 奇怪的是，鋰——元素週期表中鈉的鄰居——表現得像披著羊皮的狼。鋰的化學性質與鈉非常相似，就連鈉的電壓門控膜通道也無法區分兩者。因此，這批狼就這樣通過綿羊的柵門，潛入軸突內部。進入神經元後，它就會破壞離子平衡，抑制神經元活動。有人認為這種機制在某種程度上可能是鋰能夠作為雙相情緒障礙躁狂期藥物的原因（Jakobsson et al., "Towards a unified understanding of lithium action in basic biology and its significance for applied biology"）。
9. Faraday, *Chemical Manipulation*, 1.
10. Warshofsky, *The Chip War*, 21.
11. 這種放大電訊號的方法通常適用於繼電器，繼電器是以小電流來啟動大電流的電磁開關。
12. 值得注意的是，從那時起，不斷改善和縮小膜片鉗放大技術，現在可以將放大器置於三乘三公釐的晶片上。這讓這種晶片型的膜片鉗放大器幾乎與烏賊軸突本身的直徑一樣小（〇・五公釐）（Weerakoon et al., "Patch-clamp amplifiers on a chip"）。
13. 帶正電荷的胺基酸有離胺酸（lysine）、精胺酸（arginine）、組胺酸（histidine）；帶負電荷的胺基酸則是天門冬胺酸（aspartate）和麩胺酸（glutamate）。

14. Horn, "How ion channels sense membrane potential."

15. 當然，如果鈉離子與鉀離子進入軸突是同時在一瞬時間發生，那電荷量會繼續平衡，電壓就不會上升。但鉀離子的電壓門控通道的觸發速度比鈉離子的電壓門控通道慢一點，就是這兩類通道的反應有先後差別，才造成電荷量瞬間失衡，導致瞬間出現電壓峰值。

16. 更精明的人會注意到，這時內外電荷平衡可能已經恢復，但化學平衡仍未恢復到原來的狀態。具體而言，鈉離子現在在膜內而鉀離子在外面——與原始的離子分布狀態完全相反，這會阻礙下一個電訊的傳輸。不過軸突早已發展出另一種類型的膜通道來處理這個問題。為了恢復化學平衡，膜上還有一個鈉－鉀「幫浦」（sodium-potassium pump），這是一個蛋白質通道，作用有點類似於旋轉門，將鈉離子推出的同時又把鉀離子推入。

17. Sheumack et al., "Maculotoxin: A neurotoxin from the venom glands of the octopus Hapalochlaena maculosa identified as tetrodotoxin."

18. 毒素（poison）與毒液（venom）的不同之處在於，毒素是吃下肚的，而毒液則是被注射的，例如蛇咬和蜜蜂叮咬。毒素和毒液兩者中可能都含有有毒物質（toxin）。請參閱：Wilcox, *Venomous*。

19. Mouhat et al., "Animal toxins acting on voltage-gated potassium channels."

20. 《流言終結者》（*MythBusters*）是彼得・里斯（Peter Rees）創作的一部科學娛樂電視連續

劇，是由澳洲超越電視製作公司（Beyond Television Productions of Australia）製作的。

21. Anderson, "Tetrodotoxin and the zombi phenomenon."

第12章 探索者：神經纖維

1. *Vagus* 在拉丁文中是「遊蕩」的意思。
2. 佩加蒙的蓋倫（Galen of Pergamon）於公元一二九年出生於希臘，日後成為羅馬帝國最偉大的醫師，曾經擔任多位羅馬皇帝的私人醫師。他的教學主導了歐洲和阿拉伯國家的醫學實踐長達一千五百年。
3. 將信號傳向大腦或脊髓的神經統稱為傳入（afferent）神經，而將信號從大腦或脊髓傳出的神經則稱為傳出（efferent）神經。
4. 準確地說，第III、VII、IX和X對腦神經還攜帶有副交感神經傳送到特定肌肉和腺體的神經，所有腦神經（除了I和II腦神經外）可能都攜帶有關於本體感覺的訊號，即自我運動和身體姿勢的感覺。
5. 由於迷走神經對心跳的影響，目前正在研究用電刺激迷走神經來治療心臟衰竭的可能性，但最近的臨床試驗報告還很分歧。請參閱：Premchand et al., "Extended follow-up of patients with heart failure receiving autonomic regulation therapy in the ANTHEM-HF study"; Gold et al.,

"Vagus nerve stimulation for the treatment of heart failure."

6. 不幸的是，這在實際上從未奏效。今天，在進行心臟移植手術時會植入心臟起搏器（請參閱：第14章）。
7. Rosenberg, *Assessing the Healing Powers of the Vagus Nerve*, 29–55; Habib, *Activate Your Vagus Nerve*, 122–169.
8. Kim et al., "Transneuronal propagation of pathologic alpha-synuclein from the gut to the brain models Parkinson's disease."
9. Heiko et al., "Staging of brain pathology related to sporadic Parkinson's disease."
10. Panebianco et al., "Vagus nerve stimulation for partial seizures."
11. 喬治城大學醫學院研究的人體，是由希望協助醫學教育造福生者的個人所捐贈的。這所大學感謝他們的慷慨，並以最大的尊重對待所有捐贈的遺體。最終這些屍體會被埋葬或火化，這取決於家人的意願。每年春天在喬治城大學的校園會舉行的追悼彌撒，紀念捐贈者。大體的親朋好友和所有接受過以捐贈遺體培訓的醫學生都經常會參加追悼會。
12. 腕屈肌（flexor carpi ulnaris）會讓手腕彎曲；而屈指深肌（flexor digitorum profundus）則是彎曲無名指和小指。
13. 更具體地說，它出現在脊柱的C7-T1節段。
14. 這就是為什麼尺神經損傷會導致「爪形手」（claw hand），讓手失去功用。

15. 這種電子設備通常稱為TENS，是經皮神經電刺激（transcutaneous electrical nerve stimulation）的英文首字母縮寫。會用來將電流引導至皮下的特定身體部位。
16. G. D. Dawson和 J. W. Scott在一九四九年在以皮膚測量尺神經動作電位方面做了一些開創性的研究（Dawson and Scott, "The recording of nerve action potentials through skin in man"）。
17. 青蛙實驗的描述見第2章。
18. 神經軸突在神經肌肉接頭處與神經肌肉接合。這些高度特化的結構能夠讓運動神經元將它們的動作電位傳遞給肌肉纖維。透過神經元細胞膜釋放的神經傳導物質（乙醯膽鹼）進行傳遞，然後與肌纖維細胞膜上的受體結合。這種結合導致肌肉細胞去極化，從而引發一系列的電性活動和分子事件，在整塊肌肉中傳播並引起協調收縮。
19. 喬治城訪問預備學校（Georgetown Visitation Preparatory School）並不附屬於喬治城大學。
20. 聯合創始人提摩西．馬祖羅（Timothy Marzullo）和葛瑞格瑞．凱吉（Gregory Gage）的簡短介紹可以在這個影片中看到：https://www.youtube.com/watch?v=c5u4k8Spxrk
21. Marzullo and Gage, "The SpikerBox."
22. National Academy of Sciences, "Laboratory experiences and student learning."
23. Feighan, "DIY-ers with a mind-boggling medium."
24. 關於可能計畫的綜合彙整，請參閱：Baichtal et al., *Make: Lego and Arduino Projects*。
25. Scherz and Monk, *Practical Electronics for Inventors*, 843–895.

26. Yoder, “An Arduino-based alternative to the traditional electronics laboratory.”
27. 有關「沉醉者」（Inebriator）調配巫毒雞尾酒的影片，請參閱：https://www.youtube.com/watch?v=9rSgAu4qYaU
28. 她們會感到電擊，因為尺神經同時攜帶運動和感覺神經訊號——運動訊號沿一個方向移動（從大腦到前臂），感覺訊號沿相反方向移動（前臂到大腦）。
29. 可以在聯合創始人Gregory Gage的示範影片中親眼看到：https://www.youtube.com/watch?v=c5u4k8Spxrk
30. 至於成本，讓我們來計算一下。後院腦力開發公司（Backyard Brains）的「腦機接口課堂套裝」（Brain-Machine Interface Classroom Bundle）目前（二〇二〇年）零售價僅為一千美元，當中包含足夠的課堂材料，供三十名學生的班級使用。而且這套組的大部分元件都是可重複使用的，因此只需為套件的耗材購買補充包。這意味著教授第二班三十名學生的成本僅為最初的一千美元的一半。這讓得正在進行的計畫中的成本降低，每位學生不到二十五美元。這會增加高中的科學預算嗎？也許吧，但我認為不多。因為青蛙解剖的工具組——傳統的高中實驗室練習——每名學生花費大約十二．五〇美元（包括青蛙），而且解剖的青蛙不能重複使用。但合成解剖蛙的出現可能也會改變這一點。請參閱：https://www.cbsnews.com/news/florida-high-school-introduces-synthetic-frogs-for-dissection-in-science-class/
31. 以前稱為 Intel Science Talent Search（後來改為Westinghouse Science Talent Search）。

32. 在此處查看後院腦力開發公司的人工手示範影片：https://www.youtube.com/watch?time_continue=8&v=0eoGGj9SDeE&feature=emb_logo

第13章 交錯的電路：神經義肢

1. 梅麗莎．盧米斯（Melissa Loomis）的苦難經歷，請參閱她的外科醫師著作：Seth, *Rewired*。
2. 關於截肢人的統計數據，請參閱：https://advancedamputees.com/amputee-statistics-you-ought-know
3. 「卡普阿腿」（Capua leg）後來在科學界遺失了。它原本保存在倫敦皇家外科學院，但第二次世界大戰期間由於德軍空襲而被破壞。
4. 南北戰爭中遭到截肢的人數比以往戰爭多得多，這是因為當時廣泛使用了克洛德－艾蒂安．米涅（Claude-Étienne Minié）發明的米涅彈（Minié ball）。這根本稱不上真正的彈藥，只是一顆帶有空心底座的尖頭子彈。與通常完好無損地射穿身體的實心子彈不同，米涅彈撞擊時會變平和變形，這會導致骨頭粉碎而不是僅僅折斷。請參閱：https://opinionator.blogs.nytimes.com/2012/08/31/the-bullet-that-changed-history/
5. Figg and Farrell-Beck, “Amputation in the Civil War: Physical and social dimensions.”
6. Figg and Farrell-Beck, “Amputation.”

7. 在醫學領域中稱為神經修復學（neuroprosthetics）。但是這個術語也漸漸用來指稱義肢本身，而不再用原本的神經義肢（neuroprostheses）一詞。任何一個詞都被認為可以用來描述肢體。

8. Carpal來自拉丁文的carpus，意思是「手腕」。

9. 運動的自由度（degrees of freedom，簡稱DOF）是指物體可以移動的位移方向。一個物體的自由度是一個物體能夠做的獨立位移的總和。手臂和手掌大約有二十二個自由度（確切數字取決於是否納入手腕）。例如，食指有四個自由度：從基部到指尖三個關節的屈曲和伸展，以及向側面移動的能力（外展和內收）。

10. 有時會使用大腦–電腦介面（brain-computer interface，簡稱BCI）一詞，但BMI的含義更廣，因為電子設備不一定是電腦。

11. Moran, D., "Brain computer interfaces."

12. 皮膚電極和其他表面界面可作為電的傳感器，這種設備能將某種類型的物理或化學量轉換成一定比例的電量。這樣的轉換實際發生在電極和電解質接觸那層非常薄的物理界面上。因為與電極表面的金屬原子發生化學性的氧化反應，電解質中的離子流會在電極中產生電子流。結果是電解質中的負離子會流向界面的邊緣，而正離子則是從界面的邊緣流走。為了平衡電荷的這種運動，電極中的電子會從邊緣表面流走，在電極內產生電流。

13. 大腦還可以在肌肉中招募更多的肌肉細胞，好比是增加「敲門」的人。但是這些額外的人手，每一位都是以相同的力量在敲門。

14. 也可以透過採樣（sampling）的技術將模擬的電訊數位化。請參閱：Sanchez, *Neuroprosthetics*, 34–36。

15. 在肌肉偵測到的電訊號稱為肌肉電訊（electromyographic signals）。

16. 手肘以下遭到截肢後，可能會殘留一些「手部」肌肉。這是因為手的外部肌肉實際上位於前臂。即使失去整個手掌，這些手部肌肉仍然存在。

17. Mioton and Dumanian, "Targeted muscle reinnervation and prosthetic rehabilitation after limb loss."

18. Kuiken, "Targeted reinnervation for improved prosthetic function."

19. 截至二〇一六年，大約有三百名截肢者成功地接受了TMR手術（Meek, "Prosthetic limbs"）。

20. LUKE手臂的一個版本現在由 Mobius Bionics 進行商業化量產，只是這個商業版沒有本章後面描述的手臂上的所有傳應器。

21. Delgado-Martinez et al., "Fascicular topography of the human median nerve for neuro-prosthetic surgery."

22. 頭皮電極通常放置在大腦的對側初級體感皮層（contralateral primary somatosensory cortex）上。生日派對那頂愚蠢的圓錐形帽子，戴上時剛好就在體感皮層的上方。

23. 一些神經纖維束混合了運動神經元和感覺神經元，這可由ＳＳＥＰ上出現減弱的感覺訊號來加以識別。

24. 震動盤實際上是具有偏心軸的小型電動機，會讓它們在運行時擺動（振動）。

25. 可惜，在撰寫本文時，用於高級義肢的骨整合手術仍處於研究階段，並且尚未獲得美國食品藥物管理局的批准，對公眾開放。不過目前已經獲得批准，可用於腿的義肢。

26. 開發這種無線技術的丹麥工程師將其命名為藍牙（Bluetooth），這是來自他們國王的名字，在十世紀時，丹麥國王藍牙統合了整個斯堪地那維亞半島，以此聞名（傳說這位國王真的有一顆牙齒是藍的），這些工程師認為，他們的新技術將電腦與各種外圍設備結合在一起，就像當年藍牙國王一統斯堪地那維亞半島一樣。

27. Seth, *Rewired*, 221.

28. Saal and Bensmaia, "Touch is a team effort."

29. 這種傾斜設計一般認為是對早期猶他陣列的平面（即水平）電極的改進。

30. Sanchez, *Neuroprosthetics*, 26–27; Tyler, "Peripheral nerve stimulation," 335–336.

31. George et al., "Biomimetic sensory feedback through peripheral nerve stimulation improves dexterous use of a bionic hand."

32. Dhar, "Touching moments in prosthetics: New bionic limbs that can feel."

33. 魯米斯的商業高級義肢費用為二十三萬六千美元，是由她的健康保險支付，不過大多數美國健康保險中都沒有納入高級義肢的理賠。

第14章 寂靜之聲：感覺神經植入物

1. 馬克・吐溫和海倫・凱勒是好朋友。她談到吐溫時說：「他沒有把我當作怪胎，而是把我當成一名在重重困難中另闢蹊徑的殘障女性。」
2. 有關耳聾的統計數據，請參閱：https://www.gatecommunications.org/statistics
3. 最常導致先天性耳聾的突變基因是*GJB2*，編碼的蛋白質是間隙連接β-2（Gap junction beta-2）。
4. Eshraghi et al., "The cochlear implant."
5. 這個關於聲音本質的問題最早是由哲學家喬治・柏克萊（George Berkeley）於一七一〇年提出的。
6. Lim et al., "Restoring hearing with neuroprostheses."
7. 有關一百二十頻道人工耳蝸聲音改善的模擬，請觀看此影片：https://youtu.be/eo-HNAoCzjw
8. 這種方法甚至適用於髮細胞受損的人，因為在這動作電位傳輸過程中的神經元通常完好無損。那個神經元一直等在那裡，希望傳遞給大腦任何來自髮細胞的訊號，但因為它的髮細胞沒有作用，所以之前它只是閒置在那裡，無所事事。但是，現在提供有人工電刺激，這些神經元便能夠將電訊號傳遞到上方，供大腦進行分類。

9. Aquilina, “A brief history of cardiac pacing.”

10. 不可將心律調節器（heart pacemakers）與心臟除顫器（heart defibrillators）混淆。心室顫動（Ventricular fibrillation，VF）是一種可能致命的心底腔室心律失常。VF是一種緊急情況，需要使用手持式的板外部電極立即在胸部進行電除顫。為防止復發，通常會在體內植入小型的除顫器。這些設備可以檢測到VF，自動向心臟發出強烈電擊，以重置正常的心律。植入式除顫器看起來很像心律調節器，但它們不是同一回事。既然在電刑時，致死效果最佳的是將心臟設定為電流的目標時，那麼何以向心臟發電能拯救生命。這其實是另一項偶然發現，在臨床醫療上很有用。在一九四〇年代，約翰霍普金斯大學的兩位電氣工程教授威廉．考恩霍文（William Kouwenhoven）和蓋伊．尼克博克（Guy Knickerbocker）正在研究透過對狗心臟進行電擊引起的心臟死亡機制。他們觀察到，對狗的心臟進行一次電擊通常會產生可能致命的VF，但再電擊一次通常會「重啟」心臟，恢復其正常的跳動節律。不過，他們也只是重新發現了兩個世紀前就發現的現象，當時發表的報告是以雞來測試。在一七七五年，丹麥醫師彼得．克里斯提安．阿比爾加德（Peter Christian Abildgaard）用雞來進行電擊實驗，他首先用電擊讓牠死亡，然後在胸部施加「反電擊」（countershock）使其復活。儘管阿比爾加德推測的反電擊運作機制是錯誤的，但他的實驗很可能是心臟電除顫的首次演示（Driscol et al., “The remarkable Dr. Abildgaard and countershock”）。

11. 治療睡眠呼吸中止症的呼吸器「Inspire」，是由位於明尼蘇達州的明尼亞波利斯的Inspire Medical Systems製造。
12. Wilson and Dorman, "Cochlear implants."
13. Clarion Ledger, "Toddler among youngest cochlear implant patients in world."
14. Mitchell et al., "Auditory comprehension outcomes in children who receive a cochlear implant before 12 months of age."
15. 聽覺神經在維持平衡方面具有輔助的次要功能。
16. 如果你是屬於少數能夠真正擺動耳朵的人，那是因為你能控制耳肌，這是由顏面神經中的顳葉分支——第七（VIIth）對腦神經所控制，與聽覺神經無關。
17. Kaplan et al., "Auditory brainstem implant candidacy in the United States in children 0–17 years old."
18. 關於人工視覺技術最新進展的詳細描述，請參閱：see Humayun et al. (eds.), *Artificial Sight*。
19. 科學家稱眼睛是免疫特權部位，意思是它有許多阻擋身體免疫系統進入的物理屏障，因此眼睛內部對某些物質的耐受性會提高，這若是在身體的其他部位就會受到免疫排斥。
20. 枕葉的英文Occipital，來自拉丁文中的occiput，字面意思是「後腦勺」。
21. Fernandez, "Development of visual neuroprostheses."
22. 已獲批准的系統列表請參閱：Fernandez, "Development of visual neuroprostheses."

23. Nirenberg and Pandarinath, "Retinal prosthetic strategy with the capacity to restore normal vision."
24. 有趣的是，這整套方法想來其實還滿諷刺。用於解碼神經系統訊號的電腦程式通常用的是人工神經網絡，這是一種機器學習運算法，是以人腦自學新資訊的方式為模型而設計出來的。之後會在第16章詳細描述人工神經網絡的學習策略。請參閱：Schwemmer et al., "Meeting brain-computer interface user performance expectations using a deep neural network decoding framework."
25. Yan and Nirenberg, "An embedded real-time processing platform for optogenetic neuroprosthetic applications."
26. 關於奧里安人工視覺裝置可行性研究的描述，請參閱：https://clinicaltrials.gov/ct2/show/NCT03344848
27. 更多關於麥可唐納使用他的奧里安人工視覺裝置植入體的經驗，請參閱他的自傳：McDonald, *My Brain Implant for Bionic Vision*。
28. Bushdid et al., "Humans can discriminate more than 1 trillion olfactory stimuli."
29. 還有研究顯示，喪失嗅覺會產生持久的憂鬱症（Seo et al., "Influences of olfactory impairment on depression, cognitive performance, and quality of life in Korean elderly"）。
30. Macpherson, "Sensory substitution and augmentation."
31. 智慧港（BrainPort）的示範影片，可在此網站上觀看：https://www.youtube.com/

watch?v=CNR2gLKnd0g

32. Twilley, "Sight unseen."

第15章 心靈的聖殿：大腦

1. Sengupta and Stemmler, "Power consumption during neuronal computation."
2. 最近對人工耳蝸的研究支持了這一論點。當人工耳蝸的電子電壓脈沖模仿神經元脈衝模式時，能量需求就會下降。這種脈衝形狀的變化可能會催生出電池效率更高的人工耳蝸植入體。請參閱：Navntoft et al., "Ramped pulse shapes are more efficient for cochlear implant stimulation in an animal model."
3. Sengupta et al., "The effect of cell size and channel density on neuronal information encoding and energy efficiency."
4. 有關神經系統如何優化其能源效率的其他範例，請參閱：Sengupta and Stemmler, "Power consumption during neuronal computation."
5. Cobb, "Why your brain is not a computer."
6. 當前用於研究大腦認知特性的最先進細胞技術的回顧文獻：Fried et al., *Single Neuron Studies of the Human Brain*。

7. 動作電位的下降可用神經組織和電極間距離來計算，這其間有一函數關係。電壓下降是兩者間距離的平方根，即$1/d^2$。請參閱：Sanchez, *Neuroprosthetics*, 20。
8. 一些科學家估計面積為六平方公分（大約一平方英寸，或一張典型郵票的大小），皮質組織必須同步發射動作電位才會被頭皮電極檢測到（Schwartz et al., “Brain-controlled interfaces”）
9. Schwartz et al., “Brain-controlled interfaces.”
10. Berger, “（On the electroencephalogram of man）.”
11. Fields, *Electric Brain*, 159–160.
12. 在兩次癲癇發作之間，癲癇患者的腦電圖會顯現出一種稱為發作間期樣癲癇波（interictal epileptiform discharge，簡稱IED）的活動模式。不過以IED檢測來診斷癲癇的靈敏度不到百分之五十。
13. Smith, “EEG in the diagnosis, classification, and management of patients with epilepsy.”
14. 通常會用EKG這個縮寫而不是ECG（C代表心），因為在口頭上交代醫囑時，ECG和EEG聽起來太過相似，恐怕會在臨床環境中引起混淆。此處的K取自德語單詞中的kardio，也是「心」的意思。
15. 長期以來，一直認為在腦電圖上看到超同步現象時可能是因為有癲癇，但最近的研究顯示，癲癇患者超同步狀態的發展比以前設想的過程更為動態和複雜。請參閱：Jiruska et al., “Synchronization and desynchronization in epilepsy.”

16. 關於腦電波，有本通俗易懂的科普書籍，描述了它們對基礎大腦研究和精神障礙治療的潛在價值，比我的看法更為正面，請參閱：Fields, *Electric Brain*。
17. Shorter and Healy, *Shock Therapy*.
18. 使用藥物（即樟腦和戊四氮），癲癇發作不會立即發生。通常會等上好幾分鐘的時間，在此期間患者會越發感到焦慮，直到癲癇發作。此外，藥物引起的癲癇發作通常會持續很長時間，抽搐得很劇烈，而且還經常併發心臟相關病症。許多患者對藥物引起的癲癇發作產生了強烈的恐懼，並拒絕再服用。使用電療（ECT）則沒有這些問題。
19. UK ECT Review Group, “Efficacy and safety of electroconvulsive therapy in depressive disorders.”
20. Gazdag and Ungvari, “Electroconvulsive therapy”; Leiknes et al., “Contemporary use and practice of electroconvulsive therapy worldwide.”
21. Hermida et al., “Electroconvulsive therapy in depression.”
22. 一般患者在最初接受電療時會以約一百七十毫庫侖的平均閾值開始，在電療過程中會將數值增加一倍以上（Duthie et al., “Anticonvulsive mechanisms of electroconvulsive therapy and relation to therapeutic effect”）。
23. Bouckaert et al., “ECT.”
24. Chang et al., “Narp mediates antidepressant-like effects of electroconvulsive seizures.”
25. 你可能會想知道要如何得知老鼠有憂鬱症。由於很難判斷一隻齧齒類是否「憂鬱」，因此會用強迫游泳試驗、蔗糖偏好試驗、懸尾試驗等當作憂鬱症動物模型。也會用「類似憂鬱的行為」或「類抗憂鬱效果」等術語。約翰霍普金斯大學的研究人員使用標準化的小鼠「游泳測試」，這是一種評估小鼠憂鬱程度的公認指標。將其放在水中時，與不憂鬱的小鼠相比，憂鬱小鼠漂浮的時間較長，而不是積極游泳。在六分鐘的測試中，健康老鼠漂浮了大約五十秒，而沒有Narp蛋白質的老鼠漂浮了大約八十秒。

26. Johns Hopkins Medicine. "How electroconvulsive therapy relieves depression per animal experiments."

27. 正如在第6章所討論的，電流才是造成生物效應的主要驅動力，而不是電壓。以庫侖為單位可以掌握療程中的電流量，因為庫侖（如第9章定義的）是電流（安培數）乘以通電的時間（庫侖＝安培×秒）。簡而言之，庫侖是衡量患者在療程中承受的電流量。

28. Rajagopal et al., "Satisfaction with electroconvulsive therapy among patients and their relatives."

29. 這些標準是所有隨機臨床試驗的基礎。不過黃金標準是「雙盲」（double-blind）隨機臨床試驗，患者和醫師都不知道哪個患者在接受哪種治療。一般認為雙盲試驗是更好的，因為患者和醫生都不會在有意無意間影響治療的結果，因為他們都不知道患者所屬的治療組。在實際操作上，隱瞞患者比較容易（單盲試驗）而不是醫師。所以要落實雙盲有時不太可能。

30. 隨機化是非常強大工具，能夠揭示各種問題的真相，也不僅只是在醫學治療評估中。要更全面認識隨機化，我推薦這本有趣易懂的書：Leigh, Randomistas: *How Radical Researchers Are*

Changing the World。

31. 根據病例內容，在切萊提的電療患者中，有些早期精神分裂症患者實際上可能患有精神病的憂鬱症（psychotic depressions）或僵直症（catatonic episodes）。按照今天的標準來看，他的第一個電療患者（羅馬火車站的遊民）可能會診斷為緊張症。而目前認為電療是治療緊張症（一種會發生在精神分裂症、憂鬱症、躁狂症或內科疾病中的綜合症）的有效方法。
32. Sinclair et al., "Electroconvulsive therapy for treatment-resistant schizophrenia."
33. Ray, "Does electroconvulsive therapy cause epilepsy?"
34. Zanchetti et al., "The effect of vagal afferent stimulation on the EEG pattern of the cat."
35. Binnie, "Vagus nerve stimulation."
36. 皮層刺激造影的歷史重要性，請參閱：Catani, "A little man of some importance."
37. 荷姆克魯斯（homunculus）一詞起源於十六世紀的醫師帕拉塞爾蘇斯（Paracelsus），他提出一個廣為人知的主張，聲稱可以透過在馬的子宮中孵化出人類精子中畸形的小男人，他稱之為荷姆克魯斯。帕拉塞爾蘇斯的名聲從此就與這荒誕的主張連結在一起，這實在很可惜，因為他的醫學思想在其他方面遠遠領先於他的時代，尤其是在毒理學領域。
38. Kogan et al., "Deep brain stimulation for Parkinson disease."
39. 這個關於深部腦刺激誕生的簡短故事，並沒有公正地描述技術和神經外科進步的豐富歷史，以及參與其中的眾多參與者。要全面回顧深部腦刺激的各個方面，請參閱：Perlmutter and

Mink, “Deep brain stimulation.”

40. Schuurman et al., “A comparison of continuous thalamic stimulation and thalamotomy for suppression of severe tremor.”

41. 有關使用電刺激大腦快樂中樞的歷史，請參閱：Frank, *The Pleasure Shock*。

42. 重複跨顱磁刺激（repetitive transcranial magnetic stimulation，rTMS）是一個例外，美國食品藥物管理局已批准它用來治療抑鬱症、頭痛和強迫症。據信，rTMS的原理是以電磁感應機制在大腦的特定區域產生局部電流。施加到大腦的不斷變化的磁場會導致電流在大腦內流動，就像法拉第僅透過改變電線周圍的磁場，就能使電流在電線中流動一樣（見第7章）。

第16章 未來衝擊：人工智慧

1. 這句話有許多版本，並且據稱出自不同人士，如馬克・吐溫、約吉・貝拉（Yogi Berra）和尼爾斯・玻爾（Niels Bohr）等人，但語言學證據顯示這來自於一句古老的丹麥諺語，之後才被翻成英文：“Det er vanskeligt at spå, især når det gælder Fremtiden.”

2. Neuralink發表會的影片可以在此連結觀看：https://youtu.be/r-vbh3t7WVI

3. 有關馬斯克的傳記和他的各種商業冒險，請參閱：Vance, *Elon Musk*。

4. Cross, "The novelist who inspired Elon Musk."
5. 如果你是人工智慧程式設計師，並且對我大幅簡化人工神經網絡的描述嚴重曲解你的領域，在此我深表歉意。若你不是程式設計師，但想要多了解一些人工智慧，我推薦梅蘭妮・米切爾（Melanie Mitchell）這本詳實說明又通俗易懂的好書：*Artificial Intelligence: A Guide for Thinking Humans*.
6. Musk and Neuralink, "An integrated brain-machine interface platform with thousands of channels."
7. Russell, Human Compatible, 164.
8. Russell, 165.
9. Russell, 165.
10. 海爾斯的引述來自《商業內幕》（*Business Insider interview*）的訪談："Inside the science behind Elon Musk's crazy plan to put chips in people's brains and create human-AI hybrids."
11. Bullard et al., "Estimating risk for future intracranial, fully implanted, modular neuroprosthetic systems."
12. Healey et al., "Complications in surgical patients."
13. 二〇二〇年八月二十八日，馬斯克公開了Neuralink的最新進展。他報告說，這家公司的設備已植入三頭豬的大腦中，並聲稱：「豬與人非常相似。如果我們要想裝到人身上，那麼豬會是測試時一個不錯的選擇。」他還表示，他們已經放棄了耳後接收器的想法，轉而採用完全植入式的接收設備，這種接收器技術的變化似乎比他之前描述的更具侵入性。他進一步報告說，Neuralink最近獲得了美國食品藥物管理局的「突破性設備」稱號，為首次將植入人體鋪路，但他收回對於達到這項人類里程碑的時間預測。二〇二一年一月，馬斯克預測Neuralink的人體臨床試驗自二〇二一年底開始。在二〇二一年四月八日，Neuralink表示他們將其設備植入了一隻獼猴的大腦，並訓練了這隻猴子僅用大腦來控制操縱桿，玩電動遊戲《乒乓球》（*Pong*）。這間公司甚至發布了一段猴子玩《乒乓球》電動遊戲的影片，目前發布在YouTube上：https://www.youtube.com/watch?v=rsCul1sp4hQ&t=6s

14. 關於此公司對「琥珀」（*Amber*）軟體的描述，請參閱：https://www.myamberlife.com/learn/how-ambers-ai-technology-works/

國家圖書館出版品預行編目資料

生命的電：生物醫學 × 電，改變未來的奇蹟革命／提摩西．約根森（Timothy Jorgensen）著；王惟芬 翻譯 －初版．-- 臺北市：三采文化，2023.12
面： 公分．（PopSci 19）
譯 自：Spark: The Life of Electricity and the Electricity of Life
ISBN：978-626-358-234-7（平裝）
1.CST: 神經電生理學 2.CST: 電療法

398.28 112017866

個人健康情形因年齡、性別、病史和特殊情況而異，本書提供科學、保健或健康資訊與新知，而非治療方法，建議您若有任何不適，仍應諮詢專業醫師之診斷與治療。

◎封面圖片提供
wacomka - stock.adobe.com
◎內頁圖片提供
Axel Kock - stock.adobe.com
Naeblys - stock.adobe.com

suncolor 三采文化

PopSci 19

生命的電

生物醫學 × 電，改變未來的奇蹟革命

作者｜提摩西．約根森（Timothy Jorgensen） 譯者｜王惟芬 審訂｜蔡孟利
責任編輯｜張凱鈞 專案主編｜戴傳欣 美術主編｜藍秀婷 封面設計｜李蕙雲
內頁排版｜曾瓊慧 校對｜黃薇霓

發行人｜張輝明 總編輯長｜曾雅青 發行所｜三采文化股份有限公司
地址｜台北市內湖區瑞光路 513 巷 33 號 8 樓
傳訊｜TEL：（02）8797-1234 FAX：（02）8797-1688 網址｜www.suncolor.com.tw
郵政劃撥｜帳號：14319060 戶名：三采文化股份有限公司
本版發行｜2023 年 12 月 29 日 定價｜NT$580